U0181951

多核处理器设计优化
——低功耗、高可靠、易测试

李晓维　路　航　李华伟　王　颖　鄢贵海　著

科学出版社

北　京

内 容 简 介

本书主要内容涉及多核处理器设计优化的三个方面：低功耗、高可靠和易测试；从处理器核、片上互连网络和内存系统三个方面论述多核处理器设计的低功耗和高可靠优化方法；从逻辑电路的可测试性体系结构以及存储器电路的自测试方面论述多核处理器的可测试性设计方法；从新型三维堆叠架构以及异构数据中心系统层面论述多核处理器的能效提升方法；并以中国科学院计算技术研究所自主研发的 DPU-M 多核处理器为例，介绍相关成果的应用。

本书适合于从事集成电路、计算机体系结构方向学术研究，以及从事处理器设计优化工具开发和应用的科技人员参考；也可作为集成电路、计算机体系结构专业的高等院校教师、研究生和高年级本科生的教学参考书。

图书在版编目(CIP)数据

多核处理器设计优化：低功耗、高可靠、易测试/李晓维等著. —北京：科学出版社，2021.11

ISBN 978-7-03-067147-9

Ⅰ. ①多… Ⅱ. ①李… Ⅲ. ①微处理器–优化设计 Ⅳ. ①TP332

中国版本图书馆 CIP 数据核字(2020)第 243868 号

责任编辑：孙伯元 / 责任校对：胡小洁
责任印制：吴兆东 / 封面设计：迷底书装

科学出版社 出版
北京东黄城根北街 16 号
邮政编码：100717
http://www.sciencep.com
北京虎彩文化传播有限公司 印刷
科学出版社发行　各地新华书店经销
*
2021 年 11 月第 一 版　开本：720×1000　B5
2023 年 3 月第三次印刷　印张：23 1/4
字数：454 000
定价：158.00 元
(如有印装质量问题，我社负责调换)

FOREWORD

Dennard scaling enabled processors to increase their clock speed without increasing power consumption as transistors got smaller. Unfortunately, the physics that drove this scaling for more than three decades started to break down about 15 years ago when transistors became so small that the increased current leakage caused processors to overheat, which has since slowed down further clock speed-ups. As Moore's Law-style transistor shrinkage is still limping along and continues to allow more transistors to be packed into a processor, the multicore processors started to replace single-core processors which have now become technologically obsolete. Multicore processors offer performance not by clocking the cores at a higher frequency, instead by exploring thread-level parallelism, thus continue to gain performance improvement without further escalating power consumption, and thus successfully fill the performance gap that would have been expected to be delivered by Dennard scaling.

However, in order to architect a multicore processor at its full capacity, offering full advantages in energy efficiency, concurrency, performance, reliability, robustness, and costs, there have been tremendous technical challenges as well as design optimization opportunities for their key components, including processor cores, on-chip interconnects and on-chip memories, as well as for their seamless integration.

Researchers at the Institute of Computing Technology of Chinese Academy of Science, under the leadership and supervision of Professors Xiaowei Li and Huawei Li, have been actively addressing some of these key challenges in the past decade. This group of researchers has successfully developed a number of innovative solutions and published a series of original results on architecture and design methodologies for multicore processors with special focus on achieving low power consumption, high reliability and easy testability. This book is a collection of their key results in these areas and gives an in-depth coverage of these subjects. It's commendable that the authors have done an outstanding job in producing this self-contained and timely book with a very coherent treatment on multiple aspects of multi-core processor architectural design and optimization.

John Hennessy and David Patterson in their 2018 Turing Lecture projected another golden age for the field of computer architecture in the coming decade with a Cambrian explosion of novel computer architectures, delivering gains in cost, energy, and security, as well as performance. In this exciting time for computer architects in both academia and industry, publishing the book is timely and serves very well in the role of motivating and educating graduate students, engineers, and researchers to gain the required knowledge and obtain better insight into this subject of significant importance.

Kwang-Ting Tim Cheng(郑光廷)

Hong Kong University of Science and Technology

October 25, 2020

前　言

随着集成电路制造工艺的细化和多核处理器等体系结构技术的演进,单晶片集成的晶体管数量已达到百亿量级规模。依据 Dennard 缩放定律,芯片单位面积上的功耗密度持续增加,漏电电流逐步增大,老化效应加剧,测试难度显著提升,由此引发的功耗和可靠问题日趋严峻。为应对多核处理器对低功耗、高可靠、易测试的设计需求,计算机体系结构国家重点实验室(中国科学院计算技术研究所)持续开展多核处理器设计优化的研究,针对多核处理器三大核心部件(处理器核、片上互连网络、内存系统),结合国产多核/众核处理器的研制,探索了一系列创新方法和关键技术,包括近年来兴起的新型体系结构与系统,例如三维堆叠处理器、异构数据中心等。

本书全面论述多核处理器的体系结构设计方法,以低功耗、高可靠和易测试为主线,汇集了继 2011 年出版的《数字集成电路容错设计》以后,中国科学院计算技术研究所在多核处理器体系结构设计方法研究中取得的自主创新的重要研究成果和结论。

全书分为 12 章。第 1 章为绪论。第 2、3 章为处理器核的低功耗和高可靠设计。从热能安全、性能优化的功耗管理方法到对电源和供电网络的分析,再到电压紧急预警和消除方法均做了全面阐述。第 4、5 章阐述了片上互连网络的低功耗和高可靠设计。从静态功耗和动态功耗两个角度阐述了节点级功耗管理方法,并针对互连线的串扰效应,进一步阐述了时延以及尖峰故障的容错设计方法。第 6、7 章阐述了内存系统的低功耗和高可靠设计。从内存的访问机理与特性分析作为切入点,阐述了新型高能效内存系统设计方法,以及如何进一步开发访存带宽,设计片上缓存的故障模型,最后阐述了如何利用交叉跳跃映射以及节点重映射提升内存系统的可靠性。第 8、9 章讨论了新型处理器体系结构——三维堆叠处理器的低功耗和高可靠设计。从三维集成电路的设计与制造作为切入点,阐述了硅通孔共享带来的能效提升,并进一步分析了三维堆叠处理器的供电网络以及电压紧急分布特性,给出软硬件协同的高可靠设计方法。第 10 章介绍了中国科学院计算技术研究所自主研发的多核处理器 DPU-M 的可测试性设计方法,阐述了 SoC 逻辑电路的可测试性体系结构以及存储器电路的自测试方法。第 11 章阐述了基于多核处理器搭建的数据中心系统的能效以及成本优化方法,从分析异构数据中心的性能模型入手,阐述了如何低成本地更新数据中心资源配置,并进行成本效益评估,包括算力预测和验证等。

　　本书的主要内容汇集了李晓维研究员 2011 年以来指导博士生(路航、胡杏、马君、徐晟等)的学位论文工作的部分成果,以及李华伟研究员 2008 年以来指导博士生(张颖、王颖等)和硕士生(刘辉聪等)的学位论文工作的部分成果。这些成果已经在本领域相关学术刊物和学术会议上发表。本书由李晓维研究员主持撰写,李华伟研究员参与了第 5、10 章内容的撰写,鄢贵海研究员参与了第 11 章内容的撰写,路航副研究员参与了第 2、3、4、9、12 章内容的撰写,王颖副研究员参与了第 6、7、8 章内容的撰写。香港科技大学郑光廷教授撰写了序言。在此向他们表示衷心的感谢。

　　本书汇集的部分科研成果是在国家重点基础研究发展计划(973 计划)课题"延长摩尔定律的微处理器新原理新结构和新方法研究",国家自然科学基金重点项目"从行为级到版图级的设计验证与测试生成"、"数字 VLSI 电路测试技术研究"和"差错容忍计算器件基础理论与方法"的资助下完成的。研究过程中得到了中国科学院计算技术研究所李国杰院士、孙凝晖院士以及清华大学郑纬民院士等领导和同事的关心和支持,在此表示衷心的感谢!

　　由于作者水平和经验有限,书中难免存在不足之处,恳请读者批评指正。

目　　录

第1章 绪   论

1.1 多核处理器体系结构简介

1.1.1 多核处理器

随着微电子工艺技术沿摩尔定律不断发展，当今集成电路制作工艺使处理器芯片集成的晶体管越来越多，晶体管尺寸越来越小，同时处理器的时钟频率也在不断提升。通过采用更高的时钟频率，处理器流水线延迟被有效缩短，这提高了指令的执行速度，从而提高处理器每周期完成指令数(instruction per cycle，IPC)，进而获得系统性能的提升。工艺线宽进入深亚微米时代后，处理器频率的增长到达了一个瓶颈，这使得处理器设计者需要重新审视通过提升时钟频率来提高指令执行速度的传统思路，单核体系结构的发展可以通过开发指令并行度(instruction-level parallelism，ILP)推动处理器性能整体增长，而不依赖工艺更新，例如超标量、乱序发射和猜测执行等技术的提出一度缓解了处理器性能增长需求的压力。指令级并行度本身受限于数据依赖、控制依赖以及数据总线带宽，发展逐渐遇到瓶颈，无法从发射宽度、流水线数目的提升中获得较大的性能增长空间。

相比较于传统的并行处理技术，当前先进的半导体制造工艺已经允许在一个芯片上集成众多处理器核，这一处理器设计架构即为多核处理器(multi-core processor)。该架构的发展使得开发更粗粒度的并行机制如线程级并行(thread level parallelism，TLP)成为可能，并且该架构具备良好的可扩展性，可满足不同应用的需求。

根据处理器核的选取方式，多核处理器可以分为"同构多核处理器"和"异构多核处理器"两种，同构多核处理器在一块芯片中集成了多个相同架构与设计参数的处理器核，获得对称的性能，一项任务可以任意分配给某个核处理，有很好的易用性与性能可预测性，但缺点是不能很好地适应各类应用的特性需求。大多数商用通用处理器采用了同构多核的组织形式，如 IBM 公司的 Power4 服务器处理器，集成了两个共享二级缓存的处理器核。Tilera 公司推出的 TILE64[1]，集成了 64 个支持 MIPS 指令集的处理器核，构成 8×8 的处理器阵列。Sun 公司的 Niagara T2[2]以及传统的通用处理器公司 Intel 与 AMD 所推出的 Xeon、Core Duo、

Core i3/i5/i7、Opteron、Athlon、Bulldozer、Bobcat、Phenom 等处理器系列都采用同构的组织形式。

相比同构多核处理器，异构多核处理器通过集成不同结构的处理器核心来提升运算效率，这是由于异构多核处理器能够满足不同特性任务的需求，从而可以合理划分与调度任务达到发挥不同类型处理器核的专用特点。典型的异构多核处理器有 IBM 公司、SONY 公司和 TOSHIBA 公司联合开发的 Cell BE 处理器，该处理器集成了 Power 通用处理器以及多个计算处理器核 SPE，拥有很好的性能功耗比[3]。

自 1989 年 Intel 公司预测多核处理器将在 21 世纪之初成为通用计算机市场主流以来，处理器核的规模也在不断增长，2000 年之初 IBM 公司推出的第一款商用双核处理器 Power4，Intel 公司随后推出了双核处理器"酷睿"(Core)，AMD 公司也推出的四核处理器 AMD Phenom II-X4。随着云计算和数据中心应用的发展，处理器逐渐发展到 15 核(Intel Xeon E7-V2)、48 核(Intel SCC)甚至 64 核(Tilera TILE64)，而且多核处理器被运用到多个应用领域，嵌入式平台、消费电子以及移动平台也逐渐采用多核处理器，如高通公司的 snapdragon 系列处理器。几种商用同构多核处理器如图 1-1 所示。核数目的增长，一方面使得处理器计算能力与吞吐量得到不断提升，另一方面给计算机系统的数据供应能力和互连带来了严峻挑战。

IBM Power4双核

AMD Phenom II-X4 四核

Intel Xeon E7-V2 15核

Tilera TILE64 64核

图 1.1　几种商用同构多核处理器

1.1.2　多核处理器的片上互连网络

根据集成的核数不同，多核处理器可以分为"总线式/交叉开关互连式"，以及"片上网络(networks-on-chip，NoC)互连式"两大类。由于集成的处理器核数量较少，最初的多核处理器典型特点为总线和交叉开关互连，每个核的功能较为强大，类似于传统的单核处理器，总线被不同的处理器核交替使用，达到访问共享存储器的目的。每个处理器通过总线广播的方式发送消息，也通过总线侦听来接收其他处理器发来的消息，这种存储访问结构自然支持了内存空间在各个处理器核之间的共享以及基于总线侦听的缓存一致性协议。这种方法设计简单，可以重用复杂的处理器设计，并且借用板级总线设计协议，是多核处理器发展初级阶段的主流互连方式，例如 Intel 公司的第一代四核处理器 Core-2-Q6600 由两颗 E6600 双核处理器封装在一起而成，再如 Sun 公司在 2007 年推出的八核处理器 Niagara 2，其互连方式为交叉开关式互连。

总线式互连的劣势来自于总线或交叉开关本身带来的性能瓶颈，这个瓶颈可以体现在系统性能和功耗两个方面。从性能上来说，总线或交叉开关仍旧依赖全局金属互连线，其性能无法随着半导体技术的提高而进步，这种全局性的互连要求所有的通信均须先汇集到总线上然后再发送出去，电信号需要给长达整个处理器硅片边长的金属线充电。由于电阻电容较大，充电时间很长，信号延迟很大。从吞吐率上来说，信号传输需要经过整个总线或交换开关，其带宽是无法适应处理器核数量的快速增长的。在功耗方面，无论是多核的总线还是交换开关，其功耗均不可扩展，这种劣势决定了基于总线的互连结构无法支持多核处理器对互连带宽的迫切需求，也促使处理器设计者放弃这种简单的结构而谋求更为复杂且可扩展性好的片上互连方式。

为了改变这种传统的互连方式，人们提出了使用 NoC 的方法。此方法使处理器的诸多核可以通过分布式的通信方式相互沟通，从而避免了集中的互连设计带来的系统性能瓶颈以及较大的功耗开销。第一个采用片上网络来连接处理器核的设计是 2002 年麻省理工学院研制的 RAW 处理器。该处理器也是随后 Tilera 公司 TILE 系列商用处理器的原型。

多核处理器通常由多个"瓦片"(tile)组成，也称为瓦片式多核处理器(tile-organized multi-core)。以 Intel 公司的 SCC(single-chip cloud computer)[4]为例，每个瓦片由三部分功能硬件组成，如图 1.2 所示：处理器核(core)与私有高速缓存(通常称为 L1 缓存)，最后一级高速缓存(通常称为 L2 缓存)以及片上路由器(router)。tile 之间通过两个片上路由器之间的传输链路(link)实现互连互通，所有片上路由器与传输链路组成了 NoC。NoC 借鉴了分布式计算系统的通信方式，用路由和分组交换技术取代传统总线，实现处理器核与片上存储的连接，NoC 采用包交换的形式，使得每个计算/存储节点通过双线通道连接到相邻的节点，访存请求或访存数据被打包后，根据特定的路由算法，被路由器送往相应节点的 L2 缓存、内存控制器或 L1 缓存。

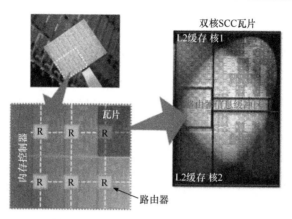

图 1.2　Intel 公司的 SCC 片上网络[4]

　　节点与节点的连接方式决定了片上网络的拓扑，不同的拓扑连接方式往往适合不同类型的数据交换，常用的规整拓扑有网格(Mesh)结构、环状体(Torus)结构、蝶形(Butterfly)结构、C-Mesh 结构等。为了方便布局布线，商用多核处理器的 NoC 一般采用较为简单的拓扑结构，如图 1.2 的 SCC 采用 Mesh 结构互连，其特点是金属层布局布线简单，便于规避死锁并具有良好的可扩展性，因此也为国内外研究中较为常见的一种拓扑结构。

　　多核处理器运行的应用朝多样化发展，互连方式也随之革新，尤其在云计算日益发展的情况下，数据中心中的一些云应用(例如流媒体，数据分析、挖掘，MapReduce 等)对多核处理器的体系结构有了新的需求。云应用的指令跨度大，数据相关性小，第一级高速缓存往往无法容下应用所需的全部指令与操作数，造成第一级高速缓存的缺失率很大。因此，有学者提出采用图 1.3 所示的体系结构，在传统的总线式互连(图 1.3(a))以及瓦片式互连(图 1.3(b))的基础上采用横向扩展的方式(scale-out，图 1.3(c))，将原有的第一级指令/数据缓存去掉，将一定数量的处理器核与最后一级高速缓存组织在一起(称为一个 pod)，片上网络仅负责处理器核与最后一级高速缓存的数据通信。由于去掉了第一级高速缓存，缓存一致性的

(a) 传统式

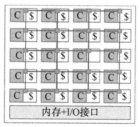

(b) 瓦片式

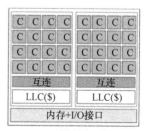

(c) 横向扩展式

图 1.3　横向扩展(scale-out)多核处理器体系结构[5]

数据流便不再在片上网络中出现。每个 pod 运行独立的操作系统，pod 之间相互独立，避免了应用间的干扰提高了处理器的运行时性能。此外，这种体系结构简化了互连，减小了硅片的面积，从而降低了功耗。

再如图 1.4 所示的多核处理器体系结构，最后一级高速缓存用片上网络互连，拓扑结构采用扁平蝶形(flattened butterfly)结构，以提高访存带宽，从核到最后一级高速缓存采用单一路径，也即只有从"核到高速缓存"以及从"高速缓存到每个处理器核"的路径，路由器设计也简化很多，减小了功耗开销。

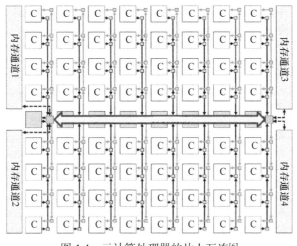

图 1.4 云计算处理器的片上互连[6]

近年来，研究人员试图寻求新的 NoC 体系结构来降低其日趋增大的功耗开销，例如多 NoC 设计(multi-NoC)[7]、异构 NoC(hetero-NoC)[8, 9]、无输入缓存的 NoC(bufferless-NoC)[10]以及基于硅激光互连的 NoC(optical-NoC)[11,12]等，此类互连网络具备卓越的传输带宽并减小了路由器的硬件开销，大幅降低了 NoC 的功耗，因此得到很多处理器设计者的青睐，但是随着处理器规模的不断增大以及运行应用的多样化，数据流在片上网络中的分布更加不可预测，其性能与功耗仍旧将是长期限制处理器整体能效的重要因素。

1.1.3 多核处理器的内存系统

多核处理器面临比单核时代更严重的访存效率问题，需要更高效的多级存储层次以及互连机构作为数据存储和搬运的介质以满足计算的数据带宽需求，类似单核处理器的存储层次，多核处理器同样通过设置寄存器、缓存(cache)、主存三大主要层次，利用局部性来缓和处理器与存储器之间的性能差距。由于多核处理器之间需要数据通信与同步，处理器核与各自私有的缓存之间，共有缓存之间、缓存与主存之间的通信都要通过片上以及片间的互连提供通道，所以整个存储层次通过互连组织成了一个整体，也就是多核处理器的内存系统。

多核处理器的缓存主要有两种实现方式，一种是软件控制的存储结构，也被称为高速暂存存储器，它可以通过程序显示地进行分配和访问，可以由系统直接从主存读入或写回，高速暂存存储器中的数据是主存数据的一个子集副本，本身的数据一致性完全由软件负责，大多数图形处理单元(graphics processing unit, GPU)和专用应用处理器(application specific instruction set processor, ASIP)中的片上缓存都属于这一类。另外一种就是对系统透明的缓存，其被广泛地应用到通用处理器中。此种缓存完全由硬件管理其数据替换、插入以及数据一致性，大多数同构片上多核通用处理器都采用此种缓存。多核处理器片上缓存通常分为多级，然后根据需要分为共享以及私有缓存。L1 缓存通常为处理器私有，容量空间相对较小，如 32KB 或 54KB。私有缓存只能被它所连接的处理器核所访问，而共有缓存可以通过互连为多个不同处理器所访问，这样可以获得较高的空间利用率，满足不同程序的动态需求。但是由于程序之间存在争用与干扰，共有缓存也会存在性能问题或公平性问题，这时候共有缓存需要有效的空间划分方法或替换算法保障程序性能。共有缓存可以在不同缓存层次中实现，例如 Sun 公司设计的 Rock 处理器采用多核共享 L1 缓存的形式，满足细粒度线程通信的需求。

常用的共有缓存一般位于末级缓存当中，因此具有较大的空间，由于常用的组相连缓存的访问形式依赖于地址解码和组内搜索，大容量的缓存会造成访问延迟上升等问题，所以大容量共有缓存常常会被物理划分为多个缓存体以提高访问并行性、访问带宽并减小访问延迟。缓存根据连接方式也可以分为集中式和分布式两种。集中式缓存作为一个整体提供统一的访问接口给各个处理器，而分布式的共有缓存则将各个缓存体分散到各个处理器当中，每一个处理器核既可以访问本地连接的缓存，也可以通过互连访问其他处理器连接的远端缓存。

传统的缓存采用均匀缓存访问架构(uniform cache architecture，UCA)，但是随着容量的增大，缓存内存全局互连线延迟对缓存访问性能的影响变得越来越大，一致性访问性能也不断恶化，因此出现了非均匀缓存架构(non-uniform cache architecture，NUCA)来克服大容量缓存性能可扩展性问题，NUCA 架构需要将划分后的共享缓存体连接起来供处理器核访问。

不管是私有的片上缓存还是共享的片上缓存，不论何种结构，数据通信如共享地址空间的数据交换、一致性协议等，均需由互连介质完成数据在缓存之间以及缓存与主存之间的搬运。传统的互连通常采用总线的形式实现，总线通过协调多对数据请求者/响应者之间的数据交换行为，实现共有连线的分时复用，但随着处理器片上的核越来越多，缓存容量导致的分块也越来越多，集中式的总线互连方式难以满足缓存与核，以及缓存与缓存之间数据通信带宽的需求，越来越多的多核处理器采用片上网络替代传统总线结构，并以间接的形式解决片上存储的通信带宽问题。典型的多核处理器采用如图 1.5 所示的体系结构作为物理通道连接到片外的内存模块。

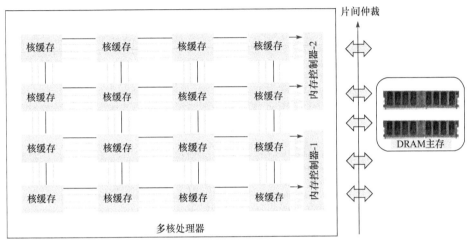

图 1.5 多核处理器主存与互连

不同于片上缓存，由于容量的需求，主存本身大多采用动态随机存储器 (dynamic random access memory，DRAM)作为存储介质。虽然 DRAM 制造厂商一直不断推出 SDRAM、ESDRAM、Rambus DRAM 等新型组织形式提升访存带宽，但是 DRAM 的带宽提升一直很缓慢，一方面是由于 DRAM 存储操作协议比较复杂，另一方面则由于芯片引脚的增长速度太慢，限制了物理位宽的增加。常用的 DRAM 访存协议采用 JEDEC 组织制定的 DDR×，随着商用 DRAM 内存从 DDR 发展到 DDR3、DDR4，主存带宽在不断增长，但是仍然跟不上处理器的带宽需求。DRAM 主存也根据计算平台需求演进出了低功耗的 LPDDR×，应用到嵌入式平台、消费电子甚至服务器中，但是其能效水平相对系统整体仍然是一个重要瓶颈。

近年来，研究人员试图寻求新型存储器件，替代动态随机存储器，例如相变存储器(phase change memory，PCM)、自旋磁矩存储器(spin-torque transfer RAM，STT-RAM)、铁电存储器(ferroelectric RAM，FERAM)等。此类存储器件具有很好的存储密度以及性能，同时具备非易失性(non-volatility)，拥有几乎可以忽略的静态功耗，并且掉电后存储内容不丢失，因此得到很多计算系统的青睐，但是这些新型存储器的性能仍然不足以缓解功耗和性能的平衡，即使它们具有替代 DRAM

作为主存的性能潜力，这一问题仍然会是一个长期困扰多核处理器性能的重要瓶颈。详细内容将在下一小节讲述。

1.2 多核处理器体系结构设计的关键问题

1.2.1 功耗与热能问题

在多核处理器的制造工艺进入亚微米时代以后，晶体管的供电电压下降并接近于其阈值电压的趋势一直没有改变。多核处理器集成的晶体管数目不断增多，电压下降的速度却在逐渐放缓。因此，未来的芯片设计注定会受到峰值功耗与散热等因素的制约，这使得处理器的多个核不可能同时运行在峰值状态，也使得处理器在实际运行当中大部分晶体管处于非活跃状态，即所谓的"暗硅(dark silicon)"问题[13,14]。暗硅问题促使芯片设计者寻找新的架构设计技术来提高晶体管的利用率以及处理器的能效(power efficiency)。同时，Venkatesh 等在实验中发现了"利用率墙"(utilization wall)问题[15]，该问题会导致芯片大部分区域都需要保持非活动状态以满足芯片的功耗预算要求。Venkatesh 等观察到在 3W的功耗预算情况下，一块 32nm 工艺的移动处理器芯片只能维持 1%的晶体管处于峰值频率下的同时跳变活动，进一步发现随着工艺尺寸的降低，这种利用率墙问题越来越严重。如图 1.6 所示，一块 40mm^2 尺寸的芯片在 3W 功耗预算的情况下，能够维持全速工作的晶体管数目不断下降。因此，采用低功耗技术提高芯片能效的需求变得越来越强烈。

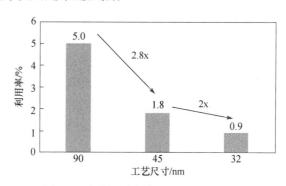

图 1.6 暗硅问题随着工艺发展日趋严重

随着多核处理器被运用到嵌入式系统中，移动设备、消费电子等低功耗的需求也变得越来越重要，手持式平板电脑和智能手机占据了传统计算机市场的大部分份额。消费电子产品搭载的硬件配置水平不断提升，屏幕耗电以及处理器主频均不断提升，电池使用寿命也成为影响消费者体验的一个重要问题。Intel 公司在

2010 年的一份报告中就消费者对移动计算的需求做了统计，如图 1.7 所示，消费者对移动计算最迫切的要求是低能耗，其次才是高性能。

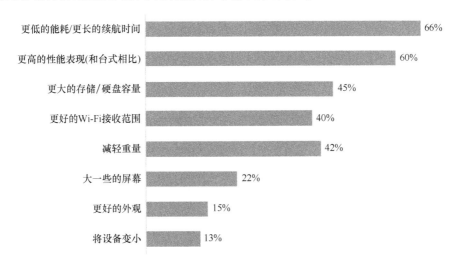

图 1.7 消费者对移动计算系统的需求(数据来源：Intel 公司)

除了嵌入式与移动计算平台，数据中心同样对计算机的能耗特性也非常敏感，因为数据中心的总拥有成本(total cost of ownership，TCO)直接取决于计算机的功耗以及散热，其中 80% 的电能消耗在服务器本身。除此之外，数据中心的散热系统，为了除去高功耗产生的热量，会进一步消耗额外的电能，因此数据中心计算机的能耗直接关系到数据中心的建设成本，换句话说大部分的运营开销花在了能耗以及散热系统上。

不论在数据中心还是移动平台，作为多核处理器系统的重要组成部分，内存系统消耗了很大部分能量，其能效特性也直接决定了多核处理器系统的能效整体水平。以数据中心计算机为例，主存模块的能耗可以达到服务器总能耗的 40%[16]，几乎和处理器本身相当，实际上如果把主存控制器的能耗也算进来，这个数字会更高。长期以来，处理器核能耗由于主宰多核处理器的能量消耗，有大量的研究工作与先进优化技术被提出用来改善与管理处理器的功耗，例如动态电压频率调节(dynamic voltage/frequency scheduling，DVFS)，以及核级的门控功耗(power gating，PG)技术。主存的能耗管理还缺少有效的优化技术。随着主存的容量与规模增长，以及接口协议(DDR×)与通信带宽的发展，主存功耗变得越来越不可忽视。同样，片上缓存容量增长，从最初的 KB 级容量到现在 32MB甚至 64MB 的规模(Intel Itanium 9550，32M；IBM Power7，64M)，不但占据了芯片面积的绝大部分，其功耗特别是静态漏电功耗也是多核处理器总功耗的重要来源之一。从图 1.8 中可以看到,典型处理器系统中,内存模块与片上缓存的能耗可以比处理器更高,随着应用规模的增大,能耗的增长也非常迅速。如何在保证内存系统性能的同时降低能耗,是多核处理器设计者必须考虑的问题。

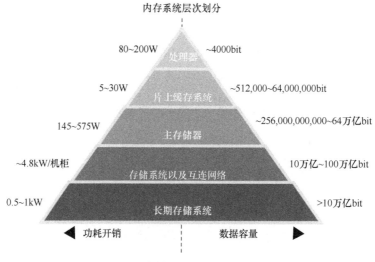

图 1.8　存储系统的功耗分解图[17]

作为多核处理器的重要组成部分,片上网络消耗的功耗也在逐年增大。最近研究表明[8,18,19],仅一套片上网络的功耗可以占到整个多核处理器的 10%～36%,几乎和缓存的功耗消耗相当。许多商用处理器利用多套片上网络来避免缓存一致性协议带来的死锁问题,如 Tilera 公司的 TILE64 处理器拥有五套片上网络负责路由不同的类型的数据包,RAW 公司利用两套片上网络来负责访存和操作数存取。同主存类似,对 NoC 的功耗管理也缺乏有效的技术。随着处理器核数目的大幅增长以及访存带宽需求的不断增大,片上网络的规模也不断增大,其功耗开销也直接决定了多核处理器的整体能效水平。

在 NoC 的功耗开销中,静态功耗(static power)的比例随着工艺的进步不断提升。Chen 等的研究表明[19],在 3GHz 的频率下用不同的制造工艺和供电电压对 NoC 的静态功耗进行评估,如图 1.9 所示,静态功耗由(1.2V,65nm)的工艺下所占的 17.9%增长到(45nm,1.1V)下的 35.4%,并再次增长到(32nm,1.0V)下的 47.7%。在工艺发展到 22nm 以后,静态功耗的比例还会继续增长。静态功耗是由晶体管的漏电电流决定的,无法通过路由、流控等减小动态功耗的技术(例如 DVFS)来减小静态功耗,这也导致在网络负载较小的时候,无法把 NoC 的功耗有效降低。

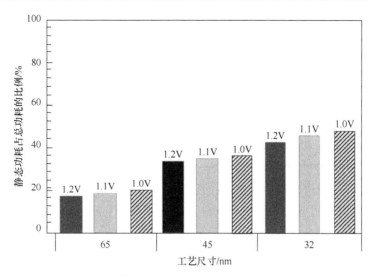

图 1.9　静态功耗随工艺尺寸减小而增加[19]

　　静态功耗的增大使得暗硅问题的影响也更为突出，在峰值功耗已经设定的前提下，处理器核尚且无法全部开启，但却必须花费大量的静态功耗开销以维持 NoC 的正常运行，使得 NoC 占整个处理器的功耗比例进一步提升，但功耗的消耗却无法转化为处理器的性能提升。如图 1.10 所示，Zhan 等研究了在暗硅条件下，NoC 的功耗消耗比例并构建了类似于 Sun 公司 Niagara 2 型处理器平台对各个功能硬件进行功耗评估[18]。当处理器核由于"暗硅"无法全部开启时，NoC 的功耗在 8 个处理器核时就已经和核本身的功耗旗鼓相当，在 16 核和 32 核时甚至超过了核消耗的功耗，是整个芯片最大的能量消耗者。在未来处理器核数目不断增大，晶体管集成度不断增加的情况下，NoC 的规模也会越来越大，拓扑结构也会变得复杂多样，因此更需要对 NoC 的功耗尤其是静态功耗进行管理和优化。

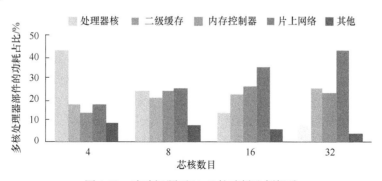

图 1.10　暗硅问题下 NoC 的功耗比例提升

1.2.2 高可靠设计问题

1. 集成电路工艺、良率造成的不可靠问题

集成电路工艺尺寸的下降、晶体管密模度的增长、供电电压的下降，这些因素都使得芯片本身变得越来越不可靠。首先是存储器件面临的严重良率问题，芯片的制造工艺过程中，可能遭遇多种系统误差而导致设计参数与生产参数产生偏差，从而导致各种良率问题，例如光刻掩模版的对准误差会使得光刻晶体管的沟道、栅极、源极等尺寸设计尺寸不符，离子掺杂浓度误差会导致阈值电压的偏差，这些误差使得晶体管在工作状态下表现出固定"0"(stuck-at-0)，固定"1"(stuck-at-1)等故障模型。另外，金属引线的垫积、光刻也会由于机械误差而产生开路(open)、桥接(bridge)等故障模型。这些由工艺误差导致的存储芯片良率问题非常严重，如图 1.11 所示，随着存储密度的上升，存储芯片的良品率降低得非常快。随着工艺进步以及存储器规模不断增长[20]，芯片面临的良率问题越来越严重，简单地通过测试并丢弃瑕疵芯片的做法变得越来越不经济。高可靠技术对于屏蔽故障效应，提升芯片良率非常重要。

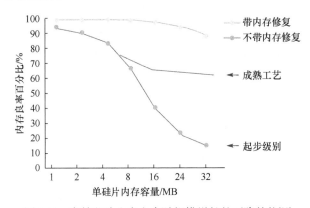

图 1.11　存储芯片生产良率随规模增长的下降趋势[20]

另外，除了制造过程中的良率问题，芯片本身也面临着老化故障的困扰，图 1.12 中浴盆曲线描述了老化问题在芯片使用的过程当中，逐渐积累产生的固定故障情况。老化的原因来自多方面，例如，由于持续的电流输运，芯片的金属连线会产生电迁移(electro-migration，EM)效应，这是一种质量输运效应，电子或空穴在定向运动的同时可能会影响金属离子的排列，导致连线产生空洞，从而发生开路故障，或者在局部产生堆积，导致连线变宽而连接到周围器件或布线，从而发生桥接故障。另外负偏压温度不稳定性(negative bias temperature instability, NBTI)效应以及热电子迁移效益(hot-electron effect)，会通过使晶体管二氧化硅栅极陷阱捕获迁移的电子，从而改变晶体管的阈值电压，影响晶体管

开关速度，严重时导致通路延迟上升，发生电路关键路径的时序故障。这些老化问题都会随着工艺尺寸缩小变得日益严重。从图 1.12 中可以发现，芯片在使用寿命的早期与晚期都有可能遭受严重的老化问题。

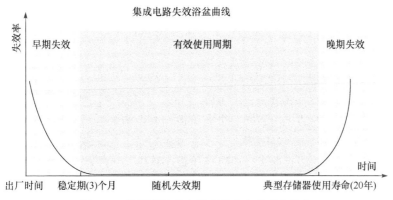

图 1.12　故障率随着电路老化产生的变化趋势

除了制造问题与老化导致的固定故障，芯片本身还面临着多种瞬态故障源和间歇性故障。65nm 以下工艺中，软错误(soft-error)对存储单元的正常运行造成严重影响，引起电路产生软错误的辐射源主要有三种。①低能中子粒子：低能中子来源于太空，当半导体材料中存在硼 10 元素时，两者就会发生核反应而释放出 α粒子。②电路内部产生的 α 粒子：半导体材料以及封装材料，互连材料中的放射性杂质(例如铅)在衰变过程中会释放出 α 粒子，并且只需要很少量的放射性杂质就会对电路的可靠性造成影响。③高能中子粒子：该粒子翻转效应(single event upset，SEU)会通过引起电流脉冲信号，使存储单元、组合电路中保持的正确数据被破坏。据有关资料，SEU 的瞬态故障率为永久故障率的 1000 倍。系统的存储单元遭受软错误而得不到纠正，可能直接导致系统无声数据崩溃(silent data corruption)[21]。

多伦多大学的 Huang 等通过分析阿贡国家实验室(Argonne National Laboratory，ANL)、劳伦斯·利弗莫尔国家实验室(Lawrence Livermore National Laboratory，LLNL)的超级计算机，还有 Google 公司数据中心的内存监控数据，追溯通常情况下处理器系统发生崩溃或故障的原因。他们发现，DRAM 内存遭受的软错误与潜在固定故障是造成数据错误的主要原因，他们还发现大部分的瞬态故障倾向于重复在存储器某些位置出现，这是由工艺偏差导致存储单元特性的不稳定性的表现[22]。因此，在当前高密度、低电压、纳米级工艺环境下，存储器的故障类型变得更加不可预测，试图采用传统测试定位的方法排除故障也变得越来越难。当电路失效与故障成为常态的时候，寻求结合电路级与其他系统层面的跨层容错技术将成为一种趋势。

2. 电压紧急、热效应以及老化效应造成的可靠问题

多核处理器的发展面临着功耗问题的严峻挑战，受芯片封装能力的限制，未来可能出现芯片内的数个处理器核无法同时工作的情况，即暗硅问题。为缓解该现象，低功耗设计技术必不可少，然而这一目标受到了电压紧急和热效应问题的严重阻碍，下面将详细阐述多核处理器中的电压紧急及热效应造成的可靠问题。

1) 电压紧急问题

处理器供电网络可抽象为一个 RLC 电路，其抽象电路图如图 1.13 所示。处理器核在供电网络中的作用如同一个电流源，其电流随处理器核内流水线活动状态的变化而变化。由于供电网络上存在着寄生阻抗，电流波动会在寄生阻抗上引起电压波动，用公式(1.1)对该波动进行建模，其中，ΔV 为波动的电压值；R_p 和 L_p 分别表示寄生电阻和寄生电感。

$$\Delta V = IR_p + L_p \frac{\mathrm{d}I}{\mathrm{d}t} \tag{1.1}$$

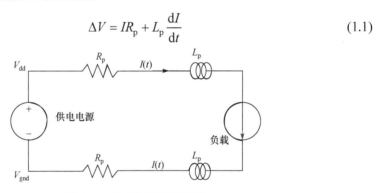

图 1.13　供电网络简略模型

这种电压波动会影响处理器的正常工作，如图 1.14 所示，当波动为正向时，电压高于额定范围，可能加速系统老化效应，对系统的稳定性有负面影响；当波动为负向时，可能引发时延故障。随着处理器的负载增加，后一种情况(负向

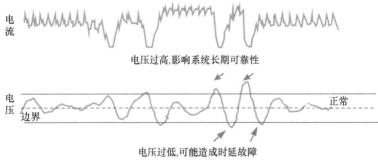

图 1.14　电流波动与电压波动

波动)出现的可能性更大。若电压值低于处理器正常工作的电压值，会直接影响系统的正确运行。本书后续章节沿用文献[23]的命名，称这种造成低于预警值的电压降为电压紧急(voltage emergency)。电压波动与供电网络参数和负载波动有关，当供电网络寄生阻抗较大，负载波动剧烈时，电压紧急较为严重(如式(1.1)所示)。寄生阻抗的大小受供电网络影响，负载波动受到程序特性和处理器体系结构的影响，所以供电网络、程序特性和体系结构这三个因素共同影响了处理器内的电压波动。

随着芯片工艺技术发展，电压紧急对处理器可靠设计的负面影响日益严重。主要有以下原因：首先，寄生阻抗的影响愈加显著；在 ITRS 2015 路线图中，相对阻抗(目标阻抗与寄生阻抗之比)的趋势将逐渐变小，如图 1.15 所示[24]，因此寄生阻抗引起的电压波动将日益加剧；其次，负载波动愈加剧烈，由于集成度增加，处理器的峰值负载增加，为解决功耗问题，设计者使用低功耗技术对处理器进行功耗分配，因而峰值负载和平均负载的差距增大，电流变化也更为剧烈。

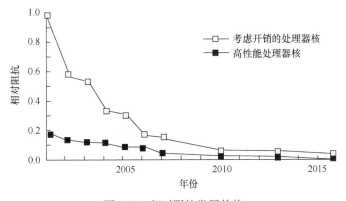

图 1.15　相对阻抗发展趋势

寄生阻抗和电流波动这两个因素共同加剧了电压紧急问题，且随着集成电路工艺节点的提升而逐渐加剧[25]。早期工业界普遍的解决办法是提高电压余量，但该方法会造成巨大的性能损失。在 Intel Core-2[26]处理器中，电压余量被设置为14%，而 IBM Power6 处理器预留近 20%的电压余量[27]。图 1.16 显示了在四种不同工艺尺寸下(45nm，32nm，22nm，16nm)，由工艺预测模型[28]估算不同电压余量情况下的峰值工作频率，该模拟结果是基于十一级四扇出(fanout-of-4，FO4)反相器的环形振荡器得到的。图 1.16 表明在 32nm 下，预留 20%的电压余量会使系统的工作频率降低 33%，造成显著的性能降级，因此研究低开销的电压紧急高可靠设计对多核处理器系统的性能与功耗至关重要。

2) 热效应与电路老化效应问题

随着系统集成度增加和功耗密度增大，热效应也更为严重。功耗和温度的关

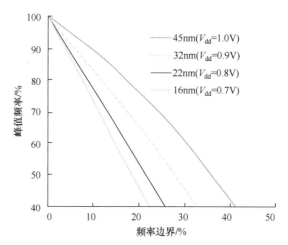

图 1.16　不同工艺尺寸下电压余量与峰值频率的关系[25]

系可用式(1.2)来描述[29]。其中，$\mathcal{M}=\{1,2,\cdots,n_c\}$ 表示芯片上的处理器核，$\mathcal{H}=\{n_c+1,n_c+2,\cdots,n_c+n_s\}$ 表示散热片；C_j 表示处理器 j 上散热片的热容，而 $R_{j,\ell}$ 表示任意核或者散热片 i,j ($i,j\in\mathcal{M}\cup\mathcal{H}$)间的热导率；$T_0$ 为环境温度，是常数；$R_{j,0}$ 表示的是任意散热片与环境间的热导率，当 $j\in\mathcal{M}$ 时，$R_{j,0}=0$，即核与环境间的热导率为 0；在公式(1.2)中，C_j 和 $R_{j,\ell}$ 与芯片散热特性有关；$P_j(t)$ 表示时刻 t 时，处理器核 j 的功耗。由公式可见，温度变化率与功耗呈线性关系，即温度受功耗累积效应的影响。

$$C_j\frac{\mathrm{d}T_j(t)}{\mathrm{d}t}=P_j(t)-R_{j,0}\left[T_j(t)-T_0\right]-\sum_{\ell\in\mathcal{M}\cup\mathcal{H}}R_{j,\ell}[T_j(t)-T_\ell(t)] \tag{1.2}$$

热效应可能导致局部温度过高，损害处理器的性能及可靠：首先，温度升高会增加连线电阻，减少晶体管的驱动能力，导致电路时延增大；其次，温度升高会增加静态功耗，形成热能积累正反馈；此外，温度升高还会加速老化并引发后续一系列不可靠问题，例如：电迁移效应、压力迁移(stress migration，SM)效应、时变击穿(time-dependent dielectric breakdown，TDDB)效应、交变热应力(thermal cycling，TC)和负偏压不稳定性效应等。

金属互连是集成电路非常重要的组成部分，通过互连线将晶体管、门电路、电路模块连接在一起。但是，随着工艺尺寸的缩小，金属互连中的电流密度却急剧增加。互连中的金属原子在静电场力的驱使下会发生迁移，迁移发生严重时会造成电路或系统失效，金属原子的运动就是电迁移。电迁移通常是指在电场的作用下导电离子运动造成元件或电路失效的现象，在这个过程会产生物质输运现象。在电迁移应力的作用下，金属原子在电流的作用产生定向运动，使得互连线中的局部形成空洞，互连的电阻增大，影响器件或电路的性能；当互连在应力作用下继续发生原子的定向移动，可能会使互连的空洞贯穿互连线的横截面，造成电路断路，使器件或电路失效；定向移动的金属原子会在导致互连的某处累积，在互连形成晶须，晶须不断累积可能会导致互连线间或互连层间发生短路。如果晶须继续"生长"，可能会刺穿芯片的钝化层，造成隐患。

电迁移效应通常发生在处理器的金属连接线中，动量交换原理使原子从导线的一端迁移到另一端，导致电阻增大或者短路。文献[30]量化了电迁移效应对可靠性的影响，该效应的平均无故障时间(mean time to failure，MTTF)如式(1.3)所示：

$$MTTF_{EM} \propto \left(J \right)^{-n} e^{\frac{E_{\alpha_{EM}}}{kT}} \tag{1.3}$$

其中，J 是当前导线的电流密度；$E_{\alpha_{EM}}$ 是电迁移的激活能量值，n 和 $E_{\alpha_{EM}}$ 都是由金属线特性决定的常数；k 是波尔兹曼常数；T 是绝对热力学温度。

压力迁移效应：如同电迁移，机械应力可能导致导线中的金属原子迁移。金属的热胀冷缩系数不同，可能导致热应压力。文献[30]量化了热应压力对可靠性的影响，MTTF 时间式(1.4)所示。

$$MTTF_{SM} \propto \left| T_0 - T \right|^{-n} e^{\frac{E_{\alpha_{SM}}}{kT}} \tag{1.4}$$

其中，T 是绝对温度；T_0 是金属的无应力温度；n 和 $E_{\alpha_{SM}}$ 都是由金属线特性决定的常数。

TDDB 效应：介质击穿是指栅氧化层的阳极和阴极之间形成一条导电通路，使得介质材料由绝缘状态转变为导电状态的现象。栅氧化层击可分为两种。一种是瞬时击穿，当加在栅氧上的场强超过其本征击穿场强时，栅电流瞬间变得很大，栅氧化层立即发生击穿。栅氧化层的厚度不均匀、空洞(针孔或盲孔)、裂缝、杂质、纤维丝等疵点都会导致局部电场过大而发生击穿。这种由宏观缺陷引起的介质击穿又叫非本征击穿，如果介质材料内部没有上述缺陷，是由构成材料共价键或离子键的断裂而引起的击穿称为本征击穿。另一种重要的击穿是与时间有关的介质击穿，也称为时变击穿或者经时击穿，即施加在栅氧化层上的电场低于其本征击穿场强因此并未引起本征击穿，但经历一定时间后栅氧化层才会发生了击穿，这种击穿是由于价键断裂引起的，属于本征击穿。TDDB 是由电应力作用使氧化层内部不断产生缺陷并相互聚集，最终形成导电通路而发生的。TDDB 效应是电路逐渐老化的结果，可能导致晶体管的失效。文献[31]量化了该效应对可靠性的影响，MTTF 如式(1.5)所示。

$$\mathrm{MTTF_{TDDB}} \propto \frac{1}{V}\bigg|^{(a-bT)} \mathrm{e}^{\frac{X+\left(\frac{Y}{T}\right)+ZT}{KT}} \tag{1.5}$$

其中，T 是绝对温度；K, a, b, X, Y 和 Z 是拟合参数。

交变热应力是由温度变化引起的一种效应，可能对处理器造成永久性损害，该损害累积效应有可能使处理器硬件发生失效。交变热应力分为两种：一种的温度变化周期长，常发生于芯片开启与关停的阶段；另外一种的温度变化周期短，通常是由细粒度功耗管理造成的。由于后者暂时还无工业数据，缺乏验证模型。文献[30]量化了前一种交变热应力对可靠性的影响，MTTF 如式(1.6)所示。

$$\mathrm{MTTF_{TC}} \propto \left(\frac{1}{T-T_{\mathrm{ambient}}}\right)^{q} \tag{1.6}$$

其中，T_{ambient} 是环境开尔文温度；q 是与材料特性相关的经验参数。

NBTI 效应：首先，偏压温度不稳定性是指器件的阈值电压在高温应力或高电压应力下，随着应力时间的增加，向更正或更负的方向漂移、业阈值斜率减小、跨导和漏电流变小等，引起模拟电路中晶体管间的失配，数字电路的工作频率下降，静态噪声容限减小。PMOS 晶体管的负栅压温度不稳定性尤其严重，被称为 NBTI。NBTI 是一种 PFET 场效应管的电化学反应，可能导致晶体管的阈值电压增大，从而引起时延故障[32]。文献[32]量化了该效应对可靠性的影响，MTTF 时间如式(1.7)所示。

$$\mathrm{MTTF_{NBTI}} \propto \left\{ \left[\ln\left(\frac{A}{1+2\mathrm{e}^{\frac{B}{kT}}}\right) - \ln\left(\frac{A}{1+2\mathrm{e}^{B/kT}}-C\right)\right] \times \mathrm{e}^{\frac{T}{-D/kT}} \right\}^{1/\beta} \tag{1.7}$$

其中，A，B，C，D 和 β 是拟合参数；k 是波尔兹曼常量。

总之，热效应问题严重危害了处理器可靠性，由于系统功耗密度逐代增加，热效应问题将更为严重。文献[30]中的实验发现，运行 SPECint 程序集时，随着工艺尺寸从 130nm 减小到 65nm，峰值温度升高了近 20℃。温度的升高会导致系统的 MTTF 降低，温度升高 10℃，系统失效率可增加一倍。因此，研究针对热能问题的功耗管理技术对提高多核处理器的可靠性非常重要。

1.3　本书章节组织结构

本书作者在多核处理器体系结构，尤其是低功耗和高可靠方面长期从事基础研究,取得了丰硕的成果,在 *IEEE Transactions on Computers, IEEE Transactions on*

Very Large Scale Integration (VLSI) Systems，*IEEE Transactions on Computer Aided Design of Integrated Circuits and Systems, International Symposium on Computer Architecture*，*International Symposium on High Performance Computer Architecture*，*International Design Automation Conference*，*Design Automation & Test in Europe* 等国际期刊和会议上发表多篇论文[33-49]，此外，还出版了多部专著[50-52]。本书主要从多核处理器体系结构各个关键组成部分的角度，逐一阐述低功耗、高可靠设计方法以及可测试性设计方法。第 2～7 章主要介绍多核处理器核、片上网络以及内存系统的低功耗和高可靠设计方法。这三类是多核处理器芯片的重要组成部分。第 8、9 章在传统多核处理器体系结构基础上，介绍新型三维堆叠处理器的体系结构以及对应的低功耗和高可靠设计方法。第 10 章从方法学角度介绍了多核处理器可测试性设计方法并结合 DPU-M 这一多媒体多核处理器芯片进行实例讲解。第 11 章介绍了多核处理器的典型应用——数据中心系统，并详细说明了影响数据中心系统的功耗和性能指标及其对应的优化方法。第 12 章总结全书并对多核处理器的未来研究趋势进行了展望。下面分别简要介绍各章主要内容。

第 2 章介绍处理器核的低功耗设计。针对现有功耗和热能管理的方法，介绍功耗管理所需硬件支持，然后介绍了面向性能优化的功耗管理方法，并概述了热能管理所需的硬件支持与现有面向热能安全的功耗管理。由于功耗分配和热能管理对多核处理器的效能起着关键作用，但是现有功耗分配方法仅关注芯片级功耗约束下的程序性能优化，难以保障芯片的热能安全。同时，现有热能管理仅关注在芯片热能安全下热能约束和功耗容量的静态关系，尚未考虑程序需求和特性，难以获得优化的程序性能。针对该问题，本章实验分析了不同线程策略下，热能约束与功耗容量之间的关系，提出了一种热能功耗容量的估算模型，作为连接性能优化和热能安全的桥梁，并验证实验结果的有效性。

第 3 章介绍处理器核的高可靠设计。电压紧急与供电网络、程序特性和体系结构三个因素有关，本章概述了这三个因素的发展趋势，及其对电压紧急的影响，然后对现有电压紧急可靠设计研究工作进行了介绍和分析并针对这三个因素，从不同层次(例如，电路级、微体系结构级、指令级、线程级)，在不同阶段(消除、避免和恢复)对电压紧急进行高可靠设计。接下来结合供电网络和并行程序的电压特性，提出了一种异质线程共电压域的线程调度方法，将电压特性平缓的线程与电压特性紧急线程调度在同一电压域，减少供电网络的电压波动以减少电压紧急的发生次数，最后通过实验验证该方法的有效性及对性能的影响。

第 4 章介绍片上互连网络的低功耗设计。随着集成电路制造工艺技术的不断演进，片上网络的功耗占比逐渐增加，尤其是静态功耗逐渐成为总功耗的主要贡献源头，成为制约处理器整体能效的主要瓶颈。本章介绍了一种穿梭片上网络设计及其对应的节点级功耗管理。通过在每个节点间加入链路重构模块，数据包可以在子网之间自由穿梭，使得每个节点的带宽可以动态改变以适应数据流的时空分布，从根源上攻克了数据流的时空异构性对片上网络功耗管理带来的挑战。

第5章介绍片上网络的高可靠设计。首先，介绍总线串扰效应的基本概念，影响以及容错设计。接着，针对片上网络的存储转发机制，阐述如何在这种机制下预测潜在的串扰故障，并利用错开信号跳变来容忍串扰导致的尖峰和时延故障，以及信号跳变时间可调整方法的时钟约束。最后，详细介绍实现这种方法的硬件系统，并从时延性能、面积开销以及功耗开销三个方面的时延结果来验证本方法的有效性。

第6章介绍多核处理器内存系统的低功耗设计。首先介绍有关多核处理器内存系统优化技术的国内外研究成果与动态：根据优化目标分为片上缓存与内存控制器、静态功耗优化以及动态功耗优化三个技术方面，并详细阐述了国内外的研究成果。接下来，分析现有传统 DRAM 主存架构的主要问题，以及现有光通信内存连接方式的特点，进一步阐述光通信为内存设计所带来的机遇，以及对访存局部性和访存操作带来的体系结构级影响。最后，提出基于硅基光通信的内存设计结构，以及改进内存能效的两项主要技术：超预取技术与页折叠技术。

第7章介绍多核处理器内存系统的高可靠设计。片上缓存高可靠优化技术主要用于解决两类问题，一类是缓存的瞬态故障，如软错误；另一类是固定故障，比如工艺偏差引起的晶体管故障。本章首先从电路级和体系结构级介绍片上缓存的容错技术。接着，针对片上缓存常用的 NUCA 结构，发现节点隔离会对 NUCA 结构造成严重影响，在物理地址空间造成一系列不可访问的区域，称为"地址黑洞"，当处理器访问这段空间的数据时候，会引发数据失效。通过栈距离分析以及重映射片上路由器，可以有效屏蔽地址黑洞。为了将故障容忍的性能损失降到最低，进一步提出基于利用率的重映射方法来最小化缓存空间损失。

第8章介绍新型多核处理器体系结构——三维堆叠处理器的低功耗设计方法。在典型的三维堆叠多核处理器中，硅通孔连线(through silicon via，TSV)被认为是一项很有竞争力的三维集成技术，相较其他的集成选择如线绑定、微块和无触点式，它拥有密度更高以及延迟更短的连线。然而，对于低纵向维度的对称三维网格式片上网络，将 TSV 等同为平面连线资源，均匀分配它们到每个路由器节点通常会导致低下的资源利用率，从而增加能耗。本章在介绍三维集成电路的基本架构以后，详细介绍一种 TSV 共享技术来优化 TSV 资源的利用率，从而提高三维集成电路的能效。接着，提出异构的 TSV 共享方案用于优化三维堆叠多核处理器的片上通信。TSV 共享方法不仅能够显著减少 TSV 衬垫占据的平面面积，而且能够以很小的性能代价提升 TSV 的利用率。

　　第 9 章阐述了三维堆叠处理器的高可靠设计。相对于传统封装的处理器，三维堆叠处理器由于在一个芯片中叠加了多层晶片，电源网络的负载更大、供电路径更长，面临着更为严重的电压噪声问题。针对该问题，本章首先实验分析了三维堆叠处理器内电压噪声的分布特点：①由于供电路径长短不一，处理器中各层芯片的电压噪声分布不均；②紧急线程的垂直分布对电压噪声有显著影响。基于这两点特性，本章首先提出一种分层隔离电压噪声的设计，避免单层故障传播到整个芯片。在此基础上，提出了一种紧急线程优先的线程调度方法，减少电压噪声。

　　第 10 章针对多核处理器的可测试性设计进行阐述，并以一款用于多媒体处理的异构多核芯片 DPU_m 为例，提出一套完整的可测试性设计方案。多核处理器的芯片系统设计具有强调自顶向下、突出重用性、重视低功耗的特点，给集成电路的可测试性设计带来了严峻的挑战。本章首先针对逻辑电路的可测试性设计，采用自顶向下的模块化设计思想，提出并实现了一种分布式与多路选择器相结合的测试访问机制；并根据模块级评估结果进行顶层测试会话的划分，实现了顶层测试协议文件的映射流程，完成顶层跳变故障和固定型故障的测试向量生成。其次，针对实速时延测试的需求，提出一种基于片上时钟生成器的时钟控制单元，可在片上支持不同时钟域、六种时钟频率的实速时延测试。最后，针对存储器电路的自测试，提出一个串并行结合的存储器内建自测试结构，在最大测试功耗的约束下有效地减少了测试时间，并进一步设计了顶层测试结果的输出电路。

　　第 11 章介绍了基于异构多核处理器的数据中心 TCO 优化方法。随着对大数据处理需求的不断上升，业界迫切地需要有效的解决方案来评估数据中心服务器的有效算力，以进一步提升基于多核处理器的服务器平台的能效。异构多核处理器有多种类型的核心供应用选择，核心在频率、电压、指令发射宽度、流水线级数、缓存容量等配置上截然不同。应用、负载在计算并行度、存储密集度、线程并行度等程序特征上的差异会使它们在不同资源配置下产生的性能、功耗不同。不同应用在异构系统中均有机会选择适合自身程序特征的资源配置以提升能效。本章首先提出一个针对异构多核处理器的性能预测模型。模型能够同时捕捉多线程并行技术、异构核心间线程迁移技术对性能的影响，并客观反映它们之间相关性。接着，提出一个异构多核处理器的能效优化方法。该方法由一个协同的、自适应的性能预测模型和一个功耗预测模型组成，能在一定的功耗阈值下计算出最优的资源配置方案来最大化异构多核处理器的能效。最后，针对数据中心运行成本的重要指标 TCO，设计了一个成本效益导向的异构数据中心更新方案，在一定的资金预算下，该更新方案可以给出成本效益最高的服务器投资组合。

　　第 12 章总结全书内容，对多核处理器设计优化技术的未来发展予以展望。

参 考 文 献

[1] Wentzlaff D, Griffin P, Hoffmann H, et al. On-chip interconnection architecture of the tile processor [J]. IEEE Micro, 2007, 27 (5): 15-31.

[2] Nawathe U G, Hassan M, Warriner L, et al. An 8-Core 64-Thread 64b power-efficient SPARC SoC [C]//Proceedings of the IEEE International Solid-State Circuits Conference, San Francisco, 2007: 108-590.

[3] Kahle J A, Day M N, Hofstee H P, et al. Introduction to the cell multiprocessor [J]. IBM Journal of Research and Development, 2005, 49 (4, 5): 589-604.

[4] Dropsho S, Kursun V, Albonesi D H, et al. Managing static leakage energy in microprocessor functional units [C]//Proceedings of the International Symposium on Microarchitecture, Istanbul, 2002: 321-332.

[5] Lotfi-Kamran P, Grot B, Ferdman M, et al. Scale-out processors [C]//Proceedings of the International Symposium on Computer Architecture, Portland, 2012: 500-511.

[6] Lotfi-Kamran P, Grot B, Falsa B. NOC-Out: Microarchitecting a scale-out processor [C]//Proceedings of the International Symposium on Microarchitecture, Vancouver, 2012: 177-187.

[7] Das R, Narayanasamy S, Satpathy S K, et al. Catnap: Energy proportional multiple network-on-chip [C]//Proceedings of the International Symposium on Computer Architecture, Tel-Aviv, 2013: 320-331.

[8] Mishra A K, Das R, Eachempati S, et al. A case for dynamic frequency tuning in on-chip networks [C]//Proceedings of the International Symposium on Microarchitecture, New York, 2009: 292-303.

[9] Mishra A K, Vijaykrishnan N, Das C R. A case for heterogeneous on-chip interconnects for CMPs [C]//Proceedings of the International Symposium on Computer Architecture, San Jose, 2011: 389-399.

[10] Hayenga M, Jerger N E, Lipasti M. SCARAB: A single cycle adaptive routing and bufferless network [C]//Proceedings of the International Symposium on Microarchitecture, New York, 2009: 244-254.

[11] Kurian G, Miller J E, Psota J, et al. ATAC: A 1000-core cache-coherent processor with on-chip optical network [C]//Proceedings of the International Conference on Parallel Architectures and Compilation Techniques, Vienna, 2010: 477-488.

[12] Binkert N, Davis A, Jouppi N P, et al. The role of optics in future high radix switch design [C]//Proceedings of the International Symposium on Computer Architecture, San Jose, 2011: 437-447.

[13] Esmaeilzadeh H, Blem E, St. Amant R, et al. Dark silicon and the end of multicore scaling [C]//Proceedings of the International Symposium on Computer Architecture, San Jose, 2011: 365-376.

[14] Hardavellas N, Ferdman M, Falsafi B, et al. Toward dark silicon in servers [J]. IEEE Micro, 2011, 31 (4): 6-15.

[15] Venkatesh G, Sampson J, Goulding N, et al. Conservation cores: Reducing the energy of mature computations [C]//Proceedings of the International Conference on Architectural Support for

Programming Languages and Operating Systems, Pittsburgh, 2010: 205-218.

[16] Luis A B, Jimmy C, Urs H. The Datacenter as a Computer: An Introduction to the Design of Warehouse-Scale Machines [M]. New York: Morgan & Claypool, 2013.

[17] Li J, Martinez J F. Dynamic power-performance adaptation of parallel computation on chip multiprocessors [C]//Proceedings of the International Symposium on High-Performance Computer Architecture, Austin, 2006: 77-87.

[18] Zhan J, Xie Y, Sun G Y. NoC-sprinting: Interconnect for fine-grained sprinting in the dark silicon era [C]//Proceedings of the Design Automation Conference, San Francisco, 2014: 1-6.

[19] Chen L Z, Pinkston T M. NoRD: Node-router decoupling for effective power-gating of on-chip routers [C]//Proceedings of the International Symposium on Microarchitecture, Vancouver, 2012: 270-281.

[20] Zorian Y. Embedded memory test and repair: Infrastructure IP for SOC yield [C]//Proceedings of the International Test Conference, Baltimore, 2002: 340-349.

[21] Shivakumar P, Kistler M, Keckler S W, et al. Modeling the effect of technology trends on the soft error rate of combinational logic [C]//Proceedings of the International Conference on Dependable Systems and Networks, Washington D.C., 2002: 389-398.

[22] Huang A, Stefanovici I, Schroeder B. Cosmic rays don't strike twice: Understanding the nature of DRAM errors and the implications for system design [C]//Proceedings of the International Conference on Architectural Support for Programming Languages and Operating Systems, London, 2012: 111–122.

[23] 潘送军. 基于脆弱因子的微处理器体系结构级可靠性分析与优化 [D]. 北京: 中国科学院大学, 2011.

[24] Healy M, Vittes M, Ekpanyapong M, et al. Multiobjective microarchitectural floorplanning for 2-D and 3-D ICs [J]. IEEE Transactions on Computer-Aided Design of Integrated Circuits and Systems, 2007, 26 (1): 38-52.

[25] Reddi V J, Kanev S, Kim W, et al. Voltage smoothing: Characterizing and mitigating voltage noise in production processors via software-guided thread scheduling [C]//Proceedings of the International Symposium on Microarchitecture, Atlanta, 2010: 77-88.

[26] Naveh A, Rotem E, Mendelson A, et al. Power and thermal management in the Intel Core Duo processor [J]. Intel Technology Journal, 2006, 10: 109-122.

[27] James N, Restle P, Friedrich J, et al. Comparison of split-versus connected-core supplies in the POWER6 microprocessor [C]//Proceedings of the IEEE International Solid-State Circuits Conference, San Francisco, 2007: 298-604.

[28] Zhao W, Cao Y. New generation of predictive technology model for sub-45nm design exploration [C]//Proceedings of the International Symposium on Quality Electronic Design, San Jose, 2006: 6-590.

[29] Wang S Q, Chen J J. Thermal-aware lifetime reliability in multicore systems [C]//Proceedings of the International Symposium on Quality Electronic Design, San Jose, 2010: 399-405.

[30] Jayanth S, Adve S V, Pradip B, et al. Lifetime reliability: Toward an architectural solution [J]. IEEE Micro, 2005, 25 (3): 70-80.

[31] Wu E, Sune J, Lai W, et al. Interplay of voltage and temperature acceleration of oxide breakdown for ultra-thin gate oxides [J]. Solid-State Electronics, 2002, 46 (11): 1787-1798.

[32] Zafar S, Lee B, Stathis J, et al. A model for negative bias temperature instability in oxide and high-K pFETS [C]// Symposium on Very Large Scale Integration Technology, Austin, 2004, 208-209.

[33] Hu X, Xu Y, Hu Y, et al. SwimmingLane: A composite approach to mitigate voltage droop effects in 3D power delivery network [C]//Proceedings of the Asia and South Pacific Design Automation Conference, Singapore, 2014: 550-555.

[34] Hu X, Xu Y, Ma J, et al. Thermal-sustainable power budgeting for dynamic threading [C]//Proceedings of the Design Automation Conference, San Francisco, 2014: 1-6.

[35] Hu X, Yan G H, Hu Y, et al. Orchestrator: A low-cost solution to reduce voltage emergencies for multi-threaded applications [C]//Proceedings of the Design, Automation & Test in Europe Conference & Exhibition, Grenoble, 2013: 208-213.

[36] Lu H, Chang Y S, Lin N, et al. ShuttleNoC: Power-adaptable communication infrastructure for many-core processors [J]. IEEE Transactions on Computer-Aided Design of Integrated Circuits and Systems, 2019, 38 (8): 1438-1451.

[37] Lu H, Fu B Z, Wang Y, et al. RISO: Enforce noninterfered performance with relaxed network-on-chip isolation in many-core cloud processors [J]. IEEE Transactions on Very Large Scale Integration (VLSI) Systems, 2015, 23 (12): 3053-3064.

[38] Lu H, Yan G H, Han Y H, et al. RISO: Relaxed network-on-chip isolation for cloud processors [C]//Proceedings of the Design Automation Conference, Austin, 2013: 1-6.

[39] Lu H, Yan G H, Han Y H, et al. ShuttleNoC: Boosting on-chip communication efficiency by enabling localized power adaptation [C]//Proceedings of the Asia and South Pacific Design Automation Conference, Chiba, 2015: 142-147.

[40] Ma J, Yan G H, Han Y H, et al. Amphisbaena: Modeling two orthogonal ways to hunt on heterogeneous many-cores [C]//Proceedings of the Asia and South Pacific Design Automation Conference, Singapore, 2014: 394-399.

[41] Ma J, Yan G H, Han Y H, et al. An analytical framework for estimating scale-out and scale-up power efficiency of heterogeneous manycores [J]. IEEE Transactions on Computers, 2016, 65 (2): 367-381.

[42] Yan G H, Li Y M, Han Y H, et al. AgileRegulator: A hybrid voltage regulator scheme redeeming dark silicon for power efficiency in a multicore architecture [C]//Proceedings of the International Symposium on High Performance Computer Architecture, New Orleans, 2012: 1-12.

[43] Yan G H, Liang X Y, Han Y H, et al. Leveraging the core-level complementary effects of PVT variations to reduce timing emergencies in multi-core processors [C]//Proceedings of the International Symposium on Computer Architecture, Saint-Malo, 2010: 485-496.

[44] Fu B Z, Han Y H, Li H W, et al. ZoneDefense: A fault-tolerant routing for 2-D meshes without virtual channels [J]. IEEE Transactions on Very Large Scale Integration (VLSI) Systems, 2014, 22 (1): 113-126.

[45] Fu B Z, Han Y H, Ma J, et al. An abacus turn model for time/space-efficient reconfigurable

routing [C]//Proceedings of the International Symposium on Computer Architecture, San Jose, 2011: 259-270.

[46] Wang Y, Zhang L, Han Y H, et al. Data remapping for static NUCA in degradable chip multiprocessors [J]. IEEE Transactions on Very Large Scale Integration (VLSI) Systems, 2015, 23(5): 879-892.

[47] Wang Y, Han Y H, Li H W, et al. VANUCA: Enabling near-threshold voltage operation in large-capacity cache [J]. IEEE Transactions on Very Large Scale Integration (VLSI) Systems, 2016, 24 (3): 858-870.

[48] Wang Y, Han Y H, Zhang L, et al. Economizing TSV resources in 3-D network-on-chip design [J]. IEEE Transactions on Very Large Scale Integration (VLSI) Systems, 2015, 23 (3): 493-506.

[49] Liu C, Zhang L, Han Y H, et al. Vertical interconnects squeezing in symmetric 3D mesh network-on-chip [C]//Proceedings of the Asia and South Pacific Design Automation Conference, Yokohama, 2011: 357-362.

[50] 李晓维, 韩银和, 胡瑜等. 数字集成电路测试优化 [M]. 北京: 科学出版社, 2011.

[51] 李晓维, 胡瑜, 张磊等. 数字集成电路容错设计 [M]. 北京: 科学出版社, 2011.

[52] 李晓维, 吕涛, 李华伟等. 数字集成电路设计验证 [M]. 北京: 科学出版社, 2010.

第 2 章 处理器核的低功耗设计

多核处理器能够充分利用线程级并行特性，方便任务划分及线程调度，满足诸如 Web 服务、联机事务处理等新型应用的线程并行需求，相比于单核处理器主要依靠提升运行频率增强性能，具有更强的可扩展性。无论在大型服务器、个人计算机还是移动设备中，多核处理器都已得到广泛应用，成为处理器发展的重要趋势。然而，热效应严重威胁着多核处理器的可靠性。一方面，随着晶体管工艺特征尺寸减小和集成度增加，芯片的功耗密度呈指数上涨，热效应问题更加严重。另一方面，随着单个芯片上处理器核的数量增多，应用程序更加丰富复杂，芯片功耗管理的难度也日益提升，功耗管理不当可能导致芯片局部过热的现象，甚至引发系统故障，安全高效的热能和功耗管理方法对多核处理器的可靠和能效至关重要。

本章内容源自作者的长期研究成果[1,2]。本章首先介绍了现有的功耗和热能管理方法，进一步介绍了面向性能优化的功耗管理方法，概述了热能管理所需的硬件支持与现有面向热能安全的功耗管理方法。本章提出了一种多核处理器的热能功耗管理方法：首先通过拟合得到热能功耗容量的估算模型，量化不同线程策略下芯片热能约束与功耗容量之间的关系，接下来基于该模型提出一种热能管理方法实现热能安全下的性能优化，最后通过实验验证了该方法的有效性。

2.1 功耗管理方法概述

功耗问题在近十年来变得尤为重要，从处理器的角度而言，功耗受到封装限制；从系统的角度而言，数据中心的功耗受到运行成本的限制；从应用角度而言，移动设备的功耗受电池容量的限制，是移动设备的关键资源。无论对于数据中心还是对于移动设备，降低功耗并在有限的功耗下获得更好的性能都是系统设计的重要目标。

首先分析多核处理器的功耗来源。对于采用互补金属氧化物半导体 (complementary metal oxide semiconductor, CMOS)工艺的半导体芯片而言，晶体管功耗的主要来源如式(2.1)所示，由 $P_{\text{Switching}}$、$P_{\text{ShortCircuit}}$ 和 P_{Leakage} 三部分组成。其中，$P_{\text{Switching}}$ 是跳变功耗，指电路在负载电容充电放电时引起的动态功；$P_{\text{ShortCircuit}}$ 是短路功耗(直通功耗)，指在 CMOS 管状态变换的短暂时间内，N 管和 P 管同时导通时短路电流引起的功耗；P_{Leakage} 表示漏电流引起漏电功耗。$P_{\text{Switching}}$、$P_{\text{ShortCircuit}}$ 和 P_{Leakage} 功耗的展开式如式(2.2)、式(2.3)、式(2.4)所示，其中，A 为翻转率，与工作时电路的平均翻转比例有关；C 是门电路的总电容；f 为系统工作频率；V 是供电电压；I_{Leakage} 是导通电流；τ 是电平信号在 CMOS 管状态变换时的稳定时间。

$$P = P_{\text{Switching}} + P_{\text{ShortCircuit}} + P_{\text{Leakage}} \tag{2.1}$$

$$P_{\text{Switching}} = ACV^2 f \tag{2.2}$$

$$P_{\text{ShortCircuit}} = \tau A V I_{\text{ShortCircuit}} \tag{2.3}$$

$$P_{\text{Leakage}} = V I_{\text{Leakage}} \tag{2.4}$$

在式(2.2)与式(2.3)中，C、τ 和 $I_{\text{ShortCircuit}}$ 均与材料特性、晶体管设计及尺寸和电路设计有关，通过减小参数 C、τ 和 $I_{\text{ShortCircuit}}$ 来降低功耗的方法为静态低功耗设计方法。例如文献[3]和文献[4]通过减小单位期间负载电容和改进工艺等手段降低功耗，文献[5]观察到 I_{Leakage} 漏电电流包括寄生反向 PN 结漏电流和亚阈区漏电流两部分，提出多阈值电压和变阈值电压的方法减小功耗。

静态方法在实际操作过程中可能受到制造工艺或成本的限制，而且缺乏灵活性，不支持在线调整。另一种低功耗设计方法是针对 A、V、F 和 I_{Leakage} 的动态功耗优化方案。例如文献[6]和文献[7]使用供电门控功耗技术来减少漏电功耗，文献[8]使用时钟门控(clock gating)技术减少翻转率 A 从而减少动态功耗，文献[9]～[11]观察到控制门器件的输入向量影响漏电功耗，使用输入向量控制(input rector control, IVC)技术减少 I_{Leakage}。再如，文献[12]使用动态电压频率调节来减少总功耗。这些低功耗技术是功耗管理的基础，本节首先介绍功耗管理需要的硬件支持，然后介绍功耗分配目标及策略。

2.1.1　功耗管理的硬件支持

功耗管理需要的硬件支持主要包括门控和动态电压频率调节，本节将分别介绍这两种技术。

1. 门控(gating)技术

门控技术包括门控功耗和时钟门控技术。门控功耗的基本原理是通过一组门控晶体管，将电路中的空闲模块与电源线(header 型)或地线(footer 型)隔离，减小漏电流，从而降低静态功耗。门控功耗电路有两种工作状态：①正常工作状态，在该状态下，门控晶体管导通，此电路正常工作；②休眠工作状态，在该状态下，门控晶体管关断，此电路的漏电流减小，处于低功耗模式。在这两个状态之间切换时，存在电流的充放电，如图 2.1 所示，从而可能引起功耗损失，所以门控功耗技术适用于电路较长时间处于空闲状态的情况，而不适用于细粒度的功耗管理。时钟门控技术通过关断时钟，减小时钟电路的功耗及其引起的无效翻转，降低芯片动态功耗。时钟门控技术也有两种工作状态：①正常工作状态，在该状态下，时钟有效，电路正常工作；②空闲工作状态，在该状态下时钟关闭，电路处于空闲状态，只产生静态功耗。相比于门控功耗，时钟门控能更迅速地切换工作状态。

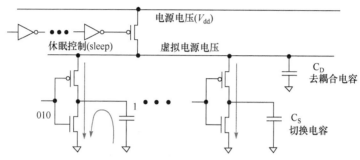

图 2.1　门控功耗结构(header 型)[6]

2. 动态电压频率调节

动态电压频率调节技术是指在运行时，随着处理器的忙、闲状态变化进行工作电压及频率的调整[13]。该技术现已广泛应用于处理器中，比如 Intel 公司的芯片的加速技术(SpeedStep)、增强加速技术(enhanced Intel SpeedStep technology, EIST)和 Turbo Boost 技术；ARM 公司的智能能耗管理(intelligent energy manager, IEM)和自适应电压调节(adaptive voltage scaling, AVS)技术。

动态电压频率调节技术需要电压调节器和锁相环来分别对电压及频率进行调整：当提高工作频点时，先进行电压调节，再进行频率调节；当降低工作频点时，先进行频率调节，再进行电压调节，避免在调节过程中发生时延故障。进行频率调节的主要器件是锁相环，进行电压调节的主要器件是电压调节器。相比于电压调节，频率调节的速度快，开销小。根据供电系统设计的不同，动态电压频率调节技术的粒度也有不同。多核处理器的 DVFS 配置主要有以下三种。

(1) 全芯片 DVFS。在该设计下，供电源经过片外电压调节器向芯片供电，电压调节由片外电压调节器完成，如图 2.2(a)所示。这种供电系统设计只支持全芯片的 DVFS，即每个核都必须工作在相同的电压下。另一种供电源设计增加了片上电压调节器，采用片上电压调节器能够提供更快速的电压调节，但片上电压调节器的转换效率比片外电压调节器低。在全芯片 DVFS 的配置下，由于所有处理器核在同一工作状态下运行，当线程的特点差异性较大时，该方法功耗管理的能力相对较弱。

(2) 独立核 DVFS。在该设计下，每个核有一个独立的片上电压调节器，所以每个核都能单独地调节电压，工作在各自所需的电压下，如图 2.2(b)所示。这种 DVFS 的设计方法粒度更细，能够针对线程的特性进行功耗管理，但是该方法造成较大的面积和功耗转换开销，所以不适用于处理器核数较多的情况。

(3) 簇级 DVFS。该设计是前两种方法的折中。多个核组成一个簇，每个簇共用电压域，由一个片上电压调节器管理。一方面，在线程特性不同时，该设计仍能取得较好的功耗管理性能；另一方面，该设计减少了片上电压调制器的个数，降低了设计难度和开销，因而更有可能用在多核处理器中[14,15]。

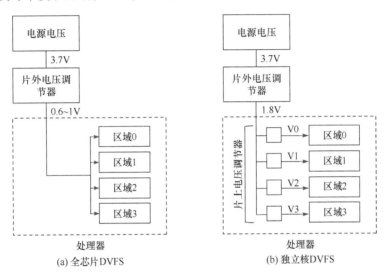

图 2.2　全芯片 DVFS 与独立核 DVFS

在门控技术和动态电压频率调节技术的支持下，现有处理器还提供了动态电源管理技术及相关接口的标准来管理和降低系统功耗。以高级配置和电源管理接口(advanced configuration and power interface，ACPI)标准为例，该标准定义了处理器的四个工作状态 C_0、C_1、C_2 和 C_3，其中 C_0 状态是正常工作状态；C_1 状态是暂停状态，在该状态下，处理器暂停执行，并能够迅速地重新执行；C_2 状态是处理器休眠状态，在该状态下，处理器维护所有软件可见的状态，但相比于 C_1 而言，处理器回到重新执行状态的延时较长；C_3 状态为休眠状态，在此状态下，处理器维护除缓存外的其他状态信息，需要更长的恢复执行的时间。此外，一些处理器对该标准进行了扩展，比如在 Intel Haswell 平台中，处理器状态扩展至 C_{10}。

2.1.2　面向性能优化的功耗管理

现有功耗管理的关键是根据程序特性确定最优的处理器核配置，利用 DVFS

和门控技术对处理器进行功耗管理，分为静态功耗管理和动态功耗管理两类。文献[13]、[16]介绍的静态功耗管理方法，在编译阶段增加功耗控制信息来指导功耗管理，可扩展性和可移植性较差；文献[17]、[18]介绍的动态功耗管理方案，是在运行时对程序特性进行预测，并基于预测信息控制处理器核工作状态，无需编译器支持或修改应用程序，灵活度高。本节将主要介绍动态功耗管理的相关策略。

针对单核处理器，文献[19]监测程序的访存指令百分比，并基于该指标对程序进行分类，以确定最优的电压/频率配置，文献[20]使用基准指令周期数(cycles per instruction，CPI)、缓存缺失 CPI 和等待 CPI 三个参数描述程序特性，并提出了一种在线学习模型，根据程序特性确定最优电压/频率配置。

针对多核处理器，文献[21]观察到在并行程序中，栅栏等待产生大量的功耗开销：各个线程到达栅栏的时间不同，先到达的线程需要执行循环等待指令，监测其他线程(关键线程，即后达到栅栏的线程)是否到达栅栏，这个过程产生较大的功耗开销。如图 2.3 所示，未进行优化时，线程在平均约 28%的时间里处于等待状态，文献[21]则通过预测线程的关键性来控制处理器核的电压/频率设置。

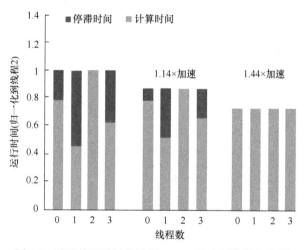

图 2.3　基于线程关键性进行 DVFS 的功耗管理方法[21]

多核处理器在硬件支持(如 DVFS 和门控技术)的基础上，还能够借助任务分配和线程调度进行功耗管理。文献[22]观察到由于受到电压调节器物理性能的限制，DVFS 的时间粒度较大，而线程特性变化较快，仅依靠 DVFS 进行功耗管理的方法效果有限，该工作使用高低两套电压/频率设置，并根据线程特性进行相应线程调度。如图 2.4 所示，当线程发生缓存缺失时，将其调度到低工作电压的处理器核上，数据返回后，再将其调度回到高工作电压的处理器核上。线程迁移的时间粒度比 DVFS 调节速度更快，该方法使处理器性能进一步提高。

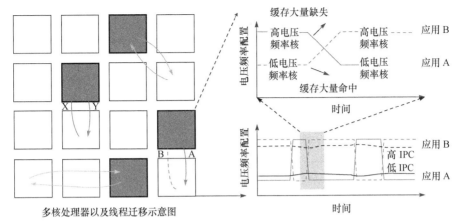

多核处理器以及线程迁移示意图

图 2.4　基于线程调度的功耗管理方法[22]

　　上述研究工作都是基于程序特性，进行线程调度和控制处理器工作状态以实现功耗管理。对串行程序而言，其程序特性主要指频率敏感性，即频率升高时，性能提升的幅度大小。例如，当处理器执行访存密集型程序时，CPI 等待和 CPI 访存的时间较长，则提高频率对该程序的性能提升较小，所以频率敏感性较低，反之，计算密集型的程序频率敏感性更高。由于并行程序性能同时和处理器核的频率及线程策略相关，其特性主要包括两个方面：频率敏感性和线程并行敏感性，其中线程并行敏感性是指在增加线程数目时，性能的提升幅度。线程这两个特性决定了处理器最优的工作配置(包括电压/频率和工作核数目两方面的配置)[23]。现有面向性能的功耗管理工作较好地研究了应用程序功耗及性能间的关系，基于线程特性的分析和预测，进行相关的调度和处理器配置保障功耗约束的同时优化处理器性能。这些工作大多使用芯片级功耗约束。随着集成度增大，处理器核的数目增多，芯片级功耗约束不能保障热能的安全，可能引发芯片过热降低处理器性能和可靠性。

2.1.3　面向热能安全的功耗管理

　　面向热能安全的功耗管理，也称为热能管理。如何为多核处理器提供安全且高效的功耗分配方法，在保障热能安全的同时对程序性能进行优化，这对多核处理器热能功耗管理非常重要。热能管理主要分为静态管理和动态管理两类，本节将分别对这两类管理方法进行分别介绍。

　　1. 静态热能管理

　　静态热能管理方法是在芯片或软件的设计阶段，通过布局规划或者代码设计，减少过热现象发生的可能。现有静态热能管理方法包括使用感知热能的布局规划策略和静态代码分析。感知热能的布局规划策略主要通过增加热点部件(功耗负载较大的部件)的距离，避免芯片局部负载过大导致的过热。例如，文献[24]分别基于模拟退火和线性规划算法，提出感知热能的布局规划方法；文献[25]、[26]针对三维芯片提出布局规划策略以减缓三维芯片中的热效应。静态代码分析是在软件层分析静态代码分析并改变代码以缓解热效应。例如，文献[27]提出了一种编译方法，通过预测热点代码段，并向这些代码段插入空指令来减少峰值功耗，缓解热效应。静态方法不能根据程序行为及芯片实时温度而重新配置，因而灵活性较差。

2. 动态热能管理

动态热能管理(dynamic thermal management，DTM)能在运行时，通过功耗管理保障热能约束，避免热效应对系统性能的损害。就控制结构而言，动态热能管理分为全局管理[28]和分布式管理[29]；就管理手段而言，包括"暂停-运行"[30]和使用DVFS技术[31]等；就触发时机而言，动态热能管理分为被动式[30]和主动式[32]两种方法。

被动式热能管理是在温度达到预警值时，采取相应功耗调整策略，以使温度满足约束条件。这些调整策略包括：限制流水线执行[30]、插入空指令、动态频率调节[33]、门控技术或线程迁移[34]等。文献[30]提出暂停-运行机制避免芯片发生过热现象，该技术已应用于Intel芯片中。其原理如图2.5所示，当处理器温度达到预警值时，唤醒DTM机制，通过限制流水线运行或降低工作电压及频率，减小功耗密度从而降低温度；当温度低于预设温度阈值时，关闭DTM机制，处理器继续运行。被动式热能管理可能造成性能损失，且由于温度具有累积效应，从开始功耗控制到温度下降存在一定的时间差，还是存在过热的可能。

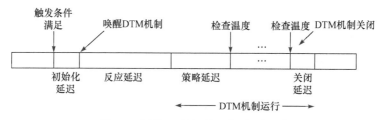

图 2.5　暂停-运行机制工作原理图[30]

主动式热能管理是通过芯片当前的温度和功耗分布情况，预测下一阶段的温度，基于预测信息进行功耗管理或线程调度，避免处理器过热。文献[32]通过闭环系统控制多核处理器的工作电压及工作频率，其原理如图2.6所示。该工作基于控制原理，进行温度和功耗间的模型预测控制(model-predictive control, MPC)，为热能约束下的功耗管理给出最优解。基于 MPC 并根据当前温度和功耗，决定下一个运行时间窗处理器核的工作电压及频率。这种控制方法能实现平滑的温度控制，避免处理器过热。AMD LLANO APU(accelerated processing unit)也使用了类似技术进行温度控制。

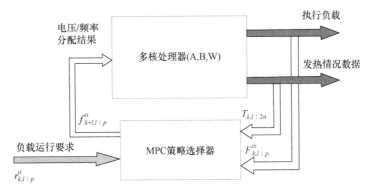

图 2.6　基于 MPC 热能管理方法的工作原理[32]

　　热效应是累积效应量，温度和性能的关系模型相比于功耗与性能间的模型更为间接。现有动态热能管理工作大多基于热余量利用和负载均衡进行，不能感知程序的频率敏感性和线程并行敏感性，热能管理工作难以为多核处理器做出最优功耗分配以获得最优性能。

2.2　多核处理器的热能功耗容量预测

　　芯片的热能功耗容量随着工作核数目的不同而变化，芯片级功耗约束管理策略可能导致芯片过热现象的发生。热能功耗容量是指在某种配置下满足热能约束的最大功耗负载(下面使用功耗容量作为其简称)。本节使用 Hotspot[35]进行温度模拟，分析了在一个十六核处理器中，工作核数目和热能功耗容量之间的关系，实验环境详见 2.4 节的详细说明。图 2.7 给出了该处理器的功耗容量和功耗约束随工作核数目变化的曲线。图例"━●━"表示在不同工作核的数目下，工作核的功耗容量，"━▲━"表示相应情况下整个芯片的功耗容量，"━◆━"表示芯片级的功耗约束，该约束与处理器核峰值功耗以及散热设计功耗有关。分析表明，芯片的功耗容量随工作核的数目而变化。现有功耗分配方法无论采用何种线程策略，均使用芯片级功耗约束进行功耗管理。当芯片级功耗约束大于芯片功耗容量时，发生过度分配，引起过热现象；反之，发生保守分配，浪费了热余量，降低了性能优化的空间。准确估算不同处理器核配置下的热能功耗容量，对面向性能优化和热能安全的功耗管理具有重要的指导意义。

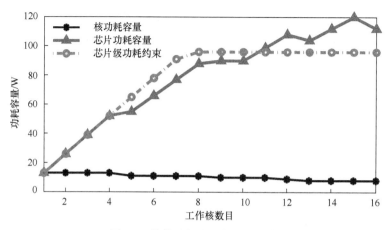

图 2.7　热能功耗容量与功耗约束

本节首先分析线程策略和芯片温度对热能功耗容量的影响，通过数据拟合得出了一个热能功耗容量的估算模型，讨论了静态因素对热能功耗容量模型的影响以及在实际应用过程中该模型参数的测量过程。

2.2.1　线程策略对热能功耗容量的影响

1. 量化线程策略

线程策略包含线程个数及线程与核间的映射关系，没有分配线程的空闲处理器核能通过关闭电源或时钟减少功耗，线程策略影响芯片上工作核的个数和分布。为简化分析，本节做了两个假定：①工作核的数目和分布完全由线程策略决定；②所有工作核都处于同一电压/频率工作点下。例如，出于硬件开销和控制复杂度的考虑，Intel Core 系列处理器中所有处理器核都共用一个工作域，文献[36]也使用了类似的假定。

当片上的工作核越多、分布越紧密时，处理器核的功耗容量较低；当片上的工作核越少、分布越松散时，处理器的功耗容量较高。工作核的数目及聚集程度影响芯片的功耗容量。本节使用 $DisF_c$(distribution factor)来表示在不同线程策略下，芯片内工作核的聚集程度。$DisF_c$ 的定义如式(2.5)所示，其中，num_r 为芯片内工作区域的个数；TS_i 为工作区域 i 的热效应面积；$DisF_c$ 由具有最大热效应面积的工作区域来决定。

$$DisF_c = \max_{1 \leqslant i \leqslant num_r} TS_i \tag{2.5}$$

下面分别介绍工作区域及其热效应面积的定义。

工作区域：定义工作区域为片上的某个矩形区域，该区域内所有核都处于工作状态。如图 2.8 所示，图 2.8(a)例中有三个工作核，每个核都是一个单独的工作

区域。图 2.8(b)示例中有三个工作区域：core11、core12、core15 和 core16 组成一个工作区域 region1；core1 和 core2 组成一个工作区域 region2；core5 单独组成一个工作区域 region3。以区域内的处理器的数目表征该工作区域的大小，并以两个工作区域内处理器核的最小曼哈顿距离表征这两个区域之间的距离。对于工作区域 region1 和 region2 而言，两者间的距离为 core2 和 core11 之间的距离 $D_{2,11} = |x_2 - x_{11}| + |y_2 - y_{11}|$，其中，$(x_2, y_2)$ 和 (x_{11}, y_{11}) 分别表示 core2 和 core11 在芯片上的坐标。

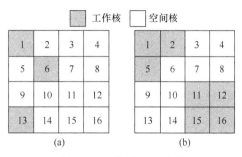

图 2.8　工作区域及距离

工作区域热效应面积：TS_i 为工作区域 i 的热效应面积，等于该区域 i 的面积加上其他工作区域带来的附加热效应面积。附加热效应面积表征了其他工作区域对工作区域 i 的热影响，不仅与其他工作区域的面积有关，而且与其他工作区域到区域 i 的距离有关。TS_i 计算公式如式(2.6)所示：

$$TS_i = \sum_{j=1}^{num_r} \frac{S_j}{D_{i,j}} \tag{2.6}$$

其中，S_j 为工作区域 j 的大小；$D_{i,j}$ 为工作区域 i 和工作区域 j 的距离。当 $i=j$ 时，$D_{i,j} = 1$。以图 2.8(b)为例，$TS_2 = \dfrac{S_1}{D_{1,2}} + \dfrac{S_2}{D_{2,2}} + \dfrac{S_3}{D_{3,2}} = \dfrac{2}{1} + \dfrac{1}{1} + \dfrac{4}{3} = 4.33$。类似地，$TS_1$ = 4.33，$TS_3 = 5$，根据式(2.5)可得，在该线程策略下，芯片 $DisF_c = 5$。

2. 线程策略与热能功耗容量

在使用 $DisF_c$ 量化线程策略后，分析线程策略与热能功耗容量的关系。仍旧使用 Hotspot[35]模拟芯片的温度，通过迭代寻找在某种线程策略下满足热能约束的工作核最大功耗，即该情况下的热能功耗容量 P_{core}。Hotspot 模拟窗口的时长由功耗管理的粒度决定。图 2.9 显示了芯片初始温度为 60℃、温度约束 T_{limit} 为 70℃时，不同 $DisF_c$ 下的功耗容量。通过曲线拟合得到 P_{core} 与 $DisF_c$ 的关系如式(2.7)所示：

$$P_{core} = -C_1 \ln(DisF_c) + C_2 \tag{2.7}$$

其中，C_1和C_2是拟合参数，受静态因素的影响，例如芯片面积、温度约束和散热系数等。

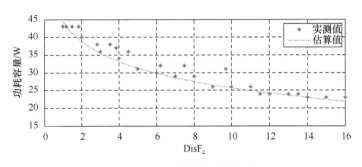

图 2.9　$DisF_c$ 与热能功耗容量

2.2.2　初始温度对热能功耗容量的影响

上述实验是在初始温度为 60℃的条件下进行的，在芯片实际运行过程中，由于实时温度的不同，芯片的热余量也发生变化。图 2.10 给出了初始温度从 30℃到 68℃时，热能功耗容量的变化趋势。在该图中，x 轴表示不同的初始温度，y 轴表示相应初始温度和 $DisF_c$ 情况下的功耗容量。图中每条曲线对应不同 $DisF_c$ 情况下，芯片功耗容量随初始温度变化的趋势。随着初始温度的增加，P_{core} 线性减小，定义曲线的斜率为 G ，它表示 P_{core} 随初始温度改变的速率，所以 P_{core} 与初始温度的关系如式(2.8)所示：

$$P_{core} = P_0 - (T - T_0)G = P_0 - \Delta T G \qquad (2.8)$$

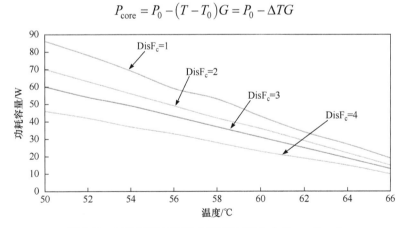

图 2.10　初始温度与热能功耗容量(核大小 8mm×8mm)

其中，T 是芯片初始温度；T_0 是基准温度(定义 T_0 为 60℃)(下文使用 ΔT 表示两者之差)；P_0 为基准温度下的热能功耗容量。通过 Hotspot 的模拟数据拟合 G 和 $DisF_c$ 的关系为图 2.11 中的曲线，得到公式(2.9)，G_1 和 G_2 是拟合参数。把公式(2.7)和

(2.9)代入公式(2.8)，得到考虑不同初始温度下的功耗容量估算公式(2.10)。由于运行时芯片中各个核的温度可能不一致，使用热点温度(芯片最热区域的温度)代表芯片温度。G_1、G_2、C_1 和 C_2 与静态参数有关，这四个因子可以在芯片制造后测量得出。

$$G = -G_1 \ln \mathrm{DisF_c} + G_2 \tag{2.9}$$

$$\begin{aligned} P_{\mathrm{core}} &= P_0 - \Delta TG = -C_1 \ln \mathrm{DisF_c} + C_2 - \Delta TG \\ &= (G_1 \Delta T - C_1) \ln \mathrm{DisF_c} + C_2 - G_2 \Delta T \end{aligned} \tag{2.10}$$

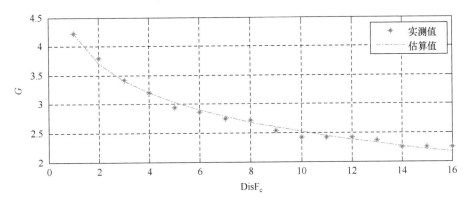

图 2.11　梯度 G 与 $\mathrm{DisF_c}$

2.3　面向热能约束和性能优化的功耗管理

2.3.1　静态因子测量

G_1、G_2、C_1 和 C_2 的大小受到静态参数的影响，这些参数包括芯片面积、温度约束和散热系数。温度约束随着标准不同而发生变化。在民品级芯片里，温度约束一般为 85℃；在军用芯片里，温度约束一般为 120℃；本节使用的温度约束设定为 70℃。封装系数主要包括热导和热容，这两个因素和芯片散热片的材料、厚度和散热方式有关。

在芯片制造后，使用类似于商业芯片中散热设计功耗的测量技术，可测量得到 G_1、G_2、C_1 和 C_2 的值。在基准温度 T_0 下，测量全芯片工作时工作核的热能功耗容量 $P_{\mathrm{a\_T0}}$，然后测量只有一个工作核时的热能功耗容量 $P_{\mathrm{s\_T0}}$，设定 $G_{\mathrm{a}} = P_{\mathrm{a\_T0}} / T_0$，$G_{\mathrm{s}} = P_{\mathrm{s\_T0}} / T_0$，则 G_1、G_2、C_1 和 C_2 的计算方式如下：$C_1 = (P_{\mathrm{s\_T0}} - P_{\mathrm{a\_T0}}) \ln N$，$C_2 = P_{\mathrm{s\_T0}}$，$G_1 = (G_{\mathrm{s}} - G_{\mathrm{a}}) / \ln N$，$G_2 = G_{\mathrm{s}}$。

2.3.2　热能功耗管理

2.2 节提出了一种热能功耗容量的估算模型,为热能安全和性能优化提供了理论基础。本节进一步介绍一种面向热能约束和性能优化的热能功耗管理方法:TSocket。TSocket 与芯片级功耗分配方法的区别如图 2.12 所示。图 2.12(a)表示芯片级功耗分配方法,基于芯片级功耗约束进行功耗分配,并根据程序的频率敏感性和线程并行敏感性确定最优的处理器工作配置(包括工作核数目和电压/频率工作点)。芯片级功耗分配方法将作为实验的基准方法,该方法不能预测所选线程策略对处理器核热效应的影响,可能导致处理器过热,引发芯片降频,造成处理器的性能损失。图 2.12(b)表示 TSocket 方法,该方法先估算不同线程策略下的功耗容量值,为每种线程策略提供一种感知热能的功耗约束,在此基础上选择最优处理器工作配置保证芯片热能安全且优化性能。

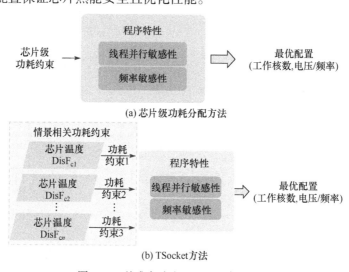

图 2.12　基准方法和 TSocket 方法对比

2.4　实验环境搭建及结果分析

使用 GEM5[37]模拟器实现一个 16 核处理器,该处理器包含 16 个核,每个核为 4 发射,使用共享分布式末级缓存,缓存协议为 MOESI。在功耗模拟器 McPAT[38]中,该处理器在 32nm 工艺下的面积大约为 3.65mm×3.65mm。此处理器支持动态电压频率调节,有以下六个工作频点: 0.6GHz、0.8GHz、1GHz、1.2GHz、1.4GHz和 1.6GHz。Hotspot[35]用于模拟该处理器的温度。应用负载集使用 PARSEC[39]程序集,PARSEC 是学术界广为采用的共享内存式并行程序集,其程序的动态线程机制由线程打包技术(thread packing)[36]支持。在执行程序的过程中,功耗分配方

法将以单元时间窗口为间隔行最优工作配置选择，每个单元时间窗口时长为
10ms，与操作系统时间片相当。

如 2.3 节所述，将芯片级功耗分配方法作为基准方法。基准方法使用芯片散
热设计功耗作为芯片级功耗约束(96W)，在处理器运行期间保持不变；而 TSocket
方法的功耗约束会根据线程策略不同而发生变化，变化区间为 13~120W。基准
方法和 TSocket 方法都能在芯片发生过热时关停流水线或者降低工作频率[40]，其
中过热检测由温度传感器感知得到。由于本技术关注线程策略对功耗容量的影响，
为公平起见，基准方法和 TSocket 方法都使用精确的功耗-性能预测模型，即总能
准确预测功耗和性能的关系，给出功耗约束下性能最优的配置。基准方法和
TSocket 方法的差距主要由功耗约束的不同引起。

首先验证 TSocket 热能功耗容量估算的准确性，进而分析 TSocket 功耗分配
方案对性能的影响。

针对四款不同大小的处理器，在初始温度从 30~68℃的情况下，估算不同配
置情况下的热能功耗容量，结果如图 2.13 所示。x 轴表示通过 Hotspot 模拟得到
的功耗容量，y 轴表示预测得到的功耗容量。图例"◆"和"■"与对角线的距离表
示模型偏差，由图可见平均偏差约为 5.8%，预测值超出实际值的最大正向偏差为
2%。在实际处理器设计中，相邻工作点的功耗相差大约 20%[35]，所以预测偏差
在容忍范围之内，不会造成工作点的错误选择。该模型能较准确地估计功耗容量，
避免芯片过热，并能使用硬件计算电路实现，如式(2.10)所示。估算模型的关键部
分是一个对数运算，能根据泰勒展开式通过乘法电路和加法电路实现，总体而言
硬件易于实现且开销较小。

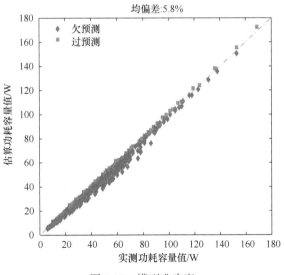

图 2.13　模型准确度

通过准确地估算热能功耗容量，TSocket 热能管理方法不仅能避免局部过热，而且能安全提升工作频率获得更好性能，接下来将从这两个方面描述 TSocket 对性能的优化。

2.4.1 避免过热效应

当程序的频率敏感性较高的时候，相比于增加工作核的数目，基准方案更倾向于提升频率来优化性能，也容易发生功耗约束大于功耗容量的情况，导致芯片过热。TSocket 能准确估算热能功耗容量，有效避免芯片过热。

以 PARSEC 中 blackschole 程序为例，图 2.14 显示了 TSocket 和基准方法 (Baseline)选择的不同配置(线程数目，工作频率)及在该配置下的温度和性能。基

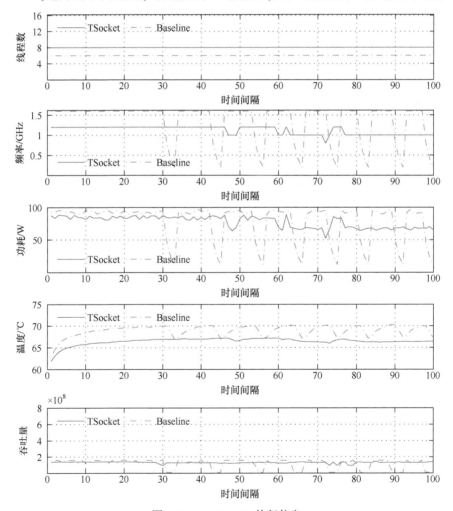

图 2.14　blackschole 执行信息

准方法选择的配置是：线程数为 6，工作频率为 1.6GHz；TSocket 方法选择的配置是线程数为 8，工作频率为 1.2GHz。尽管在基准方法采用的配置下，芯片总功耗约为 90w，没有违反功耗约束，但仍然多次发生芯片过热的现象。此外，温度在升高和降低的过程中还产生了交变热应力，降低了处理器的可靠性。TSocket 方法从未发生过热现象，保证了芯片温度在安全范围内。

2.4.2　安全提高频率

在程序的频率敏感性和线程敏感性都较高时，TSocket 更准确地估算了热能功耗容量，为处理器提供了更高的计算能力，从而获取更高性能。以应用程序 bodytrack 为例，如图 2.15 所示，在大多数情况下，基准方法选择的配置是：线程数为 8，工作频率为 1.2GHz；TSocket 方法选择的配置是：线程数为 12，工作频率为 1GHz。虽然 TSocket 方法中芯片功耗超过 96W，但芯片温度却低于基准方

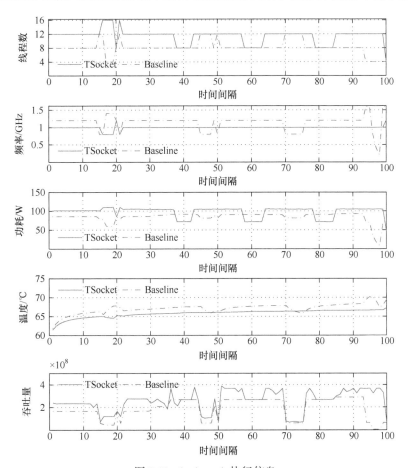

图 2.15　bodytrack 执行信息

法。TSocket 方法根据热能功耗容量估算，选择相应处理器核配置，即便为了优化性能使芯片功耗超过了散热设计功耗仍能满足热能约束，保证芯片温度在安全范围内。

对于一些特殊情况，如图 2.16 中所示，在 ferret 程序的第 42 个执行时间窗处，TSocket 比基准程序的性能稍差，这是因为 TSocket 估算的功耗容量能保障在长时间内不发生过热现象，而由于温度改变的速度相对较慢，基准程序中短时间的过量分配不会立即造成芯片过热，从而安全地获得了性能提升。根据 PARSEC 程序集的实验数据，TSocket 能将处理器吞吐量平均提高 19%。

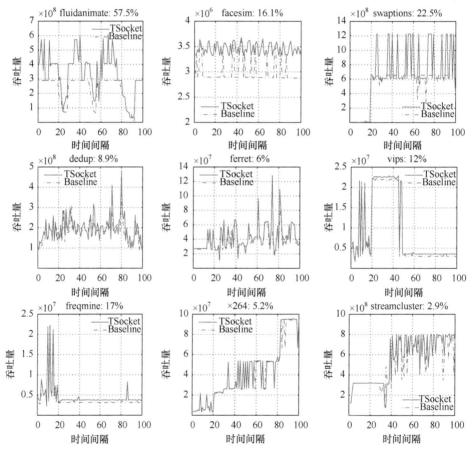

图 2.16　基准方法与 TSocket 性能比较

2.5　本 章 小 结

功耗管理策略决定着多核处理器的性能。现有功耗分配技术是在满足芯片级功耗约束的条件下，优化系统性能。随着功耗密度日益升高，芯片级约束下的功耗分配技术可能引起芯片的局部热效应，过高的温度会损害处理器的性能及可靠性。首先，温度升高会增加连线电阻，减少晶体管的驱动能力，导致电路时延增大；其次，温度升高会增加静态功耗，形成热能积累正反馈。温度升高还会加速老化并引发后续一系列诸如 NBTI 和 TDDB 等可靠性的问题。在系统执行过程中，热能是"硬"约束，必须严格满足。

本章研究了热能约束与功耗约束间的关系，得到了一种热能功耗容量的估算模型。该模型通过准确估算动态线程策略下的热能功耗容量，为程序安全高效的热能功耗管理提供了技术支持。通过对不同参数的芯片进行实验表明：热能功耗容量估算模型较为准确，最大正偏差仅为 2%；在此基础上提出的热能功耗管理方法使处理器性能提升约 19%。

参 考 文 献

[1] Hu X, Xu Y, Ma J, et al. Thermal-sustainable power budgeting for dynamic threading [C]//Proceedings of the Design Automation Conference, San Francisco, 2014: 1-6.

[2] 胡杏. 面向多核处理器电压紧急和热效应的可靠性设计方法 [D]. 北京: 中国科学院大学, 2014.

[3] Tawfik S A, Kursun V. Low-power and compact sequential circuits with independent-gate FinFETs [J]. IEEE Transactions on Electron Devices, 2008, 55 (1): 60-70.

[4] Dropsho S, Kursun V, Albonesi D H, et al. Managing static leakage energy in microprocessor functional units [C]//Proceedings of the International Symposium on Microarchitecture, Istanbul, 2002: 321-332.

[5] Kim N S, Blaauw D, Mudge T. Leakage power optimization techniques for ultra deep sub-micron multi-level caches [C]//Proceedings of the International Conference on Computer-aided Design, San Jose, 2003: 627.

[6] Hu Z G, Buyuktosunoglu A, Srinivasan V, et al. Microarchitectural techniques for power gating of execution units [C]//Proceedings of the International Symposium on Low Power Electronics and Design, Newport Beach, 2004: 32-37.

[7] Sathanur A, Pullini A, Benini L, et al. Timing-driven row-based power gating [C]//Proceedings of the International Symposium on Low Power Electronics and Design, Portland, 2007: 104-109.

[8] Pant M D, Pant P, Wills D S, et al. An architectural solution for the inductive noise problem due to clock-gating [C]//Proceedings of the International Symposium on Low Power Electronics and Design, San Diego, 1999: 255-257.

[9] Abdollahi A, Pedram M, Fallah F. Runtime mechanisms for leakage current reduction in CMOS VLSI circuits [C]//Proceedings of the International Symposium on Low Power Electronics and Design, Monterey, 2002: 213-218.

[10] Halter J P, Najm F N. A gate-level leakage power reduction method for ultra-low-power CMOS circuits [C]//Proceedings of the Custom Integrated Circuits Conference, Santa Clara, 1997:

475-478.

[11] Johnson M C, Somasekhar D, Roy K. Leakage control with efficient use of transistor stacks in single threshold CMOS [C]//Proceedings of the Design Automation Conference, New Orleans, 1999: 442-445.

[12] Nam Sung K, Flautner K, Blaauw D, et al. Circuit and microarchitectural techniques for reducing cache leakage power [J]. IEEE Transactions on Very Large Scale Integration (VLSI) Systems, 2004, 12 (2): 167-184.

[13] Dongkun S, Jihong K, Seongsoo L. Low-energy intra-task voltage scheduling using static timing analysis [C]//Proceedings of the Design Automation Conference, Las Vegas, 2001: 438-443.

[14] Rotem E, Mendelson A, Ginosar R, et al. Multiple clock and voltage domains for chip multi processors [C]//Proceedings of the International Symposium on Microarchitecture, New York, 2009: 459-468.

[15] Yan G H, Li Y M, Han Y H, et al. AgileRegulator: A hybrid voltage regulator scheme redeeming dark silicon for power efficiency in a multicore architecture [C]//Proceedings of the IEEE International Symposium on High-Performance Computer Architecture, New Orleans, 2012: 1-12.

[16] Azevedo A, Issenin I, Cornea R, et al. Profile-based dynamic voltage scheduling using program checkpoints [C]//Proceedings of the Design, Automation and Test in Europe Conference and Exhibition, Paris, 2002: 168-175.

[17] Li J, Martinez J F. Dynamic power-performance adaptation of parallel computation on chip multiprocessors [C]//Proceedings of the International Symposium on High-Performance Computer Architecture, Austin, 2006: 77-87.

[18] Singh K, Bhadauria M, McKee S A. Real time power estimation and thread scheduling via performance counters [J]. ACM SIGARCH Computer Architecture News, 2009, 37 (2): 46-55.

[19] Isci C, Contreras G, Martonosi M. Live, runtime phase monitoring and prediction on real systems with application to dynamic power management [C]//Proceedings of the International Symposium on Microarchitecture, Orlando, 2006: 359-370.

[20] Dhiman G, Rosing T S. Dynamic voltage frequency scaling for multi-tasking systems using online learning [C]//Proceedings of the International Symposium on Low Power Electronics and Design, Portland, 2007: 207-212.

[21] Bhattacharjee A, Martonosi M. Thread criticality predictors for dynamic performance, power, and resource management in chip multiprocessors [C]//Proceedings of the International Symposium on Computer Architecture, Austin, 2009: 290-301.

[22] Rangan K K, Wei G Y, Brooks D. Thread motion: Fine-grained power management for multi-core systems [C]//Proceedings of the International Symposium on Computer Architecture, Austin, 2009: 302-313.

[23] Ma J, Yan G H, Han Y H, et al. Amphisbaena: Modeling two orthogonal ways to hunt on heterogeneous many-cores [C]//Proceedings of the Asia and South Pacific Design Automation Conference, Singapore, 2014: 394-399.

[24] Healy M, Vittes M, Ekpanyapong M, et al. Multiobjective microarchitectural floorplanning for 2-D and 3-D ICs [J]. IEEE Transactions on Computer-Aided Design of Integrated Circuits and Systems, 2007, 26 (1): 38-52.

[25] Zhou P Q, Ma Y C, Li Z Y, et al. 3D-STAF: Scalable temperature and leakage aware floorplanning for three-dimensional integrated circuits [C]//Proceedings of the International Conference on Computer-Aided Design, San Jose, 2007: 590-597.

[26] Zhou X Y, Xu Y, Du Y, et al. Thermal management for 3D processors via task scheduling [C]//Proceedings of the International Conference on Parallel Processing, Portland, 2008: 115-122.

[27] Mutyam M, Li F, Narayanan V, et al. Compiler-directed thermal management for VLIW functional units [J]. ACM SIGPLAN Notices, 2006, 41 (7): 163-172.

[28] Hanumaiah V, Vrudhula S, Chatha K S. Performance optimal online DVFS and task migration techniques for thermally constrained multi-core processors [J]. IEEE Transactions on Computer-Aided Design of Integrated Circuits and Systems, 2011, 30 (11): 1677-1690.

[29] Venkat A N, Hiskens I A, Rawlings J B, et al. Distributed MPC strategies with application to power system automatic generation control [J]. IEEE Transactions on Control Systems Technology, 2008, 16 (6): 1192-1206.

[30] Brooks D, Martonosi M. Dynamic thermal management for high-performance microprocessors [C]//Proceedings of the International Symposium on High-Performance Computer Architecture, Monterrey, 2001: 171-182.

[31] Liu G L, Fan M, Quan G. Neighbor-aware dynamic thermal management for multi-core platform [C]//Proceedings of the Design, Automation and Test in Europe, Dresden, 2012: 187-192.

[32] Zanini F, Atienza D, Benini L, et al. Multicore thermal management with model predictive control [C]//Proceedings of the European Conference on Circuit Theory and Design, Antalya, 2009: 711-714.

[33] Skadron K, Stan M R, Huang W, et al. Temperature-aware microarchitecture [C]//Proceedings of the International Symposium on Computer Architecture, San Diego, 2003: 2-13.

[34] Donald J, Martonosi M. Techniques for multicore thermal management: Classification and new exploration [C]//Proceedings of the International Symposium on Computer Architecture, Boston, 2006: 78-88.

[35] Huang W, Ghosh S, Velusamy S, et al. HotSpot: A compact thermal modeling methodology for early-stage VLSI design [J]. IEEE Transactions on Very Large Scale Integration (VLSI) Systems, 2006, 14 (5): 501-513.

[36] Cochran R, Hankendi C, Coskun A K, et al. Pack & Cap: Adaptive DVFS and thread packing under power caps [C]//Proceedings of the International Symposium on Microarchitecture, Porto Alegre, 2011: 175-185.

[37] Binkert N, Beckmann B, Black G, et al. The gem5 simulator [J]. ACM SIGARCH Computer Architecture News, 2011, 39 (2): 1-7.

[38] Li S, Ahn J H, Strong R D, et al. McPAT: An integrated power, area, and timing modeling

framework for multicore and manycore architectures [C]//Proceedings of the International Symposium on Microarchitecture, New York, 2009: 469-480.

[39] Bienia C, Kumar S, Singh J P, et al. The parsec benchmark suite: Characterization and architectural implications [C]//Proceedings of the International Conference on Parallel Architectures and Compilation Techniques, Toronto, 2008: 72-81.

[40] Paul I, Manne S, Arora M, et al. Cooperative boosting: Needy versus greedy power management [C]//Proceedings of the International Symposium on Computer Architecture, Tel-Aviv, 2013: 285-296.

第 3 章　处理器核的高可靠设计

由于能挖掘更多的指令级并行特性获得性能提升，同时多线程(simultaneous multithreading，SMT)技术在商用多核处理器中得到了广泛采用。在同时多线程多核处理器中，线程的长延时操作可能会引起资源拥塞，导致电压紧急。针对该问题，本章研究面向电压紧急和热效应的多核处理器高可靠设计方法。首先，从多核处理器可靠设计的研究现状出发，分析供电网络、程序特性和体系结构三个因素对电压紧急的影响并给出常见的高可靠设计方法。其次，提出一种基于存储级并行的指令调度方法，通过预测线程的存储级并行特性，叠加长延时访存从而减少电压紧急。通过分析并行程序执行特点，观察到单程序流多数据流编程模型可能使线程电压特性相似，导致核间电压共振频发从而引起电压紧急。针对该问题，本章使用本征压降频度(intrinsic droop intensity，IDI)量化评估线程的自有电压特性，提出一种基于回归树模型的在线 IDI 预测方法，并在此基础上提出了一种线程调度方法将 IDI 异质的线程置于同一电压域从而避免电压共振、减少电压紧急。本章源自作者的长期研究成果[1-3]。

3.1　高可靠设计方法概述

电压紧急与多核处理器芯片的供电网络、程序特性和体系结构这三个因素紧密相关，本节首先概述这三个因素的发展趋势及其对电压紧急的影响，然后对现有电压紧急高可靠设计研究工作进行了介绍和对比分析。

3.1.1　影响电压紧急高可靠设计的三个因素

1. 供电网络对电压紧急的影响

对多核处理器的供电网络而言，如图 3.1 所示，按照供电区域的大小可分为三类：①芯片级电压域供电，即所有核都在同一电压域内工作[4]；②核级电压域供电，在该模式下，各个处理器核能够独立进行电压频率调节，核间使用 FIFO 通信[5]；③簇级电压域供电，该模式是前两者的结合，即芯片上若干个核组成一个簇，簇内的处理器核共享一个电压域，而簇间电压域相互独立[6]。

在这三种模式中，芯片级电压域供电的实现最为简单且功耗损失最少。这是因为所有处理器核共享同一个电压源,理论上只需一个电压调整器即可,所以在电压调整器上的功耗损耗较少。该方法只能支持芯片级的电压频率调整,由于程序行为迥异,功耗管理的效率有限[7]。文献[5]分析表明随着处理器核数增多,核级电压域供电方法能够比芯片级电压域供电方法提供更多的功耗管理空间。尽管核级电压域供电方法能支持更细粒度的功耗管理,该方法需要为各处理器核提供一个片上电压调节器,会在电压调节器上损失较多功耗,且因其片上面积开销大,不适用于处理器核数目增多的情况。分簇电压域供电方法是前两种方法的折中,既支持较细粒度的功耗管理,也不会造成较大的电压调整器功耗损耗。

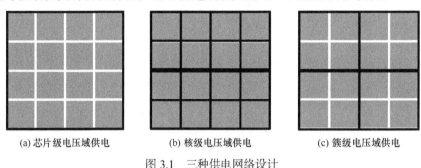

(a) 芯片级电压域供电   (b) 核级电压域供电   (c) 簇级电压域供电

图 3.1 三种供电网络设计

使用核级电压域供电方法时,处理器核间无电压干扰,其电压紧急特性与单核处理器中类似。使用芯片级电压供电方法时,处理器核共享电压域,可能发生核间电压干扰问题。核间电压干扰分为相消干扰和相长干扰。当一个电压域中的某些核同时发生电压紧急时,电压的共振现象[4]可能导致相长干扰,如图 3.2 中右侧箭头所示(不利情况),芯片的电压紧急将加剧。当一个电压域中的处理器核电压紧急不同步发生时,电压平缓的处理器核能缓解其他线程的电压波动,这种情况即为相消干扰,如图中左侧箭头所示(有利情况)[8]。使用簇级电压域供电方法时,由于共享电压域,处在一个簇内的处理器核可能发生核间电压干扰,簇间

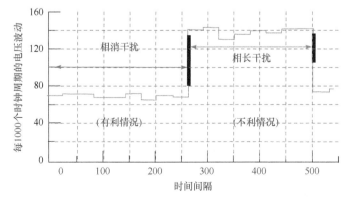

图 3.2 核间电压干扰——相消干扰(左侧"有利情况")和相长干扰(右侧"不利情况")[8]

处理器核不会造成电压紧急干扰。如何在簇级电压域供电网络中减少相长干扰，并利用相消干扰减少多核处理器的电压紧急是国内外学者广泛研究的问题。

2. 程序特性对电压紧急的影响

串行程序：文献[9]对串行程序中微体系结构事件与电压紧急的关系进行了数据统计，如图 3.3 所示。该图显示了在 SPEC CPU2000 的程序中造成电压紧急事件的微体系结构事件比例。在串行程序中，电压紧急主要由以下事件引起：L1 缓存缺失、L2 缓存缺失、转换后备缓冲器(translate lookaside buffer，TLB)缺失、分支误预测和长延时操作。

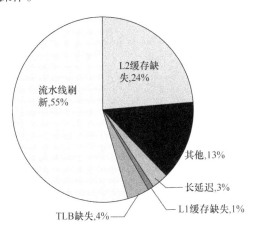

图 3.3　造成电压紧急的微体系结构事件比例[9]

当发生 L1、L2 缓存缺失或 TLB 缺失时，需要等待数据从内存返回，导致流水线的暂停，电流下降；当数值从内存中返回后，流水线继续执行，电流增加。在流水线停、启的过程中容易引发电流剧烈波动，从而导致电压紧急，现有方法通过预取相关的长延时访存指令或减缓流水线启动速度来消除该类型的电压紧急。当发生分支误预测时，流水线进行清空操作，导致电流突然下降，但经过几个时钟周期后，流水线重新进入正常的运行状态，处理器电流开始攀升，这个过程中的电流波动可能引起电压紧急，现有的方法使用"分支延迟槽"消除这种类型的电压紧急。当指令流中存在多个控制相关或数据相关的浮点运算指令(如除法运算)时，流水线进入暂停状态，引起电流波动。这种情况下可以通过对代码重排或循环展开，避免流水线发生长时间暂停来消除此种类型的电压紧急。

下面举例说明上述电压紧急问题以及解决办法，以图 3.4 为例，该图给出了Java 程序集中 Sieve 程序的执行信息。当该程序发生一个长延时操作时，流水线发生暂停，电流降低(如 1 处所示)；当该操作结束时，流水线重新回到工作状态，发射指令增加(如 2 处所示)，引起处理器电流增加(如 3 处所示)，电流波动过大，发生电压紧急(如 4 处所示);若在流水线重新回到工作状态时控制发射指令条数(如 5 处所示),则能够减少电流波动(如 6 处所示),避免电压紧急(如 7 处所示)。

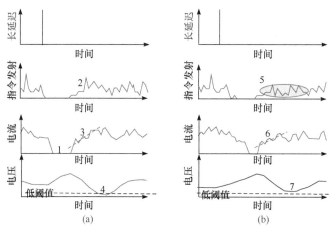

图 3.4　程序执行信息(Sieve)[10]

　　并行程序能够利用线程级并行特性提高应用性能。与串行程序相比,并行程序增加了同步机制并使用了更复杂的编程模型,这两个因素都对电压紧急造成新的影响。

　　并行程序增加了同步机制来保证系统正确地并发执行,同步机制根据功能性不同分为两类:数据同步和操作同步。数据同步保证共享数据的一致性,而操作同步维护线程间的控制相关性。数据同步通常以原语形式实现。原语是指一段原子执行的代码,通常情况下数据同步不会直接影响流水线行为,与电压紧急的相关性较弱。控制线程行为的操作同步直接影响流水线行为,与电压紧急的相关性较强。以栅栏(barrier)为例,先到达栅栏的线程须执行等待,直到所有线程均达到栅栏时才继续向下执行,低功耗策略会关闭执行该栅栏等待线程的处理器核以减少功耗[11]。当栅栏等待结束时,所有处理器核均进入工作状态,此时可能引发芯片电压共振造成电压紧急。如图 3.5 所示,PARSEC 程序集[12]中 fluidanimate 程序的四个线程在四核 Intel i7 处理器上运行,使用 Intel RAPL(running average power limit)[13]接口采集每毫秒的功耗信息。图 3.5 显示了并行程序的功耗与栅栏等待的关系:栅栏等待会导致负载剧烈波动,引起电压紧急。

　　对于大部分程序而言,线程生成和栅栏的数量较少,引起电压紧急的可能性也相对较低。相比之下,并行程序编程模型会更频繁地引起电压紧急。例如,单程序流多数据流(single program multiple data,SPMD)是一种广泛使用的并行程序编程模型,在该编程模型框架下,线程共享同一段静态代码,所以指令流相似,可能频繁引起核间共振导致电压紧急。相比于线程生成和栅栏等待,编程模型在线程生命周期中对电压紧急产生持续的影响，因此考虑并行程序编程模型引起的电压紧急非常重要。

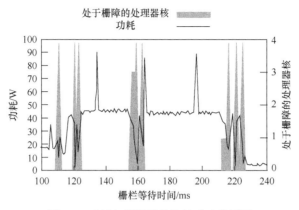

图 3.5　功耗与栅栏等待的关系示意图[14]

3. 体系结构对电压紧急的影响

处理器结构在近十年内迅速发展，从流水线功能来看，SMT 技术是继乱序流水线之后又一突破，能更好地利用指令级并行度，避免长延时操作引起的性能损失，提高处理器性能；从处理器结构来看，处理器核的数目逐渐增加，从单核处理器发展到多核处理器，乃至众核处理器[15]；从封装形式上来看，三维堆叠技术可大大缓解处理器带宽瓶颈，减小互连开销。这些新的结构为处理器电压紧急带来了新的特性。

在同时多线程处理器中，峰值电流与平均电流的差距比单线程处理器大，因此同时多线程的电压紧急问题也更严重。文献[16]针对 SMT 处理器进行分析，发现与单线程处理器中电压紧急的主要引发原因不同，SMT 处理器中的电压紧急主要由资源竞争导致。SMT 处理器能够平滑一条线程暂停而导致的电压波动，但若暂停的线程占用流水线资源无法释放，将引起流水线资源拥塞从而暂停，导致电流骤减。当该长延时操作执行完毕时，流水线又进入活动状态，引起电流骤增。电流的骤减和骤增引发 SMT 处理器产生电压紧急。

随着线程数增多，资源竞争和拥塞次数更加严重，电压紧急也会发生得更加频繁。SMT 处理器中的指令调度也直接影响了资源竞争状况，很多学者也在这个问题上进行研究：ICOUNT[17]取指方法旨在尽量均衡地执行各个线程，flush[18]取指方法则在 ICOUNT 方法的基础上，针对长延时 Ld 操作进行了改进——当某线程执行长延时 Ld 指令时，将该指令后续指令清除出流水线，停止对该线程取指直到 Ld 指令的数值返回。文献[16]分析了 ICOUNT 和 flush 取值方法对 SMT 处理器中资源竞争的影响，发现利用 flush 方法能缓解资源拥塞，减少电压紧急发生的次数，但 flush 方法会显著降低程序执行的公平性。本书作者发现并行程序也存在大量的存储级并行性(memory level parallelism，MLP)[19]，可以叠加访存，减少电压紧急，并提出一种"基于存储级并行指令调度"的同时多线程电压紧急高可靠设计，详见 3.2 节。

片上多核处理器中电压紧急影响范围广，造成的性能损失大，而且其供电网络复杂、程序行为多变，原有针对单核处理器的解决方法对于多核处理器而言已缺乏适用性。文献[4]发现在多核处理器中存在线程干扰的问题。文献[8]通过大量实验观察到串行程序间的相消干扰可能降低处理器的电压紧急。文献[14]认为并行程序中的栅栏机制会引起电压紧急，提出一种"依次入栅依次出栅"的线程调度方法缓解该问题。对于大部分并行程序而言，栅栏在线程生命周期中出现的次数较少，而在 SPMD 编程模型下，线程的流水线行为相似，可能频繁导致核间共振从而引发电压紧急。SPMD 对电压紧急的影响贯穿着线程的整个生命周期，必须对其进行高可靠设计。如何利用供电网络设计和程序特性避免相长干扰并利用相消干扰是多核处理器中电压紧急高可靠设计的一个关键问题，本章针对多核处理器提出一种"基于电压特性线程调度"的方法减少电压紧急，详见 3.3 节。

3.1.2　电压紧急的消除、避免和容忍技术

现有电压紧急高可靠设计主要分为三类，如图 3.6 所示。①电压紧急消除：过指令调度或线程调度，消除可能发生的电压紧急。②电压紧急避免，包括预测和调整：基于传感器信息和程序执行信息预测是否发生电压紧急；若预测出将发生电压紧急，则通过减少流水线带宽、存储端口或者让功能部件执行空指令等方法，减小电流波动，从而平缓电压紧急。③电压紧急容忍：若确认已发生电压紧急，则电压紧急容忍机制通过回卷将系统恢复到电压紧急发生前的正确状态。

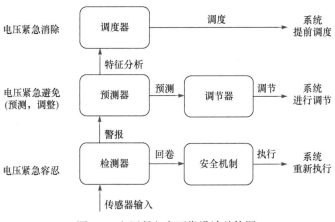

图 3.6　电压紧急高可靠设计总体图

电压紧急的消除技术首先会分析体系结构或程序特性对电压紧急的影响,然后基于该分析使用预先设定的指令调度或线程调度的方法减少处理器电压紧急的发生次数。文献[9]对程序运行时行为和电压紧急之间的联系进行分析:首先,该工作将电压紧急发生的代码区间进行标注,观察到循环代码引起的电压紧急数量最大,第 2~5 层的循环造成了程序 75%的电压紧急,这些循环称为热循环,优化这些循环代码能显著地消除电压紧急。现有工作主要考虑了以下微体系结构事件对电压紧急的影响:L1 缺失、L2 缺失、TLB 缺失、分支误预测和长延时操作。文献[8]针对多核处理器进行了分析,观察到多核处理器的最大电压紧急比单核处理器中增长了42%,而且由于单个核的故障效应可能传播到整个处理器,容错开销也更大,多核处理器的电压紧急及其影响也更为恶劣。该工作观察到在多核处理器中,处理器核共享供电网络,可能发生核间的相消干扰和相长干扰,并在一个双核处理器上进行了如下实验:在核 0 上运行程序 X,执行过程不间断;同时在核 1 上运行程序 Y,Y 程序在 60s 后终止执行,然后核 1 选择新的程序重新运行,60s 后终止,如此往复(如图 3.7 中的运行 1、运行 2、…、运行 N),直到程序 X 执行完毕,如图 3.7 所示。图 3.8 给出了 SPECrate 程序集在线程协作调度后的电压紧急情况。如图 3.8 所示,"○"表示线程单独运行时的电压紧急发生频度,"▲"表示两个相同线程同时运行情况下的电压紧急发生频度,矩形框表示该线程在不同协作线程情况下的电压

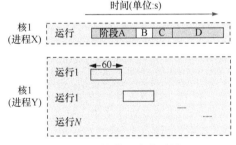

图 3.7　协作调度实验[8]

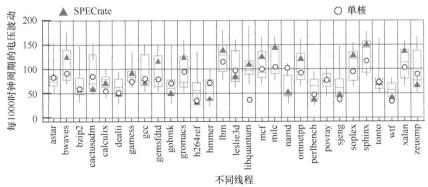

图 3.8　协作调度电压紧急分析图[8]

紧急发生频度。当"〇"在矩形框底部之上时,该程序能通过协作调度的方式来产生相消干扰,减少电压紧急,可以看出大部分线程均能够通过调度而消除电压紧急。

　　电压紧急避免技术通过传感器信息或程序执行信息预测是否即将发生电压紧急。若预测将发生电压紧急,则通过减少流水线带宽、存储端口或者让功能部件执行空指令等方法减小电流波动从而平缓电压紧急。电压紧急的预测对其避免至关重要,下面将分别介绍基于传感器信息和基于程序执行信息的两类电压紧急预测方法。

1. 基于传感器信息的预测

　　文献[20]使用电流传感器信息和卷积电路计算处理器的电压大小。若计算得到的电压值低于预警值时则认为将发生电压紧急,相关调整策略将会启动。文献[21]通过电流幅度预测电压紧急,这种方法的主要思想是宽电流尖峰相比于窄电流尖峰而言更有可能引起电压紧急。如图 3.9 和图 3.10 所示,当电流尖峰持续时间较短时,电压降较小;当电流尖峰持续时间较长时,电压紧急更大。该工作通过减少电流尖峰的时间避免电压紧急,即当检测发现电流幅度超过某预先限定阈值时,通过减少流水线发射宽度或存储端口降低电流避免电压紧急,如图 3.11 所示。

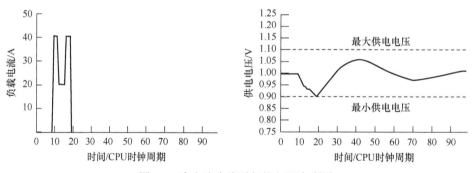

图 3.9　窄电流尖峰引起的电压波动[21]

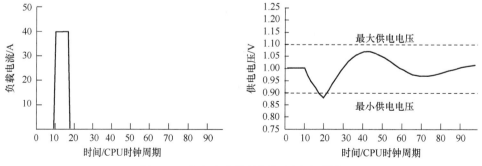

图 3.10　宽电流尖峰引起的电压波动[21]

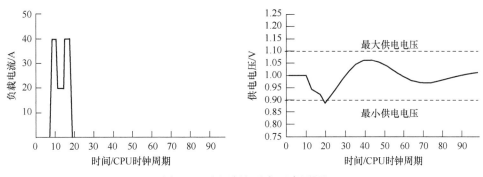

图 3.11　电压紧急避免示意图[21]

2. 基于程序执行信息的预测

文献[22]通过分析程序特性和微体系结构事件与电压紧急的关系，提出了一种基于程序执行信息预测电压紧急的方法，避免了重复计算电流值。该方法的整体框架如图 3.12 所示，此方法分为两个部分：学习过程和预测过程。学习过程在电压紧急发生时触发，并记录此时的电压紧急签名，即当前程序的控制流及微体系结构事件信息，如图 3.13 所示，然后将电压紧急签名存入预测器中。在程序运行过程中，若其控制流及微体系结构事件信息与预测器中的某电压紧急签名吻合，则预测过程提示即将发生电压紧急，然后触发相关机制调整流水线，避免电压紧急的发生。实验结果表明该方法的预测准确率可达到 90%以上。

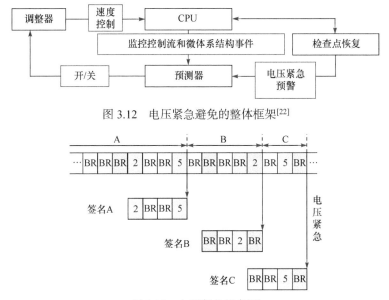

图 3.12　电压紧急避免的整体框架[22]

图 3.13　电压紧急签名[22]

以上电压紧急的消除和避免技术只能减少电压紧急发生的频度，而不能保障电压紧急彻底不发生。若电压紧急已经发生，需要使用电压紧急容忍技术进行故障恢复。由于电压紧急发生的频度相比于其他故障更频繁，使用传统的回卷方法会引起较大的性能开销。文献[23]针对检查点机制的回卷方法进行了改进提出了一种延迟提交的回卷机制(DeCoR)。该机制的基本思想是：在没有确认是否发生电压紧急时，运行结果存在缓冲区中暂不提交，直到确认没有发生电压紧急时再进行提交，并更改寄存器或者存储单元状态；若确认发生电压紧急，则让处理器重新执行该指令。该方法将处理器分为回卷保护域(RB 保护域)和时序余量保护域(TM 保护域)两个部分。RB 保护域包括 DeCoR 方法能够保证恢复到正确状态的所有微体系结构，包括处理器的大部分单元和 L1 数据缓存的读路径。TM 保护域包括其他具有严格时序特性的各种结构，包括 L1 缓存的写路径、整个 L2 缓存和寄存器文件等，这些结构会影响系统状态。如图 3.14 所示，虚框部分表示时序余量保护域。传统的电压紧急容错方法将整个系统放入 TM 保护域中，而 DeCoR 方法仅将存储单元放入 TM 保护域中，将其他执行部分放在时序余量保护域外，由于流水线在时序余量保护域外，系统性能不会受到较大损失。实验表明，此种恢复技术对故障检测延迟的敏感性较低，当故障检测的延迟为 20 个时钟周期时，该容错方法引起的性能降级仅为 7%，而传统容错技术的性能开销高达 39%。

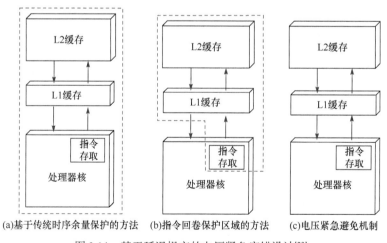

(a)基于传统时序余量保护的方法　　(b)指令回卷保护区域的方法　　(c)电压紧急避免机制

图 3.14　基于延迟提交的电压紧急容错设计[23]

3.2　基于存储级并行指令调度的电压紧急消除

同时多线程技术能够挖掘指令级并行特性提高性能，已广泛应用于商用处理器中。本节首先分析同时多线程处理器中电压紧急与程序访存行为之间的关系，观察到同时多线处理器中电压紧急主要由长延时操作导致的资源拥塞引起；基于此观察，提出了一种基于存储级并行指令调度的技术方法减少处理器电压紧急；最后，采用所提技术方法，使用 SPEC CPU2000 程序集在同时多线程处理器模拟器 M-Sim 上进行了实验，并分析了实验结果。

　　通过对 SMT 模拟器 M-Sim[24]进行了修改，结合功耗分析工具 Wattch，使用 SPEC CPU2000 基准程序集以模拟 SMT 处理器运行过程中的电压波动情况。为分析程序访存行为对电压波动的影响，本节根据访存行为密集程度将程序分为访存密集型 MEM 和指令级并行密集型 ILP，模拟运行 10^6 条指令，统计电压紧急发生次数，观察 ILP2 和 MEM2 两组程序电压紧急特性的差别，其中 ILP 和 MEM 表示程序类型，数字表示 SMT 处理器中线程数目。如图 3.15 电压紧急发生次数(一百万条指令内所示，MEM2 类型程序发生电压紧急的平均次数为 13660 次，ILP2 类型程序为 4099 次。MEM2 程序组发生电压紧急的频度为 ILP2 程序组的 3.33 倍，因此处理器运行 MEM 类型程序更易发生电压紧急。

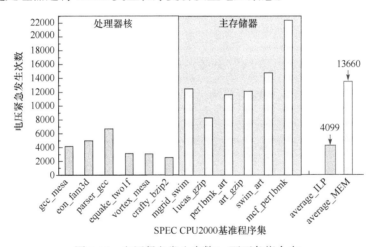

图 3.15　电压紧急发生次数(一百万条指令内)

　　存储级并行是指在程序的指令流中，多条长延时 Ld 指令相互独立且时间间隔短。本节从程序访存特性出发，通过重叠多个长延时 Ld 操作的时间，减少电压紧急并降低 MEM 类型程序的性能损失。程序中的循环代码使得大部分动态指令流由少量的静态代码构成，程序的访存特性具有规律性，这为长延时 Ld 指令的存储级并行性预测提供了可能。处理器能利用此特性并行发出和处理多条长延时 Ld 操作，以重叠访存时间。

　　为了描述存储级并行性的内在含义，本节引入了两个概念：访存聚簇和存储级并行度。访存聚簇是指一段动态指令流中包含多条 Ld 指令。存储级并行度

(MLP)指具有访存聚簇特性的动态指令流中能够重叠执行的长延时 Ld 指令的个数[25]。图 3.16 存储级并行性存在情况显示了 SPEC CPU2000 基准程序的存储级并行度情况，由图 3.16 可见，在 MEM 型程序中，75.2%的动态程序块具有访存聚簇性，并且有 39.5%的动态程序块的 MLP 大于 5，访存密集型程序中存在大量的存储级并行性可以利用。

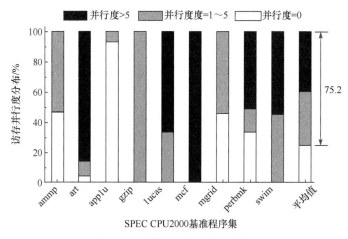

图 3.16　存储级并行性存在情况

3.2.1　存取操作数指令队列检查机制

结合程序访存特性,本节提出一个同时多线程指令调度方法,称为 MLP-Aware,用以减少电压紧急的发生。MLP-Aware 方法的基本思想如图 3.17 所示。图中左侧为线程动态指令流，一旦该线程执行的 Ld 指令被识别为长延时，就通过历史信息预测该 Ld 指令后续是否能够叠加执行其他长延时 Ld 指令，若能够叠加，则继续向下执行。若该 Ld 指令后没有其他长延时 Ld 指令可与之叠加，则停止对该线程取指，并将该长延时 Ld 指令的后续指令清除出流水线，直到其数值返回才恢复对该线程的正常取指。

为支持 MLP-Aware 方法，需要修改流水线部分结构。如图 3.18 所示，在流水线中修改了 Ld/St 队列结构和取指单元，并增加了 MLP 预测器。在 Ld/St 队列中设立了检查机制，以判断 Ld 指令是否为长延时。MLP 预测器的作用是根据所保存的历史信息，判断是否能够叠加访存，取值单元根据 MLP 距离信息采取相应的取值方法。MLP 距离是指某 Ld 指令距离与其可叠加执行的最近 Ld 指令之间的动态指令条数。

下面将详细介绍 MLP-Aware 方法对流水线的修改。

MLP-Aware 方法的第一步是确认某 Ld 指令是否为长延时操作。文献[18]中提出两种识别长延时操作的实现方法：缓存缺失信号触发和延时触发。前者在发生缓存缺失时，使缓存返回一个缺失信号，处理器根据该信号来定位发生长延时 Ld 操作的线程。此种方法对流水线修改较大。第二种方法实现较简单，当发现某条指令在 Ld/St 队列里超过 L 个时钟周期，则认为发生了长延时 Ld 操作。本节采用第二种方法识别长延时操作，并在实验中将 L 定为 20 个时钟周期，略大于 L2 缓存命中时间。

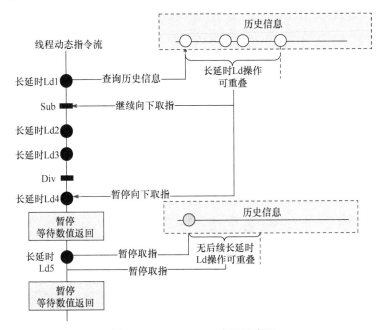

图 3.17　MLP-Aware 方法示意图

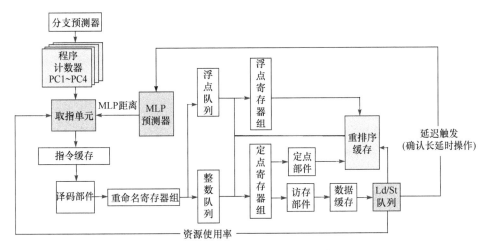

图 3.18　MLP-Aware 处理器结构示意图

3.2.2 多线程预测器

MLP 预测器的主要功能是预测 MLP 距离并更新 MLP 距离预测表。MLP 距离预测表的表索引项为长延时 Ld 指令的指令地址(即 PC 值),内容为该 Ld 指令的 MLP 距离。一旦确认线程动态指令流中的某个 Ld 操作为长延时,预测器将查找 MLP 距离预测表,预测该 Ld 指令相应的 MLP 距离。某条 Ld 指令的 MLP 距离是指在这段指令流中,能与它叠加执行的最远 Ld 指令距离它的动态指令条数。如图 3.19 所示,Ld1 指令的 MLP 距离为 5。在预测过程中,若 MLP 距离预测表中无该 Ld 指令项时,则默认其 MLP 距离为 0。

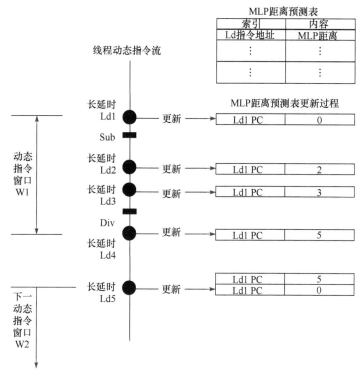

图 3.19 MLP 距离预测表查找与更新示意图

在程序执行过程中,本方法还将根据长延时 Ld 指令的信息更新 MLP 距离预测表。在图 3.19 所示的例子中,假设程序中某段动态指令流中有五个长延时 Ld 指令,分别为 Ld1,Ld2,Ld3,Ld4,Ld5。当程序执行 Ld1 时,开始第一个动态指令窗口 W1(动态指令窗口的大小设为 ub,其大小设置将在第 3.3.4 节具体介绍),如果查询 MLP 距离预测表,发现表中无 Ld1 指令项,则在 MLP 距离预测表中插入 Ld1 表项,继而在执行 Ld2,Ld3,Ld4 时,更新表中 Ld1 的 MLP

距离域。当程序执行到 Ld5 时，由于 Ld5 与 Ld1 之间的距离已经超出动态指令窗口大小，开始下一个动态指令窗口 W2 并在 MLP 距离预测表中插入 Ld5 表项。设立动态指令窗口的目的是避免对 MEM 型线程的过度取指，减少发生资源拥塞的可能性。

3.2.3　指令调度方法

MLP-Aware 方法的指令调度过程如下：当某线程发生长延时 Ld 操作时，根据该 Ld 指令 PC 查找 MLP 距离预测表，获得 MLP 距离 md。若 md 为 0，则将该 Ld 指令后续指令清除出流水线，释放资源避免该线程占用资源。若 md>0 则继续执行，直到执行 md 距离的指令条数，才停止对该线程取指直至 Ld 指令的数值返回。

MLP-Aware 取指单元的逻辑结构如图 3.20 所示。选择逻辑确定每个时钟周期的取指线程。选择逻辑的控制信号 c_i(0<i<n，n 为指令条数)表明该线程是否处于无法叠加长延时 Ld 操作的状态，若为 0，则选择逻辑放弃从该线程取指，如果 c_1 到 c_n 全部为 0，则处理器中所有线程都处于不可叠加长延时 Ld 操作的状态(此为小概率事件，但仍可能发生)，则随机选取一条线程继续执行。控制信号 c_i 是信号 longlatency 和信号 p 进行逻辑或操作的结果，longlatency 和 p 分别表征线程是否处于长延时操作状态和 MLP 可利用状态。当线程进入长延时 Ld 操作时，longlatency 置 0。信号 p 是信号 occupancy 和信号 d 逻辑与的结果，occupancy 表征 Ld/St 队列的使用率，d 表示是否存在 MLP 距离可以利用。为了避免 MLP-Aware 指令调度方法造成 Ld/St 发生拥塞，本节设定 Ld/St 使用量超过 80%时，将 occupancy 赋值为 0，也就是不进行 MLP 预测，直接停止对该线程取指。否则，

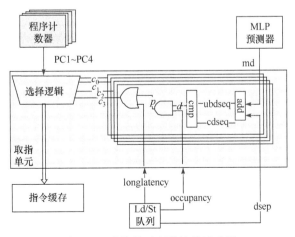

图 3.20　取指单元逻辑结构示意图

启用 MLP-Aware 方法，根据 d 值判断是否继续取指令。d 值的计算方法是：由 MLP 预测器输入的 MLP 距离 md，计算出预测的可叠加访问的最远 Ld 指令动态地址 dda，若当前的取指指令的动态地址 cda 大于 dda，则 d 值为 0，说明长延时 Ld 指令后已有多于 md 条指令进入流水线执行，则将与 Ld 指令动态距离大于 md 的指令清除出流水线。如果 cda<dda，信号 d 为 1，说明该线程当前的取指指令与 Ld 指令的动态距离小于 md，则继续对该线程正常取指，直到取满 md 条(即 cda=dda)为止。

与分支误预测清空流水线的机制类似，MLP-Aware 清空流水线的机制也是由给定指令开始释放流水线资源，包括重命名寄存器、指令队列和重排序缓存(如果为访存指令，还将释放 Ld/St 队列中相应项)，无须新增其他硬件。

3.2.4　实验环境搭建与结果分析

为了证明所提方法对电压紧急问题的有效性，本节扩展了 M-Sim 模拟器使其支持 flush 和 MLP-aware 方法。每个线程有单独的程序计数器和重命名表，其他资源则为线程间共享。主要的配置参数如表 3.1 所示。为对访存密集型程序区分考虑，本节根据程序出现长延时操作的频度将程序分成四组，运行 200M 指令。若某程序平均每 1K 条指令出现长延时 Ld 操作的次数大于 0.5，则将其归为 MEM 类型程序，否则为 ILP 类型程序。MEM 组全部由表 3.2 中的 MEM 类型程序构成，MIX 组是 MEM 类型程序和 ILP 类型程序的混合组合。

表 3.1　SMT 处理器的参数配置

参数	配置
线程数	1/2/4
取指/译码带宽	8/8/8
分支目标缓存大小	2K 表项，2 路组相联
分支预测器级别	Bimodal，2 级
重排序缓存大小	512(共享式)
取指方法	ICOUNT.2.8
寄存器	32/128/256
指令发射队列	48/96/128
Ld/St 队列	64/88/106
整数运算器	4/6/6
整数乘/除运算器	1/2/2
浮点运算器	2/3/3
浮点乘/除运算器	1/2/2

续表

参数	配置
一级指令缓存	32KB，两路
一级数据缓存	32/64/64KB，两路
二级缓存	2MB，两路
主存时延	300 时钟周期

表 3.2　SPEC CPU2000 程序集分类

MEM2	MIX2	ILP2	MIX4	MEM4
art,gzip	swim,galgel	gcc,mesa	equake,art,gzip,fma3d	art mcf mgrid applu
lucas,gzip	mcf,vpr	eon,fma3d	gzip,swim,vpr,fma3d	art swim gzip applu
swim,art	swim,fma3d	parser,gcc	mcf,art,eon,amp	perlbmk mgrid gzip applu
mgrid_swim	gzip,crafty	equake,twolf	swim,gzip,ammp,mesa	mcf_applu_gzip_lucas
perlbmk_art	lucas,eon	vortex,mesa	fma3d,gzip,mgrid,swim	mcf_gzip_art_perlbmk
mcf,perlbmk	art,bzip2	crafty,bzip2	mcf,applu,gzip,lucas	swim_perlbmk_mgrid_art

1. MLP 距离预测表准确度

MLP 距离预测表的准确度直接影响系统的性能。对于 MLP 距离预测表，预测错误包括两种情况：①MLP 预测器预测有存储器并行度而实际并不存在；②MLP 预测的存储器并行度少于实际情况；定义第 i 次预测的准确度为

$$\text{Accuracy}_i = \frac{\text{Inst}_{\text{match}}}{\text{Inst}_{\text{match}} + \text{Inst}_{\text{mismatch}}}$$

预测器的准确度为

$$\text{Accuracy}_{\text{sum}} = \frac{\sum_{i=1}^{n}\text{Accuracy}_i}{\text{Sum}}$$

其中，Accuracy_i 为每次预测准确度；Sum 为预测总次数。预测器的准确度定义为每次预测准确度的平均值。图 3.21 显示了 MLP 预测器的准确度，由于程序具有明显的代码重复特性，预测性能较好。根据实验数据，MLP 预测器准确度平均情况下达到了 90.7%。

对 MLP 距离预测表更新时，动态窗口的大小 ub 对性能也有显著影响。ub 设置过小，存储级并行特性不能充分利用；ub 设置过大，可能导致长延时线程占用过多资源而致使流水线拥塞。流水线中关键资源主要包括重排序缓存(reorder buffer, ROB)、Ld/St 队列和物理寄存器。实验中设立 ub 略小于寄存器文件大小/线程数，在双线程环境下为 50，在四线程环境下为 30。

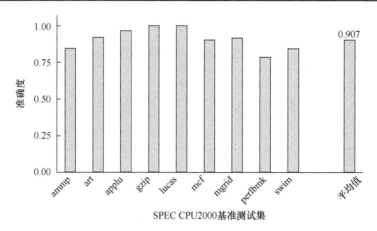

图 3.21　MLP 预测器的准确度

不同线程的地址空间不相交，所以不会导致 MLP 距离预测表发生冲突，多个线程可以共用一个 MLP 距离预测表。如表 3.3 所示，MLP 预测器的表项数目需要量较少，每个线程平均每 10^6 指令需要表项数目为 15 项，面积开销较小。在实验配置中，双线程环境下 MLP 预测表表项设置为 48 项，四线程环境下 MLP 预测表表项设置为 96 项。MLP 预测器的替换策略采用 LRU(least recently used) 算法。MLP 预测器的时序约束不高(MLP 预测器电路时延故障造成的预测失败，仅降低了叠加长延时操作的优化效果，不影响程序的正确性)，对系统性能的影响较小。

表 3.3　对于本节实验的所有程序，平均每 10^6 条指令所需 MLP 表项数目

实验程序	MLP 表项数目/10^6 条指令
ammp	3
mgrid	17
applu	5
art	60
galgel	7
mcf	29
perlbmk	7
gzip	1
lucas	2
vpr	7
swim	26
平均值	15

2. 性能及公平性影响

由于 flush 方法和 MLP 方法均主要针对访存密集型程序优化，实验主要针对 MEM 型程序组和 MIX 程序组，考察在这两种不同方法下的电压紧急情况。SMT 处理器主要有两个性能评估指标：平均吞吐量(throughput)和公平性(fairness)分别表征所有线程的平均 IPC 和各个线程执行的均衡情况[26]。考虑各线程自身访存特性对电压紧急发生次数的影响，在实验中引入以下指标表征每次流水线暂停引发的电压紧急次数，以对不同指令调度方法下的电压紧急情况进行分析：

$$VE_{norm} = \frac{VE\#}{\sum\limits_{i=0}^{n} \frac{Inst_i}{Inst_{sum}} \times factor}$$

其中，VE# 为电压紧急发生实际次数；$Inst_{sum}$ 为总提交指令数，处理器中有 n 条线程，每条线程提交指令数为 $Inst_i (0 \leqslant i \leqslant n)$。根据文献[8]所述，大部分电压紧急频度和流水线暂停周期数正相关，设置 factor=stall_ratio 表征各个线程电压紧急的特性，factor 越大表明该程序更容易发生电压紧急。stall_ratio 指线程发生暂停的频度(可能由指令缓存，L2 缓存缺失或分支误预测等事件引起)。该项指标考虑程序自身电压紧急特性，因此可更客观地评价 SMT 处理器的电压紧急发生情况。

实验结果表明与 flush 取指方法相比，MLP-Aware 方法能有效降低电压紧急的发生频度。图 3.22 和图 3.23 分别为双线程和四线程环境下发生电压紧急的情况。

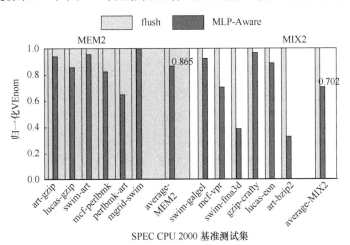

图 3.22　双线程 MLP-Aware 与 flush 电压紧急次数对比图

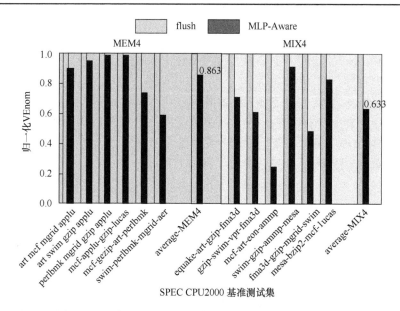

图 3.23　四线程 MLP-Aware 与 flush 电压紧急次数对比图

在双线程环境下，MLP-Aware 方法平均减少约 21.7%的电压紧急。四线程环境下，电压紧急可降低约 25.2%。在公平性方面，MLP-Aware 方法明显优于 flush 方法。如图 3.24 和图 3.25 所示，MLP-Aware 在双线程和四线程环境下公平性相较于 flush 方法分别提高 1.6 倍和 1.4 倍。

　　MLP-Aware 方法使得处理器的吞吐量也平均提高 4.4%,当程序集为 MEM 类型时，MLP-Aware 方法比 flush 方法的吞吐量在二线程和四线程环境下分别提高 8.9%和 6.3%,尤其是当访存密集型程序的 MLP 距离相差较大时，MLP-Aware 方法不仅能较好地降低电压紧急频度，还能同时提高同时多线程处理器公平性和吞吐量。对于 MIX 类型程序集，flush 方法倾向于执行 ILP 类型的线程，并通过利用此线程的指令并行性来提高系统吞吐量，而不会像 MLP-Aware 公平地调度 MEM 线程和 ILP 线程。ILP 线程的吞吐量明显高于 MEM 线程的吞吐量，即便 MLP-Aware 挖掘了存储级并行，在 MIX 组中 MLP-Aware 的系统吞吐量还是会略低于 flush 方法。如图 3.26 和图 3.27 所示，平均情况下，MLP-Aware 方法在二线程和四线程环境中吞吐量分别下降 2.6%和 2.5%。flush 方法的吞吐量略高于 MLP-Aware 方法，然而 flush 方法是以牺牲 MEM 类型程序性能为代价的，公平性低。

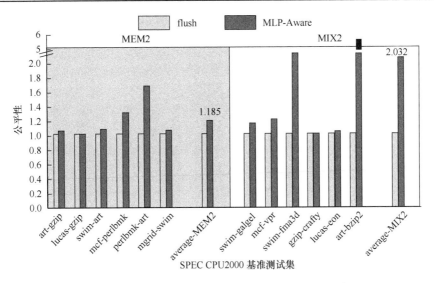

图 3.24　双线程 MLP-Aware 与 flush 公平性对比图

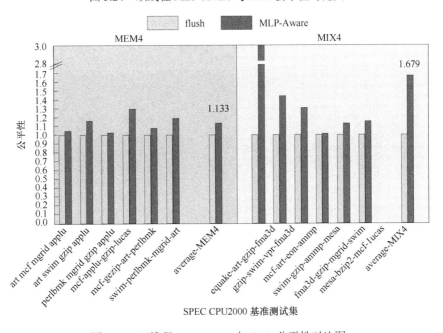

图 3.25　四线程 MLP-Aware 与 flush 公平性对比图

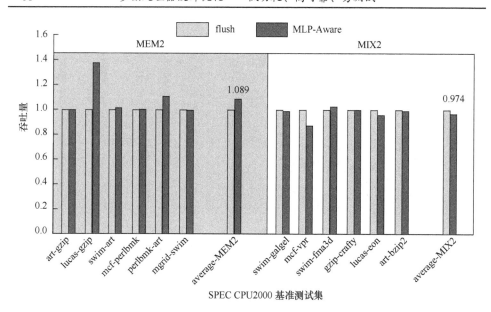

图 3.26　双线程 MLP-Aware 与 flush 吞吐量对比图

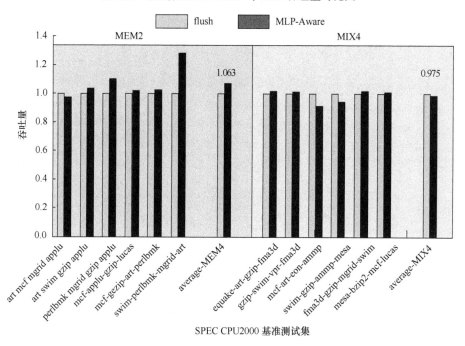

图 3.27　四线程 MLP-Aware 与 flush 吞吐量对比图

3.3　基于电压特性线程调度的电压紧急消除

本节首先分析了多核处理器供电网络及并行程序特性对电压紧急的影响，并针对这两个因素给出了核心观察。然后，提出了一种线程电压特性量化方法，并使用了 SPLASH2 程序集对其准确性进行验证。在此量化方法的基础上，提出了一种基于线程调度的技术，减少片上多核处理器的电压紧急并在 GEMS 平台上进行了实验，分析了实验结果。

在一个十六核处理器上，实验分析电压紧急的分布：基于易用性和效能方面的考虑，本节使用簇级电压域供电设计为该多核处理器供电，每四个处理器核组成一簇，共享一个电压域，电压域间相互独立不受干扰，该处理器的供电网络如图 3.28 所示。

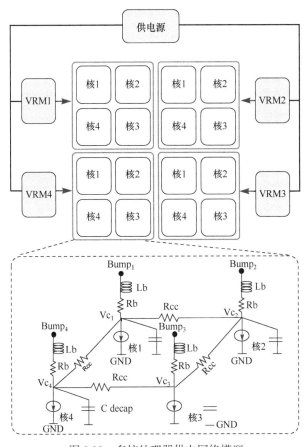

图 3.28　多核处理器供电网络模型

多核处理器中的电压紧急主要是由核间电压共振引起。图 3.29 给出了多核处理器电压紧急分布情况,平均有 73%的电压紧急发生在两个或以上的处理器核上,有 30%的电压紧急在所有核上发生,可知避免多核处理器内核间共振能显著减少电压紧急的发生。

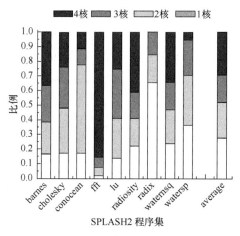

图 3.29　电压紧急空间分布图

引发核间电压共振有两个必要条件:①同一个电压域内的处理器核有相似的电流波动趋势;②电流波动的幅度较大。实验发现对于多线程并行程序而言,第一个必要条件较容易满足。图 3.30 多核处理器核间电压干扰示意图展示了 SPLASH2[27]程序集中 cholesky 程序的四个线程的执行信息,这四个线程在同一个电压域内的处理器核上运行,由于核 1、核 2 和核 3 上运行的线程共用了函数体,因此流水线行为相似,电流波动较为一致,在时刻 a、b 和 c 处引发了较大的电压紧急。

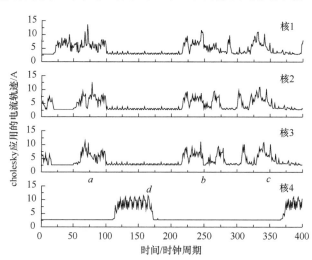

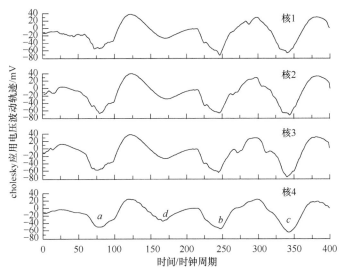

图 3.30　多核处理器核间电压干扰示意图

　　传统预测-控制的方法不适用于解决多核处理器中的电压紧急问题。如图 3.30 所示，由于核 4 运行操作系统指令，电流曲线图与其他三个核有较大不同，在时刻 a、b 和 c 处，虽然核 4 的电流平滑，但仍然发生了较大的电压波动，这是因为核 4 受到其他三个核同步电流波动导致的电压共振影响；而在时刻 d 处，虽然核 4 发生较大电流波动，但由于其他核缓解了核 4 的电压波动，并未引起电压紧急。单线程的预测机制无法检查这种核间相长或相消效应。本节通过分析线程的电压特性，提出了一种基于线程调度的技术，避免电压共振，减少电压紧急。该方法的原理是通过线程调度利用相消干扰，减小相长干扰，从而消除电压紧急。该方法有两个关键技术点：①量化评估和预测运行时线程间的干扰效应；②设计一种减少电压紧急的线程调度算法。

　　下面两节将详细阐述这两个关键技术点。

3.3.1　电压特性建模

　1. 线程电压特性量化

　　在多核处理器中，处理器核的电压波动同时受到内因(核上运行线程)和外因(同一电压域内其他核运行的线程)的影响。本节使用 IDI 来量化一个线程的自有电压特性，即引起电压紧急的频繁程度。线程的 IDI 较高会频繁地引起电压紧急，并加剧其他处理器核的电压波动；反之，若线程的 IDI 较低，则该线程在执行过程中，较少发生电压紧急，并能缓解其他处理器核的电压波动。本征压降频度表征线程的自有电压特性，只与该线程本身的程序特性有关，不受线程周边其他线程的影响，在实际操作过程中，以线程单独执行过程中发生的电压紧急频度来表征该线程的 IDI。

在一个电压域内，处理器核运行的线程 IDI 都较大时，可能发生电压共振。如图 3.31 所示，在处理器上运行四个应用程序：barnes、conocean、watersp 和 cholesky。每个应用程序有四个线程，b1~b4 表示 barnes 的四个线程，c1~c4 表示 conocean 的四个线程，w1~w4 表示 watersp 的四个线程，h1~h4 表示 cholesky 的四个线程。在图 3.31 中，每个图标对应一个线程在某种运行环境(即线程分布)下的特性，图标的横坐标表示该线程的 IDI，纵坐标表征该线程在此运行环境下的电压紧急发生频度。对比两种运行环境下线程的电压紧急发生频度：第一种是将同一程序的四个线程放在同一个电压域内运行，对应为实心图标；第二种是将 IDI 相差较大的线程放在一个电压域内运行，对应为空心图标。这两种情况下的线程分布具体见图中框内文字，在第一种情况下，四个电压域内的线程分别为(b1, b2, b3, b4)、(c1, c2, c3, c4)、(w1, w2, w3, w4)和(h1, h2, h3, h4)；第二种情况下四个电压域内的线程分别为(b4, b1, h1, c1)、(w3, b3, h2, c4)、(w4, w1, h4, c3)和(b2, w2, h3, c2)。

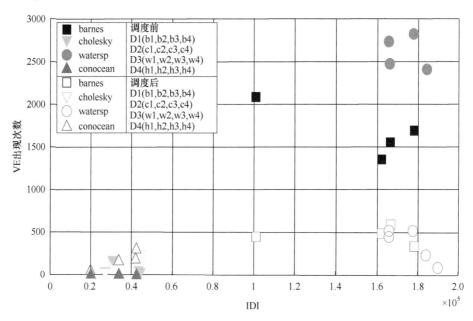

图 3.31　IDI 与线程电压紧急发生频度关系图

由图可见，当运行在同一个电压域内的线程的 IDI 都较大时，电压域容易发生电压共振，而将 IDI 相差较大的线程放在一个电压域内执行时，能够有效避免电压共振，电压紧急的发生频度也大大减小。例如，barnes 四个线程的 IDI 较大，在第一种运行环境下这四个线程的电压紧急发生频度较高，如图中"■"所示；而 conocean 线程的 IDI 较小，所以电压紧急发生频度较低，如图中"▲"所示。将 IDI 高的线程与 IDI 低的线程混合，进行重新调度后，barnes 线程的电压紧急发生频度减小，如图中"□"所示。这个示例说明了两点：①线程电压紧急的发生频度受该线程的邻居线程影响；②使用 IDI 表征线程的电压特性，并以此作为线程调度的判断指标是可行的。

由于 IDI 是线程的自有属性，而线程在运行过程中难免会受到其他线程的影响，IDI 不能在运行时直接通过测量得到，基于线程调度的关键技术是实现 IDI 的在线预测。文献[8]说明了线程电压特性与运行时的若干微体系结构事件有关，例如缓存缺失、TLB 缺失、分支误预测、长延时操作等，这些事件会引起流水线的暂停，从而导致电流波动剧烈引发电压紧急。本节使用上述微体系结构事件来预测线程的 IDI。

2. 电压域电压特性量化

除了评估线程的电压特性，还需要量化评估同一个电压域内所有线程间电压干扰的强度，即评估电压域的电压特性。本节使用 $I(i,j)$ 表示线程 i 和线程 j 之间的电压干扰效应，该参数通过记录线程在一段时间中的 IDI 向量，并进行内积计算得到。例如，在每一个监测窗口内针对线程 i 进行观测，得到其在此窗口内的线程 IDI。在十个监测窗口后，线程 i 的执行轨迹与 IDI 向量 $V_{IDI}^i = [\text{IDI}_1^i,$ $\text{IDI}_2^i, \cdots, \text{IDI}_{10}^i]$ 对应，那么线程 i 和线程 j 间的电压干扰效应 $I(i,j)$ 由 V_{IDI}^i 和 V_{IDI}^j 的内积表示，如下式所示：

$$I(i,j) = V_{IDI}^i V_{IDI}^j$$

当两个线程的波动趋势一致且幅度较大时，这两个线程的 IDI 向量内积也较大，电压相长干扰较强，容易发生电压共振；反之，当两个线程的 IDI 向量内积较小时，电压相长干扰较弱，有利于减小电压紧急。电压域的紧急特性 (emergency level, EL) 表示了一个电压域内所有线程间电压干扰的强度，其计算过程如下式所示：

$$EL_S = \sum_{i \in S, j \in S} I(i,j)$$

其中，S 表示某电压域，而 i，j 是属于 S 的任意两个不同线程。当 EL 较小时，电压域内的线程大多发生相消干扰，当 EL 较大时，电压域内的线程大多发生相长干扰，容易引起电压紧急。线程调度的目标是减少 EL 值，利用相消干扰减少相长干扰。

3.3.2 线程调度方法

在量化评估了电压域的电压特性后，线程调度问题即被抽象为：已知处理器中有 d 个电压域，n 个线程等待调度执行，已知各个线程的 V_{IDI}，求线程调度策略 M 以获得最小 SUM(EL_S)。线程调度策略 M 是一个三元组：(线程 ID，电压域 ID，核 ID)，表示某线程映射的电压域和处理器核。为简化讨论，本节假设每个处理器核运行单个线程。

该问题等价于一个 k 路网络划分问题。k 路网络划分问题是指将网络结点分为 k 组，每组都有相同个数的结点，划分目标是使每组内部的权重之和最大。k 路网络划分问题是经典的 NP 问题。该问题蛮力搜索的复杂度为 $C_n^d C_{n-d}^d C_{n-2d}^d \cdots C_d^d / d!$，其中，$C$ 代表组合数，此算法复杂度为 $O(n!)$。

如前文所述，线程调度的目标是使处理器中 SUM(EL_S)最小。为减小开销，本节提出一个贪心算法减小处理器中的电压紧急，称为 Orch-VEO (VE-oriented) 算法。该算法的核心思想是将 $|V_{IDI}|$ 最大的线程调度到 EL 最小的电压域中。

1. 消除电压紧急的调度算法

该算法的伪代码如下所示，算法 3.1 共分为以下四个步骤。

算法 3.1　Orch-VEO 算法

输入：n 个线程的 V_{IDI} 和 d 个电压域；
输出：Array $M[n](2)$ //记录 n 个线程的运行坐标(domain$_{ID}$, core$_{ID}$)
1.根据线程 V_{IDI} 计算线程的优先级，然后将其放入优先级栈(priority stack)中
2.初始化电压域的 EL 数组：EL[d]=(2)
3. tmp_min=0; //tmp_min 表示当前 EL 值最小的电压域 ID
4.WHILE(Priority Stack 非空){
5.　　栈顶线程 T_i 出栈；
6.　　放置线程 i 进入电压域 tmp_min 中的空闲核上运行
7.　　更新电压域 tmp_min 的 EL 值
8.　　tmp_min=当前 EL 最小的电压域 ID
9. }

步骤一：初始化电压域的 EL 数组，根据线程的电压紧急特性决定线程的调度优先级。

假如有 n 个线程和 d 个电压域，这些电压域的初始 EL 值为 0。基于线程电压特性决定调度顺序：首先，计算线程 IDI 向量的模 $|V_{IDI}|$；然后根据 $|V_{IDI}|$ 的大小对线程进行降序排列，并将线程存入线程调度优先级栈(priority stack)中。$|V_{IDI}|$ 最大的线程拥有最高优先级，位于栈顶，最早进行调度。如图 3.32 所示，在该情况下，线程序列为 T_{14}，T_6，T_{12}，$\cdots$，T_5，所以线程 T_{14} 最早进行调度。

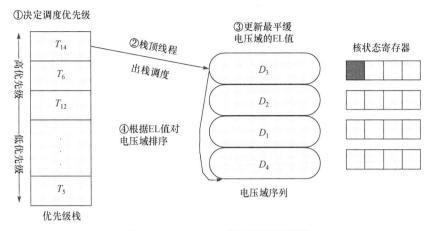

图 3.32 Orch-VEO 算法原理示意图

步骤二：将栈顶线程调度到 EL 最小的电压域中。

检查线程调度优先级栈是否为空，若不为空则将栈顶的线程 T_i 调度到最平缓的电压域，在图 3.32 的示例中，EL 最小的电压域是 D_3。

步骤三：更新电压域 EL 值。

在步骤二完成后，更新当前最平缓电压域的 EL 值：$\mathrm{EL}_S = \mathrm{EL}_S + \sum_{i \in S} I(i, T_i)$，其中，$I(x, y)$ 的计算过程如公式(5.1)所示。

步骤四：重新计算得到 EL 值最小的电压域。

更新了 D_3 的 EL 值后，重新计算得到当前 EL 最小的电压域。在图 3.32 的示例中，EL 最小的电压域变为 D_2。此过程结束后检查是否所有线程都调度完毕，若没有则回到步骤二。

2. 感知线程迁移代价的调度算法

基于线程调度减少电压紧急的方法依赖于一项关键技术：线程迁移。在线程迁移的过程中丢失了该线程缓存和分支预测器的历史信息,这可能引起性能开销。本节首先评估了在私有末级缓存(last level cache，LLC)和共享 LLC 两种情况下，线程迁移造成的性能损失；然后，提出了一种改进的调度算法 Orch-MA(migration aware)，在减小电压紧急的同时，降低线程引起的性能开销。

1) 线程迁移的性能开销

本节使用 $T_{\mathrm{migration}}$ 表示线程迁移后的处理器吞吐量，$T_{\mathrm{non\text{-}migration}}$ 表示不进行线程迁移时的处理器吞吐量，这两者的比值 $T_{\mathrm{migration}}/T_{\mathrm{non\text{-}migration}}$ 表示归一化性能。针对 200 个测试程序片段，在每 1M 时钟周期进行一次线程迁移的情况下，分别针对私有 LLC 结构和共享 LLC 结构进行了性能模拟。模拟结果如图 3.33 所示,图例"■"表示在私有 LLC 结构下的归一化性能，图例"▲"表示在共享 LLC

结构下的归一化性能。

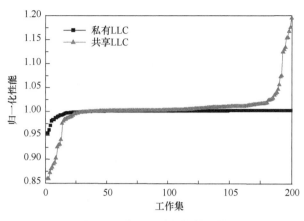

图 3.33　线程迁移的性能开销

由图 3.33 可见，在私有 LLC 结构中，对于 90%的程序而言，线程迁移带来的性能开销可忽略不计；对于剩下 10%的程序而言，线程迁移带来的性能开销在 5%以内。该实验结果表明 1M 时钟周期对于大部分应用程序而言，足够进行缓存和分支预测器的训练，迁移对性能的影响较小。

在共享 LLC 结构下，如图 3.33 所示，对于 75%的程序而言，线程迁移的性能损失可忽略不计，但存在某些情况，线程迁移会带来较明显的性能损失或性能提升。这是因为在使用静态非均匀访存结构(static non-uniform cache access，S-NUCA)时，数据是静态映射到缓存中的[28]，线程迁移改变了该线程运行地点和其数据存放地点间的距离：一些近程数据由于线程迁移变成了远程数据；一些远程数据由于线程迁移变成了近程数据。当一个线程的大部分数据都变成远程数据，其性能也会发生显著降级。以往的研究工作提出使用数据块迁移[29]或选择性线程迁移[30]的方法来解决该问题。基于这些方法的预测信息，本节提出了一种感知线程迁移代价的线程调度方法 Orch-MA，在减少电压紧急发生的同时，避免线程迁移导致的性能降级。

2) Orch-MA 算法

为了减少线程调度引起的性能降级，可以通过预测合理的线程映射关系来减少远程数据[30]。当一些线程被绑定在指定核上时，Orch-MA 算法依然能够通过调度其他线程来减少电压紧急。本节称这些被绑定的线程为"锁定线程"，其集合用 PinningSet 表示，其他线程为自由线程。假设有 p 个线程预先被绑定到处理器核上，这些映射信息首先存在锁定映射 M_p 中。M_p 由 p 个三元组组成，这个三元组为(线程 ID，电压域 ID，处理器核 ID)，表示该线程被绑定的电压域及处理器核的位置。Orch-MA 算法的目标是在满足 M_p 的约束下，通过调度自由线程使处理器核的 SUM(EL_S) 值最小。

Orch-MA 的算法与 Orch-VEO 算法的步骤二~步骤四是一致的。Orch-MA 算法改变了初始条件,其步骤一具体如下。

首先,将锁定线程调度到指定电压域的指定核上,电压域的初始 EL 值等于该电压域内锁定线程相互干扰之和。例如,电压域 S 的 EL 值计算过程如下所示:

$$EL = \sum_{i,j \in S; i,j \in \text{PinningSet}} I(i,j)$$

其中, i 和 j 表示电压域 S 中的锁定线程。然后,确定自由线程的调度优先级,并将该线程序列存入优先级堆栈中。步骤一结束后,后续步骤二到步骤四进行自由线程的调度。当一个电压域中的锁定线程越多时,Orch-MA 算法的优化空间越有限。

3.3.3 硬件设计

Orch 方法的硬件电路实现如图 3.34 所示,该硬件电路由两部分组成:监视器

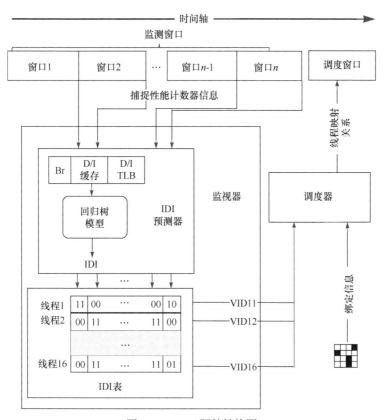

图 3.34 Orch 硬件结构图

和调度器。监视器的主要功能是估算和记录各个线程在各个监测窗口内的 IDI 值。各线程的 IDI 值能通过一个硬件实现的回归树模型[31]进行预测，这个回归树模型的输入是处理器性能计数器的值，输出是预测得到的 IDI 信息，IDI 信息将存储在 IDI 表中。在运行窗口结束时，调度器会被触发，由 Orch-VEO 或 Orch-MA 算法计算下一个运行窗口内的线程映射关系，并进行相应的线程调度。

监视器主要由两个部分组成：IDI 预测器和 IDI 表，这两个部件分别用于预测和存储线程的 IDI 值。IDI 预测器的输入是性能计数器的值，输出为预测得到的 IDI 值，该输出存储在 IDI 表中。IDI 表是一个二维数组，行数与线程数目相等，该数组的每一行代表了某个线程在若干连续监测窗口内的 V_{IDI}；而列数与监测窗口数目相等，每一列代表了某个监测窗口内所有线程的 IDI 值。具体而言，在第 i 个监测窗口 W_i 中，线程 j 的 IDI 值存储在 IDI 表的第 j 行，第 i 列。

如前文所述，电压紧急主要由程序执行过程中发生的微体系结构事件引起，所以使用 L1 缓存缺失、L2 缓存缺失、TLB 缺失、分支误预测及长延时操作的发生频度作为 IDI 预测器的输入值。这些数据能在运行时由处理器性能计数器采集。采集到这些数据后，由回归树模型预测 IDI。回归树模型广泛应用于数据挖掘，该模型通过学习输入与输出的关系，建立起一系列规则，这些规则即为回归树中的树结点。在进行分类或预测时，回归树模型根据规则对输入信息进行判断，选择分支方向，经过一系列的判断和选择最终到达叶节点完成分类或预测。回归树由一个硬件比较电路来实现，支持在线预测。

为拟合微体系结构事件与 IDI 的关系，首先需要进行回归树的离线训练。在此阶段，相关微体系结构事件信息和相应的线程 IDI 值同时作为输入，训练得到回归树模型。训练阶段在回归树模型趋于稳定后结束。其中，微体系结构事件信息由处理器内的性能计数器收集，IDI 由传感器或关键路径检测器，在各个电压域只运行一个线程的情况下测量得到。

本节将 IDI 的值线性划分，IDI 在 0~50K 之间的线程划分为等级 1；50K~100K 为等级 2；100K~150K 为等级 3；超过 150K 则为等级 4。其中 IDI 值在等级 1 和等级 2 中的线程称为电压平缓线程，在等级 3 和等级 4 中的称为电压紧急线程。通过数据统计发现对于等级 1、等级 2 和等级 3 的线程而言，发生电压紧急的频度相比于等级 4 的线程分别是 3%、10%和 51%，这种划分方法保持了线程电压特性的区分度。在划分后 IDI 值能用两比特存储，使 IDI 表、计算电路和排序逻辑得到大大简化。

在使用 100 个随机选取的测试工作集训练得到回归树模型后，本节使用 250 个测试工作集来验证该模型的准确性，结果如图 3.35 所示。x 轴表示了线程的实际 IDI，而 y 轴表示了预测得到的 IDI。模型能够准确预测 87%的样本，总体的误预测率为 13%，不超过 3%的样本发生严重错误，即将线程电压平缓或紧急的特性判断出错, 该线程 IDI 预测方法较为有效。

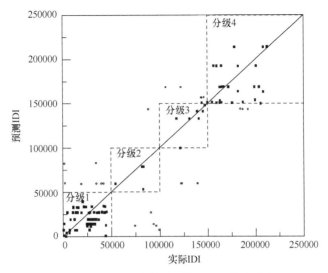

图 3.35 基于回归树预测线程 IDI 的准确度

调度器实现了 Orch-VEO 和 Orch-MA 算法。调度器首先确定自由线程的调度优先级, 对于 Orch-VEO 算法而言, 所有线程均为自由线程。这两个算法首先按照 $|V_{\text{IDI}}|$ 从小到大的顺序依次将自由线程放入优先级堆栈中; 然后, 记录三元组(栈顶线程 ID, 当前最平缓的电压域 ID, 该电压域中的可用的处理器核 ID), 随后, 弹出栈顶线程, 更新电压域 EL 值, 进入下一轮计算。

本节使用 Verilog 语言实现该算法, 并使用 Synopsys 公司的商业工具 Design Compiler[32]在前端评估了面积和功耗开销。Orch 方法主要包含三个硬件部件: 基于回归树的 IDI 预测器、一个 IDI 表和一个调度器。IDI 预测器的规模是固定的, IDI 表和调度器的开销随着核的数目增多而增大。IDI 预测器和 IDI 表每一百万个时钟周期触发和更新一次, 而调度器每一千万个时钟周期触发一次, 该硬件电路的平均动态功耗很小, 主要功耗来自于静态功耗。当核的数目为 16 时, 在 28nm 特征尺寸、0.8V 供电电压的台积电 tsmc28hp 工艺库标准下, 该电路的面积与 8617 个两输入的 NAND 门相当, 功耗约为 0.22mW, 关键路径延迟为 0.06ns。当核的数目增到 64 时, 该电路的面积与 23248 个两输入的 NAND 门相当, 功耗为 0.61mW, 关键路径延迟为 1.06ns。该方法的功耗和面积开销均很小, 并且由于该电路并不在处理器的关键执行路径上, 不会增加处理器流水线的延迟。

3.3.4 实验环境搭建与结果分析

本节使用全系统模拟器 GEMS 模拟了一个 16 核处理器, 该处理器中核的配置如表 3.4 所示。使用功耗模拟工具 Wattch[33]获取每个时钟周期各处理器核的电流，结合图 3.28 中的供电网络，使用 HSPICE[32]来模拟各处理器核的电压。该处理器供电网络参数与 Intel Xeon-5500 处理器中的相同，具体电压模拟的过程与文献[34]类似。

表 3.4　处理器核配置信息

参数	配置
取指/译码宽度	4
分支预测器	64KB gshare 1K 表项
存储队列大小	128
物理寄存器	32 整型/32 浮点
整型/浮点运算器	4/4
整型乘法器	2/2
L1 数据/指令缓存	16KB，两路组相联 1 时钟周期时延
L2 缓存	1MB，四路组相联 16 时钟周期时延
指令/数据 TLB	64 表项，全相联

本节使用 SPLASH-2 程序集验证了 Orch 方法的有效性，包含以下程序：barnes、cholesky、conocean、fft、lu、radix、radiosity、waternsq 和 watersp。每个程序有四个线程，以一百万个时钟周期为单位分成若干个程序片段，每个工作集样本由从四个程序中随机选取的十六个程序片段组成，如表 3.5 所示。

表 3.5　工作集信息

组合程序序号	配置
1	conocean, fft, lu, radix
2	lu, barnes, radix, fft
3	barne, conocean, radix, watersp
4	fft, waternsq, conocean, cholesky
5	radix, watersp, barnes, cholesky
6	radix, watensp, barnes, fft
7	radiosity, conocean, watesp, radix
8	barnes, cholesky, radiosity, waternsq
9	conocean, radiosity, waternsq, watersp
10	cholesky, radiosity, waternsq, watersp

　　由于本节方法是基于线程调度来减少电压紧急，不能彻底避免电压紧急，所以需要与相关失效安全机制结合以应对电压紧急即将发生或已发生的情况。结合两种失效安全机制：回滚机制 Razor[35]和基于快速数字锁相环(digital phase locked loop，DPLL)的频率调节机制[36]，进行实验。

1. 电压紧急减少

　　本节首先分别针对电压平缓、电压紧急和混合型的工作集进行研究，验证了 Orch-VEO 算法的有效性，如图 3.36 所示，该示例中的程序集信息详见表 3.6 工作集信息。

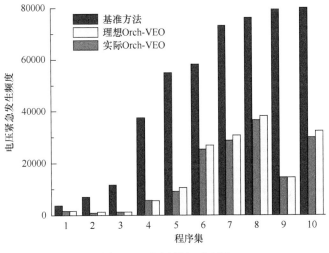

图 3.36　电压紧急对比图

　　在图 3.36 中，理想 Orch-VEO 表示使用理想 IDI 预测器的 Orch-VEO 算法，而实际 Orch-VEO 表示使用回归树预测器的 Orch-VEO 算法。对混合型工作集 2、3、4 和 5 而言，电压紧急能相对基准方法减少 80%；对于平缓型工作集 1、7、8 和紧急型工作集 10 而言，电压紧急能减少 50%～80%。总体而言，Orch-VEO 方法能够有效减少电压紧急发生的频度，使用实际预测机制和理想机制之间的性能差仅为 4%，下文中若非特别解释，均指使用实际预测机制时的实验结果。

　　针对 100 个工作集，分别在线程调度周期为 1M、5M、10M 和 20M 时钟周期的情况下，统计了电压紧急的发生频度。图 3.37 给出了在使用 Orch-VEO 方法与基准方法后，电压紧急发生频度的比值。在这个盒式图中，中间槽口表示样本平均值；上下沿代表这组值的有效范围；"✕"代表异常点，即噪声。当调度周期为 20M 时钟周期时，电压紧急减少约为 64%，说明 Orch-VEO 能有效降低多核处理器电压紧急的发生频度。在下面的性能评估中，线程调度和迁移的周期为 10M 时钟周期。

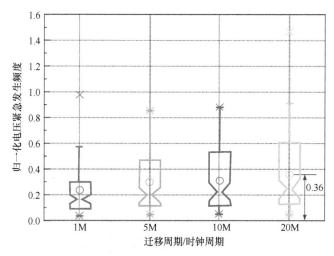

图 3.37　电压紧急频度对比图

相比于 Orch-VEO 方法，Orch-MA 方法增加了线程绑定的约束条件。针对 Orch-MA 方法的有效性进行验证，如图 3.38 所示，图例"■"表示无线程绑定约束的情况，"●"表示各个电压域内有两个核已绑定线程的情况，"▲"表示三个核已绑定线程的情况。这些点分别记录了 Orch-MA 方法相比于基准方法(Baseline)的电压紧急发生频度的比值。由此图可以看出，当越多的线程被指定在电压域内

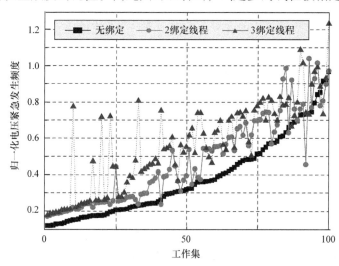

图 3.38　电压紧急频度对比图

运行时，Orch-MA 的调度空间越小，电压紧急消除的效果会减弱。即使是在各个电压域有三个线程被绑定的情况下，采取 Orch-MA 策略后，电压紧急平均仍降低 55%。Orch-MA 在减少线程迁移性能开销的同时，仍能有效减少电压紧急的发生。

2. 性能提升

本节的方法与失效安全机制结合使用，能够给系统提供完整的电压紧急解决方案。考虑 Orch 方法和两种失效安全机制的结合：Razor 方法[35]和基于快速数字锁相环的频率调节机制[36]。首先在不考虑线程迁移代价的情况下评估 Orch-VEO 对性能的影响，然后评估了 Orch-VEO 和 Orch-MA 对处理器总体性能的影响。

不考虑迁移代价的性能提升：在本组实验中，暂不考虑线程迁移对处理器性能的影响。Razor 方法给流水线添加了备份锁存器和控制线等设计，能够实现在线故障检测和恢复，为动态电压调节提供了失效安全机制。由于电压调节的周期长达 10μs，与 Orch 调度方法的运行窗口相当，因此可以认为在一个运行时间窗内，电压余量是固定的。在本实验中设定电压余量为 4%，而保守方案设定电压余量为 18%(Power6[37])，因此使用 Razor 时，处理器工作频率比保守方案提高 21%，这个频率差距将随着工艺进步而增大，保守电压余量方案的性能代价越来越高。

Razor 方法能提高处理器频率，需要在发生电压紧急时进行故障恢复。在通常情况下，故障恢复的开销约为 10 个时钟周期[8]。本节针对是否使用 Orch-VEO 的两种情况对 Razor 的性能进行了对比，其中性能已归一化到保守电压余量方案下。

如图 3.39 所示，"■"表示单独使用 Razor 方法的情况，"▲"表示 Razor 方

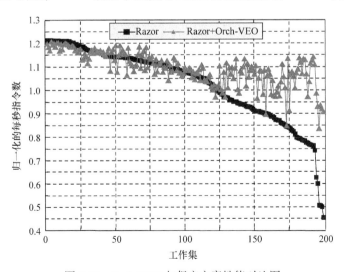

图 3.39　Orch-VEO 与保守方案性能对比图

法与 Orch-VEO 结合后的情况。当运行以电压平缓为主的应用程序时，单独使用 Razor 的方案能取得较好的性能。当运行程序为电压紧急为主时，由于频繁发生电压紧急，故障恢复的开销增大。在这种情况下，单独使用 Razor 方法，有平均约 15%的性能降级。与 Orch-VEO 方法结合后，Razor 方法平均约有 3%的性能提升。这是由于 Orch 方法能够预先判断线程特性并作出合理的线程调度，减少了电压紧急的发生频度及其故障恢复的开销。

除 Razor 外，基于快速数字锁相环的频率调节机制也能保障处理器不受电压降的影响而安全运行。该方法在检测到电压降超过阈值时，能在若干个时间周期内迅速将处理器工作频率调低 7%，从而避免时延故障的发生。在几千个时钟周期后，再把工作频率调回到原来的工作频率上。尽管每一个处理器核能够进行单独的频率调节，但在大部分时间处理器核在同一个工作频率下工作，仍然有很大概率发生核间电压共振。本节根据文献[10]、[38]中的数据，假定 10mV 的电压降会造成 100MHz 的频率降级。结果表明，在单独使用基于快速数字锁相环的频率调节机制时，处理器能提高 7%的性能，而与 Orch-VEO 配合后处理器性能提高 13%。

本节也分析了包含线程迁移代价的总体性能。文献[30]通过预测线程迁移的影响，决定线程的映射，避免数据与处理器的距离改变而导致较大的性能降级。基于此类工作提供的线程绑定信息，Orch-MA 算法仅针对自由线程做线程调度。图 3.40 展现了 Orch-VEO 方法和 Orch-MA 方法间的差别，其中图标 "●" 表示使用 Orch-VEO 方法的用例，而图标 "＊" 表示使用 Orch-MA 方法的用例。如图所示，在使用 Orch-VEO 方法时，性能波动较大。在预测到线程迁移会导致超

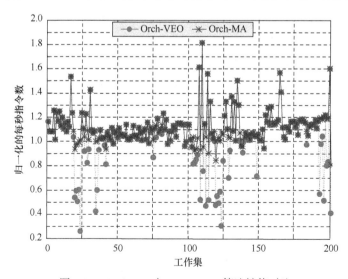

图 3.40　Orch-MA 与 Orch-VEO 算法性能对比

过 6%的性能降级时，Orch-MA 方法只进行自由线程的调度，性能过低的情况基本被消除。总体而言，Orch-MA 方法能够和失效安全机制结合，有效减少电压紧急，优化处理器性能。

3.4　本章小结

相比于单线程处理器，同时多线程处理器中的平均电流与峰值电流之差增加，电压紧急的影响更为严重。本章针对同时多线程处理器运行不同类型程序时的电压紧急特性进行分析，观察到程序访存行为与电压紧急之间的关系：长延时 Ld 指令可能使该线程占用流水线关键资源，影响其他线程的执行导致流水线暂停。长延时 Ld 指令不仅对系统性能影响明显，对电压紧急的影响也十分显著。现有工作通过 flush 方法减轻长延时 Ld 指令引起的性能损失，虽然也能从一定程度上减小电压紧急频度，但公平性较差。本章的工作结合程序存储级并行特性，提出了一种指令调度算法，利用程序中大量存在的存储级冗余特性提升系统性能，通过叠加访存显著减少电压紧急的发生。

此外，对于多核处理器而言，由于其供电网络复杂、程序行为多变，原有针对单核处理器的解决方法已缺乏适用性。现有工作观察到并行程序中的栅栏机制会引起电压紧急，并提出一种依次入栅依次出栅的线程调度方法缓解该问题。本章发现，对于大部分并行程序而言，栅栏在线程生命周期中出现的次数较少，而 SPMD 编程模型对电压紧急的影响贯穿着线程整个生命周期，必须进行高可靠设计。本章提出了一种简单低开销的电压紧急消除方法 Orch，基于线程电压特性进行线程调度，减少多核处理器中的电压紧急。实验结果证明 Orch 方法能够有效地减少电压紧急，并提高处理器性能。

参 考 文 献

[1] 胡杏. 面向多核处理器电压紧急和热效应的可靠性设计方法 [D]. 北京: 中国科学院大学, 2014.

[2] 胡杏, 潘送军, 胡瑜等. 基于存储级并行的同时多线程电压噪声容错技术 [J]. 计算机学报, 2013, 36 (5): 1065-1075.

[3] Hu X, Yan G H, Hu Y, et al. Orchestrator: A low-cost solution to reduce voltage emergencies for multi-threaded applications [C]//Proceedings of the Design, Automation & Test in Europe Conference & Exhibition, Grenoble, 2013: 208-213.

[4] Gupta M S, Oatley J L, Joseph R, et al. Understanding voltage variations in chip multiprocessors using a distributed power-delivery network [C]//Proceedings of the Design, Automation & Test in Europe Conference & Exhibition, Nice, 2007: 1-6.

[5] Isci C, Buyuktosunoglu A, Cher C, et al. An analysis of efficient multi-core global power

management policies: Maximizing performance for a given power budget [C]//Proceedings of the IEEE/ACM International Symposium on Microarchitecture, Orlando, 2006: 347-358.

[6] Yan G H, Li Y M, Han Y H, et al. AgileRegulator: A hybrid voltage regulator scheme redeeming dark silicon for power efficiency in a multicore architecture [C]//Proceedings of the IEEE International Symposium on High-Performance Computer Architecture, New Orleans, 2012: 1-12.

[7] Rangan K K, Wei G Y, Brooks D. Thread motion: Fine-grained power management for multi-core systems [C]//Proceedings of the International Symposium on Computer Architecture, Austin, 2009: 302-313.

[8] Reddi V J, Kanev S, Kim W, et al. Voltage smoothing: Characterizing and mitigating voltage noise in production processors via software-guided thread scheduling [C]//Proceedings of the IEEE/ACM International Symposium on Microarchitecture, Atlanta, 2010: 77-88.

[9] Gupta M S, Rangan K K, Smith M D, et al. Towards a software approach to mitigate voltage emergencies [C]//Proceedings of the international symposium on Low power electronics and design, Portland, 2007: 123-128.

[10] Reddi V J, Brooks D. Resilient architectures via collaborative design: Maximizing commodity processor performance in the presence of variations [J]. IEEE Transactions on Computer-Aided Design of Integrated Circuits and Systems, 2011, 30 (10): 1429-1445.

[11] Bhattacharjee A, Martonosi M. Thread criticality predictors for dynamic performance, power, and resource management in chip multiprocessors [C]//Proceedings of the International Symposium on Computer Architecture, Austin, 2009: 290-301.

[12] Bienia C, Kumar S, Singh J P, et al. The parsec benchmark suite: Characterization and architectural implications [C]//Proceedings of the International Conference on Parallel Architectures and Compilation Techniques, Toronto, 2008: 72-81.

[13] Intel. Intel 64 and IA-32 architectures software developer's manual v3, 2011.

[14] Miller T N, Thomas R, Pan X, et al. VRSync: Characterizing and eliminating synchronization-induced voltage emergencies in many-core processors [C]//Proceedings of the International Symposium on Computer Architecture, Portland, 2012: 249-260.

[15] Salihundam P, Jain S, Jacob T, et al. A 2 Tb/s 6 × 4 mesh network for a single-chip cloud computer with DVFS in 45 nm CMOS [J]. IEEE Journal of Solid-State Circuits, 2011, 46 (4): 757-766.

[16] El-Essawy W, Albonesi D H. Mitigating inductive noise in SMT processors [C]//Proceedings of the International Symposium on Low Power Electronics and Design, Newport Beach, 2004: 332-337.

[17] Tullsen D M, Eggers S J, Levy H M. Simultaneous multithreading: Maximizing on-chip parallelism [C]//Proceedings of the International Symposium on Computer Architecture, Santa Margherita Ligure, 1995: 392-403.

[18] Tullsen D M, Brown J A. Handling long-latency loads in a simultaneous multithreading processor [C]//Proceedings of the International Symposium on Microarchitecture, Austin, 2001: 318-327.

[19] Chou Y, Fahs B, Abraham S. Microarchitecture optimizations for exploiting memory-level

parallelism [C]//Proceedings of the International Symposium on Computer Architecture, Munchen, 2004: 76.

[20] Grochowski E, Ayers D, Tiwari V. Microarchitectural simulation and control of di/dt-induced power supply voltage variation [C]//Proceedings of the International Symposium on High Performance Computer Architecture, Cambridge, 2002: 7-16.

[21] Joseph R, Brooks D, Martonosi M. Control techniques to eliminate voltage emergencies in high performance processors [C]//Proceedings of the International Symposium on High-Performance Computer Architecture, Anaheim, 2003: 79-90.

[22] Reddi V J, Gupta M S, Holloway G, et al. Voltage emergency prediction: Using signatures to reduce operating margins [C]//Proceedings of the International Symposium on High Performance Computer Architecture, Raleigh, 2009: 18-29.

[23] Gupta M S, Rangan K K, Smith M D, et al. DeCoR: A delayed commit and rollback mechanism for handling inductive noise in processors [C]//Proceedings of the IEEE International Symposium on High Performance Computer Architecture, Salt Lake City, 2008: 381-392.

[24] Binghamton. M-SIM: A flexible, multithreaded architectural simulation environment[EB/OL]. http://www.cs.binghamton.edu/~jsharke/m-sim/[2019-12-22].

[25] Everman S, Eeckhout L. A memory-level parallelism aware fetch policy for SMT processors [C]//Proceedings of the IEEE International Symposium on High Performance Computer Architecture, Scottsdale, 2007: 240-249.

[26] Kun L, Gummaraju J, Franklin M. Balancing thoughput and fairness in SMT processors [C]//Proceedings of the IEEE International Symposium on Performance Analysis of Systems and Software, Tucson, 2001: 164-171.

[27] Bhadauria M, Weaver V, McKee S. A characterization of the PARSEC benchmark suite for CMP design[R]. New York: Cornell University, 2019.

[28] Foglia P, Panicucci F, Prete C, et al. An evaluation of behaviors of S-NUCA CMPs running scientific workload[EB/OL]. http://citeseerx.ist.psu.edu/viewdoc/summary?doi=10.1.1.188.4292[2019-10-8].

[29] Kim C, Burger D, Keckler S. An adaptive, non-uniform cache structure for wire-delay dominated on-chip caches [J]. ACM SIGPLAN Notices, 2002, 37 (10): 211-222.

[30] Shim K S, Lis M, Khan O, et al. Thread migration prediction for distributed shared caches [J]. IEEE Computer Architecture Letters, 2014, 13 (1): 53-56.

[31] Breiman L, Friedman J H, Olshen R A, et al. Classification and Regression Trees [M]. London: Chapman and Hall/CRC, 1983.

[32] Zhao W, Cao Y. New generation of predictive technology model for sub-45nm design exploration [C]//Proceedings of the International Symposium on Quality Electronic Design, San Jose, 2006: 6-590.

[33] Brooks D, Tiwari V, Martonosi M. Wattch: A framework for architectural-level power analysis and optimizations [C]//Proceedings of the International Symposium on Computer Architecture, Vancouver, 2000: 83-94.

[34] Yan G H, Liang X Y, Han Y H, et al. Leveraging the core-level complementary effects of PVT variations to reduce timing emergencies in multi-core processors [C]//Proceedings of the

International Symposium on Computer Architecture, Saint-Malo, 2010: 485-496.

[35] Ernst D, Nam Sung K, Das S, et al. Razor: A low-power pipeline based on circuit-level timing speculation [C]//Proceedings of the IEEE/ACM International Symposium on Microarchitecture, San Diego, 2003: 7-18.

[36] Lefurgy C R, Drake A J, Floyd M S, et al. Active management of timing guardband to save energy in POWER7 [C]//Proceedings of the IEEE/ACM International Symposium on Microarchitecture, Porto Alegre, 2011: 1-11.

[37] James N, Restle P, Friedrich J, et al. Comparison of split-versus connected-core supplies in the POWER6 microprocessor [C]//Proceedings of the IEEE International Solid-State Circuits Conference, San Francisco, 2007: 298-604.

[38] Bowman K A, Tschanz J W, Kim N S, et al. Energy-efficient and metastability-lmmune timing-error detection and Instruction-replay-based recovery circuits for dynamic-variation tolerance [C]//Proceedings of the IEEE International Solid-State Circuits Conference, San Francisco, 2008: 402-623.

第4章　片上互连网络的低功耗设计

多核/众核处理器的片上网络对于提高处理器的性能与可扩展性具有重要作用。近年来，针对处理器核的低功耗技术层出不穷，例如，采用 DVFS 技术根据应用程序在不同阶段对处理器核的性能需求来调整核的功耗。针对片上互连的低功耗技术却没有实质性进展，原因在于片上互连负责核与核之间的通信以及应用程序在访存缺失之后访问主存储器，数据流的分布往往无法预测。传统的片上互连架构采用门控功耗技术对空闲的片上路由器断电来达到减少动态功耗和静态功耗的目的，但是在减少功耗的同时此方法势必会影响网络的连通性，尤其目前主流的商用众核处理器都采用网格式结构为互连拓扑的情况下，连通性缺失会导致片上互连这一基本功能失效。当有数据包到达关闭的路由器时，必须等待其重新上电才能继续进行路由，路由器的频繁开关对网络性能的影响非常大。

本章针对片上网络的功耗管理问题展开探讨，提出一个新型片上网络互连架构——穿梭片上网络(ShuttleNoC)，以及基于该架构设计的节点级功耗管理方法。不同于以往通过损失连通性及容错路由进行功耗管理的方式，本方法在每个处理器核的位置处进行细粒度的子网级功耗管理，并创新性地使用多网络穿梭保证连通性，显著降低了片上网络的整体功耗且基本没有性能损失。该成果也荣获 2015 年亚太地区设计自动化会议最佳论文奖的提名。本章内容源自作者的长期研究成果[1-3]。

4.1　片上网络体系结构概述

本章首先介绍 NoC 的基本架构及其关键硬件体系结构，使读者对 NoC 有一个感性认识，之后介绍其功耗管理方法。

首先从网络的拓扑说起。节点与节点的连接方式决定了片上网络的拓扑，不同的拓扑连接方式往往适合不同类型的数据交换，常用的规整拓扑有网格结构、环状体结构、蝶形结构等。为了方便布局布线，商用众核处理器的 NoC 一般采用较为简单的拓扑结构，如第 1 章介绍的 Intel 单片云计算芯片 SCC 采用 Mesh 结构互连，其特点是金属层布局布线简单，避免死锁相对容易并具有良好的可扩展性，因此也为国内外研究中较为常见的一种拓扑结构。

　　NoC 的性能和功耗表现对于多核/众核处理器至关重要，而性能和功耗又由很多因素决定，其中之一即为路由算法(routing algorithm)。NoC 中的路由算法负责为数据流从源节点到目标节点选择一条传输路径，路由算法有很多种类，根据传输路径的长短可分为非最短路径路由以及最短路径路由，如图 4.1 所示。非最短路径路由为基础的路由算法为数据流选取的传输路径不一定处于源和目标节点组成的最小矩形区域内。Valiant 算法[4]是一种典型的非最短路径路由算法，通过随机选取一个节点作为"中间节点"，路由包含两个阶段：第一阶段将数据包从源节点发送到该中间节点；第二阶段从中间节点发送给目标节点。这种路由方式的好处在于当网络中出现热点时，可以通过中间点的选取使数据流绕过热点区域，从而缩短从源节点到目标节点的数据包延迟。最短路径路由则恰好相反，其选取的传输路径总是位于源于目标节点组成的矩形区域内，数据包的传输跳数比非最短路径路由少，传输延迟也低于非最短路径路由。路径的减少意味着功耗的降低以及性能的提升。维序路由(dimensional order routing，DOR)是最简单的一种最短路径路由，XY 路由又为维序路由的一种，如图 4.1(b)所示。数据流首先沿 X 轴方向的节点 $0 \rightarrow 1 \rightarrow 2$ 传输，再沿 Y 轴 $3 \rightarrow 2 \rightarrow 1$ 到达目的地位置。XY 路由算法实现简单，比以 Valiant 为代表的非最短路径路由的硬件开销小，由于路径最短，数据包的延迟小，目前商用的众核处理器如 TILE64 以及 Intel 单片云计算处理器 SCC、AMD 公司的 Opteron 系列众核处理器等均采用 XY 路由。

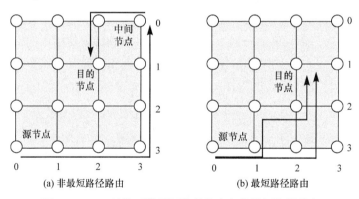

(a) 非最短路径路由　　　　　　　　　　(b) 最短路径路由

图 4.1　Mesh 结构下的最短路径路由与非最短路径路由

　　作为 NoC 的主要功能部件，片上路由器是路由算法的载体，决定了数据包的延迟与片上网络的功耗。路由器与处理器核一样，具有可配置的微体系结构，如图 4.2 所示。图 4.2 为一个典型的基于 Mesh 拓扑的片上路由器，在 Mesh 结构的 NoC 互连中，路由器通常有五个输入输出端口，分别对应相邻四个方向(东西南北)的接口以及本地的缓存系统的网络接口。路由计算(routing computation，RC)模块、虚通道分配(VC allocator，VA)模块、交叉开关分配(switch allocator，SA)模块、交叉开关(crossbar，CB)构成了路由器的基本功能子单元。输入端口通常由多个缓存队列组成，缓存通常由速度较快的 SRAM 或寄存器构成，通常称每组缓存为一个虚拟通道(virtual channel，VC)，用来存储从各个方向传输过来的数据包。路由计算模块实现了 NoC 的路由算法，数据包进入输入缓存之后即提出路由计算请求并由该模块计算出输出端口，不同的路由算法返回的端口可能不止一个，常用的 XY 路由算法返回的端口是确定的，硬件实现也最为简单。

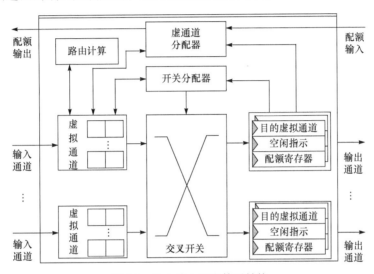

图 4.2 片上路由器微体系结构

　　虚通道分配模块、交叉开关分配模块负责判定经路由计算以后的数据包是否有资格进入相应的输出端口并前往下一跳路由器。数据包在经过路由计算后会提出前往输出端口的请求，两模块对所有请求进行仲裁，仲裁失败的数据包将继续在输入缓存中等待；反之，成功的数据包将进入交叉开关前往输出端口。这两个模块负责管理不同输入缓存中的数据包对交叉开关的资源竞争，决定了数据包的延迟，对性能有着重要影响，尤其在众核处理器同时运行多个应用时，某些应用的网络数据流在缓存中的等待时间可能过长，导致该应用的执行性能下降、能耗增加[5,6]。

4.2 片上网络的功耗管理

4.2.1 功耗管理的核心问题

　　随着工艺尺寸的不断减小，多核处理器的利用率墙(utilization wall)问题日益突出。为了控制不断增加的功耗开销，芯片中大部分功能硬件无法工作在峰值功耗下。所有处理器核全部开启的情况下，工作频率必须低于峰值频率，以满足功耗开销小于芯片热设计功耗(thermal design power，TDP)。研究表明，在处理器核功耗受限的前提下，片上网络在处理器总功耗中所占的比例却在不断增大，它的能效水平逐渐成为制约处理器整体能效的主要瓶颈。近些年来的研究表明，NoC的功耗在某些商用处理器上可以达到80W[7,8]量级，占到了整个处理器功耗的50%左右(16nm工艺节点)。再如，Sun公司的Niagara系列处理器，NoC的功耗占芯片总功耗的17%；在Intel公司的Intel80[9]处理器中，片上互连的功耗为28%。这些数据表明片上网络的功耗问题已经无法忽视，没有高能效的片上网络，整个芯片的能效也难以提高。在未来处理器的规模越来越大的背景下，必须采用有效的低功耗技术来降低NoC的功耗。由于NoC负责核间通信以及访存，即使可以随时关掉空闲的核来降低处理器的整体功耗，少数开启的核依旧需要通过NoC进行缓存一致性以及访存的通信，这些执行需求要求 NoC 必须时刻保持网络的连通性，也即片上路由器以及传输链路必须时刻保持开启状态以满足少数处理器核的通信需求，这也是导致NoC的功耗难以大幅降低的主要原因。

目前，国内外针对NoC的低功耗技术都集中于如何降低片上路由器的功耗，例如通过对路由器使用DVFS[10,11]或者门控功耗技术[7,12,13]。DVFS可以降低路由器的动态功耗，门控功耗对路由器进行断电，其动态和静态功耗均可降低。路由器是对数据包存储和转发的主要部件，无论采用何种技术都会影响着整个NoC的连通性，使用不当会严重降低应用程序的执行性能。文献[12]发现，NoC的数据流量分布具有不确定性，一个路由器无法预知数据包何时到达它所在的节点，在采用低功耗技术后很有可能在降低频率或者断掉供电电压后数据包随即到来，又必须马上加电或者提高频率供数据包通过使用。这样频繁的开启和关闭不但不能起到降低功耗的效果，性能也会受到严重影响。对路由器使用低功耗手段必须要考虑开销和获得效果的权衡问题，成功应用低功耗技术必须要求路由器的睡眠时间足够长，这样才能使得功耗调整的收益大于本身带来的开销。然而实际使用门控功耗技术时，路由器掉电以后势必会影响NoC连通性，加上数据流的不确定性，很难保证路由器保持休眠的时间足够长，这也成为NoC功耗管理的难点[12]。

4.2.2 动态功耗管理

动态优化技术主要对NoC中的片上路由器采用DVFS降低功耗。Mishra等提出的动态频率调整方法FreqTune[14]针对NoC在较低流量和较高流量下功耗和数据包延迟的不同表现，配置片上路由器的工作频率。NoC的动态功耗随着网络流量的增大而增大，并且变化相对于数据包延迟较快，当在 NoC 网络流量较低时，该方法提高路由器的工作频率以提高性能，进一步降低延迟。相反在网络流量较大时，使用 DVFS 降低路由器的工作频率从而降低功耗。该方法虽然起到一定的功耗降低效果，但是临近的路由器可能工作在不同的频率，需要在每个路由器的输入端口加入同步缓存，满足数据包在不同频率的路由器间传输，同步缓存相对较大，增加了面积与功耗开销，使得该方法降低功耗的能力有限。

Mishra 等提出根据 NoC 流量的空间分布特征，构建一个异构的 NoC 来适应处于不同 NoC 区域的路由器所消耗的动态功耗[15]。该方法在假设数据包采用 XY路由的前提下，NoC 中心区域的流量总是要比边缘区域大，中心区域的路由器可以采用比周边路由器更大的带宽以适应大流量，从而减小中心区域数据包的传输延迟。NoC 的边缘则采用小带宽的路由器以降低功耗开销。这种方法类似于处理器核设计中的大-小核(big-little core)设计，多见于 ARM 架构的处理器用于手持设备中。该方法的出发点也和大小核设计类似，大路由器带宽较大，因此转发数据包的能力较强，主要提高网络性能；而小路由器设计则面向降低 NoC 的整体动态功耗。该方法也对大小路由器的不同排布位置进行了分析，大路由器可以根据路由算法的不同集中安排于 NoC 的中心区域(如 XY 路由算法即可如此布置)，也可沿 NoC 的对角线对称排布。相比于同构的 NoC，即便某些大路由器消耗的功耗稍大，但是小路由器的数量远多于大路由器，NoC 整体的动态功耗还是降低的。该方法的缺陷在于，没有考虑 NoC 数据流的时间分布，大小路由器配置在流片时就已确定，在运行不同应用程序或使用不同的路由算法，流量分布也不固定而且随时间快速变化，该设计则不能满足这类情形。此外，由于使用大小路由器配置，在数据包从大路由器传输到小路由器之前必须进行数据包拆分，也增加了设计开销。

为了在降低功耗的同时提升 NoC 的性能，Mishra 等提出一种双 NoC 的设计。瓦片中的网络接口可以根据程序运行时状态决定向哪个 NoC 中注入数据包[9]。该方法在路由器层面的异构基础上进行拓展，提出在 NoC 子网层面的异构，两套NoC 不但带宽不同，运行频率也不同：频率较大的 NoC 带宽较小，反之频率小的NoC 带宽配置较大。由于应用程序在不同运行阶段对 NoC 的需求是不断变化的，有时处理器的访存较小，每个访存的延迟即为制约处理器流水线的瓶颈，此时程序对延迟的敏感程度较大，注入带宽小且频率高的 NoC 即为最佳选择，如图 4.3所示。该方法的缺陷在于双网络必须时刻开启，以满足注入需求，在程序的访存密集阶段，数据包都注入较大带宽的 NoC 中，另一个 NoC 在大部分时间则处于闲置状态，较大的频率带来较大动态功耗开销，却没有转化为实际性能的提升，NoC 的整体功耗开销依然较大。

Chen 等提出的基于反馈调节的功耗管理技术，把 NoC 和最后一级高速缓存放在同一个电压频率域中统一管理，根据 PID 反馈控制算法对 NoC 整体使用DVFS[16]。该方法消除了不同片上路由器运行在不同频率带来的同步开销，然而

NoC 作为整体进行 DVFS 的粒度过粗，在局部没有热点时路由器的频率也可能随着整体运行频率提升而提升，造成了功耗的浪费。

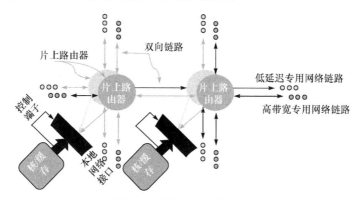

图 4.3　异构双 NoC 设计[9]

Ansari 等提出 Tangle 方法使片上网络的工作在近阈值电压(near threshold voltage, NTV)下大幅降低静态功耗[17]。通过不断降低路由器的供电电压，当其高于路由器的阈值电压时，可保证路由器的正常工作；当降低到路由器的阈值电压也即 NTV 时，由于电压过低，数据包的传输会出现错误，此时再将供电电压提升并重传出错的数据包。该方法利用可靠性的降低换取功耗的节省，路由器的电压也是动态改变的，但均工作在保证正常功能的最小电压值。该方法的缺陷是数据包的重传对性能的影响，尤其是处理器核等待关键操作数从内存中返回时，频繁的重传对性能的影响是巨大的。此外，重传需要额外的数据通路把错误以及重传信息返回发送方，此部分硬件开销是无法进行功耗优化的，所以其性能直接决定了该方法的运行时表现，也成为该方法的瓶颈。由于存在硬件开销，对 NoC 的功耗管理无法像处理器核一样给每个路由器配置一个电压调节器(voltage regulator, VR)，该方法需要对每个路由器进行电压频率调整，必须给每个路由器配置 VR，在实际中也是无法实现的。

4.2.3　静态功耗管理

静态功耗的优化不同于动态功耗，主要利用门控功耗技术将路由器断电，而非使用 DVFS 对频率和电压进行操作。由于路由器断电，动态功耗也随之减小，门控功耗可以同时优化静态功耗与动态功耗。静态功耗随着处理器工艺规模的发展呈现出增长趋势，Chen 等的研究表明在 32nm 的工艺下，静态功耗可以占到众核处理器的 30%～40%[12]，相比于 65nm 的工艺，增长了 3 倍以上，Samih 等的研究成果得出了相同的结论[18]，国内外的研究学者都纷纷把目光投向如何降低片上网络的静态功耗。

Chen 等提出了基于短路线的静态功耗降低技术[12],该技术基于对片上网络路由器利用率的观察,发现在运行某些应用程序时(例如 PARSEC 基准程序测试集中的 blackscholes[19]),路由器的利用率非常低,平均只有 30%左右,在 70%左右的时间路由器处于闲置状态,从而消耗大量静态功耗。简单使用门控功耗技术将路由器断电势必会影响片上网络的连通性。Chen 等的方法利用短路线在路由器断电后维持网络的连通性,如图 4.4 所示。每个路由器都有配置在特定方向上的短路线,所有短路线连成一个环路,保证网络中每两个点都是连通的。该方法虽然显著降低了路由器的静态功耗,但是短路线的配置位置固定,所以数据包的传输路径相比正常情况下变得单一,从而增加了数据包的延迟,例如图中由节点 5 发送数据包到节点 0,由原来的 2 跳变为了 5 跳(假设在 XY 路由下),造成网络性能下降。此外,该实现方式的可扩展性很差,图中配置的是一个 4×4 规模的片上网络,若配置 5×5 规模的片上互连,则短路线的位置必须重新确定,增加了后期布局布线的难度。

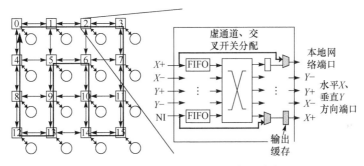

图 4.4　基于短路线的静态功耗降低技术[12]

Das 等提出的 catnap 技术通过多片上网络(Multi-NoC)在满足连通性的同时降低静态功耗[13]。该研究发现,传统的单片上网络的连通性问题是使静态功耗难以降低的主要原因,多片上网络技术可以通过开启或关闭整个子网的方式来控制功耗开销。在某个子网关闭时,仍有其他子网开启满足连通性需求。该方法在子网级进行功耗管理,粒度相对较粗,在片上网络某些区域出现热点时必须开启整个子网,在非热点区域的子网也必须开启保证在该子网内的连通性,限制了静态功耗的进一步降低。

有学者提出采用类似容错路由的方式绕过关闭的路由器,使数据包到达目的节点。Samih 等提出的 Router Parking 技术即为该方法典型代表[18]。在处理器核结束运行应用程序时,关闭处理器核的同时也关闭与其在同一个瓦片内的路由器,如图 4.5 所示。此时片上网络的互连发生了改变,由传统的 Mesh 结构互连拓扑变成了不规则的拓扑,容错路由算法在该情形下发挥作用,保证网络的连通性。Zhan

等提出的 NoC-Sprinting 技术[7]，用来解决在处理器核能耗冲刺的场景下 NoC 如何相应地进行能耗冲刺，该方法也是利用容错路由将某些 NoC 的路由器关闭，并把功耗用于提高其他路由器的电压频率配置，从而实现把功耗集中利用，以提高 NoC 效能的目的。Panthre 技术也是采用门控功耗[20]进行功耗管理：通过拓扑重构以及容错路由绕开因降低功耗而关闭的路由器。该设计采用单片上网络，根据路由器的利用率决定是否关闭路由器。由于在单片上网络中使用门控功耗技术，连通性势必会受到影响，该方法在每个路由器中设计了专用的硬件控制器用来记录本地哪些方向与下一跳是连通的，每个本地控制器之间也相互连通用于交互路由器利用率信息，并在交互的同时通知路由器将数据包路由到利用率较高的下一跳路由器，绕开关闭的路由器。该方法的最大优势在于利用全局信息来控制数据包路由，提前获取了可用路由器的位置，而非数据包到达之后再开启路由器供数据包传输。然而，该方法加入的专用控制器相互连通，相当于在原有 NoC 的基础上又加入了一个信息传递网络，该网络的功耗开销并没有给出，在目前已有的 NoC 功耗消耗很大的情况下，新加入的网络势必会消耗一部分功耗，很难保证两套网络的整体功耗能够有效降低。

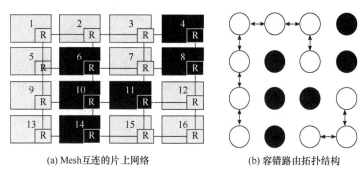

(a) Mesh互连的片上网络　　　　　　　　(b) 容错路由拓扑结构

图 4.5　Router Parking 适用场景举例[18]

除了容错路由等方式，Bokhari 等提出对 Multi-NoC 的每个子网配置不同的电压和频率且每次只开启一个子网的方式来同时降低 NoC 的动态和静态功耗[21]。多片上网络的四个子网运行在不同的电压和频率下，根据应用程序对网络性能的需求，每时每刻只有一个子网开启，其他子网全部关闭降低功耗开销，并通过启发式功耗管理算法控制子网间的切换。在某些情况下若应用程序对网络需求不高，可以从高频率的网络切换到低频率的网络。该方法的缺陷仍旧是功耗管理的粒度不够细，应用程序对网络的需求是实时变化的，变化时间往往在微秒级，网络整体开关所需要的时间开销在毫秒级，也就是说功耗调整的粒度跟不上应用程序需求的变化。除此之外，该方法的适用范围有限，在网络规模较小时比较有效，在未来规模片上互连的场景下，流量分布的空间异构性体现更为明显，网络整体开关的方式显然无法满足 NoC 局部对能效的需求。

4.3　基于穿梭片上网络的节点级功耗管理方法

4.3.1　片上网络数据流的时空异构性

在近年来学者提出的 NoC 功耗管理技术中,越来越多地采用根据流量在网络中的分布对 NoC 进行功耗调整的方式。这种设计的出发点在于应用程序对片上网络的带宽需求有很大的异构性,体现在"时间"(temporal)和"空间"(spatial)两个维度上。例如,在处理器的边缘地带,片上路由器(路由器)空闲的时间较长,尤其在没有访存与其他 I/O 接口的节点,数据流非常稀少,如图 4.6 所示。此图为一个 8×8 网格结构的片上网络,其中,(a)为缓存的使用率,(b)为链路(link)的使用率。在使用随机流量模型的情况下,网格中部区域的使用率(75%)要明显高于边缘(35%),在中部周围区域的利用率介于两者之间。

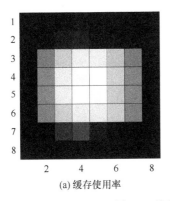
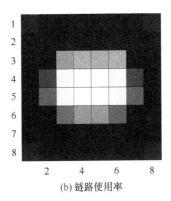

(a) 缓存使用率　　　　　　　　　　(b) 链路使用率

图 4.6　流量的空间异构性[15]

一般来说,流量的分布影响 NoC 的功耗,尤其是动态功耗,处理数据流量大的路由器功耗也会随之增加。根据流量的空间分布,有学者提出使用空间异构的 NoC 来适应不同网络区域对功耗的需求,通过对网格中心区域分配更多的缓存和链路带宽,而在边缘地带则分配相对较少的带宽达到功耗和流量相匹配的目的。除了空间异构性,片上数据流也有着明显的时间异构性,体现在不同的时刻某个路由器所处理的流量均不同。理想的片上网络能效设计方案应该根据每个节点的流量提供等比例的带宽,从而消耗等比例的功耗。这个要求看似简单却很难实现,主要原因是片上数据流的分布变化通常在纳秒级别,而目前的 NoC 能效调整机制还无法对这种快速变化的流量分布做出适应性的调整。例如,可以解决空间异构性的片上网络设计,会固定较大带宽在流量大的区域,一般位于处理器网格结构的中心地带，而在网格结构的边缘，往往放置功耗较小的路由器。在运行一些访存密集型的应用程序时，网络数据流会在某些时刻在 NoC 与内存控制器的 I/O 接口处产生聚集从而形成热点。

1. 空间异构的 NoC 设计

空间异构性体现在 NoC 不同节点的路由器所处理的数据流量不同，设计重点在于如何确定数据流的空间分布，以及如何根据空间分布，放置相应的带宽的路由器、平衡性能和功耗。

图 4.7(a)为传统的同构 NoC 设计，其路由器为 NoC 基准片上路由器，基准链路带宽为 192bit。图 4.7(b)～(g)为几种空间异构的 NoC 的设计，白色和灰色的路由器分别称为"小"、"大"路由器。之所以这样称谓，是由于它们的带宽分别为 128bit 和 256bit，介于基准同构 NoC 的带宽两侧。图 4.7(b)～(g)所示设计分别为不同的大小路由器的放置，例如图 4.7(c)的放置为把大路由器放置在 Mesh 结构的中间两行，这种设计是假设横向流动的数据流较多，会占用较大带宽；图 4.7(d)所示的设计把大路由器放置在 Mesh 结构的对角线上，这种设计是出于一些数据流可能会在几跳之内迅速转向从而占用大量带宽的考虑。图 4.7(b)～(g)中，每条 link 的带宽为基准同构 NoC 的带宽(192bit)，而图 4.7(e)～(g)中虚线和粗实线分别表示128bit 和 256bit 的带宽，分别连接到小、大路由器。

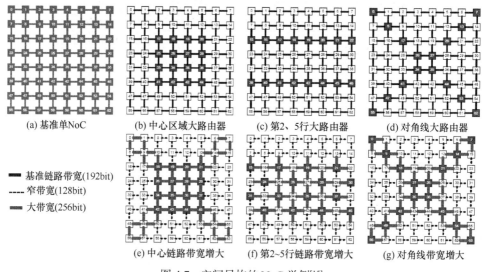

(a) 基准单NoC   (b) 中心区域大路由器   (c) 第2、5行大路由器   (d) 对角线大路由器

━ 基准链路带宽(192bit)
---- 窄带宽(128bit)
━ 大带宽(256bit)

(e) 中心链路带宽增大   (f) 第2~5行链路带宽增大   (g) 对角线带宽增大

图 4.7 空间异构的 NoC 举例[15]

为了研究几种设计对 NoC 性能的影响，并验证根据流量异构性来调整功耗的必要性，本章列出对图 4.7 中每个设计的延迟、吞吐量和功耗进行评估。首先对

同构和异构的 NoC 进行配置,无论采用图 4.7(b)~(g)中的何种配置,大路由器的
数量均为 16 个,小路由器的数量均为 48 个;大路由器的频率采用 2.25GHz,小
路由器的频率设定为 2.07GHz,而在同构的 NoC 中,路由器频率设置为 2.2GHz,
其他配置参数如表 4.1 所示。

表 4.1　异构 NoC 在不同带宽配置下的面积与功耗开销[15]

	参数配置	功耗/W	面积/mm²	频率/GHz
同构 NoC	每个存储区(buffer)3 个 VC,存储区深度为 5,192bit 带宽	0.67	0.290	2.2
空间异构 NoC	小路由器:每个存储区 2 个 VC,存储区深度 5,128bit 带宽	0.30	0.235	2.07
	大路由器:每个存储区 6 个 VC,存储区深度 5,256bit 带宽	1.19	0.425	2.25

同构 NoC 的总存储区数量:
64(routers)×3(VCs)×5(ports)×5(depth)×192(bit/buffer)=921600bit
异构 NoC 的总存储区数量:
48(routers)×2(VCs)×5(ports)×5(depth)×128(bit/buffer)+16(routers)×6(VCs)×5(ports)×5(buffer)×256
(bit/buffer)=614400bit

注:由表 4.1 可见,异构的 NoC 相比同构的 NoC 在配置上少了将近 30%的缓存开销,在路由器数量相等的
情况下(均为 64 个),同构和异构的 NoC 消耗的整体静态功耗也基本持平

图 4.8(a)评估了图 4.7 几种设计的延迟,异构 NoC 设计的延迟均优于同构的
NoC 设计,图 4.7(e)和图 4.7(f)的设计比同构的 NoC 减少了 10.5%和 11%的延迟,
图 4.7(g)的延迟的减少更是达到了 22%,即使比同构的 NoC 减少了缓存资源。这
种优势来自于对流量异构性的适应,通过对缓存资源的重新分布,适应了数据流
在空间上的分布。在吞吐量方面,异构 NoC 的优势更是明显,图 4.7(g)的设计比
同构的 NoC 增加了 24%的吞吐量。在零负载延迟(zero-load latency)方面,几种异
构 NoC 的设计比同构 NoC 减少了 12%的平均延迟。

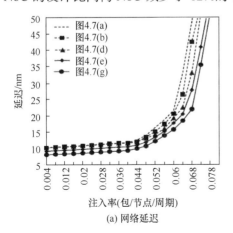

(a) 网络延迟

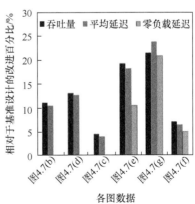

(b) 吞吐量增大以及延迟的降低

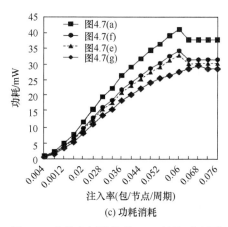

(c) 功耗消耗

图 4.8　几种空间异构的 NoC 性能对比[15]

　　比较几种异构的 NoC，图 4.7(g)的设计性能更为优越，原因是大的路由器放置更为合理，大多数数据流都可以使用到大的路由器从而提高性能。此外，link 的带宽增加也起到了关键作用，可以使得大路由器的功能匹配链路的高带宽，进一步提升性能。相比 192bit 的基准带宽，图 4.7(g)的设计增加了将近 2 倍的性能。图 4.8(c)表示了几种设计在不同注入率下的功耗情况。虽然采用了大路由器的设计，但是功耗相比基准同构 NoC 却明显减少。异构 NoC 把缓存和链路资源进行了重新分配，相对于小路由器来说，NoC 的交叉开关设计也相对简单，小路由器在异构 NoC 的数量为大路由器的 3 倍，在静态功耗基本持平的情况下，动态功耗的减小使得总功耗相比同构的 NoC 也明显减少。平均而言，异构的 NoC 减少了21.5%的功耗，最大的功耗降低为图 4.7(g)的设计，为 28%。

　　空间异构 NoC 的设计开销与缺陷：空间异构的 NoC 采用大小路由器设计，大路由器和小路由器所处理的链路带宽不同，对于 NoC 的数据包而言，大路由器处理的数据包流量控制单元(flit)的也较大。在大小路由器的交界处，需要对 flit 的大小进行转换，也即需要对路由器内部的输入端口、仲裁等机制进行改进。对大小 flit 需要分别处理，需要对输入端口增加针对不同 flit 大小的缓存，以及 VC 选择机制，也增加了空间异构的 NoC 设计开销。

　　空间异构的 NoC 还有另一缺陷，带宽在 Mesh 结构中是异构的，大小路由器放置在 Mesh 结构的固定位置，当运行访存密集型的应用程序时，大量数据包需要通过边缘的路由器访问主存储器，NoC 的热点将会出现在 Mesh 结构的边缘地带，导致大路由器的功能得不到完全发挥，小路由器的性能又制约了数据包访存的效率。基于空间异构的 NoC 设计不能适应这种情况，对能效的提高并非最优，原因是它只考虑了数据分布的空间异构性而忽略了时间异构性。在下一节中，将介绍基于时间异构性的 NoC 设计。

2. 时间异构的 NoC 设计

传统的 NoC 结构是在 Mesh 结构的每个节点配备一个片上路由器,每个节点可以是一个或者多个核共享一个路由器,如图 4.9(a)所示,几个处理器核节点共享同一个注入缓存和路由器。Intel 的 SCC 即为这种设计的典型代表,每个节点里面有两个核共享一个片上路由器。上文所述的传统 NoC 以及空间异构的 NoC 也都是这种设计。这种单一注入的 NoC 虽然可以通过配置大小路由器的位置来适应流量空间异构性,但是却不能适应流量分布在不同时刻的变化。

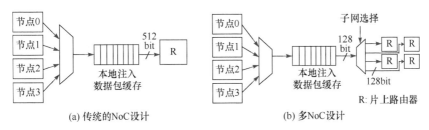

图 4.9 传统单 NoC 与多 NoC[13]

Das 等提出一种多 NoC 设计[13],如图 4.9(b)所示,在数据包注入之前加入一个多路选择器,来控制数据包流入的子网。每个子网的带宽是原来单 NoC 带宽的 1/4, flit 的大小也是原来的 1/4。这种设计是基于采用门控功耗技术来调整 NoC 能效的连通性问题而提出的。当某个路由器空闲时间较长,为了降低功耗可以将路由器的供电电压和时钟频率同时切断。由于网格结构的 NoC 在断掉某个路由器之后,变成一个不规则的拓扑结构,如图 4.10(a)所示,影响了网络的连通性,一些数据包的传输受到影响,必须绕过门控功耗的路由器到达目的地。例如,灰色的路由器表示已经门控功耗路由器,在采用 XY 路由时,数据流 1 和 2 的传递由于不需要经过门控功耗的路由器而不受影响。数据流 3 的传输则受到影响,必须重新启动这个路由器供数据流 3 传输。当这种开启关闭较为频繁时,则会导致片上网络的能效大幅降低。

Multi-NoC 则可以很好地避免这个问题,如图 4.10(b)所示,由于采用多个子网的设计,每时每刻保持低级别的子网开启,当数据流 3 到达时可以及时通过。由于 Multi-NoC 有 4 级子网,可以随时根据流量分布的时间异构性,开启或者关闭整个子网,达到功耗自适应的目的。

通过 GEMS 模拟器对多个子网的性能和传统的单 NoC 的性能进行了比较,结果如图 4.11 所示。当采用 512bit 的带宽作为单 NoC 的基准带宽时,不同多 NoC 设计在吞吐量和延迟上均逊色于单 NoC,划分的子网数目越多,性能越差。这是由于每个网络的带宽减小,数据包的长度增加,也即每个数据包所包含的 flit 的个数增加。每个 flit 都要经过路由器的流水线逐级从每个路由器通过,在流量较小的时候，数据包完整到达目的地的时间也随之增大。

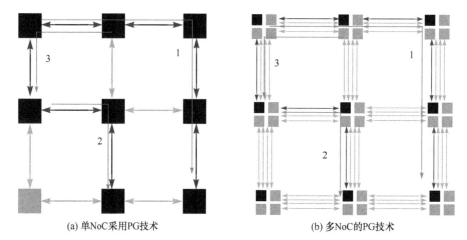

(a) 单NoC采用PG技术　　　　　　　(b) 多NoC的PG技术

图 4.10　多 NoC 采用 PG 技术可以保持网络的连通性[13]

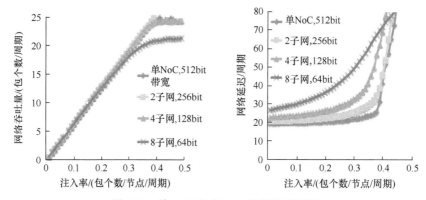

图 4.11　单 NoC 和多 NoC 的性能对比[13]

　　吞吐量和网络的带宽强相关，当数据包注入率增加时，单 NoC 的优势更为明显。虽然 Multi-NoC 在性能方面处于劣势，但是它具有动态子网开关功能，在功耗降低方面有着很大的优势，能够提高 NoC 的能效。

　　Multi-NoC 也有相应的设计缺陷，比如局部出现网络性能下降，需要开启整个子网来解决局部的性能问题,也即未能满足数据流的空间局部性要求。如图 4.12 所示，当节点 5 的 Core 需要注入数据包，目的地为节点 4 的时候，由于路由器 R5 已经拥塞,为了满足网络性能需要必须全部开启第二个子网来满足节点 5 的需求。数据包可以从 R`6,R`7,R`8 经过 R`4 到达目的地。但是，除节点 5 之外，节点 6，7 以及 4 并未拥塞，开启一个子网即可满足节点 5 的数据传输需要，然而为了保证每个子网的连通性，必须开启整个子网。

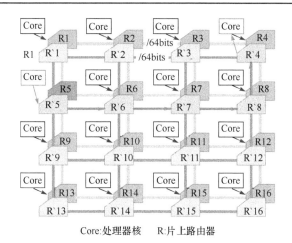

Core:处理器核　　　R:片上路由器

图 4.12　基于时间异构性的 NoC 在功耗管理方面的缺陷

由此可见,无论是空间异构的 NoC 还是 Multi-NoC 都无法彻底解决功耗随时空变化进行调整这一目标。NoC 的数据流同时具有时间和空间异构性,以上方案只能解决其中一个方面,而无法做到两者同时解决,因此它们都不是 NoC 功耗管理的最佳方案。在下一节中,将介绍穿梭片上网络设计,可以彻底解决根据流量异构性进行功耗管理的目标。

4.3.2　穿梭片上网络

数据流的时空异构性会产生不同的网络需求,往往没有固定的规律可循,而且变化很难预测。相邻的节点对网络的需求差别非常大,要求对 NoC 的能效管理必须要在节点级。为了同时适应数据流时空异构性,本章提出了一种新型的穿梭片上网络,为了表述方便称为穿梭片上网络,来达到优化 NoC 功耗和能效的目的。

ShuttleNoC 的基本思想如图 4.13 所示,仍然沿用前文介绍的 Multi-NoC 的多网络思想,不同的是 Multi-NoC 几个子网是没有任何联系的,必须同时开启或者关闭整个子网,无法适应数据流的空间异构性。ShuttleNoC 把原来相互独立的子网变成有关联的子网,每个节点根据自身的拥塞信息决定发送开启或者关闭某一方向下一跳的路由器,如图 4.13(a)所示。当子网 0 检测到下一跳某个子网发生了拥塞,如果能够发送信号开启下一跳高一级的子网,例如子网 1,并且控制从相应端口输出的数据包进入到下一跳新开启的子网,那么子网 0 的拥塞情况将会有效地减轻。如图 4.13(b)所示。相反,如果数据包可以在子网 0 里面顺利通过,可以发送信号请求关闭下一跳已经开启的子网 1,以降低功耗。因此,ShuttleNoC 可以根据需要在节点级开启或者关闭子网,从而达到根据本地流量变化改变功耗的目的。

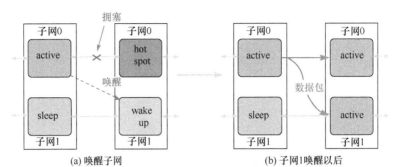

(a) 唤醒子网　　　　　　　　(b) 子网1唤醒以后

active:工作状态；hotspot:拥塞状态；sleep:休眠状态；wakeup:唤醒状态

图 4.13　ShuttleNoC 基本原理

ShuttleNoC 最大的优势是可以同时满足并适应数据流的时空分布，通过控制子网开关来达到 NoC 的最佳能效。子网具有了穿梭功能，把几个独立的子网建立起联系，可以使数据包在子网之间自由穿梭，而不必像基于时间异构性的设计方法那样开启整个子网来适应较少量数据包的需求。ShuttleNoC 是一个细粒度的能效调整方案，通过调整 NoC 的带宽来精确适应流量需求，达到调整功耗并提高能效的目的，在网络拥塞的节点，可以开启 3～4 个子网处理较大的流量；在流量较小的区域，开启一个子网路由器供数据包通过即可。

1. ShuttleNoC 微体系结构

为了实现之前提到的数据包穿梭功能，需要在传统的 NoC 基础上做一些改进。改进的 NoC 结构如图 4.14 所示，为了不失一般性，本章用一个 4×4 的 Mesh 结构 NoC 来说明 ShuttleNoC 的体系结构。此结构一共有 2 个子网，分别为子网 0(用 R 标注)和子网 1(用 R`标注)。数据包穿梭是从两个层级实现的。①在整个芯片层级：不同于 Multi-NoC，一个特殊的硬件结构链路重构模块(link reconfig module, LRM)加在两个相邻的节点间的链路上，正是这个模块使得之前独立的子网相互之间建立起了联系。链路连接线在 LRM 内部重构之后，数据包可以从一个子网到达另一个子网。②在每一个路由器的层面：需要增加额外的数据通路对穿梭的请求进行支持，使其能够正确地进入相应子网。

ShuttleNoC 不需要开启多余的子网路由器，避免了功耗的不必要浪费。例如，在图 4.14 中，还以从节点 5 出发的数据包为例，仅仅节点 5 的子网 1 路由器需要开启，数据包可以从 R`5 穿梭到 R6，然后保持在子网 0 中运行直到到达目的地节点，而在 Multi-NoC 设计中必须开启的 R`6，R`7，R`8，R`4 均可以保持在睡眠状态，ShuttleNoC 可以减少 4 个路由器的开启，从而大幅度降低功耗。对于其他过路的数据包同样可以避开拥塞的 R5，通过 R`5 穿梭到 R9 等相邻节点的子网 0。不同于基于空间异构的 NoC，某个节点所处理的带宽是动态可变化，ShuttleNoC

可以更好地适应数据流的空间异构性，达到能效优化的目的。

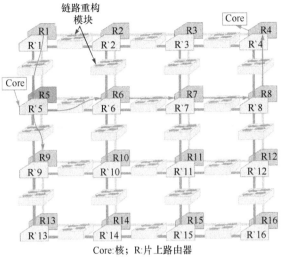

图 4.14 ShuttleNoC 体系结构

2. 链路重构模块

LRM 的具体设计如图 4.15 所示。为了实现数据包穿梭，LRM 为额外增加的数据通路。例如，图中描述了两个相邻节点的路由器 East 输出方向和 West 进入方向的 LRM 重构情况。数据通路是由四个多路选择器：Na、Nb、Nc 和 Nd 组成。通过配置数据包路径重构子模块，可以控制它们的选通，类似一个交叉开关，根据需求选择不同的子网连接方式。例如，当一个数据包想从 R1 穿梭到 R`2。LRM 根据请求配置的路线为：R1 → Na → Nd → R`2。虽然 ShuttleNoC 在每个节点之间都加入了 LRM，但是并未增加很大的面积和功耗开销，在本章实验评估部分，将会对 ShuttleNoC 的面积和功耗进行评估。

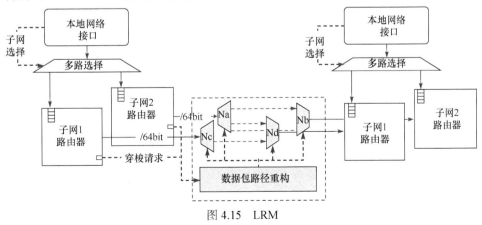

图 4.15 LRM

3. 路由器微体系结构

类似于以往的功耗管理策略，ShuttleNoC 也需要根据流量的实时统计数据作为依据来发送开启或关闭下一个子网的请求。更重要的是，数据流的分布是在变化的，要求统计数据也必须实时获取，必须在已有的路由器微体系结构基础上增加对数据获取的支持。本章的设计中，三个模块：LSC、PMC 和 CSP 分别负责路由器状态的转换、参数的获取以及功耗调整的决策。如图 4.16 所示。在传统的路由器体系结构基础上，仅仅增加了这三个模块，以及相应的子网选择逻辑即可完成子网开启、关闭以及穿梭功能。下面对这三个模块进行分别说明：

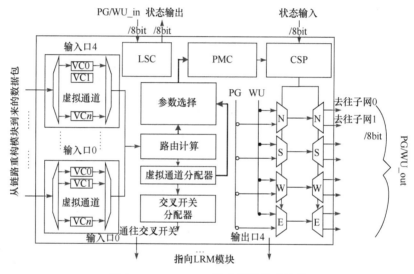

图 4.16 ShuttleNoC 路由器微体系结构

1) 本地状态管理模块(local state control, LSC)

LSC 用来控制它所在的路由器的状态转移。控制信号 PG、WU 分别表示“关闭”(power gate)和“开启”(wake up)路由器。LSC 接收 PG/WU_in，这个信号来自于其他相邻的路由器。例如，采用两个子网的设计，每个子网的路由器都向四个方向发送此信号，一个 LSC 在一个方向上可以接收两个子网的 PG 或者 WU，LSC 接收四个方向，所以 PG/WU_in 是一个 8bit 的信号(两个子网，四个方向)。每一条信号线表示 PG 或者 WU，LSC 根据它们之间的数量关系决定开启或者关闭 LSC 所在的路由器。

2) 功耗决策模块(power metric computation, PMC)

为了量化某个节点的拥塞信息，ShuttleNoC 在每个路由器内部实现了 PMC 模块用来实时计算是否发送子网功耗状态改变请求。之前的工作[13]介绍了几种拥塞机制的判定准则，例如根据本地注入队列的使用情况(injection queue utilization)、平均或最大缓存使用率(average/max buffer utilization)等。这些参数是可以用在 ShuttleNoC 技术中的。为了准确地刻画相邻节点的拥塞情况并及时获取，本章采用"每个目标方向的 flit 平均等待时间"来刻画拥塞情况。由于当 flit 到来时，在进入路由器的流水线之前，需要在输入队列中等待，等待时间长短是由下一跳的输入队列是否有空余决定的，这个参数直接刻画了下一跳特定方向上的节点拥塞情况。公式(4.1)即为功耗决策的计算公式，其中 N_{outdir} 为目标方向为 outdir 的 flit 总个数，$delay_i$ 为 flit i 在 VC 队列中的等待时间。在队列中等待可能是由路由器的流水线中的某个阶段比如虚通道分配和开关分配失败造成的，失败的次数越多等待时间越长，也同时说明目标方向 outdir 发生拥塞的可能性越大，此时需要开启下一跳的高级别子网缓解拥塞。这些参数的计算可以融合在路由器流水线的特定阶段比如路由计算(routing computing)阶段，不必增加额外的流水线层级，不会引入时间开销。

$$QD_{ourdir} = \frac{\sum_{i}^{N_{outdir}} delay_i}{N_{outdir}}, \quad outdir \in (E, W, N, S) \tag{4.1}$$

3) 控制信号产生模块(control signal propagation, CSP)

一旦 PMC 决策产生控制信号(PG/WU)准备发送给相应方向上的下一跳，CSP 模块开始发挥作用，它根据 PMC 的要求把控制信号发送给相应的下一跳子网，控制信号 state_in 为相邻 LSC 模块发送来的路由器的状态信息，可能是开启或者关闭的状态。CSP 根据此信息控制几个对称放置的多路选择器的控制端口，如图 4.16 所示。例如，PMC 请求开启 E 方向的下一跳子网，而 E 方向两个子网的 LSC 分别指示各自所在路由器的状态为 WU 和 PG，也即 E 方向上子网 1 的路由器是关闭状态，CSP 控制多路选择器使得 WU 信号能够被传递到 E 方向的子网 1，所产生的信号各个方向组合在一起为图中所示的 PG/WU_out。此信号即连接到每个方向，每个子网路由器的 LSC 的 PG/WU_in。LSC 即可根据输入信号中 PG 和 WU 的数量关系决定开启或者关闭所在的路由器。

4.3.3　节点级功耗管理

本节介绍如何通过基于 ShuttleNoC 的能效管理来优化 NoC 的功耗。管理设计上述 LSC 和 CSP 模块的握手关系，以及在 LSC 内部的状态转移机制。

1. 子网路由器开关状态表示

很明显，功耗管理的有效性取决于此时此刻每个路由器的功耗状态(开启或关闭)，类似于文献[12]、[13]，本设计也是用三个状态来描述一个路由器，分别为：活跃(active)、休眠(sleep)和启动(wakeup)。这些状态是在 LSC 内部维护的，并且向所有方向广播，也即 state_out 信号。此信号要向所有的临近路由器广播，也为 8bit。"active"表示此时此刻路由器为工作状态，可以接收来自本子网或者其他子网穿梭过来的数据包；"休眠"状态和"启动"状态分别表示路由器目前处于关闭或者开启状态，不能接收和处理数据包。

LSC 接收到的 PG/WU_in 实际为 CSP 的 PG/WU_out，LSC 和 CSP 可以看成两个实体进行握手操作，如图 4.17 所示。此图表示出了两个相邻节点的其中两个子网的握手操作。

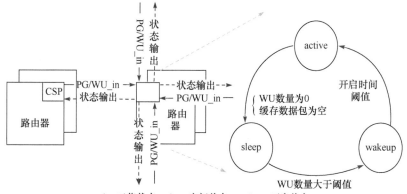

active:工作状态；sleep:空闲状态；wakeup:开启状态

图 4.17　LSC 与 CSP 的握手操作

对于一个特定的子网路由器，状态从"活跃"到"休眠"必须满足两个条件。①WU 信号的个数等于 0：也即没有相邻子网请求开启这个路由器，PG/WU_in 均为 PG 信号。②在此 LSC 所在的路由器中没有滞留的数据包。在满足这两个条件时，LSC 可以关闭所在的路由器来降低功耗。相反，如果 LSC 接收到一定数量的 PG 也接收到一定数量的 WU 时，开启或者关闭一个路由器需要慎重决定：当 WU 信号多于 PG 信号达到一个特定的门槛值时，开启这个路由器，反之关闭这个路由器。当路由器在"启动"状态时，需要 10~20 个时钟周期才能彻底达到"活跃"状态[12, 13]，图中 T_wu 表示这个转移延迟。

2. 子网路由器开关选择方法

当 LSC 确定需要产生信号时，PMC 即把命令发送给 CSP，CSP 接收到的信号仅仅是开启或者关闭哪个方向上的子网，得不到具体开启哪个编号的子网(0 或者 1)。CSP 只能根据其他子网的 LSC 发来的状态信号来决定开启或者关闭哪个子网。

子网选择逻辑的算法实现如算法 4.1 所示，本设计控制子网的开启和关闭必须按照先后顺序，也即先开启的先关闭，开启的顺序也是从最低编号或者级别的子网开始。例如，如果子网 1 已经开启，子网 2,3 处于关闭状态，则子网 2 为下一时刻开启的备选子网，算法中 8~11 行表述了此实现。关闭子网依据相反的顺序，也即从最高编号的子网开始，算法中 2~5 行表述了子网关闭的选择逻辑。

算法 4.1　在每个处理器核节点处子网的开启和关闭算法

输入：临近路由器的状态：state_in；子网的个数：N；功耗控制模块的请求数：requests

输出：选择的子网(开启或关闭)

```
1：for each req<dir,opa>∈requests
2：  if opa==PG then
3：    for (i=N−1;i>=0;i--)//关闭最高级别的子网
4：      if state_in[dir] [i] ==WU then
5：        return n; //  关闭下一跳 dir 方向的子网 n
6：      end if
7：    end for
8：  else if opa==WU then
9：    for (i=0;i<N;i++)//从最低级别的子网开始开启
10：     if state_in[dir] [i] = =PG then
11：       return n;//  唤醒 dir 方向下一跳的子网 n
12      end if
13    end for
14  end if
15：end for
```

4.3.4　实验环境搭建与结果分析

本节介绍 ShuttleNoC 以及基于它的功耗管理方法的实验评估。首先介绍实验平台配置，包括基准 NoC 设计的参数选择等，然后给出实验结果，包含网络性能以及功耗等。

1. 平台搭建

片上网络仿真平台：本章使用 booksim2.0[19]模拟器来运行应用程序的网络 trace[①]。NoC 的拓扑结构为 4×4 和 8×8 两种网格型结构的 NoC。路由器配置为 4 级流水线，加一个时钟周期通过链路或者穿梭到其他子网。路由器配置为 4 个 VC，每个 VC 的深度为 5。对于功耗模拟，使用斯坦福大学的 DSENT 工具[22]，里面集成了不同工艺下的原件模型参数，这些参数是从 booksim 进行模拟运行 PARSEC[19]基准测试程序集的过程中提取的。此外，用 Synopsis 公司的 Design Compiler 工具来进行面积评估，面积评估是在 SMIC90 纳米的技术库基础上进行

---

① trace 是通过全系统模拟抓取的网络数据包发送和到达记录。本实验用模拟器 booksim2.0 来读取这些 trace 记录，模拟真实网络数据包的发送和接收。

计算的。

基准设计：使用三种基准设计用于评估 ShuttleNoC 的性能提升。①第一种设计为一种传统的 NoC 设计，没有实现任何功耗管理方法。本章配置基础带宽为 256 bit，这种设计在后文中称为 Single-256。②第二种设计为基于空间异构的 NoC 设计[15]。这种设计存在两种带宽，第一种为 64 bit，第二种为 256 bit，称为 SO-64/256。③第三种设计为基于时间异构的设计方法，即 Multi-NoC[13]。同样采用四个子网，每个子网 64 bit，这个基准设计称为 TO-256。子网之间相互独立，没有穿梭功能。ShuttleNoC 的配置和此设计相同。由于 ShuttleNoC 采用四个子网，因此 state_out/in 与 PG/WU_out/in 均为 16 bit 由于对于所有的基准设计和 ShuttleNoC，最大带宽均为 256 bit，所以性能与功耗的影响仅与这些设计本身有关，而与带宽大小无关。

2. 实验结果与分析

路由器开启门槛值评估。为了验证 ShuttleNoC 设计的合理性，本章首先对 LSC 做出启动路由器决策的门槛值做评估。门槛值的高低对 ShuttleNoC 有重要影响，决定了路由器启动的反应灵敏度。本实验分为两部分，分别对所消耗的总能量以及 LSC 接收到的 WU 信号的数量进行实验数据统计，门槛值的变化范围从 1~16，之所以这样变化，是因为子网的数目有 4 个，因此 PG/WU_in 的数目最大为 16 个，结果如图 4.18 所示。可见当门槛值从 1~10 变化时，网络的数据包延迟基本不变，总功耗减小了大约 50%。这种现象说明较大的门槛值，也即 WU 达到一定数量才启动时，对整个网络的功耗降低是有好处的，原因是增加的路由器

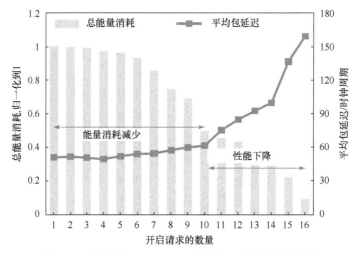

图 4.18　门槛值与 ShuttleNoC 的性能和能耗之间的关系

"休眠"时间可以同时减小动态和静态功耗,不会影响性能。若一味地增加门槛值,也即从 10～16,网络的数据包延迟会显著增加 2 倍多,说明此时路由器变得很"懒",换句话讲,需要 WU 信号的数量很大 LSC 才会启动所在的路由器,如此慢的反应时间导致数据包在上一跳越聚越多,而且无法穿梭到其他子网里面。在门槛值等于 10 左右的位置是最佳位置,即性能最佳而且能耗最少。在余下的实验中,都默认将门槛值调整为 10。

整体功耗和性能评估。ShuttleNoC 设计实现了局部的功耗自适应,也即把片上网络的能效调整到了节点级,本节评估 ShuttleNoC 所能带来的功耗和性能改进。本实验在 8×8 的 Mesh 结构 NoC 上进行。图 4.19 表示出了几种 NoC 体系结构设计的功耗分解图,检查部件的动态和静态功耗对总功耗的影响,LRM 的功耗也计算在其中。相比于 single-256、SO-64/256 以及 TO-256,ShuttleNoC 在静态功耗方面的减小达到了 19.2%、16.0% 和 12.5%。如此大的改进来自于对数据流的时空分布适应性。ShuttleNoC 把能效调整实现在节点级,避免了不必要的路由器开启,相比于基于空间异构的 NoC 设计,ShuttleNoC 的带宽是不固定的,而是随流量的大小在本地动态地改变开启/关闭子网的数量,对流量的空间分布体现了较好的适应性。

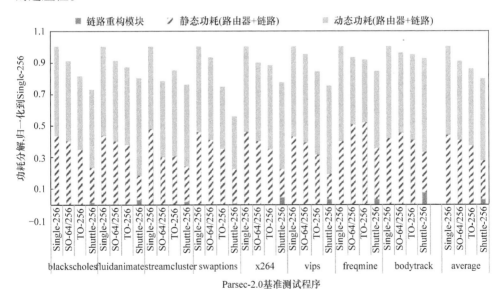

图 4.19　功耗分解图

相比于空间异构的 NoC TO-256,ShuttleNoC 并不要求本地子网和相邻节点的子网同时开启。Shuttle NoC 的连通性是由穿梭功能来保持的,避免了子网频繁开关带来的能效降低。LRM 是 ShuttleNoC 独有的硬件结构,它体现出了 3.8%

的功耗开销。ShuttleNoC 的动态功耗比 SO-64/256 和 TO-256 增长了 1.7%和 3.3%。静态功耗的减少多于动态功耗的增加，总的功耗减小幅度为 23.5%、14.3% 和 9.3%。

为了进一步说明 ShuttleNoC 对性能的改进，本节对其也进行了性能评估，结果如图 4.20 所示。采用平均数据包延迟来作为性能的评价指标。ShuttleNoC 相比于其他基准设计在性能上分别提高了 22.3%、16.4%以及 14.7%。可见功耗的降低并未带来性能的下降，ShuttleNoC 把功耗用在了对带宽需求大的区域，从而避免了潜在热点的形成，彻底打破了性能和带宽之间无法权衡的瓶颈。

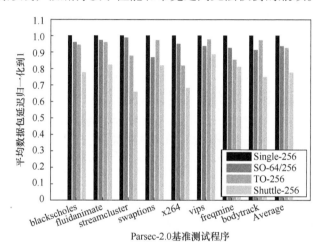

图 4.20　ShuttleNoC 的性能提高

实时能效评估。为了进一步地探索 ShuttleNoC 能效提高的原因，本节进一步评估了在一段时间内的能效变化情况。通过执行 PARSEC 基准程序集中的 canneal 应用，比较 ShuttleNoC 和 TO-256 以及 SO-64/256 的实时能效。在本实验中，使用能效延迟积(energy delay product, EDP[①])作为能效的度量标准，结果如图 4.21 所示。ShuttleNoC 的 EDP 基本保持不变的波动(平均 5%)。对于 SO-64/256，能效波动较为剧烈，这是由于应用程序在访存时，流量热点会转移到 Mesh 结构的边缘小路由器上。对于 TO-256，波动更为剧烈，这是由于子网的开启和关闭粒度较粗，必须同时开启或者关闭整个子网。

流量异构性的适应性评估。上一节评估中，实时能效的平滑表现来自于对流量分布的很好适应性。为了进一步说明这个特点，本节对流量的适应性做了进一步评估。本实验采用 4×4 规模的 NoC 拓扑结构。结果如图 4.22 所示，图中 x 轴

---

① EDP 是计算系统能效的通用指标，可以同时反应系统设计的功耗消耗以及性能好坏，其计算方式是执行程序所需能量与整体执行时间的乘积，值越小说明能效越高。

的坐标表示节点的编号，y 轴坐标表示时间的变化，本实验采用 100μs 作为时间间隔，z 轴表示每个节点在每个时间段的数据包延迟。由图可见，SO-64/256 的延迟波动非常大，可以达到 40～190 个时钟周期。在带宽较大的中心区域的路由器上，延迟波动比较小，整体上仍旧达到 100 个时钟周期以上。在边缘的路由器延迟较大，这是由于边缘路由器基本为小路由器。TO-256 表现出较小的波动，大概在 110 个时钟周期的量级。ShuttleNoC 的波动在 30～40 个时钟周期，相比于其他两个基准设计都是最小的。此实验证明了 ShuttleNoC 对时空分布的适应性良好，可以达到更好的能效。

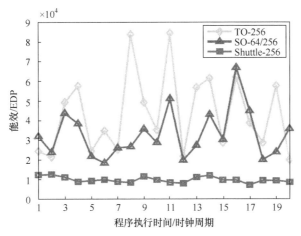

图 4.21　ShuttleNoC 和其他基准设计的实时能效

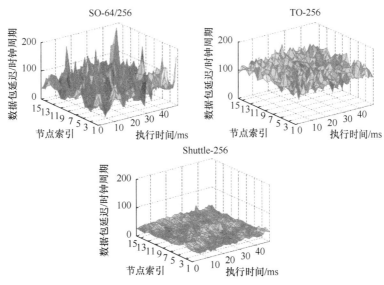

图 4.22　流量分布适应性评估

面积开销评估。ShuttleNoC 依靠链路重构模块 LRM 和其他专用的硬件来维护数据包的穿梭功能，额外的硬件设计会带来功耗和面积等开销。本节对各种带宽配置的 ShuttleNoC 和基准设计进行面积对比，结果如图 4.23 所示。ShuttleNoC 的面积开销比基准的基于时间异构的 NoC 高 20%左右，主要原因是增加的链路灵活性导致了集成电路设计工艺的版图面积增大。LRM 仅仅由几个多路选择器和一些控制逻辑组成，面积开销占整个 NoC 的 4.3%左右。值得一提的是，虽然 ShuttleNoC 的面积开销较大，在以上的实验评估环节中，并未引入较大的功耗开销，这是由于基于 ShuttleNoC 提出的节点级功耗管理方法保证了功耗的降低高于面积开销带来的功耗提升。

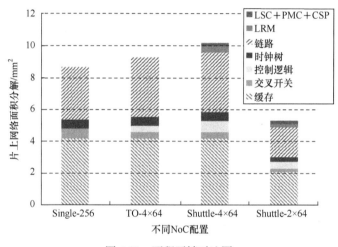

图 4.23　面积开销对比图

4.4　本章小结

片上网络作为处理器的重要部件之一，其性能与功耗直接关系着整个多核/众核处理器的能效。随着处理器规模增大，片上网络的功耗比例持续增加，成为处理器总体功耗的重要源头。本章首先对片上数据流的时空分布进行了分析，发现数据流的分布具有不确定性，也即要求片上网络必须在任何区域和时间为数据流提供连通性保证，常用的低功耗手段例如门控功耗和 DVFS 均无法在片上网络中有效使用。针对该问题，本章详细介绍了一款新型片上网络体系结构——穿梭片上网络及其节点级功耗管理方法，试图从根本上解决根据流量的时空分布对片上网络进行节点级功耗管理这一难题。穿梭片上网络采用多个同构且关联的子片上网络组合，通过链路重构模块允许数据包在子网之间自由穿梭，当一个子网的路由器由于门控功耗而关闭时，数据包可以穿梭到其他子网从而在连通性保持的前提下实现了在节点级进行细粒度功耗管理的目标。该方法可以同时适应流量分布的时空异构性，相比于仅根据时间或者空间异构性的功耗管理方法，大幅降低了片上网络的功耗。穿梭功能也保证了网络性能并未因功耗降低而变差，从而提高了片上网络乃至整个多核处理器的能效。

参 考 文 献

[1] 路航. 片上网络众核处理器的性能隔离与功耗管理方法研究[D]. 北京: 中国科学院大学, 2015.

[2] Lu H, Yan G H, Han Y H, et al. ShuttleNoC: Boosting on-chip communication efficiency by enabling localized power adaptation [C]//Proceedings of the Asia and South Pacific Design Automation Conference, Chiba, 2015: 142-147.

[3] Lu H, Chang Y S, Lin N, et al. ShuttleNoC: Power-adaptable communication infrastructure for many-core processors [J]. IEEE Transactions on Computer Aided Design of Integrated Crcuits and Systems, 2019, 38 (8): 1438-1451.

[4] Valiant L G, Brebner G J. Universal schemes for parallel communication [C]//Proceedings of the ACM Symposium on Theory of computing, New York, 1981: 263-277.

[5] Lu H, Yan G H, Han Y H, et al. RISO: Relaxed network-on-chip isolation for cloud processors [C]//Proceedings of the ACM/EDAC/IEEE Design Automation Conference, Austin, 2013: 1-6.

[6] Lu H, Fu B Z, Wang Y, et al. RISO: Enforce noninterfered performance with relaxed network-on-chip isolation in many-core cloud processors [J]. IEEE Transactions on Very Large Scale Integration Systems, 2015, 23 (12): 3053-3064.

[7] Zhan J, Xie Y, Sun G Y. NoC-sprinting: Interconnect for fine-grained sprinting in the dark silicon era [C]//Proceedings of the ACM/EDAC/IEEE Design Automation Conference, San Francisco, 2014: 1-6.

[8] Kangmin L, Se-Joong L, Sung-Eun K, et al. A 51mW 1.6GHz on-chip network for low-power heterogeneous SoC platform [C]//Proceedings of the IEEE International Solid-State Circuits Conference, San Francisco, 2004: 152-518.

[9] Mishra A K, Mutlu O, Das C R. A heterogeneous multiple network-on-chip design: An application-aware approach [C]//Proceedings of the ACM/EDAC/IEEE Design Automation Conference, Austin, 2013: 1-10.

[10] Li S, Peh L S, Jha N K. Dynamic voltage scaling with links for power optimization of interconnection networks [C]//Proceedings of the International Symposium on High-Performance Computer Architecture, Anaheim, 2003: 91-102.

[11] Madan N, Buyuktosunoglu A, Bose P, et al. A case for guarded power gating for multi-core processors [C]//Proceedings of the IEEE International Symposium on High Performance Computer Architecture, San Antonio, 2011: 291-300.

[12] Chen L Z, Pinkston T M. NoRD: Node-router decoupling for effective power-gating of on-chip routers [C]//Proceedings of the IEEE/ACM International Symposium on Microarchitecture, Vancouver, 2012: 270-281.

[13] Das R, Narayanasamy S, Satpathy S K, et al. Catnap: Energy proportional multiple network-on-chip [C]//Proceedings of the International Symposium on Computer Architecture, New York, 2013: 320-331.

[14] Mishra A K, Das R, Eachempati S, et al. A case for dynamic frequency tuning in on-chip networks [C]//Proceedings of the IEEE/ACM International Symposium on Microarchitecture, New York, 2009: 292-303.

[15] Mishra A K, Vijaykrishnan N, Das C R. A case for heterogeneous on-chip interconnects for CMPs [C]//Proceedings of the International Symposium on Computer Architecture, San Jose, 2011: 389-399.

[16] Chen X, Xu Z, Kim H, et al. In-network monitoring and control policy for DVFS of CMP networks-on-chip and last level caches [C]//Proceedings of the IEEE/ACM International Symposium on Networks-on-Chip, Copenhagen, 2012: 43-50.

[17] Ansari A, Mishra A, Xu J P, et al. Tangle: Route-oriented dynamic voltage minimization for variation-afflicted, energy-efficient on-chip networks [C]//Proceedings of the International Symposium on High Performance Computer Architecture, Orlando, 2014: 440-451.

[18] Samih A, Wang R, Krishna A, et al. Energy-efficient interconnect via router parking [C]//Proceedings of the IEEE International Symposium on High Performance Computer Architecture, Shenzhen, 2013: 508-519.

[19] Bienia C, Kumar S, Singh J P, et al. The PARSEC benchmark suite: Characterization and architectural implications [C]//Proceedings of the International Conference on Parallel Architectures and Compilation Techniques, Toronto, 2008: 72-81.

[20] Parikh R, Das R, Bertacco V. Power-aware NoCs through routing and topology reconfiguration [C]//Proceedings of the ACM/EDAC/IEEE Design Automation Conference, San Francisco, 2014: 1-6.

[21] Bokhari H, Javaid H, Shafique M, et al. DarkNoC: Designing energy-efficient network-on-chip with multi-vt cells for dark silicon [C]//Proceedings of the ACM/EDAC/IEEE Design Automation Conference, San Francisco, 2014: 1-6.

[22] Sun C, Chen C-H O, Kurian G, et al. DSENT: A tool connecting emerging photonics with electronics for opto-electronic networks-on-chip modeling [C]//Proceedings of the IEEE/ACM International Symposium on Networks-on-Chip, Copenhagen, 2012: 201-210.

第5章　片上互连网络的高可靠设计

第4章介绍了片上网络的体系结构以及低功耗设计方法，本章继续探讨片上网络的高可靠设计问题。片上网络针对串扰效应进行容错设计时，通常是将总线上的容错方法直接用于片上网络。然而，片上网络不同于总线，它本身有一些固有特征。如果串扰效应的容错设计利用这些共有特征，它会比直接将总线的容错方法用于片上网络达到更高的整体性能。

存储和转发是片上网络中常用的策略，这种策略可以用来预测片上网络互连线上的串扰效应。当数据包在片上网络中传递时，需要通过源核的网络接口进入片上网络，接着通过一系列的路由器，最后通过目标核的网络接口传出片上网络。每个包在发送前需要先保存在路由器的缓存中，等待分配输出通道；刚刚发出的包依然保存在缓存中不会被立即清除，也就是说在片上网络中将要发出的向量和当前已发送的向量都是可知的。注意串扰效应的发生依赖相邻两周期向量的翻转情况，在片上网络中不用增加额外的导线，可以根据相邻向量的取值进行串扰效应的预测和提前规避。本章提出了一种基于信号跳变时间可调整的串扰容忍方法，它利用片上网络的存储转发机制，预测串扰效应可能导致的故障。然后，通过调整信号跳变时间，来容忍预测到的潜在串扰故障。本章源自作者的长期研究成果[1-5]。

5.1　互连线的串扰效应

5.1.1　串扰问题的提出

早在20世纪90年代，就有人预测片上系统将采用超深亚微米技术和吉赫兹的时钟频率，届时芯片上的长互连线将会出现严重的串扰影响[6,7]。此后，国际上数以百计的研究者从半导体物理级、微电子层次、数字电路设计层次乃至体系结构层次提出解决方法，使得摩尔定理得以延续。但是，随着集成电路工艺的进步尤其进入纳米工艺下，以往的解决方法都遇到的瓶颈。串扰效应愈发严重，它已经成为集成电路设计和测试需要考虑的关键因素。本章节追踪了总线串扰效应的产生原因。在片上系统中的总线或长互连线之间存在寄生元件，导致信号相互作用，使得总线信号出现信号完整性问题，即总线的输入信号在输出端得不到正确的响应。其中，相邻互连线的相互作用可以通过图 5.1 来进行分析。

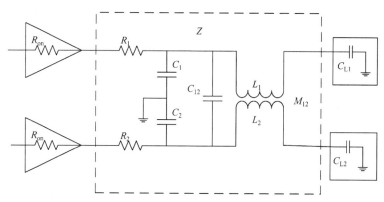

图 5.1　双总线电路模型

　　如图 5.1 所示，双总线电路模型反映了并行走向的两条互连线之间的相互影响。该模型为每条导线分配了线电容(C_1, C_2)、线电阻(R_1, R_2)和线电感(L_1, L_2)以及导线之间的交叉耦合电容(C_C)和互感电感(M_{12})。还包括了与驱动相关的特征开路电阻和每一条导线上的负载电容。在亚微米尺寸的工艺下，驱动电阻(R_{on})、线电阻(R_1, R_2)、线电容(C_1, C_2)、负载电容(C_{L1}, C_{L2})控制着电路的行为。运用简单静态模型，时延的影响就可以准确模型化并且在设计过程中进行补偿。

　　然而，当技术发展到深亚微米工艺乃至纳米工艺的时候，其他元件的实际作用变得同等重要。分析表明，交叉耦合电容(C_C)已成为在信号完整性问题中必须考虑的因素[8, 9]。类似于交叉耦合电容，线电感(L_1, L_2)，互感(M_{12})，同样对总线串扰噪声有影响[9]。这两个参数影响的增加要归咎于导体之间的间距的减少，每个导体的长与宽的比率的增加以及由于金属线的增加而导致密度的增加。

　　一般来说，串扰的等级是由若干个因素决定的。这些因素包括驱动强度、线长度、时钟速度、驱动平衡、负载到负载的平衡和容抗的匹配等，它们都可以影响总线串扰变化的等级。为了避免总线串扰影响，在设计阶段，就要将这些因素的分析加入到模型中进行考虑。然而，即使在设计过程中总线串扰噪声被最小化，在制造过程中的处理变化和缺陷同样会在互连线之间引入过量的交叉耦合电容和电感，它们导致更大的串扰噪声。而且，随着集成电路的进步，在超深亚微米乃至纳米工艺下，互连线间的间距进一步压缩，寄生的交叉耦合电容和电感日益增大，难以在设计过程中完全解决，总线的串扰效应已经在所难免。

5.1.2　串扰效应的影响与故障模型

　　由于耦合电容等寄生元件的作用，当总线信号发生跳变时，输出信号不能正确匹配输入信号，导致信号完整性损失，这就产生了总线串扰故障。这种故障对应的现象包括信号电平尖峰、信号跳变时延改变和信号电平阻尼振动。

图 5.2 表示了由于总线串扰的作用，总线上可能出现的信号完整性损失[10]。在图 5.2(a)中，当总线中的相邻导线分别输入上升跳变信号和低电平信号时，一部分电流通过耦合元件 Z 从跳变信号的导线流到低电平信号的导线上，并且在低电平信号的导线上产生正向尖峰，这就是电平尖峰。在图 5.2(b)中，当总线中的相邻导线分别输入上升跳变信号和下降跳变信号时，电流通过耦合元件 Z 在两根信号线之间流动，增加了信号的跳变时间，这就是跳变时延改变。在图 5.2(c)中，信号输入与图 5.2(a)一样，但是耦合元件包含了寄生电感，所以在低电平信号导线的输出端出现了阻尼振荡电平。总线串扰故障是与信号跳变密切相关的。因此，单个周期的静态向量无法激励串扰缺陷，无论是针对串扰效应的容错设计和测试，需要根据向量对 $\langle V_1 V_2 \rangle$，即两个连续周期的向量之间的信号跳变来进行。

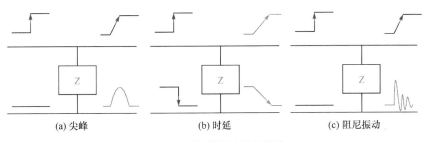

(a) 尖峰　　　　　　　(b) 时延　　　　　　　(c) 阻尼振动

图 5.2　总线信号完整性损失

由于总线上串扰效应导致的时延缺陷是集成电路设计要考虑的主要问题，而且与受害线相邻的导线的耦合电容影响最大，因此，针对相邻导线间耦合电容导致的串扰时延需要建立故障模型。Sotiriadis 在 2001 年亚太平洋设计自动化国际会议上提出了总线上串扰时延的故障模型[11]，表示不同信号跳变所导致的串扰时延，如表 5.1 所示，其中，λ 是相邻互连线之间的耦合电容(coupled capacitance)与导线线电容(bulk capacitance)的比值。

表 5.1 以三位的总线为例，第一位和第三位的导线作为侵略线，影响第二位导线(中间导线)的信号跳变时延(表中以相对时延表示)，第二位导线被称为受害线。用翻转向量表示在两个连续时钟周期内三位信号的跳变组合。例如，翻转向量"↑↓↑"表示三位的总线上，第一位和第三位的导线上出现上升跳变，而第二位导线上出现下降跳变时，信号跳变的组合；而翻转向量"-↓-"表示中间导线出现下降信号跳变，而它相邻导线的信号保持不变时，信号跳变的组合。根据导致的受害线的相对跳变时延的不同，有六种不同情况的翻转向量。

表 5.1　信号跳变导致的串扰时延[11]

向量分组	相对时延	翻转向量
1	$1+4\lambda$	↑↓↑, ↓↑↓
2	$1+3\lambda$	−↓↑, ↑↓−, −↑↓, ↓↑−
3	$1+2\lambda$	−↓−, −↑−
4	$1+2\lambda$	↓↓↑, ↑↓↓, ↑↑↓, ↓↑↑
5	$1+\lambda$	↓↓−, −↓↓, ↑↑−, −↑↑
6	1	↑↑↑, ↓↓↓

通常，导线的正常时延指在导线两侧插入屏蔽线后，导线上信号翻转导致的时延。当与受害线相邻的两根导线上分别出现反向的信号跳变时，受害线上的信号跳变时延可粗略地认为与正常时延相等，如表 5.1 中翻转向量 3 和翻转向量 4 所示。这是因为与受害线相邻的导线要么保持不变(向量组 3)，要么两个侵略线上的串扰效果相互抵消(向量组 4)，这时串扰效应才不会引入额外的时延。大时延表示当翻转向量是向量组 1 和 2 时，受害线(第二根导线)上信号跳变的时延。这时，串扰影响严重，它的时延比正常时延大很多，会导致总线输出发生错误。剩余的情况中，向量组 5 和 6 是串扰导致信号跳变加速的情况，通常不需要考虑。一般来说，需要处理导致大时延的向量(向量组 1 和向量组 2)，以控制长互连线的整体时延。

5.1.3　针对总线串扰效应的容错设计

随着集成电路工艺的不断进步，芯片的门时延不断减少而互连线时延则呈增长趋势，特别是全局长互连线时延已经大幅超过了门的时延。在超深亚微米乃至纳米工艺下，片上寄生原件引起的串扰效应日益显著，它导致的最糟糕时延将会是互连线 RC 时延的数倍。传统方法处理互连线的串扰效应主要采用低 K 介质，来降低串扰的耦合效应，但是这种方法已经走到了尽头。

根据文献[12]的介绍，图 5.3 给出了 1mm 长铜质全局导线和中间导线的 RC 时延在短期内的走势。在 2008 年和 2009 年，中间导线和全局导线的 RC 时延分别到达了警戒状态；当到达 2010 年时，中间导线时延达 1892ps，到达 2011 年时，全局导线时延达到 713ps，已经危害到芯片的正常功能。但是，RC 时延的增长势头将一直延续。同时，总线的驱动强弱对电容型串扰噪声的影响比相邻导线导致的影响大[12]，而且总线的线电阻决定了驱动的强度，因此，当工艺进步时总线在垂直和水平方向进行收缩的尺度是不一样的，借此来缓解串扰效应的影响，如图 5.4 所示。这种稠密的布线方法在相邻导线间引入了大量的耦合电容。

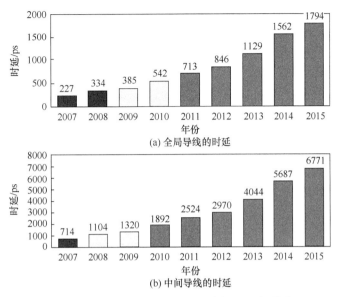

图 5.3 近期全局导线与中间导线的 RC 时延[12]

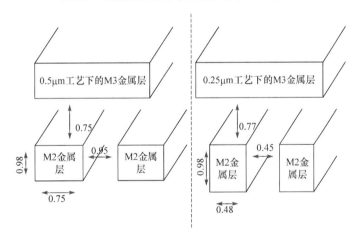

图 5.4 导线随工艺进步的分级(单位：μm)

随着工艺的进步，这种导线间的耦合电容迅速增长，导致严重的串扰效应。串扰效应造成真实的时延将是 RC 时延好几倍，严重挑战芯片的时序正确性，限制了芯片的主频。因此，串扰导致的最大时延成为制约芯片设计的关键因素之一，必须对长互连线的串扰效应进行容错设计。

在信号线之间插入屏蔽线和复制线是一种最简单但是非常有效的缓解串扰效应的方法，采用这种方法可以避免出现较大时延的翻转向量。例如，双轨编码[13]采用基于复制线插入的方法用于容忍串扰效应和提供纠错能力。

编码的方法被广泛地应用于总线问题中，它同样也可以减缓串扰效应，而不会引入过多的布线开销。早在 2001 年，研究人员就提出了一种用于处理总线串扰问题的编码方法，并给出了用于这种问题的理论框架[14]。接着，这种类型的编码被称为串扰避免编码(crosstalk avoidance code，CAC)，通过禁止总线上出现导致大的串扰时延的翻转向量，使得总线的时延低于一定的时延上限[15]。具体来说，为了达到某种总线性能，比如以表 5.1 中不同的相对延时作为串扰引起的延时上限，已提出了多种类型的串扰避免编码 CAC。

此外，研究人员还提出了基于串扰效应已知的时钟可变方法[16]，采用快速时钟，根据对待发射向量估计的时延来为它分配不同的时钟周期。为了支持可变时钟传输这种机制，需要设计串扰分析器，并且将其设置在总线的发射端。

5.2　片上网络的存储转发特征

片上网络针对串扰效应进行容错设计时，可以将总线上的容错方法直接用于片上网络。然而，片上网络不同于总线，它本身有一些固有特征，比如存储和转发特性。如果串扰效应的容错设计利用这些固有特征，会比直接将总线的串扰容错方法用于片上网络达到更高的整体性能。

存储和转发是片上网络中常用的策略[17]，这种特征可以用于预测片上网络中潜在的串扰故障。

如图 5.5(a)所示，如果数据包需要通过片上网络传输，它需要经过作为源的网络接口(NI)进入片上网络，由一系列的路由器路由，最后通过作为目的地的网络接口传出片上网络。每个包在被发送前需要保存在路由器的缓存(Buf)中等待分配输出通道。例如，如图 5.5(b)所示，向量"0001"在被发送到通道中之前，必须首先被保存在数据缓存中，然后等待头指针指向这个单元(单元#2)。

此外，在向量"0001"被发送前，头指针仍然指向单元#1。尾指针指向单元#0，紧接着头指针，这时数据缓存是满的，尾指针也不允许被加 1。这样向量"0001"不会被其他的向量重写。总而言之，在片上网络中，待发送的向量以及它的前一个向量都是可用的，无须添加额外的寄存器，就可以预测潜在的串扰故障。

测试串扰效应需要找到相邻向量的最糟糕情况，但是容忍串扰效应导致的故障仅需要针对少量关键的例子，以便减少面积开销。在本章的方法中，两项关键的情况被定义成潜在串扰(crosstalk latency)故障，串扰避免设计需要专门针对这两项情况。

L1：如果相邻导线上出现反向信号跳变，这两根导线上可能会出现串扰导致的大时延。

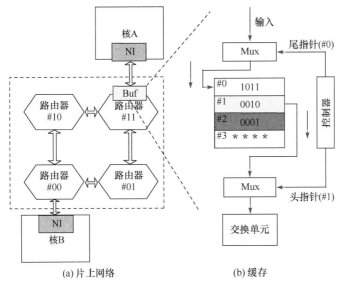

图 5.5　片上网络结构图与路由器发包过程

L2：如果中间导线是稳定的信号 0(信号 1)，它的相邻线出现上升信号跳变(下降信号跳变)，中间导线上可能会出现串扰导致的尖峰故障。

通过分析已发送的向量与它的前一个向量，两种潜在串扰故障都可以在片上网络中被发现或者被预测。潜在串扰故障的分析和预测都是通过控制器来完成的，控制器的设计将在后面的章节详细介绍。

5.3　错开信号跳变容忍串扰的理论推导

除限制信号跳变来避免串扰的方法外，串扰效应也可以通过恰当地错开信号跳变来缓解。比如文献[18]提出通过用屏蔽线错开耦合导线的位置来错开信号跳变，文献[19]，[20]中提出了 STWB 编码。但是，当仅考虑电容时，其性能甚至比添加屏蔽线达到的正常时延的性能还要差。在最糟糕的情况下，当所有侵略线都出现反向跳变时，尽管耦合导线都错开来，但是受害线旁边至少有一根出现反向跳变的侵略线，导致时延大于正常时延。此外，这些方法需要三分之一的额外导线作为屏蔽线。在本章中，提出调整时钟边沿来错开耦合信号的跳变时间，不需要额外的屏蔽线。本章节还推导了由错开信号跳变时间导致的电压变化，用于论述本方法的可行性。

5.3.1　时延故障

在相邻信号线上的反向信号跳变将引起严重的串扰时延，导致受害线的输出电平不能及时地越过到电压域值。本小节展示了由串扰时延导致的输出信号电压变化的模型,它反映了当反向信号跳变被错开时受害线的输出电压是如何变化的。本模型同时表明:输出电压可以通过错开信号跳变的方法来确保及时地到达电压阈值。

首先,当反向信号跳变发生在相邻导线上时,可以推导出输出电压 $V_V(t)$ 在 t 时刻的表达式。假设发生下降信号跳变的导线是受害线,它的信号在上升跳变信号 $T_e(T_e \geqslant 0)$ 时刻之前被发送到总线中。图 5.6 给出了相邻导线出现反向信号跳变时的电路模型,其中电源 V1 和 V2 分别出现上升和下降信号跳变。在本系统中,R_{tr1} (R_{tr2}) 是驱动电阻,C_{L1} (C_{L2}) 是负载电容,C_{eff1} 和 R_{eff1} $(C_{eff2}$ 和 $R_{eff2})$ 是互连线的等价电容和电阻,而 C_m 是两相邻线之间的耦合电容。此外,驱动电阻和线电阻的总和可以表示成 $R_1(R_2)$,线电容和负载电容的总和是 $C_1(C_2)$。根据叠加原理,输出电压 $V_V(t)$ 等于输出电压 $V_{V1}(t)$ 和 $V_{V2}(t)$ 的代数和,分别由电源 V1 上独立的上升信号跳变以及电源 V2 上独立的下降信号跳变导致。

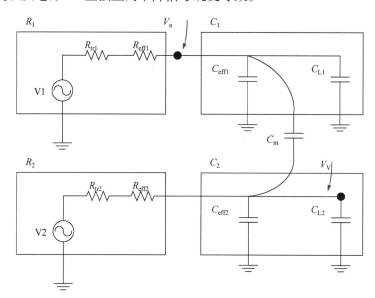

图 5.6　串扰导致时延的双轨模型

下面给出了当反向信号跳变发生在相邻导线上时,计算受害线上输出电平的详细步骤。首先,需要推算出由单元上升和下降信号跳变导致的输出电压 $V_{V1}(t)$ 和 $V_{V2}(t)$,通过拉普拉斯变换转化到频域,其中时间变量 t 被通用复变量 s 所取代。当仅有第一根导线上出现上升跳变时,如图 5.7(a)所示,原始电路被转化成频域下的电路,其中在初始状态每个存储器的电压都等于 0。根据 Kirchoff 电流定理,可用下面两个公式来表示图 5.7(a)中节点 a1 和 V1 的电流。

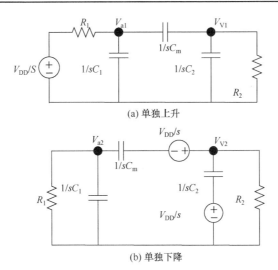

(a) 单独上升

(b) 单独下降

图 5.7 频域下的电路图

$$\frac{V_{a1} - \dfrac{V_{DD}}{s}}{R_1} + sV_{a1}C_1 + sC_m(V_{a1} - V_{V1}) = 0 \tag{5.1}$$

$$sC_m(V_{V1} - V_{a1}) + sV_{V1}C_2 + \frac{V_{V1}}{R_2} = 0 \tag{5.2}$$

解方程组(5.1)~(5.2)，可以推算出来受害线在频域下的输出电压 V_{V1}。假设 $R_1 = R_2 = R$，以及 $C_1 = C_2 = C$，电压 V_{V1} 可以表示成公式(5.3)[21]：

$$V_{V1} = \frac{V_{DD}RC_m}{(1 + sCR)(1 + sCR + 2sC_mR)} \tag{5.3}$$

接着，V_{V1} 通过反傅里叶变换转化到时域中，在公式(5.4)中给出[21]：

$$V_{V1}(t) = 0.5V_{DD} \times \left(e^{-\frac{t}{R(C+2C_m)}} - e^{-\frac{t}{RC}} \right) \tag{5.4}$$

类似，当仅有下降跳变出现在受害线上时，频域下的电路在图 5.7(b)中给出，其中在初始状态下电容 C_m 和 C_2 上的电压是 V_{DD}，而且电压源 V2 在初始状态后变成了 0。对于节点 a2 和 V2，可建立下面两个公式：

$$\frac{V_{a2}}{R_1} + sV_{a2}C_1 + sC_m\left(V_{a2} - V_{V2} + \frac{V_{DD}}{s} \right) = 0 \tag{5.5}$$

$$\frac{V_{V2}}{R_2} + sC_m\left(V_{V2} - V_{a2} - \frac{V_{DD}}{s} \right) + sC_2\left(V_{V2} - \frac{V_{DD}}{s} \right) = 0 \tag{5.6}$$

解方程组(5.5)~(5.6)后，可以推算出来频域下输出电压 V_{V2}，如公式(5.7)所示：

$$V_{V2} = \frac{V_{DD}R(C + sC^2R + C_m + 2sC_mRC)}{(1 + sCR)(1 + sCR + 2sC_mR)} \tag{5.7}$$

此后，V_{V2}被转化到时域中，如公式(5.8)所示，值得注意的是下降跳变是从时间$-T_e$开始的，它的时间因子必须是$t+T_e$。

$$V_{V2}(t) = 0.5V_{DD} \times \left(e^{-\frac{t+T_e}{CR}} + e^{-\frac{t+T_e}{RC+2RC_m}} \right) \tag{5.8}$$

最后，输出电压$V_{V1}(t)$和$V_{V2}(t)$相加起来，得到最终的输出电压$V_V(t)$，如公式(5.9)所示：

$$V_V(t) = 0.5V_{DD}\left(e^{-\frac{t}{R(C+2C_m)}} - e^{-\frac{t}{RC}} + e^{-\frac{t+T_e}{CR}} + e^{-\frac{t+T_e}{RC+2RC_m}} \right) \tag{5.9}$$

假设输出信号在时间T采样信号，由于信号提前发送，将侵略线上的采样电压表示成$V_d(T_e)$，如公式(5.10)所示：

$$V_d(T_e) = 0.5V_{DD}\left(e^{-\frac{T}{R(C+2C_m)}} - e^{-\frac{T}{RC}} + e^{-\frac{T+T_e}{CR}} + e^{-\frac{T+T_e}{RC+2RC_m}} \right) \tag{5.10}$$

T_e的下界可定义成最小提前发送时间T_{min}，它使得输出电压在T时刻正好到达电压域值，需要找到T_{min}用于指导错开信号跳变的时间。但是，无法对这个超越方程直接求解，可以用一种近似方法。首先，推导出电压变化的导数，如公式(5.11)所示：

$$V_d'(T_e) = \frac{V_{DD}}{2}\left(-\frac{1}{CR}e^{-\frac{T+T_e}{CR}} - \frac{1}{CR+2RC_m}e^{-\frac{T+T_e}{CR+2RC_m}} \right) \tag{5.11}$$

本导数的值通常是负的，因此输出电压将一直随着T_e的增大而减少。如果T_e与时钟周期T_c一样大，两个信号将被完全分开，这时受害线上的输出电压将在采样时刻T变成了0。因此，一旦反向信号跳变导致了时延变化，这里至少存在一个T_{min}(属于区间$[0, T_c]$)，使得输出电压正好等于电压的域值。

因为信号跳变被轻微的错开，提前发送时间T_e很小，公式中的第三和第四项可以根据泰勒展开式进行展开，用于计算近似的时间T_{min}。为了简化计算过程，这些项被扩展成了线性多项式，公式(5.12)给出了近似的T_{min}。此外，如果公式(5.10)的所有参数可用，那么可以通过数据逼近推算出来一个更加精确的T_{min}。

$$\begin{cases} T_{min} = \dfrac{2CR(C + 2C_m)}{Ck_1 + Ck_2 + 2C_mk_2}\left(k_1 - \dfrac{V_{th}}{V_{DD}} \right) \\ k_1 = e^{-\frac{T}{R(C+2C_m)}}, \quad k_2 = e^{-\frac{T}{RC}} \end{cases} \tag{5.12}$$

　　为了证明如上的公式，可以得到在任意提前时刻 T_e 的采样电压，并且与 HSPICE 的值进行比较。如图 5.8 所示，公式(5.10)中给出的采样电压 $V_d(T_e)$，非常接近 HSPICE 的输出结果，但是稍微大一点。因此从公式(5.10)中得到的 T_{min} 会比 HSPICE 中得到的 T_{min} 的值稍大。而从公式(5.12)中得到的 T_{min}，比 T'_{min} 小，非常接近 HSPICE 的结果，如图 5.8 所示。综上，一旦受害线上信号跳变被错开的时间 T_e 大于 T_{min}，那么由相邻导线上反向信号跳变导致的串扰时延将可以被容忍。

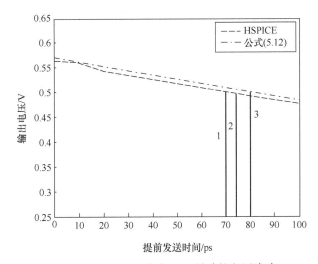

图 5.8　HSPICE 和公式(5.10)导致的电压波动

电压域值是 0.5V，线 1、2、3 分别表示由 HSPICE，公式(5.12)得到的 T_{min}，以及数值逼近得到的 T'_{min}

5.3.2　尖峰故障

　　如果受害线的信号是稳定的 0(1)，它的两个相邻线出现上升(下降)跳变，受害线的尖峰电压将超过阈值电压，可能被接收器捕获，导致串扰尖峰故障。本章节推导出串扰尖峰故障的电压波动，表示当两根相邻侵略线的信号跳变被错开，即一个信号跳变比另一个提前 T_e 时刻，受害线上输出电压的变化情况。这表明，峰值电压也可以通过这种错开信号跳变的方法，来限制它不超过电压域值。

　　串扰尖峰故障发生时，错开信号跳变，可以推导出受害线上的输出电压。图 5.9 给出了电路模型，用于表示三根相邻总线上出现的串扰尖峰故障，其中第二根导线是信号为 0 的受害线，其余的是有跳变的两个侵略线，分别表示成 V1 和 V2。第三根导线上的上升跳变比第一根导线上的上升跳变提前 T_e 出现。当单独的上升跳变发生在第一根导线上，频域下的电路在图 5.9(b)中给出。当上升跳变发生在第三根线上，电路通过插入虚线框(V2)，以及移除 V1 得到。

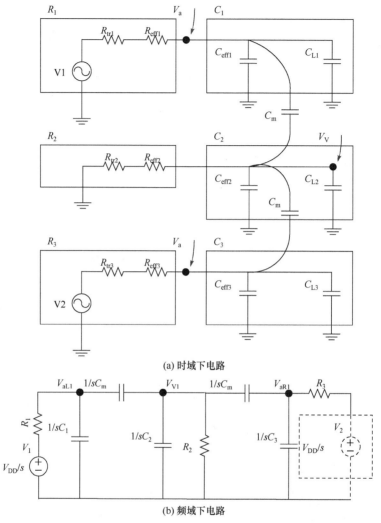

(a) 时域下电路

(b) 频域下电路

图 5.9　用于串扰尖峰故障的三线电路模型

在第一个例子中，对于图 5.9(b)中节点 aL1、V1 和 aR1，建立以下三个公式(5.13)～式(5.15)。

$$\frac{V_{aL1} - \dfrac{V_{DD}}{s}}{R_1} + sC_1V_{aL1} + sC_m(V_{aL1} - V_{V1}) = 0 \tag{5.13}$$

$$sC_m(V_{V1} - V_{aL1}) + sC_2V_{V1} + \frac{V_{V1}}{R_2} + sC_m(V_{V1} - V_{aR1}) = 0 \tag{5.14}$$

$$sC_m(V_{aR1} - V_{V1}) + sC_3V_{aR1} + \frac{V_{aR1}}{R_3} = 0 \tag{5.15}$$

假设 $R_1=R_2=R_3=R$，以及 $C_1=C_2=C_3=C$，频域下 V_{V1} 可以通过公式(5.16)得到：

$$V_{V1} = \frac{V_{DD}RC_m}{(1+sCR)(1+sCR+3sC_mR)} \qquad (5.16)$$

接着，V_{V1} 被转换到时域中，$V_{V1}(t)$ 从公式(5.17)中得到：

$$V_{V1}(t) = \frac{V_{DD}}{3}\left(e^{-\frac{t}{R(C+3C_m)}} - e^{-\frac{t}{RC}} \right) \qquad (5.17)$$

第二种情况，电路几乎一样，因此 $V_{V2}(t)$ 与 $V_{V1}(t)$ 类似，如公式(5.18)所示。但是，输出电压的时间因子是 $t+T_e$。

$$V_{V2}(t) = \frac{V_{DD}}{3}\left(e^{-\frac{t+T_e}{R(C+3C_m)}} - e^{-\frac{t+T_e}{RC}} \right) \qquad (5.18)$$

最后，$V_V(t)$ 是电压 $V_{V1}(t)$ 和 $V_{V2}(t)$ 之和，如公式(5.19)所示：

$$V_V(t) = \frac{V_{DD}}{3}\left(e^{-\frac{t}{R(C+3C_m)}} - e^{-\frac{t}{RC}} + e^{-\frac{t+T_e}{R(C+3C_m)}} - e^{-\frac{t+T_e}{RC}} \right) \qquad (5.19)$$

假设输出信号在时间 T 处采样信号，当提前发送时间 T_e 是变量时，采样电压可以表示成 $V_g(T_e)$，在公式(5.20)中给出：

$$V_g(T_e) = \frac{V_{DD}}{3}\left(e^{-\frac{T}{R(C+3C_m)}} - e^{-\frac{T}{RC}} + e^{-\frac{T+T_e}{R(C+3C_m)}} - e^{-\frac{T+T_e}{RC}} \right) \qquad (5.20)$$

必须求出最小提前时间 T_{min}，来指导错开信号的跳变时间。同样，在寻找 T_{min} 合适的解之前，电压变化的导数在公式(5.21)中给出。

$$V_g'(T_e) = \frac{V_{DD}}{3}\left(\frac{e^{-\frac{T+T_e}{CR}}}{CR} - \frac{e^{-\frac{T+T_e}{CR+3RC_m}}}{CR+3RC_m} \right) \qquad (5.21)$$

导数函数只有在 T_0 时刻才能取值为 0，如公式(5.22)所示；而且它的值在时刻 T_0 之后一直为负。

$$T_0 = \ln\left(1+\frac{3C_m}{C}\right)\frac{RC(C+3C_m)}{3C_m} - T \qquad (5.22)$$

这表明输出电压在时刻 T_0 处达到最大值，然后输出电压的值将随 T_e 的增长而减少。此外，如果 T_e 等于时钟周期 T_c，两根侵略线完全地分开，这时在采样时刻 T，受害线上的输出电压几乎等于 0。因此，如果 T_0 时刻输出电压的值超过了电压阈值，在[T_0，T_c]之间将会有一个合适的 T_{min} 使得输出电压的值小于电压阈值。综上，一旦侵略线上的信号跳变被分开超过 T_{min}，串扰导致的尖峰故障将可以容忍。

5.4　跳变时间调整的规则

如果信号跳变被恰当地错开，那么耦合信号的输出电平也可以被控制在电平阈值之下，进而避免采样错误。同时，由于潜在的串扰故障可以在发送向量前被预测，信号跳变时间可调整的容错方法可被用于处理潜在的串扰故障 L1 和 L2。

5.4.1　潜在时延故障

当发生反向的信号跳变的信号被持续错开时，受害线上的输出电平会逐步地减少，直到耦合效应消失。因此，将某些选定信号的信号跳变时间进行调整可以用于处理潜在的串扰故障 L1。当向量中某些信号被提前发送，而且提前的时间 T_e 不断增加时，输出信号的时延也会逐步减少，直到它的时延最终等于正常时延。为了证实下降信号跳变的时延减少与提前的时间 T_e 之间的关系，我们在商业模拟工具 HSPICE 中建立三位的总线，并且用 Field Solver 进行模拟，导线长度设为 1mm，物理尺寸根据 SMIC 公司 180nm 的工艺库进行设置，输入信号的跳变时间是 0.2ns。假设下降跳变的原始传输时延是由串扰效应导致的最大时延 $T_{1+4\lambda}$，信号跳变时间调整(transition time adjustment, TTA)后的实际传输时间 T_{STTA} 减去提前发送时间 T_e 也逐步减少，如图 5.10 所示，其中时间减少 T_{DR} 等于 $T_{1+4\lambda} - T_{STTA} + T_e$。例如，如果信号提前 80ps 发送，那么时延将减少 37ps；如果信号提前 100ps 发送，那么时延将减少 64ps。在这个系统中，最糟糕时延比正常时延大 41ps，因此，如果提前发送时间 T_e 不少于 100ps，可以容忍或者避免串扰效应导致的时延故障。

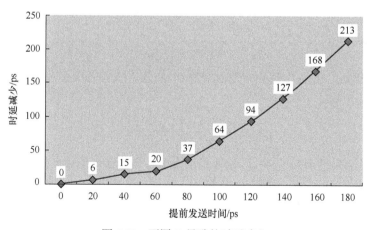

图 5.10　不同 T_e 导致的时延减少

当某个信号被探测到会导致大时延，它的信号跳变时间就应该被提前，这样大的时延将被调整到正常时延。但是，如果多个信号的跳变时间被同时调整，这些信号将会再次相互影响。因此，规则 R1 被设计出来用于针对潜在的串扰故障 L1 进行信号跳变时间的调整。

R1：当两个相邻线出现反向信号跳变时，只有发生下降跳变的信号被提前发射。

第一，由下降跳变信号导致的潜在串扰故障可以通过调整信号跳变时间来妥善处理。第二，由于发生下降跳变的信号已经被提前发送出去了，发生下降跳变信号的线上串扰效应可以被缓解。第三，只有发生下降跳变的信号会被调整，因而发生反向信号跳变的相邻信号不会被同时提前发送，避免了产生新的潜在串扰时延故障。

5.4.2　潜在尖峰故障

当导致串扰尖峰故障的侵略线上信号跳变被错开足够大时，受害线上的尖峰电平也会显著减少，保证正确采样数据。因此，将某些选定信号的信号跳变时间进行调整，可以用于处理潜在的串扰故障 L2。当某根受害线上的信号被提前发送，而且提前的时间 T_e 不断增加时，输出信号的波形会越变越平坦，直到最终被划分成两个小的尖峰。为了证实发生正向尖峰的最大电平与提前的发送时间 T_e 之间的关系，同样使用上个章节的三位总线模型做 SPICE 模拟。如图 5.11 所示，伴随着提前发送时间 T_e 的增长，输出信号的最大电平也将逐步减少。例如，如果受害线的一个侵略者信号线被提前 100ps 发送，那么受害线上的最大尖峰电平将减少 0.03v；如果该信号线被提前 180ps 发送，那么受害线上的最大尖峰电平将减少 0.13v。虽然在这个系统中串扰效应导致的尖峰故障不比电压阈值大，不会在接收端导致一个错误，但是信号跳变时间调整可以减小尖峰电平，从而使噪声减弱。因此，信号跳变时间调整可以容忍尖峰效应，并且提高信号的可靠性。

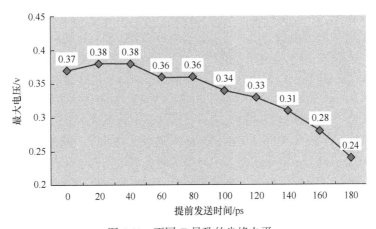

图 5.11　不同 T_e 导致的尖峰电平

如果受害线两边的侵略线被同时提前发送,针对不同受害线的侵略线,它们相邻而且可能会有反向的信号跳变,进而由于串扰效应而相互影响。因此,信号跳变时间调整只作用在受害线相同一侧的侵略线上,用以处理潜在的串扰故障L2,如规则R2所示。

R2:如果中间导线被预测有尖峰缺陷,它上边(左边)的侵略线上的信号需要被提前。

当两条规则同时发生时,被提前的信号不会遭受最糟糕的串扰时延$1+4\lambda$,这是因为当三根导线上的信号都被提前发送,这三个信号跳变不会是信号跳变组合"↓↑↓"或"↑↓↑"。首先,既然中间导线上的信号不会出现潜在的串扰效应L2,那么中间导线上的信号被调整只可能是由于规则R1而不会是规则R2。因此,根据规则R1,中间信号必须是发生了下降信号跳变,进而信号跳变组合不会是"↓↑↓"。第二,假设中间信号发生下降跳变,第一个信号发生上升跳变,第一根导线上的信号被提前发送只能是由于规则R2导致的,而第二根导线的信号不是零电平,这与假设中第二个信号发生下降信号跳变的假设发生冲突。因此信号跳变组合"↑↓↑"也不会出现。但是,发生信号跳变"↓↑"的信号可能会被同时提前。在这种情况下,提前发送时间T_e需要被扩大一些,预留一定的余量来容忍被提前信号上的$1+3\lambda$的时延。

5.5　时序分析与跳变时间调整系统

本节详细介绍信号跳变时间可调整的串扰容错方法的时序约束。因为每个信号必须在接收端寄存器的保持时间内保持不变,一旦提前跳变时间T_e被设置得过大,提前信号可能会影响它的前一个信号。简而言之,如果T_e设置得比$T_{propagation}-T_{hold}$还要大,被提前发送的信号将在前一个信号的保持时间之内到达,导致前一个信号出现错误,其中$T_{propagation}$和T_{hold}为信号的传输时间和保持时间。因此,提前发送时间的最大值T_{max}(T_e的上限)等于$T_{propagation}-T_{hold}$。考虑到5.3节中提前发送时间T_e的下限T_{min},提前发送时间T_e必须在区间$[T_{min}, T_{max}]$之中。

信号跳变时间可调整的容错方法是针对传输时延很大的长互连线,信号只需要轻微地错开,因而这种方法可以轻易地满足以上的约束。此外,为了避免保持时间违例(hold-time violation),在工艺库中的绝大多数寄存器单元的保持时间为负数,这表示信号只需在时钟边沿到来之前的一段时间内保持不变即可。

以SMIC公司的180nm工艺库为例,当1mm长的导线被DFFX4(一种驱动能力很强的寄存器)驱动时,从它的时钟端到输出$Q\uparrow(Q\downarrow)$的本征时延$T_{intrinsic}$是

0.170(0.142)ns，时延与负载的因子负载比是 1.078(0.653) ns/pF。因为驱动的负载电容不小于导线的线电容 0.183pF，在 1.8v, 25°C 的传输时延将大于 0.367(0.261) ns。假设寄存器是由上升时钟边沿触发，DFFX4 的保持时间是−0.039ns。因此，提前发送时间 T_e 小于 0.261−(−0.039)=0.3ns 就可以避免时序违例(timing violation)，前面章节的例子满足这项条件。在更高工艺条件下，长互连线上的时延快速增加，提供了更大时钟余量用于信号跳变时间调整。例如，在 65nm 工艺下线电容被严格限制，商用工艺库中 DFFX4 的时钟余量仍然多于 0.42ns。因此，信号跳变时间可调整的容错方法不会导致时序违例，非常适用于在超深亚微米乃至纳米工艺下片上网络中的长互连线。

为了在片上网络中执行串扰预测和跳变时间调整，可选择的跳变时间调整系统(selected TTA，STTA)被插入到缓存中，如图 5.12 所示，其中缓存的最后一个单元负责在向量发送到通道前保存，而 TTA 就工作在这个单元上。

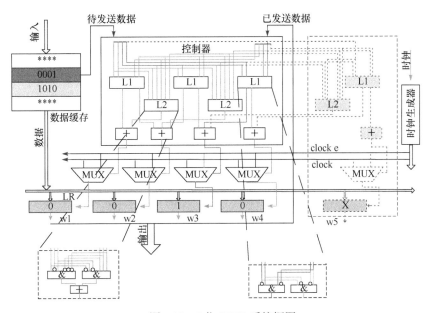

图 5.12 4 位 STTA 系统框图

图 5.12 给出了一个 4 位 STTA 系统的框图，它包含了时钟生成器和一个控制器。首先，时钟生成器可以产生用于跳变时间调整的相位提前的时钟信号，而不是运用新的时钟信号。它的原理是在时钟线上插入偶数个反相器可以产生一个相位延迟的时钟信号，如果再插入一个反相器，时钟翻转，一个相位提前的时钟信号就产生了，如图 5.13 所示。为了容忍工艺偏差，时钟生成器的反相器链[22]提供一项配置能力，它可以调整反相器链的位置产生恰当的提早时钟，这个时钟比系

统正常时钟提早 T_e，其中 MUX 单元是一个简单的多路选择器，它提供四种配置能力，由两位控制信号(op_1,op_2)控制。最后，T_e 等于半个时钟周期减去反相器链被配置部分反相器的时延总和。假设时钟周期是 500ps，而每个反相器时延是50ps，MUX 的控制信号是"01"，时钟相位可以被提前 100ps。这是因为这时三个反相器被插入时钟线，时钟被提前 500÷2–50×3 ps(100ps)。

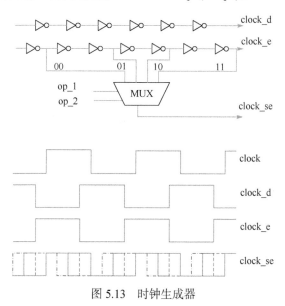

图 5.13　时钟生成器

控制器通过头指针读入将发射的向量，以及通过尾指针读入前一个向量。接着，控制器通过元件 L1 和 L2 分析潜在的串扰故障，其中元件 L1 和 L2 是根据潜在串扰 L1 和 L2 设计的。分析结果根据调整规则 R1 和 R2，被分配到四个或门上。最后，缓存最后单元的 MUX 组被用于跳变时间调整。当或门输出有效时，提早的时钟就被用于缓存最后单元的对应位，该位的信号跳变时间就被调整了，该位信号被提前发到片上网络的通道中。

　　例如，在图 5.13 中，向量"0001"和"1010"被存储在缓存中，向量"0001"将发送到通道中，而向量"0010"已经发送到通道中但是依然存储在最后单元里。控制器分析向量"0010"和"0001"，第三个 L1 单元有效；它表明向量"0001"最后两位包含反向信号跳变，而且第三位是下降跳变。根据规则 R1，第三位信号需要提前发出，这样第三个或门输出信号 1。最后单元的第三位运用了提早时钟，它的信号被提前发出，如图 5.14 所示。当向量"0001"发送到通道里并且保存到最后单元后，控制器分析向量"0001"和"1010"，发现向量的第四位存在潜在串扰 L1，向量的第二位存在潜在串扰 L2，这样第三个 L1 和第一个 L2 有效。根据规则 R1，第四位信号需要提前发送；同时根据规则 R2 第一位信号也需要提前发送。因此，第一个和第四个或门输出信号 1，第一和第四位信号被提前发送出去，如图 5.14 所示。

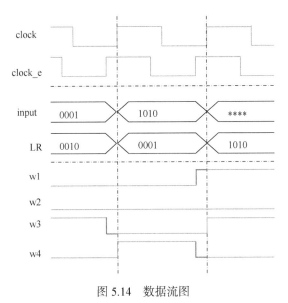

图 5.14 数据流图

STTA 系统可以通过为新导线线性增加 L1 和 L2 单元，扩展到更大的数据总线上，如图 5.12 所示。例如，如果数据的位数从 4 增加到 5，图 5.12 右边折线框中的部件被添加到 STTA 系统中，由于第五根导线的潜在串扰 L1 而引入一个 L1 元件，因为第四根导线可能出现潜在串扰 L2 而引入一个 L2 元件。因此，每添加一根新导线需要增加一个 L1 和 L2 单元。此外，控制器的导线都是本地的短线，而且导线的数目是随总线宽度线性增长的，因此控制器不会由于总线数目增长而出现拥塞的问题。综上，STTA 系统可以简单地扩展到大数据宽度的总线中。

5.6 实验环境搭建与结果分析

为了评估不同方法的性能和面积开销，本节设计了一个实验流程，采用一些商业工具以及 SMIC 公司 180nm 工艺库，如图 5.15 所示。这个实验流程包含 4 个主要的步骤。

(1) 首先准备好不同方法的 RTL 网表，其中，所有串扰避免编码的映射逻辑通过开源工具 mvsis 进行优化。

(2) 利用 Synopsys 公司的商业工具 Design Compiler 进行综合，并且报告额外电路关键通路上的时延，例如 CAC 编码的编解码器。

(3) 综合后的网表被载入到布线工具 Astro 中，通过工具中的 Astro Interactive Ultra 总线被布线在第二层金属层上。布线后，工具产生 SPICE 文件和版图 GDSII 文件，其中 SPICE 文件包含总线的线电阻以及线电容。

(4) 版图文件 GDSII 通过一定变换后，加载到参数抽取工具 Star_RCXT 中，用于抽取导线之间的耦合电容。

最后，为了针对不同的情况收集物理参数，总线的位数和导线的长度都是可以调整的，然后循环地执行前面的步骤。最后，得到所有的物理参数，用以评估不同方法的性能和开销。

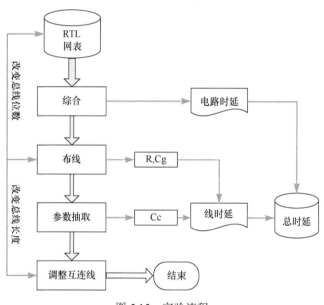

图 5.15   实验流程

5.6.1   时延性能

在本小节中，详细地分析各种方法的信号传递的总时延 T_{total}，它包含线时延 T_{wire} 以及额外电路上的路径时延 T_{path}，如公式(5.23)所示。

$$T_{\text{total}} = T_{\text{wire}} + T_{\text{path}} \tag{5.23}$$

$$T_{\text{wire}} = 0.7 R_{\text{drv}}(C_{\text{drv}} + C_g + \mu_i \times 2C_m) + \\ R(0.7C_{\text{drv}} + 0.4C_g + \lambda_i \times C_m) \tag{5.24}$$

对于公式(5.24)中的线时延 T_{wire}[23]，它不仅取决于物理参数，例如线电阻 R、

线电容 C_g，以及相邻导线之间的耦合电容 C_m，同时还取决于翻转向量，以 λ_i 和 μ_i 表示，是从电路分析器 SPECTRE [23] 中抽取出来的，其取值如表 5.2 所示。假设时钟周期等于最糟糕情况下的时延，对于原始总线 λ_i 和 μ_i 的值被设置成 1.51 和 2.20。对于屏蔽线方法，双轨编码，时延上限是 $1+2\lambda$ 的串扰避免编码，以及信号跳变时间可调整的容错方法，由于这些方法避免或容忍翻转向量 1 和向量 2，λ_i 和 μ_i 的值被设置成 0.57 和 0.65。对于可变时钟方法，任意可能情况下的 λ_i 和 μ_i 的值被加起来，它们的平均值被用作比较。此外，实验中还考虑了驱动强度 R_{drv} 和负载电容 C_{drv}，它们分别被设置成 3kΩ 和 100fF[23]。

表 5.2 不同翻转向量导致的 λ_i 和 μ_i 的值

向量组	时延	翻转向量	λ_i	μ_i
1	$1+4\lambda$	↑↓↑, ↓↑↓	1.51	2.20
2	$1+3\lambda$	−↓↑, ↑↓−, −↑↓, ↓↑−	1.13	1.50
3	$1+2\lambda$	−↓−, −↑−, ↓↓↑, ↑↓↓, ↑↑↓, ↓↑↑	0.57	0.65
4	$1+\lambda$	↓↓−, −↓↓, ↑↑−, −↑↑	N/A	N/A
5	1	↑↑↑, ↓↓↓	0	0

总线的总体时延依赖于待发送的向量以及物理参数，因而每种方法的性能都要根据总线的数据位数以及导线的长度来评估。首先，对于不同数据位数的每种方法评估它们的时延变化，其中线的长度是 1mm，线的间距是固定值(0.28μm)。如图 5.16 所示，无论总线的位数如何增长，信号跳变时间可调整容错方法 STTA 的总体时延一直保持在最低的水平(与采用屏蔽线的方法相同)。这是因为 STTA 系统不会引入任何额外的时延，而且长互连线上的大时延都可以通过信号跳变时间可调整的方法进行控制。与原始总线相比，STTA 方法的总线可以提速将近 40%，因此它对减少长互连线的时延非常有效。对于可变时钟方法，随着总线位数的增加，它的平均时延快速增加，例如对于 4 位总线可变时钟方法的时延甚至比 STTA 方法的时延还要低；对于 9 位总线可变时钟方法的时延远远大于 STTA 方法的时延。这是因为可变时钟方法需要根据向量上各位最大的时钟周期来确定系统的时钟，但是导致最糟糕时延的比例随着总线位数的递增而不断加大。例如，当总线位数是 4 时，仅有 5.5% 的向量将以最大的时钟进行传输，但是当总线数目增大到 9 时，这个比例立即上升到 16.6%。更进一步，这种比例随着总线位数的递增仍将

进一步升高。对于双轨编码以及串扰避免编码，虽然它们可以通过禁止导致较大时延的信号跳变，控制总线上的时延，但是总时延仍然随着总线宽度的递增不断增大。原因是它们都需要编解码器，这些额外电路引入了额外的时延。如图 5.16 所示，由于在 180nm 工艺下逻辑电路的时延较大，双轨编码与串扰避免编码的时延甚至超过原始导线的时延。但是，因为随着集成电路特征尺寸的变小，逻辑单元的时延不断收缩相反互连线的时延不断增大，在更先进工艺下，比如 45nm 工艺下，编解码的逻辑时延仅占互连线整体时延中非常少的一部分。因此，无论是双轨编码或者是串扰避免编码仍然适用于减少原始总线上由串扰效应导致的时延。

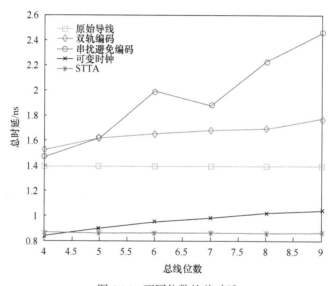

图 5.16　不同位数的总时延

为了评估各种方法的总时延与不同总线长度之间的关系，数据位数被设置成 8，导线的长度从 1mm 增长到 3mm。在这种情况下，耦合电容 C_m 和线电容 C_g 都快速增长，导致更加严重的串扰效应。如图 5.17 所示，STTA 方法、双轨编码，以及串扰避免编码的时延缓慢增加，这是因为这些方法有效地限制了总线上导致较大时延的信号跳变。但是，可变时钟方法和原始总线的时延快速增长。因此，对于超长互连线，限制导致大时延的信号跳变更加可取。在图 5.17 中，表示 STTA 方法时延的曲线从一个非常低的点开始，然后缓慢地增加。根据先前的两个图片，STTA 方法的总体时延要远小于其他方法，因此 STTA 方法是一种最佳的容忍长互连线上的串扰时延效应的方法。

为了展示通过 STTA 方法调整后的输出信号，将物理参数载入由 HSPICE 中 U 模型生成的 4 位总线中。当向量对 $\langle 0101,1010 \rangle$ 被载入这个模型，图 5.18 展示

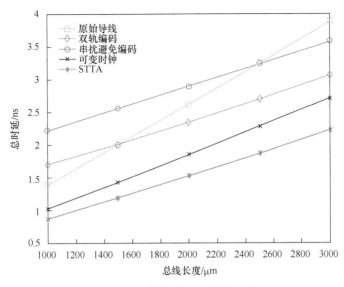

图 5.17　不同总线长度的总时延

了在 STTA 调整前以及 STTA 调整后这些信号的输出波形,其中下降信号跳变的正常时延被作为参照。第一个实验采用了 SMIC 公司的 180nm 工艺文件,输出结果如图 5.18(a)所示,与在第二根信号上的原始大时延相比,采用 STTA 方法后,时延显著减少。尽管这时不调整第三根信号上的跳变时间,但其相邻导线上进行了跳变时间的调整,仍然可以缓解串扰效应在第三根信号上导致的时延增加。

为了证实该方法的可扩展性,采用包含全局总线在 65nm 工艺下的物理参数文件做第二组实验。当实验中使用向量对⟨0101, 1010⟩时,STTA 方法仍然可以成功地容忍串扰效应导致的时延故障。同时,由于第二根导线上信号的耦合效应比之前采用 SMIC 公司的 180nm 工艺库的实验更加严重,因而输出信号串扰效应更加显著,如图 5.18(b)所示。在 65nm 工艺库下,尽管在全局总线上采用低介电常数的

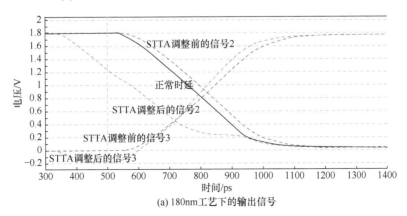

(a) 180nm工艺下的输出信号

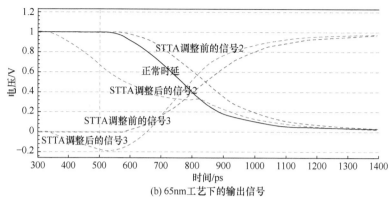

(b) 65nm 工艺下的输出信号

图 5.18　STTA 输出波形

材料，仍然比从 180nm 工艺下第二金属层中抽取的耦合电容要大一倍，这导致了更加严重的耦合效应。由于 65nm 工艺下全局总线的其他物理参数接近于 180nm 工艺下第二金属层的工艺参数，在第一个实验中 T_e 有一些时间余量，因而在 65nm 工艺下，第二个实验可以不增加 T_e 就能处理潜在的串扰故障。综上，STTA 可以有效地处理串扰效应导致的时延故障，而且可以应用于更先进的工艺节点。

5.6.2　面积开销

在本小节中，详尽地分析各种方法的面积开销，包括额外电路的面积开销和总线的面积开销。首先，额外电路的面积开销，例如，双轨编码的编解码器，可变时钟方法中 X 分析器，以及 STTA 方法中的控制器，都在图 5.19 中列出来。其

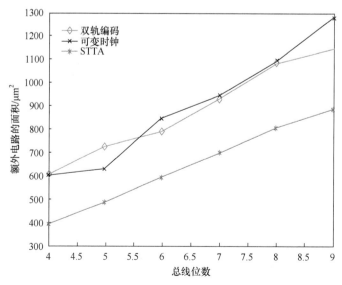

图 5.19　额外电路在不同总线位数时的面积

中，STTA 方法比其他方法需要更少的面积开销。当双轨编码被采用时，编解码器上的路径时延必须被限制来减少整体时延；这样导致编解码器变大而需要更大的面积开销。与可变时钟方法的 X 分析器相比较，STTA 方法只需要考虑最简单的两种情况 L1 和 L2，而不是需要区分向量中每位的时延类型，同时信号跳变时间调整的规则 R1 和 R2 也非常简单。因此，尽管 STTA 方法同时处理了串扰导致尖峰和时延，与 X 分析器相比，它仍可以节省 28.6%单元面积。

　　接着，随着数据位数的增加，每种方法的总体面积展示在图 5.20 中。因为串扰避免编码方法的面积开销是其他方法的数倍，因而它的面积开销没有在图 5.20 中列出来。从对比中可以得出以下分析结果。第一，STTA 方法是唯一的一种不需要额外导线的方法，而且它的额外电路非常简单，因而 STTA 方法额外电路的面积开销最小。与原始总线相比，它仅添加了相当于原始电路面积 17.6%的额外面积开销。第二，可变时钟方法需要一个串扰分析器，为每位导线增加额外的两个寄存器，以及额外的两根导线(信号线 ready_in 用于同步，而另一根用于保护它)。因而，它需要更多的面积开销。第三，屏蔽线方法与双轨编码方法需要等于原始总线两倍的导线，因而它们的面积开销非常大。最后，图 5.21 展示了当导线长度递增时总面积的变化。随着导线长度的递增，表示 STTA 总面积的曲线持续地接近原始总线面积的曲线，最终这两个几乎重合。但是，表示屏蔽线方法和双轨编码方法总面积的曲线，随着导线长度的递增，迅速递增，若将它们应用于超长总线，面积开销将成为一个严重的问题。根据图 5.19～图 5.21 的内容，STTA 方法比其他两种方法消耗了更少

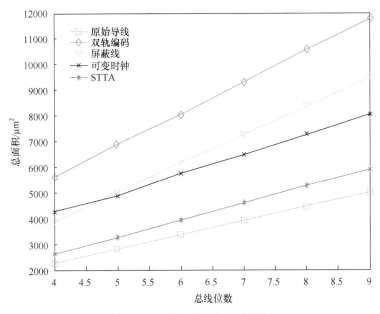

图 5.20　不同总线位数的总面积

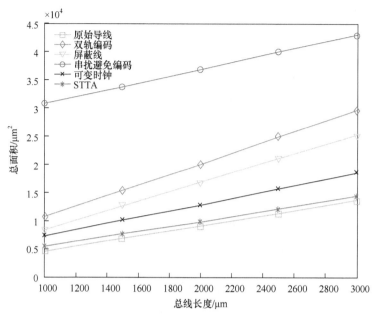

图 5.21　不同总线长度的总面积

的面积开销,尤其适用于超长总线。综上,当容忍互连线上的串扰效应时,使用 STTA 方法能显著地减少面积开销。

5.6.3　功耗开销

在本小节中详细分析各种方法的功耗开销,包括互连线上和额外电路上的功耗。对于互连线部分,STTA 方法的功耗不会高于原始总线的功耗,这是因为它并不需要额外的导线,也不会引入新的信号跳变。更进一步,相邻导线上的反向信号跳变被错开时,可以减少尖峰功耗消耗。

对于不同方法中额外电路,它们的功耗消耗可以通过商业工具(design compiler)在综合过程中报告出来。该工具自动地采用一个默认的激励文件(输入向量),这个文件中信号的翻转率(每个时间片信号的翻转次数)是固定的。通过这种方法,可以得到额外电路每个时钟的粗略的功耗。图 5.22 给出了当总线位数从 4 增加到 9 时,额外电路的动态功耗。因为 STTA 方法的额外电路结构最简单,所以它仅消耗大约其他两种方法三分之一的功耗。对于双轨编码方法,由于需要约束时延,它的编解码器面积较大,导致功耗消耗也比较大。可变时钟方法需要大量额外的寄存器用于存储输入向量,而且为分配时钟周期而设计的串扰分析器结构比较复杂,以致这种方法引入了大量的功耗开销。最后,CAC 方法消耗了最多的功耗,而且它的功耗太大以致不能够在图 5.22 展示出来。

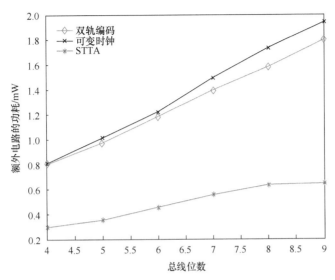

图 5.22　额外电路在不同总线位数时的功耗开销

5.6.4　总体性能

在本节中，现有方法的总时延、总面积，以及额外电路上的功耗开销如表 5.3 所示，其中总线位数是 32 位，总线长度是 1mm，采用了 180nm 的工艺。此外，另一组在 65nm 工艺条件下得到的数据被用于验证该方法的可扩展性。由于直接运用串扰避免编码时，编解码器的面积开销是巨大，采用一种重叠 CAC 编码——禁止向量重叠码(forbidden pattern overlapping code, FPOC)[15]来编码 32 位总线。这种编码将 32 位总线划分成多个组，分别采用 CAC 编码，它们的边界相互重叠，这样就可以采用面积开销较小的 CAC 编解码器为给定位数的总线编码。STTA 方法可以同时处理串扰效应导致的时延和尖峰故障，它是唯一的一种不需要额外的导线的方法。如表 5.3 所示，它可以比原始总线少近 40%的时延开销，但是仅需要 19.1% 的面积开销。与双轨编码、串扰避免编码，以及可变时钟方法相比，STTA 可以达到更多的总线速度提升，从 30.9% (92.8%–61.9%)到 95.7% (157.6%–61.9%)，以及更少的面积开销，从 25.3% (144.4%–119.1%) 到 107% (226.1%–119.1%)。此外，STTA 方法的电路功耗仅是双轨编码的 33.4%，可变时钟方法的 33.6%，以及串扰避免编码的 25.4%。因此，STTA 可以有效地容忍长互连线上的串扰效应。

在更先进的 65nm 工艺下，各种容错设计的额外电路的面积开销将远少于全局总线的面积开销，而且这些电路的时延显著减少。因而，在先进工艺下，采用额外电路的串扰容忍方法，例如采用串扰避免编码和 STTA 方法，比采用屏蔽线的容错方法需要更少的面积开销，但是性能却非常接近。当这些方法被用于 65nm 工艺下全局总线时，STTA 方法可以减少原始总线上近 48.4%的时延，但是只增加了 2% 的面积开销，如表 5.4 所示。综上，由于 STTA 方法可以显著地减少屏蔽线方法的面积开销，非常适用于在未来的片上网络中取代屏蔽线的方法。

表 5.3　180nm 工艺下各种方法的总时延，总面积以及额外电路的功耗

方法	总线位数	额外电路功耗/mW	总时延/ns			总面积/μm²		
			路径	总线	合计	电路	总线	合计
原始总线	32	–	0	1.39	1.39	0	17920	17920
双轨编码	65	6.95	1.33	0.86	2.19	4124	36400	40524
屏蔽线	63	–	0	0.86	0.86	0	35280	35280
CAC	52	9.15	0.75	0.86	1.61	10182	29120	39302
可变时钟	34	6.91	0	1.29	1.29	6832	19040	25872
STTA	32	2.32	0	0.86	0.86	3420	17920	21340

表 5.4　65nm 工艺下各种方法的总时延，总面积以及额外电路的功耗

方法	额外电路功耗/mW	总时延/ns			总面积/μm²		
		路径	总线	合计	电路	总线	合计
原始总线	–	0	1.88	1.88	0	26880	26880
双轨编码	203.6	0.51	0.97	1.48	699	54600	55299
屏蔽线	–	0	0.97	0.97	0	52920	52920
CAC	220.2	0.25	0.97	1.22	1243	43680	44923
可变时钟	141.1	0	1.61	1.61	956	28560	29516
STTA	77.4	0	0.97	0.97	530	26880	27410

5.7　本 章 小 结

随着集成电路工艺的进步，总线 RC 时延成为制约处理器性能的关键因素。同时，电路中寄生元件作用日益显著，导致严重的串扰效应，使得实际总线的时延是 RC 时延的数倍，因此非常有必要对总线的串扰效应开展容错设计。总线的串扰效应主要由相邻向量的信号跳变决定，因而串扰效应可以通过限制或错开信号跳变来容忍。另一方面，当前芯片中不断增长的失效主要是由串扰等边界问题导致，专门针对串扰效应研究测试和容错方法已经必不可少。

本章提出了一种基于信号跳变时间可调整的串扰容忍方法 STTA，利用片上网络的存储转发机制，预测串扰效应可能导致的故障，并进行串扰故障避免设计。

首先，该方法验证了将部分信号提前发射、错开导致串扰错误的信号跳变，可以有效地容忍串扰缺陷。然后，该方法提取了两项可能导致串扰故障的关键情况，称为潜在串扰，并为它们设计了两种容错规则。最后，基于该方法设计了 STTA 容错系统，可以极低的面积开销容忍片上网络中的串扰效应。

在长互连线上的实验结果表明 STTA 方法可以达到与在相邻线之间插入额外屏蔽线一样的总线时延减少的效果，但是该方法不需要任何额外的导线。而且该方法的面积开销仅是原始总线系统的 19%，与以往用于总线上串扰容忍方法相比，例如双轨编码、串扰避免编码，以及可变时钟方法，STTA 方法带来超过 31%的速度提升，超过 25%的面积开销减少。该方法的有效性说明，借用片上网络相应特征容忍串扰效应，可以比直接将总线的串扰容忍方法用于片上网络更加有效。

作者在片上网络高可靠设计和互连线串扰测试方面的其他研究工作见文献 [24]～[29]。

参 考 文 献

[1] 张颖. 针对总线串扰效应的容错设计与测试 [D]. 北京: 中国科学院大学, 2011.

[2] Zhang Y, Li H W, Min Y H, et al. Selected transition time adjustment for tolerating crosstalk effects on network-on-chip interconnects [J]. IEEE Transactions on Very Large Scale Integration (VLSI) Systems, 2011, 19 (10): 1787-1800.

[3] Zhang Y, Li H W, Li X W, et al. Codeword selection for crosstalk avoidance and error correction on interconnects [C]//Proceedings of the IEEE VLSI Test Symposium, San Diego, 2008: 377-382.

[4] Zhang Y, Li H W, Li X W. Selected crosstalk avoidance code for reliable network-on-chip [J]. Computer Science and Technology, 2009, 24 (6): 1074-1085.

[5] Zhang Y, Li H W, Li X W. Reliable network-on-chip router for crosstalk and soft error tolerance [C]//Proceedings of the IEEE Asian Test Symposium, Sapporo, 2008: 438-443.

[6] Cho D H, Eo Y S, Seung M H, et al. Interconnect capacitance, crosstalk, and signal delay for 0.35 μm CMOS technology [C]//Proceedings of the Technical Digest of International Electron Devices Meeting, San Francisco, 1997: 619-622.

[7] Nordholz P, Treytnar D, Otterstedt J, et al. Signal integrity problems in deep submicron arising from interconnects between cores [C]//Proceedings of the IEEE VLSI Test Symposium, Monterey, 1998: 28-33.

[8] Shepard K L. Design methodologies for noise in digital integrated circuits [C]//Proceedings of the IEEE/ACM Design Automation Conference, San Francisco, 1998: 94-99.

[9] Chen W, Breuer M, Gupta S. Analytic models for crosstalk delay and pulse analysis under non-ideal inputs [C]//Proceedings of the IEEE International Test Conference, Washington D. C., 1997: 809-818.

[10] Cuviello M, Dey S, Bai X, et al. Fault modeling and simulation for crosstalk in system-on-chipinterconnects [C]//Proceedings of the IEEE/ACM International Conference on Computer-

Aided Design, San Jose, 1999: 297-303.

[11] Sotiriadis P P, Chandrakasan A. Reducing bus delay in submicron technology using coding [C]//Proceedings of the Asia and South Pacific Design Automation Conference, Yokohama, 2001: 109-114.

[12] Godwin M. International technology roadmap for semiconductors[R]. Makuhara: Semiconductor Industry Association, 2007.

[13] Rossi D, Cavallotti S, Metra C. Error correcting codes for crosstalk effect minimization [C]//Proceedings of the IEEE Symposium on Defect and Fault Tolerance in VLSI Systems, Boston, 2003: 257-264.

[14] Victor B, Keutzer K. Bus encoding to prevent crosstalk delay [C]//Proceedings of the IEEE/ACM International Conference on Computer Aided Design, San Jose, 2001: 57-63.

[15] Sridhara S R, Ahmed A, Shanbhag N R. Area and energy-efficient crosstalk avoidance codes for on-chip buses [C]//Proceedings of the IEEE International Conference on Computer Design, San Jose, 2004: 12-17.

[16] Li L, Narayanan V, Kandemir M, et al. A crosstalk aware interconnect with variable cycle transmission [C]//Proceedings of the IEEE Design, Automation, and Test in Europe Conference and Exhibition, Paris, 2004: 102-107.

[17] Dally W, Towles B. Route packets, not wires: On-chip interconnection networks [C]//Proceedings of the IEEE/ACM Design Automation Conference, Las Vegas, 2001: 684-689.

[18] Navabi Z. VHDL: Analysis and Modeling of Digital Systems [M]. New York: McGraw-Hill, 1993.

[19] Yu H, He L. Staggered twisted-bundle interconnect for crosstalk and delay reduction [C]//Proceedings of the IEEE International Symposium on Quality Electronic Design, San Jose, 2005: 682-687.

[20] Yu H, He L, Chang M-C F. Robust on-chip signaling by staggered and twisted bundle [J]. IEEE Design & Test of Computers, 2009, 26 (5): 92-104.

[21] Eo Y, Eisenstadt W R, Jeong J Y, et al. A new on-chip interconnect crosstalk model and experimental verification for CMOS VLSI circuit design [J]. IEEE Transactions on Electron Devices, 2000, 47 (1): 129-140.

[22] Sunter S, Roy A. BIST for phase-locked loops in digital applications [C]//Proceedings of the IEEE International Test Conference, Atlantic, 1999: 532-540.

[23] Pamunuwa D, Zheng L R, Tenhunen H. Maximizing throughput over parallel wire structures in the deep submicrometer regime [J]. IEEE Transactions on Very Large Scale Integration (VLSI) Systems, 2003, 11 (2): 224-243.

[24] Li H W, Shen P, Li X W. Robust test generation for precise crosstalk-induced path delay faults [C]//Proceedings of the IEEE VLSI Test Symposium, Berkeley, 2006: 300-305.

[25] Li H W, Li X W. Selection of crosstalk-induced faults in enhanced delay test [J]. Journal of Electronic Testing: Theory and Applications, 2005, 21 (2): 181-195.

[26] Zhang M, Li H W, Li X W. Path delay test generation toward activation of worst case coupling effects [J]. IEEE Transactions on Very Large Scale Integration (VLSI) Systems, 2011, 19 (11): 1969-1982.

[27] Zhang L, Han Y H, Xu Q, et al. On topology reconfiguration for defect-tolerant NoC-based homogeneous manycore systems [J]. IEEE Transactions on Very Large Scale Integration (VLSI) Systems, 2009, 17 (9): 1173-1186.

[28] Fu B Z, Han Y H, Li H W, et al. ZoneDefense: A fault-tolerant routing for 2D meshes without virtual channels [J]. IEEE Transactions on Very Large Scale Integration (VLSI) Systems, 2014, 22 (1): 113-126.

[29] Zhou J, Li H W, Wang T, et al. LOFT: A low-overhead fault-tolerant routing scheme for 3D NoCs [J]. Integration, 2016, 52 (1): 41-50.

第 6 章 多核处理器内存系统的低功耗设计

多核处理器的内存系统对于提高多核处理器性能与可扩展性有重要作用。随着集成电路芯片规模的增长和工艺的细化，内存系统面临着诸多挑战，如芯片可靠性、芯片功耗等方面的挑战。一方面，可靠性问题影响整个多核处理器片上缓存或片上互连的工作稳定性，而三维集成新工艺和近阈值计算新模型又使得这一问题更为严重。另一方面，多核处理器系统的能耗问题通常与可靠性问题息息相关，为了保障芯片在功耗限制下稳定工作的能力，多核处理器需要多角度的低功耗技术支持，以减少系统能耗，其中，作为多核处理器系统能耗的重要源头，内存系统特别是主存能效水平直接关系到多核处理器的系统级能效水平，高能效的主存设计技术对于高可靠、低功耗的计算系统非常重要。

本章提出了一种采用硅基光通信互连的 DRAM 主存架构。通过分析传统电连接 DRAM 内存组织形式的特点，发现了在光通信的背景下，DRAM 带宽利用率低下的关键原因，即 DRAM 本身受限于芯片引脚数目的访存机制。针对传统架构的特点，首先，本章提出采用光通信的密集波分复用(dense wavelength division multiplexing, DWDM)技术增大主存互连的位宽，并且通过波长互不干扰的特性使得主存芯片具有独立响应请求的能力。其次，本章提出了超块预取方案，通过多波长并行数据传输，将 DRAM 访存操作中激活的整行数据页通过波分复用一次性传输到片上，从而提高访存局部性以及动态能耗的利用率。最后，本章提出了基于波长分配的页折叠方法，根据并发应用的不同访存特性，结合数据映射，将不同程序的工作集在内存芯片中隔离开来，并且根据波长分配使得不同应用都具备最优的数据预取尺寸。实验采用全系统模拟器仿真主存系统性能，在真实基准程序应用下，硅基光通信内存相比传统电连接内存，平均减少了 69%的多核处理器缓存缺失，并且提升缓存体激活能量利用率 69%以上，有利于内存系统能效提升。本章内容源自作者研究成果[1,2]。

6.1 内存系统低功耗技术概述

DRAM 主存的发展主要集中在存储密度的提升以及访存协议的改进上，双倍数据率(double data rate，DDR)，该访存协议利用时钟双边沿提升数据传输率，JEDEC 组织不断提出新的 DDR 协议标准，使得 DDR2、DDR3 甚至 DDR4 具有更高的时钟频率与数据猝发长度，从而提高 DDR×DRAM 主存的数据带宽。

作为 JEDEC 标准的双列直插式存储模块(dual-inline memory modules, DIMM)，一个内存通道有一条 64 bit 的数据总线，17 bit 的行/列总线以及 8 bit 的命令总线，主存控制器通过该通道可以访问一个或多主存 DIMM，每一个 DIMM 一般包含多个内存体(rank)，每一个内存体由多个 DRAM 芯片组成，通常被称为内存体集。每次一个访存请求都会激活整个内存体集，即激活多个 DRAM 芯片，当内存控制器在不同的内存体之间进行切换的时候，需要对电信号总线进行信号终止(termination)，会引起几个周期的额外访存延迟与动态功耗。

多核处理器系统功耗的很大一部分都消耗在内存系统上，而内存系统的功耗绝大部分都来自主存，优化主存的功耗对系统能效至关重要。主存的功耗可以分为几个重要组成部分：内存控制器功耗、背景功耗与动态功耗。分析它们对内存功耗的影响，对内存功耗优化技术非常重要。

背景功耗的产生和访存活动无关，它主要来源于主存外围电路、晶体管漏电以及刷新功耗，其中刷新功耗是由 DRAM 存储单元采用电容存储电荷来表示数据内容而导致的，这部分电荷由于存储电路漏电通路的存在，需要周期性地通过刷新操作来补偿漏电电荷，从而保持数据的正确性。外围电路的静态功耗则主要来源于读写电路、地址译码器、灵敏放大器以及锁相环/寄存器等模块漏电。DRAM 背景功耗对系统功耗的贡献很大，许多优化技术可以减少 DRAM 内存的背景功耗，典型的背景功耗控制技术通常通过寻求有效的控制算法来及时将 DRAM 切换到非活跃态以节省背景能耗。研究者提出了各种预测模型来预测 DRAM 的活动规律，从而能够提前将 DRAM 切换到待机状态。

动态功耗主要是由访存活动产生的，其中包括存储阵列的激活(activation)与预充(pre-charge)操作，以及将数据从存储阵列搬运到行缓存(row-buffer)的读写功耗，此外，将数据从主存模块通过总线通道传输还需要消耗信号终止功耗，这是由于一个通道包含多个内存体，在开始数据传输之前需要终止来自共享通道的其他内存体的电信号。也有定义认为这三部分动态功耗包含了一定的背景功耗。

6.1.1　片上缓存与内存控制器

动态频率调整被广泛运用到低功耗处理器中，一些研究人员也将该技术在内存系统进行尝试。如 Decoupled DIMMs 支持将 DRAM 器件设计在低频工作点，从而减少主存内耗[3]，Memscale 支持动态电压频率调节，操作系统根据应用特点将内存控制器、内存通道以及主存芯片动态设置成不同工作频率，不仅能够有效地减小内存控制器的功耗，还能有效减少一部分内存总线与主存芯片的功耗。Memscale 的电压频率调整算法可以用来实时确定主存的最佳工作点。

6.1.2　动态功耗优化

为了优化主存动态功耗，研究者提出根据多核处理器的特点：访存冲突多、局部性差、并发度高等，改变现有的主存设计方法。一类技术希望通过减少访存请求激活的主存芯片数量来达到这个效果，这类技术被称作 Rank-Subsetting。

最早，Zheng 等提出的 Mini-Rank 设计将整个 DRAM 内存体划分为多个更小的 Mini-Rank[4]，而这些 Mini-Rrank 仅包含 DRAM 主存芯片的一个子集。图 6.1 中显示包含 8 个主存芯片的 Mini-Rank 与 Mini-Rank 缓存的设计，其中 DRAM 芯片直接接受来自 DDR×总线的大部分命令与控制信号，而所有的数据连接都经过 MRB(mini-rank buffer)，MRB 的作用就是作为存储芯片与总线的数据中继点，并且产生相应的选通信号发送到对应的 DRAM 芯片，DRAM 芯片与 MRB 之间有数据连接用来读取 DRAM 芯片中的数据到缓存，最后通过拼接，放置到总线上进行传输。该 DIMM 被分成两个×32 的 Mini-Rank，每个 Mini-Rank 拥有 4 个存储器件，每个存储器件有 8 bit 的数据引脚，整个 Mini-Rank 只有 32 bit 的数据连线到 MRB，因此需要更长猝发长度将一整块缓存块读取到 MRB 中。

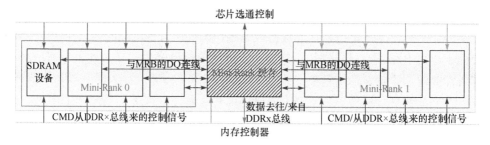

图 6.1　Mini-Rank 的组织结构[4]

Udipi 等提出了两种区别于传统 DDR×SDRAM 主存设计界面的 Rank-Subsetting 架构：SBA(selective bitline activation)以及 SSA(single subarray access)。SBA 通过延迟激活信号，使其等候行地址信号(row address signal，RAS)与列地址信号(column address signal，CAS)到达之后，才开始激活请求目标缓存块对应的字线，从而减少访存请求的激活范围，这种方法能够以很小的性能代价大幅度减少激活功耗。SSA 彻底改变 DRAM 存储阵列的数据映射方式，使得一块连续的缓存块，被放置到一个次级阵列(subarray)中去，同样达到减少访存请求激活数据范围的效果[5]。SSA 与 SBA 都需要大幅度修改主存组织方式，是一种比较激进的设计方法。除此之外，其他的研究人员试图采用一些更保守的设计方法，例如，Multicore DIMMs 通过对 DIMM 本身进行修改，避免了对存储芯片的重新设计，该方法在 DIMM 上组织其中一小部分主存芯片构成一个虚拟存储器件(virtual memory device，VMD)，每一个 VMD 对应着物理通道的一部分，这部分物理通道子集被称为逻辑总线，也就是说一个 DIMM 上有几个 VMD，它所连接物理通道就被划分为几条逻辑总线，因此它需要为每一个内存体设置一个 DEMUX 寄存器用来将总线请求输送到正确的 VMD，每一个 VMD 都可以通过 DEMUX 寄存器被独立地控制访问，这样一来，激活数据范围被限制到几个主存芯片[6]。Ahn 等提出类似的方法，通过采用高速信号传输独立控制 DIMM 的多个部分，这样使得一个完整的 DIMM 获得双线程甚至四线程的并行操作能力[7]。Sudan 等则从系统软件角度出发，提出"micro-page"的物理页分配方法，这种页分配方法可以使多个频繁使用的关联缓存块被打包在同一个"micro-page"中，当物理页在行缓存中被保存时，会拥有更好的行缓存利用率(row-buffer utilization, RBU)，减少访存冲突造成的频繁行缓存激活动作，节省动态功耗[8]。

6.1.3　静态功耗优化

　　静态功耗优化技术通过合理地切换 DRAM 工作状态达到节省 DRAM 主存功耗的效果，DRAM 主存通常支持多种功耗模式，这些模式分别会关闭不同数目的内存器件来节省功耗，因此会消耗不同的背景功耗，并且在不同功耗模式之间进行切换会带来一定的性能开销，这些功耗模式根据特点可以分为以下模式。

　　Active：在该模式下，DRAM 主存随时准备接受行、列的请求，能够快速进入读写工作状态，因此行、列选通电路和接收电路都保持开启状态。

　　Standby：在该模式下，行/列选择器被关闭，因此能耗会有所下降，当请求发送过来的时候，DRAM 主存需要几个主存周期的同步时间用来开启该部件。许多主存控制机制都会在内存事务处理完毕之后自动进入该状态。Standby 模式又分为 Active Standby 和 Precharge Standby，Precharge Standby 模式关闭了所有缓存体中的行缓存，从而消耗更少的能量。

　　Power-Down：该模式节能效果更好，状态转换开销更大，又分为 Active Power-Down，Precharge Fast 和 Precharge Slow。其中 Precharge Fast 仍然保留时钟同步电路，而 Precharge Slow 则关闭时钟同步电路。

　　Self-Refresh：该模式功耗最低，时钟同步，包括接口电路、外围电路都被关闭，仅保留刷新控制部分处于工作状态用于维持数据的正确性。

　　Elangovan 等同样分析了 DVFS 对主存系统的影响，并且提出对不同内存通道选择不同的工作频率，通过观察高性能服务器低主存访问模型的特点，主动下调工作频率[9]。Delaluz 等提出软硬件结合的方式来侦测 DRAM 主存模块的空闲周期与切换需求，从而适时地以较小的性能开销代价切换内存模块到不同工作状态，方法利用编译优化技术将拥有类似访问生命周期的数据进行集中映射，延长内存的空闲周期。此外，还利用硬件监测寄存器，结合启发式控制算法预测访存间隔的长度[10]。Huang 等则通过管理 DMA 与处理器的访存流，延长 DRAM 主存的空闲状态周期[11]。IBM 公司的 Hur 等采用基于历史信息预测的方法(adaptive history-based scheduler，AHB)[12]，该方法中调度器在访存调度的时候将内存低功耗状态作为一个考虑因素，从而做出适当的调度结果以延长主存的低功耗状态。Li 等提出了一种 Power-Down 的控制方法，该方法可以精确地将状态切换造成的性能损失控制在设定的约束之内[13]。还有的方法结合虚拟内存的访问集(Footprint)与物理内存分配，来管理 DRAM 主存的低功耗状态切换[14]。

内存功耗模式控制算法一直也是减少内存背景功耗的研究重点，许多控制算法通过将访存请求集中的方法来延长内存的空闲时间。Cho 等从 CPU 频率调整出发，在处理器频率控制算法中考虑内存的功耗状态，因此可以通过协调内存与处理器的控制方法，得到一个全局最优的工作点设置方案[15]。Fradj 等提出的方法使得更细粒度的功耗状态切换成为可能，在他们提出的方法当中，缓存体在没有被访存请求占用的时候，可以主动地进入低功耗状态[16]。

内存功耗状态控制算法，结合状态监控的方法，可以有效地帮助内存切换的功耗模式。状态切换的关键在于如何确定内存模块空闲状态的周期长度，大多数状态监控的方法是基于计数器和阈值判断的策略，这些算法会在进行状态切换时由于等候时间计数超过阈值的同时，失去切换状态的最佳机会。Li 等提出了一种自我功耗调整的内存管理方法，这种方法可以根据程序执行阶段的不同，选择不同的阈值[17]。Diniz 等研究了动态控制内存能量消耗的算法，该算法以内存访问强度为输入，通过模型预测并调整工作状态，保证内存的功耗在约束以下[18]。

DRAM 主存是动态存储器件构成的，DRAM 存储单元的数值会随着时间逐渐漏掉，因此 DRAM 主存会消耗一大部分能量在内存单元刷新上，研究人员提出不同的刷新控制策略来减少刷新带来的功耗开销。由于工艺偏差与芯片制作的参数漂移，DRAM 存储阵列不同位置的数据保持时间会有所差异，Liu 等提出了一种低开销的刷新机制，可以利用存储器件保持时间的信息，避免不必要的内存刷新操作，在这种方法里，漏电较快的 DRAM 行会以更高的频率进行刷新，而漏电较慢的行则会以较低的频率进行刷新，方法采用硬件实现的布隆过滤器，把相同保持时间的 DRAM 存储行打包在一个组内，并分配给他们相同的刷新频率，通过把 DRAM 的行划分到不同的组，实现了针对性的、考虑工艺偏差的高效刷新方案[19]。

Kim 等提出了修改 DRAM 存储器件的结构，以使得他们可以支持更小的刷新粒度，方案采用块粒度的刷新方式，使得不同的数据块可以采用不同的刷新频率。另外，Kim 等提出冗余保护的方法为每一个数据块提供冗余位，使得数据块可以在更短的刷新间隔下保持数据的可靠性，该方案使得 DRAM 芯片增加了 5%的面积开销[20]。Yanagisawa 等则提出了采用寄存器记录每个 DRAM 存储行的数据保持时间，并且根据该保持时间信息调整各个存储行的刷新间隔，大容量

DRAM 中通常拥有较多的数据行，这种方法会引入较大的寄存器开销[21]。

许多其他的方法采用软件的优化方法改善刷新特性，选择性刷新架构 (selected refreshing architecture, SRA)允许软件标记 DRAM 存储行中的未使用的数据行，从而避免对他们发送刷新信号[22]。Patel 等则提出通过分析数据本身，提出选择性刷新方法，避免对全"0"DRAM 数据块进行刷新[23]。RAPID 则利用操作系统中的物理内存分配机制，优先分配由于制造参数偏移拥有更长数据保持时间的物理页，从而系统能够选择一个相对更低的刷新率，而使得其他的物理页保持非刷新状态[24]。

除了系统软件层的刷新技术，还有研究者通过获得应用层的信息，减少刷新功耗。一些方法借鉴最差避免设计以及近似计算的思想，例如 Liu 采用应用层的信息，为关键数据存储区域设定一个更高的刷新频率，而为非关键数据区域设定一个更低的刷新频率，避免对程序功能造成影响[25]。

Emma 等提出一种刷新抑制策略，被动地将 DRAM 数据中存放时间长度超过刷新间隔的部分标记为无效状态，这种方法只适用于 DRAM 作为缓存或者主存数据拥有多个副本的情况下使用[26]。Song 等则为每个 DRAM 行设置一个访问历史位，当本行数据被访问后，它的访问历史位会被置位，当刷新信号到来的时候，这个访问位会被重置，并且这一行的刷新操作被跳过，这种方法考虑了一个重要因素，即 DRAM 访问机制保证被访问的数据行会被访存请求刷新[27]。

6.2　内存系统互连能效优化技术

6.2.1　高能效内存系统新型互连技术

1. 三维集成电路互连优化技术

三维集成电路通过把芯片在垂直维度上进行堆叠提升系统的集成度，不同层的芯片可以采用 TSV 连接起来，三维集成技术打破了芯片集成工艺的限制，可以让各种存储器芯片(如 SRAM、DRAM、PRAM 等存储芯片)直接堆叠在处理器芯片上层，比起传统的板级集成技术，三维互连可以提供密度更高，维度更短的走线，能大大减小延迟，同时不再受到片外引脚口数目的限制，获得连线数目的极大提升，从而获得更大的数据访问吞吐量，是一种突破存储墙瓶颈的有效解决方案。Liu 等提出将 DRAM 内存通过三维集成技术堆叠在单核处理器芯片之上，同时还提出将缓存通过三维堆叠的方式堆叠在处理器之上设计方法，通过实验评估他们发现三维集成技术能够很好地缩小主存和处理器的性能差[28]。

通过片上网络互连的缓存同样可以通过三维集成的方法提升带宽与能效，大规模的片上网络通过三维集成技术，物理上拥有了纵向维度的连线，这样传统的平面片上网络可以向纵向扩展，从而拥有更多的路由方向选择与更小的网络半径。三维集成技术不但使得 NoC 的设计规模和维度增加，也为 NoC 设计参数带来了更多的选择。如图 6.2 所示，首先，2D NoC 的路由器可以被简单地移植到三维集成电路 NoC 当中去，只需要增加垂直方向上的两个输入输出端口，这样做的好处是维持 NoC 的对称性，但是由于额外端口的增加，交叉开关的面积也大大增加，而且这种对称的设计无区别地对待 TSV 和平面连线，即浪费了 TSV 超短延迟的优势。

为了能充分利用 TSV 短延迟的特点，多核处理器还可以采用 NoC 总线混合连接方式，这种连接方式采用 TSV 总线连接垂直方向上的路由器，从而使得垂直方向上任意两点之间的距离缩短为一个周期，它的面积也更小，只需要一个 6×6 的交叉开关。这种方法的缺陷是，TSV 总线为共享介质，可能会带来争用现象。

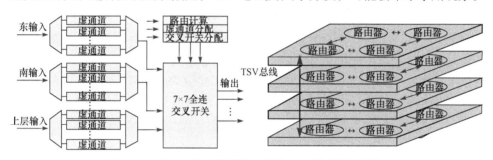

图 6.2　对称 3D 路由器设计和总线 NoC 混合设计结构

另外一种真三维 NoC 路由器设计则将垂直互连部分与平面互连部分彻底分开，采用 5×5 的真三维交叉开关，也就是说每个交叉开关中的连接点都有一条 TSV 通过。而层与层之间的 TSV 采用一种基于传输门的连接盒相连，通过改变连接盒的控制信号，不同层平面投影距离在一跳范围内的 TSV 都可以通过这种分段互连方式直接连接起来。这种真三维交叉开关面积功耗性能比前两种方案更好，但是路由器的设计复杂度和布局变困难。

不同于以往真三维或总线混合的路由器结构，Park 等提出了全新的 3D 路由器设计方案——MIRA，该路由器设计能限制提高片上网络的能效，它利用了多核处理器中 NUCA 缓存的通信特点，根据 NUCA 特定的访问模式，自适应地关断多层路由器中的底层部分，从而减少三维片上网络的能耗[29]。

Loh 等同时也研究了通过三维集成工艺将 DRAM 主存堆叠到处理器上的可能性，该三维 DRAM 主存设计能够带来 65% 的系统性能增益[30]。之后 Loh 等进一步提出的真三维 DRAM 主存架构，大幅度地提升内存系统性能，如图 6.3 所示为了使片上缓存能够适应真三维主存的组织方式，Loh 等还采用矢量布隆过滤器(vector bloom filter, VBF)对末级缓存的缺失状态处理寄存器(miss status handling register, MSHR)进行改造，使之支持动态空间调整，从而匹配三维主存数据带宽的提升。

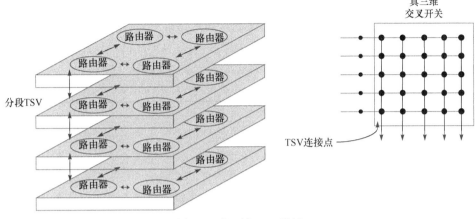

图 6.3　真三维 NoC 设计

　　类似地，Kgil 等提出的 Picoserver 架构将三维集成技术运用到服务器当中，该设计将 DRAM 主存堆叠到处理器之上，同时完全删除末级缓存，从而获得更多空间放置 DRAM 主存阵列，这种设计面向的应用为高吞吐量服务器负载，此类事务型应用对缓存容量相对不敏感[31]。

　　不同于 Picoserver 面向高并发应用的设计目标，Woo 等介绍了一种高度开发三维互连利用率的 DRAM 主存设计——SMART-3D，用来加速单个性能需求较高的应用，这项设计适合用于改善单线程应用[32]。SMART-3D 通过增大末级缓存与DRAM 主存之间的通信带宽，使得每次缓存缺失都会引发大块数据的预取动作，大块预取数据通过高密度的 TSV 互连线，可以并发传输到缓存芯片，然后经过高密度 TSV 连接的片内"H-Tree"的连接网络逐层被分解送往各个缓存体，非常有利于单线程程序的局部性开发。同时 SMART-3D 设计支持自适应的缓存块尺寸选择，以避免多处理器系统之间的伪共享问题。

　　三维集成技术提供给片上网络额外的物理连线维度，许多设计用其改良大规模片上网络的拓扑结构，Xu 等提出了一种低半径的三维片上网络拓扑结构，该网络无需高阶路由器，采用跨层 TSV 跳线缩短网路路径的距离，该种网络拓扑可以保证任意两点之间最多通过三跳的路由可以达到，此外，此种拓扑只需较低的时钟工作频率就能减少足够多的延迟和能耗，非常适合对能耗及温度敏感的三维集成电路多核处理器。

　　2. 光通信互连优化技术

　　工艺技术的发展使得光学器件能够兼容 CMOS 制造工艺，这项技术吸引越来越多的人投入到片上光通信和片间光通信的研究热潮中去，处理器研究人员认为光互连可以有效优化内存系统，包括片上缓存以及片外主存的数据访问带宽。光通信技术拥有低延迟、低功耗以及高带宽的特点，非常适合替代长金属连线为内存系统提供数据传输信道。典型的光通信系统由光源、光放大器、光波导(waveguide)、光/电转换器(converter)组成，数字通信信号可以通过光发送器调制器(modulator)到某个频段的光波上，该光波在光波导中携带数据信号，可以被传输到远端，期间信号在光波导中的传送速度非常快，损耗也非常小。光接收器可以通过光电转换器将信号再次从光波中解调出来，完成数据或请求的收取。除了用于提供光源的激光产生器，光通信系统的其他部件几乎都兼容 CMOS 硅芯片制作工艺。

光通信有几大特点，非常适合用来缓解内存系统通信的带宽墙和功耗墙问题，首先，光通信的传输频带很宽，通信容量也很大，光通信使用的光波频率在 1014Hz以上，因此通信容量很大。其次，光纤损耗低，传输距离长，采用二氧化硅制作的光波导通常在光波长 1550nm 附近的衰减幅度，在 0.2dB/km 以下，用于数据搬运的能耗相比较电信号传输，要小得多，另外，光通信传输的可靠性非常好，几乎不会受到串扰、电磁干扰等外界因素影响。

根据光通信应用到内存系统的不同位置，大致可以分为片上光通信与片间光通信两类。Kirman 等首先将硅基光通信技术应用到片上多核处理器中，用于构建片上网络的缓存一致性数据通信总线[33]，其设计方案采用层次化光电总线，其中环状光纤总线围绕了大部分的芯片面积。该总线连接多个处理器核与缓存节点，处理器与缓存之间采用广播的方式进行通信，根据不同的通信目标，请求者会使用特定的光波长作为数据的载体进行广播，因此只有目的地址空间的缓存体能够识别并转化该请求。不同于总线的实现方式，Kirman 等还提出了采用间接网络组织片上数据搬运网络的设计方法，该网络具有以下几种特征，首先，它采用基于波长的路由算法，数据包在网络中的路由路径完全取决于载波信号的光波长，而无须依赖任何其他的数据信号控制。其次，该网络采用无关路由(oblivious routing)，即用来连同一对目标-地址节点的光信号波长是完全确定的，不依赖于其他节点之间的信息传递情况，这种全光通信的网络采用被动光波长路由器。同样地，硅基光通信同样可以用于片间的数据传输，用于优化主存通信性能。Batten 等讨论了低功耗的处理器-主存通信网络的设计架构[34]，该设计充分利用光通信的 DWDM技术，可以支持一根波导上同时传输多个不同长波长的信号，该技术采用光电全局多路选择器连接多个处理器核与 DRAM 内存模块，在实验中观察到了 8～10 倍的访存网络吞吐量提升。

3. 传输线互连技术

有研究人员试图采用高频信号传输线(transmission line)技术突破内存系统的互连带宽问题，如 Chang 等提出采用多频段无线传输通信(radio frequency interconnect, RF-I)为大规模的多核处理器片上网络提供快捷通道[35]。随着多核处理器核数目以及缓存节点的增多，片上存储系统的数据传输距离、传输带宽也成为一个重要问题，而 RF 通信传播速度非常快，十分适合高数据带宽传输，但是 RF 电路的开销很大，Chang 等采用了混合 RC 连线与 RF 的网络设计方法，在 RF 网络中，数据信号以电磁波的形式沿着传输线通往远距离的网络节点，同时数据可以被调制到多个不相干载波中，并发传送，大大提升了片上网络的带宽。Beckmann 等最早提出了采用传输线连接片上缓存与缓存控制器的网络设计方法，把缓存体放置到芯片边缘，而把缓存控制器放置到芯片中心，因此传输线作为低延迟的快速通道使得缓存控制器能快速访问远端的缓存体。

6.2.2 高能效片上缓存互连技术

片上缓存可以采用新型的连接介质改善互连性能，以三维集成电路为例，无论是缓存还是主存，无论采用何种存储单元器件材料，其存储单元阵列的组织形式都有类似的层次化特点，将它们集成到三维芯片中去就面临着选择从哪个层级为存储芯片作片间划分的问题，以 SRAM 缓存为例，不同的设计目标带来不同的划分方案。Loh 等认为将独立可访问的一个完整 SRAM 缓存体分配到同一层芯片上，并不能很好地利用三维互连带来的带宽提升性能，"真"三维存储器应该将 SRAM 阵列内部的子存储阵列划分到不同层芯片以充分利用 TSV 的带宽。这种划分方式让原本二维缓存中的存储子阵列分布到不同的器件层上，这种划分方式可以减小缓存阵列的面积以及全局布线的长度，但是带来了外围电路复杂度的提升。进一步地，根据划分方式的不同，真三维主存的存储子阵列划分方法可以分为按字线划分与按位线划分，前者字线的负载能够平摊到不同层上，总的字线延迟能够进一步减小；后者字线长度减少，这需要将灵敏信号放大器也复制到不同层上去或是在不同层上共享[30]。

无论是平面集成还是三维集成，大多数多核处理器的缓存都通过片上网路进行互连。Li 等提出了一种适合片上多核处理器以及大容量片上缓存的三维片上网络设计，研究了新型路由器架构与网络拓扑[36]，使之紧耦合到片上末级缓存中去，该网络被称为 NiM(network-in-memory)，图 6.4 描述了该网络结构是如何连接处理器核与缓存节点的，其中缓存体被分为多个缓存簇，每一个簇包含着多个缓存体以及一个独立的标签阵列。所有的缓存体都通过片上网络连接，而标签阵列则直接连接到处理器,对于那些没有处理器核的缓存簇,标签阵列则连接到专门的本地缓存控制器上。由于局部性的变化,片上网络还要负责将常用数据动态搬运到处理器附近的缓存体,对于同层的数据,它们会被逐步移动到靠近处理器核的缓存簇当中,在移动的过程当中,数据会跳过包含本地处理器(非数据的请求者)的缓存簇,最终数据会被移动到常访问它们的处理器附近。图 6.4 描述了这种过程,对于不同层的访问数据,数据首先会被移动到靠近处理器的 TSV 通道旁边,由于 NiM 网络的特点,TSV 附近的处理器核,不管是哪一层都可以直接通过垂直 TSV 总线快速访问到这些数据,数据无需跨层迁移。NiM 中的 TSV 垂直连线被组成了 DTDMA(dynamic time-division multiple access)总线的形式,这种总线满足周边任意两层之间的节点可以一跳的延迟进行通信,DTDMA 总线通过仲裁器来协调并发的垂直节点通信,该仲裁器被放置到中间层,使得到不同层控制走线延迟尽量均匀。

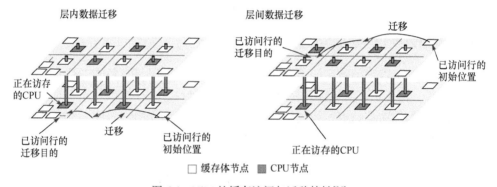

图 6.4　NiM 的缓存访问与迁移特性[36]

平面片上网络同样可以采用定制化的方法优化缓存通信性能。不同于同构片上网络连接缓存的方法,Darve 提出一种异步的三维片上网络设计,该网络在垂直方向同样采用串行连接从而减少 TSV 的消耗,该三维路由器设计采用层次化的设计结构,包含两个 5×5 的路由器,分别负责层内的物理通道,另外一个专门的 4×4 的路由器负责垂直通信,垂直连线被串行化以减少 TSV 开销[37]。三维路由器包含四个部分来进行垂直通信:串行上,串行下,解串行下和解串行上。Jin 等则通过观察 NUCA 的流量特点,为 NUCA 片上缓存定制专门的硬件开销小,而且延迟小的片上网络结构[38],该网络采用单周期流水的路由器,并且支持消息多播用于片上缓存数据查询;同时,根据该网络的特点,提出了快速的 Fast-LRU 替换算法,使得缓存数据请求与数据替换时间重叠;最后,Jin 等提出一种无死锁的 XYX 路由算法与全新的 Halo 拓扑来减少 NoC 的连线资源使用。不同于传统的 Mesh 网络,Halo 拓扑是非均匀的,缓存本身数据的重要性也是不同的，采用 Halo 的拓扑结构，处理器核可以快速连接到多个频繁访问的缓存体，而根据数据的局部性差异，他们会被放置到一个分支上不同远近的缓存体中，如图 6.5(a)所示，处理器连接着八个"分支"，每个分支由远而近连接的缓存体分别放置的从 LRU 到 MRU(most recently used)的数据块，通过分支中的网路通道，数据随着被访问的频度，会被逐步迁移到离处理器核最近的 MRU 缓存体中去。这种拓扑的一个问题是，物理版图的实现较难，由远到近的缓存体尺寸都是一样的，势必造成外围的 LRU 缓存体会无法填满芯片面积，图 6.5(b)的出现从物理设计的角度比图 6.5(a)更合理，而且外围缓存体的尺寸更大，可以用更少的分支网络节点连接同样容量的 NUCA 缓存，另外，外围 LRU 缓存体的性能相对 MRU 缓存体，对 NUCA 的整体性能影响更小，采用访问延迟更大的大容量缓存体也符合局部性的原理[38]。

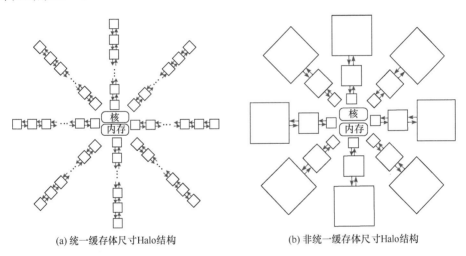

(a) 统一缓存体尺寸Halo结构　　　　　　　(b) 非统一缓存体尺寸Halo结构

图 6.5　两种缓存体尺寸组成的 Halo 结构

6.3　基于硅激光互连的高能效内存设计方法

6.3.1　硅激光互连技术概述

随着多核处理器与集成电路工艺的发展，片上多核处理器在片内集成越来越多的处理器核心，从而拥有了能够处理各种应用的强大计算能力，与此同时，芯片的引脚数目以及片间互连的带宽增长非常缓慢，因此，多核计算机面临的存储器或带宽墙问题变得越来越严重，它被认为是多核计算机系统设计中最重要的"瓶颈"之一。

近年来，随着新的芯片集成工艺以及新器件的发展，芯片互连逐渐迎来了一丝新的曙光，例如三维集成技术被认为能够有效地提升芯片间互连密度。除此之外，近年来研究界提出的硅基光互连技术也被认为是传统电信号通信的理想替代品，它使得芯片可以不需要新的集成工艺，就能够越过芯片封装引脚的限制，使得高带宽处理器-主存互连成为可能。近年来，有许多科学家投入到硅基光通信的硬件实现以及系统应用的研究当中。已有科学家设计出了带宽超过 10T 的片间内存通信界面，当片间硅基光通信被应用到 DRAM 主存设计中时，多核处理器系统的带宽稀缺的问题很有可能不再是限制系统性能增长的主要瓶颈。这时候，主存系统的其他问题，像内存请求延迟、内存功耗会变成限制多核处理器能效问题的主要矛盾，特别是在低功耗以及众核处理器中，内存的功耗已经成了一个严重的问题。数据表明，数据中心中 30%～40%的功耗开销主要来源自主存系统。而内存的延迟问题，又随着片上负载应用越来越多的形式，也变得更加严重，因此，现今的内存设计以及通信架构亟待改变。

根据分析，主要有两个重要的原因造成了内存模块的低效率。

第一个原因是内存阵列设计与内存访问机制缺乏灵活性并且非常低效，这主要是芯片引脚受限造成的。传统 DRAM 主存架构设计的首要目标是为了提高存储密度并尽量少地占用连线宽度，因此一个 DIMM 上设置多片内存器件，这些内存器件一起分享仅有的物理内存通道位宽。物理总线被平均划分到各个器件，且这些器件共用控制与地址信号线，于是每个器件内部的数据阵列规模很大。由于控制/地址信号共享而缺乏控制独立性，因此 DRAM 主存中的数据读写操作的粒度非常之大，同时，数据总线划分到每个芯片之后仅有很少的数据连线作为出口，所以读写操作只能传输很小的一片数据到总线中，这种访存机制将造成访存延迟过大以及能效过低的问题。

第二个原因是传统主存访问机制对程序的局部性非常敏感，当前 DRAM 内存在访问的时候，会把一整行连续的数据保存在行缓存中，作为暂时的缓存数据，这种"open page"的访问机制极其青睐局部性好的访存流。处理器进入多核时代之后，不同于单核应用，负载的内存访问流存在多程序混合的问题，总体展现出较小的局部性。由于局部性的缺失，多核访存中会面临更严重的延迟上升开销以及低能效的问题。更严重的是，DRAM 主存依赖昂贵的板级总线电信号来传输数据，无法很好地保护负载局部性，也负担不起各种不够精确的预取机制。

随着硅基光互连技术的发展，光通信为片间信号传输提供了一种全新的传输介质。硅基光通信不会受到传统电信号传输中诸多限制因素的影响，它可以作为一种很好的片间传输技术用来为提升主存服务性能，硅基光通信在主存通信中的优势主要如下。

（1）不再受到芯片引脚数目的限制。光通信的一大优势是其支持 DWDM，不同波长的光信号可以共享同一根光波导进行传输，内存设计中有了光通信可以更宽裕地为信号线、控制线做预算。

（2）更高的片间通信带宽。硅基光通信支持 DWDM，并且传输频率比电器件更高，纳米光通信器件带来的充足带宽，使得一大部分应用没有必要在运行过程当中维持一个最小化的带宽消耗量。

（3）硅基光通信非常适合大量数据的长距离传输，其在光纤中的传输损耗非常之小，基本可以认为数据的传输和距离在一定范围内是不相关的，对于主存而言，板级走线由于信号驱动(driving)、信号放大(amplification)、信号终止(termination)等，通常会消耗大量的能耗。

综上所述，当光通信的应用可以用来解决芯片 I/O 引脚受限以及带宽受限问题时，系统面临着一个重新审视存储层次、重新审视内存系统的机会。本章观察到了这个机遇，并且发现，通过波分复用与波长分配，硅基光通信使得内存通信拥有了一个可调范围更大的动态带宽，而传统的 DRAM 内存设计并没有准备好迎接这个由硅基光器件带来的内存带宽"三级跳"，并且目前还缺乏管理大量光通信带宽的实用技术。因此，本章针对这些需求与机遇，提出了一种全新的、基于光通信界面的主存设计架构。该技术方案目标是通过有效利用光带宽，大幅度提升访存能效与降低功耗。

具体地，本书提出了超块预取技术，使得内存可以在很短的访问周期内清空被激活的行缓存，提高行缓存激活能耗的利用率。另外结合页折叠技术，超块预取能够适应负载的变化，通过波长分配算法，有效调整预取方案。实验证明，相对传统 DRAM 主存设计，该内存架构具有更好的能效特性。

光通信技术被认为是一种很有前景的低功耗与高吞吐量数据搬运技术。研究人员一直致力于开发有效的光通信器件与互连机构用于芯片间甚至芯片内的通信，他们提出了一系列有效的光器件的平面集成工艺以及三维集成技术，近年来，这种硅基通信技术已经被应用到处理器-内存系统通信当中。

如图 6.6 所示，纳米光器件通信技术采用板上激光器产生光源(laser)，并且使用光纤作为光波导(waveguide)传输光信号。通过电-光转换电路(request transmitter)将数据调制到特定波长的广播当中，然后将光在二氧化硅光波导中进行传输，密集波分复用技术可以保证不同光波并行不悖地在其中传输，直到光波遇到接收端的环形共振器(ring modulator)，这些光探测器可以感应特定波长的光波然后将特定波长的光波导入到接收端(response receiver)的通路，通过光子侦测器系统并经过光电转换器转换变成电信号被接收端系统解读。因此，采用的 DWDM 技术的光通信系统，能够突破金属引脚连线的数目限制，大幅度提高通信带宽。

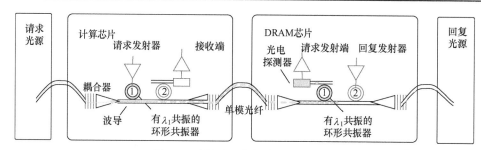

图 6.6　硅基光通信的实现原理图[36]

　　根据硅基光通信技术的最新研究结果，光电器件带来的芯片间带宽提升非常显著。一旦用光通信替换电信号总线，多核处理器的主存带宽通信很有希望跨入特拉级(tera-scale)的宽带时代。

　　为了证明当前的内存访问机制不能很好地利用充足的光带宽，本研究采用多核模拟器 GEMS 仿真器模拟了一个 16 核、乱序 2 发射、3.0GHz 主频、8M 缓存、SPARC 架构的多核处理器，该处理器用片上网络互连，片外连接单通道、单条 4G DDR2-800Mhz 的内存条；该多核处理器平台在实验中以多程序应用 W1 到 W10 作为负载输入，进行仿真。选取的多程序应用的具体基准程序组成在 6.3 节的实验部分有详细描述。这个实验分析了所选取的多程序应用的平均带宽需求，并且在图 6.7 中给出相应的数据。可以看到光通信带来的访存带宽远远大于所选取的程序带宽需求。因此，这个观察激励着我们探寻有效方法高度开发这些剩余带宽以改善系统性能和能效。尽管，随着核数目的上升和应用的规模扩展，多线程以及多程序应用的带宽需求可以迅速提高到远超过电连线带宽的供给，但是负载本身的特点与需求包括带宽需求本来就是有差异的，尽管有的程序峰值带宽需求可以很高，它们在应对更大动态调节范围的光带宽时，并不能很好地增强其自身的伸缩性，有效地将这种带宽资源随时利用起来，并且有效地将它们进行管理和分配。

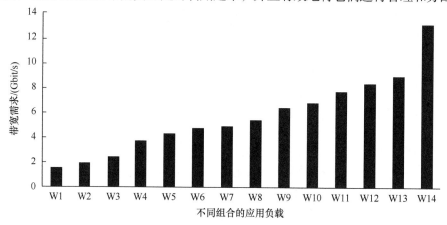

图 6.7　多个片上多核处理器(chip multi-processor，CMP)负载峰值带宽需求采样

6.3.2　DRAM 内存访问机理与特性分析

在介绍本书提出的内存设计架构之前，首先回顾一下传统的电连接 DDR× DRAM 主存模块设计，并找出它低能效的根本原因。现代 DRAM 主存设计采用一种严格的层次化结构。如图 6.8 所示，片上主存控制器连接一个或多个主存物理通道，通道通常是一条 64 位宽的总线，用来传输主存控制命令、数据和地址信号。通过物理通道，DRAM 阵列中的数据可以被访问。多个存储器芯片通过并联构成了一个 DIMM，其中为了提高并行度，一个 DIMM 中又有多个内存体，一个内存体包含一组存储器件，它们共同接受命令，然后采用锁步的方式一起响应该请求，因此内存体中的器件 0 到器件 N 可以认为是最基本的可被访存请求激活的单元，另外，在一个内存体当中，又有多个可以并行工作的独立基本单元缓存体，一个缓存体横跨多个器件，因此被划分为一系列的子内存体，由于资源限制，所有在一个器件之内的多个 sub-rank 也需要共享一些器件资源如 I/O 控制与寄存器，然后通过它们连接芯片引脚。一个器件内含有的多个可以并行操作的缓存体，内含多个层次化的存储阵列，这些存储阵列通过共享划分，由地址总线控制，然后连接到本地的灵敏放大器当中，灵敏放大器阵列构成了内存数据的暂时存放地点，又被称为行缓存。

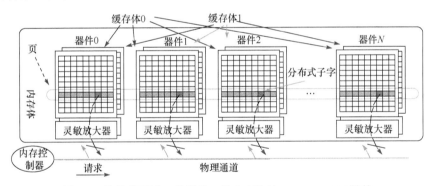

图 6.8　传统单通道、单模块、单内存体的 DDR×DRAM 结构

观察：行缓存利用率低，且无法适应程序局部性的动态变化。以图 6.8 中单通道、单内存体的内存模块为例，从 DRAM 主存中取数首先需要将命令通过目标通道传送到内存体中的各个存储器芯片中，该命令会激活内存体中的某个缓存体。一个内存体包含多个存储器件，因此它也被物理划分为多个子内存体，每一个子内存体对应到一个存储器件。如图所示，一个访存请求会激活内存体中所有的存储器件，再从缓存体中的存储阵列根据行地址激活一整列存储单元，然后将它们的数据破坏性地读出到行缓存中，一整行数据通常包含一个或多个物理页的尺寸，也就是 4KB～64KB 的数据量。最终读出到总线上的数据大小取决于缓存块的大

小，比如通常的 64B 或 32B，整个行缓存的数据中只有很小的一部分被放置到总线传输，而且由于总线宽度限制，图中总线位宽为 64bit，因此需要 8 次猝发(burst)才能把 64B 的缓存块完整发送。

行缓存的激活性能与功耗开销都很大，为了减少访存延迟与能耗，设计人员提出开页策略(open page policy)，该方法在访问结束后，仍然将整行保留在行缓存中等候下一次访问，这种方法可以有效利用空间与时间局部性提升性能。通常来说，在传统单核应用的 DRAM 主存中，预留一整行数据在行缓存里可以让数据被局部性很好的程序连续访问并利用，而极少受到干扰，一旦请求成功在行缓存中找到目标数据，就称为一次行缓存命中，如果请求未能命中，那么就需要额外的周期将行数据写回阵列，并且等候预充等操作结束，请求才能从正确的位置读出新数据到行缓存中，这样就引入了额外的时间开销，同时，行缓存数据的维持也会消耗一定能量。总体来说，开页策略对行缓存的命中率很敏感，即依赖于负载访存的局部性。

然而，随着核数目的增多，当前的多核处理器应用表现出来的局部性越来越差，在片上众多的访存流共同作用下，访存请求之间的竞争与干扰使得有限的通道、内存体和缓存体中很难维持程序的局部性与访存连续性。关页策略(close page policy)每次在访存请求相应完毕的时候写回行缓存数据并提前预充，其对局部性的好坏以及行缓存命中率的高低表现不敏感，反而更能适应多核多应用的需求，然而，这种策略完全放弃了利用局部性来分摊访存能耗和延迟的尝试。总体来说，多核应用下，传统主存的操作机制不论采用哪种缓存体激活策略，其低下的行缓存利用率都已经成为制约性能与能效的一个重要问题。

典型的 DRAM 主存设计中，一个存储器件内所有的子内存体都共享如 I/O 接口寄存器等共有资源，因此，访存请求会剧烈地竞争端口以及缓存体本身，这会导致额外的冲突延迟以及行缓存中的数据丢弃。一旦冲突引起的等候时间上升，那么访存请求的排队延迟就会越来越长。

综合来看，一旦能够顺利保护访存本身的局部性、又能通过提高访存并行度减少访存冲突这样的矛盾冲突，那么 DRAM 主存的性能和能效就可以大幅度提升。这一目标可以从提高行缓存利用率开始。

根据以上的观察，本研究的目标集中探讨两个目标：适应光通信特点重新设计 DRAM 内存；探索在放弃 DRAM 的传统访存架构之后性能的改进空间。传统 DRAM 有两个弱点：行缓存利用率低，访存并行性差。从局部性的角度，本书认为有两种解决方法提升行缓存利用率并且减少访存冲突，第一个方法是在行缓存数据被访存冲突破坏之前充分利用行缓存激活时数据页内的空间局部性，一旦有了充足的光带宽，那么重新设定最佳预取尺寸就变得可行，同时预取数据不再需要采用冗长的猝发形式传出数据，过长的数据猝发也是电传输 DRAM 主存中 bus

占用率高的原因之一；第二个方法就是最大限度地保护行缓存中的局部性，使其不被冲突访存流破坏，这一点在光互连内存中也很容易实现，密集波分复用使得信号传输可以共享光波导上并行传输，那么显示地进行波长分配与流量隔离，结合 DRAM 阵列中的物理位置划分，可以达到阻止并发访存流相互破坏局部性的效果。因此，在本书研究的光互连内存当中，主要从这两个角度尝试采用光通信对内存设计模块进行改造，具体地，提出两项开发充足光带宽的内存设计技术思路指导内存设计。

采用多光波传输而不是传统 DDR×通过增长猝发的方法放大内存预取数据的尺寸，从而可以在不增加时间开销的情况下清空行缓存中的有效数据，这种技术被称为超块预取。

层次化地进行预取尺寸调整与带宽分配，以适应程序间局部性变化以及程序内局部性变化两种需求，这项技术被称为页折叠技术。

在文献[1]研究工作中，基于最前沿的硅基光电器件设计技术，讨论了上述设计目标在当前 DRAM 主存架构中的可行性与性能潜力。

6.3.3　硅激光互连 DRAM 架构设计

光互连内存基础架构并不修改 DRAM 器件的存储阵列核心，如图 6.9 所示，除了在 I/O 接口处插入光/电转换以及调制器，并用光波导替换金属总线，其他的存储单元设计、存储阵列组织都和传统的 DRAM 主存一样。通过为每个独立的 DRAM 器件装备上相应的硅基光器件，调制到某个波长光波的数据信号可以在相应的存储芯片内与微环(micro-ring)发生共振，然后被接收。通过 DWDM 技术，不同波长内访存请求可以并行地传输到各自的目标器件中去，如此一来各个存储器芯片虽然仍旧共享总线，但是由于波长过滤效应，不会每次都被任意访存请求所激活。另外，由于 DWDM 技术，光通信额数据带宽也被大大增强，每一个存储器件发送端和接收端的微环被调制到特定的光频率上，可以独立地响应被调制到特定光波长的协议信号。DWDM 技术目前已经支持多达 128 种波长光信号在共享光波导上并行传输，为了保守起见，本书只采用 64 种波长用来传输读请求，并用另外一个作为写请求载波。

如图 6.9 所示，所描述的 DIMM 中包含了 N 个存储器件，共享光波导总线的带宽是 32bit，假设共有 65 种光波共享主存总线，那么每一个 DIMM 总共有 $(32×65)/N$ 个微环用来接受数据传输，仅用一种波长的光来传输写回数据，是因为大多数情况下，写带宽消耗不如读操作大，而且写请求通常不在程序的关键路径上，为了简单起见，图中的写端口被省略了。

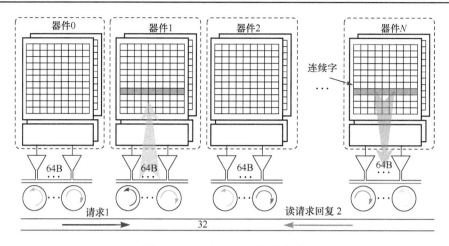

图 6.9　光互连 DRAM 组织方式

1. 利用超块预取开发带宽

拥有了光互连的高带宽之后，大量数据的快速传输变得更简单，且无需担心电传输线效应、连线功耗以及连线负载问题，没有这些问题，光互连的工作频率也比电总线要高的多，因为后者需要考虑驱动板上的长连线问题。本书利用光带宽的优势开发局部性、通过改变块预取尺寸，使之放大至页预取从而提升行缓存利用率。

预取技术是一种内存设计中减少平均延迟的常用技术，有很多预取方法和策略用来记录程序的访存模式、预测访存轨迹或访问集。他们的有效性会受到电传输效果的影响，预取的数据块会占用存储带宽，预取不当就会剥夺其他访存流被服务的机会。通常预取技术对应用负载强度以及预测精度很敏感。当带宽不再是问题的时候，大数据块的预取动作可以有效减少缓存缺失现象，而不阻塞其他访问请求的副作用。基于这个观察，本书提出的超块预取被用来一次性清空存储器的行缓存数据。请注意本书的超块预取，并不提供任何访存行为学习、访存行为预测的预取策略，不像步长预取器、流式预取器或全局历史预取器，它仅为支持物理页级别的数据预取提供硬件支持，可以认为和预测策略技术正交。

在文献[1]设计的硅基光通信主存中，一共支持 128 种波长用来并行传送数据，每一个波长都被调整成一个 10Gbit/s 的高速信道。假设单物理通道内存连接的 DIMM 一共支持其中 100 个波长信号,那么该通道的峰值带宽则是 1000Gbit/s，这意味着有足够多的波长可以使物理页级别的数据块在一次主存访问中传输到处理器片上，因此与其从行缓存中取 64B 的缓存块，不如考虑取出行缓存中的整个数据行。一旦将连接每个器件的光波调制器全部激活工作，那么正行数据可以被调制成 100 个波长，采用这种"所读即所激活"的做法，可以节省大量缓存体激活与行激活的操作。

从图 6.9 中可以看到，每个器件都装备着特定尺寸的微环，分别对应不同的共振光波长，相比 DDR× DRAM 主存，它的通信界面位宽要大得多。如图 6.9 所示，从 64bit 总线电连接 DRAM 主存中读出一个 64B 的缓存块，需要 8 个周期的猝发长度。当光通信传输采用 64 个波长，同样连接 64 根光波导，并结合更高的工作频率对数据进行传输的时候(保守估计光通信采用 5GHz 传输频率，相比电连接 1333MHz)，行缓存中 4KB 的整页数据完全可以在一个周期内从 DRAM 主存传送到片上。到达片上之后，大量的数据需要被发送到缓存中暂存，因为单个缓存体的端口也无法快速消耗整页数据。当 4KB 的数据到达内存控制器的时候，它们会根据缓存体的数量进行划分，分成多个部分，如图 6.10 所示，利用片上网络的高带宽，通过多条路径传送到分布式的缓存体中的 MSHR(miss status handling register)当中。为了支持分布式的页存储，系统需要支持块交叉地址映射，在这种映射方式里，连续地址的数据块依次被映射到相邻的缓存体中去，依次循环，采用这种方式，一来方便利用多网络通路进行数据片上的传输，二来可以利用MSHR的空间分散存放页数据，这样不需要采用集中式的大容量缓存。幸运的是，多核处理器通常只有有限的内存控制器，它们一般被放置到芯片边缘，将它们连接到多个路由器节点可以提高片上数据搬运带宽，例如图中的内存控制器连接着四个路由器，每个路由器的端口是 64 bit，通常片上网路的带宽资源被认为是非常丰富的。以图中类 TILE64 的多核处理器结构为例，一个主存控制器可以连到四个甚至更多的路由器节点上，每个周期可以传输 4×64bit 的数据，通过虫孔路由的形式，4KB 数据被划分为 64 个缓存块并打包通过网络传送到 MSHR 中去。

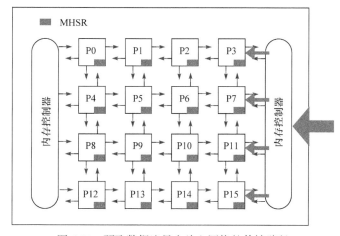

图 6.10　预取数据流量在片上网络的传输路径

页级预取技术的潜在问题是有可能会造成缓存污染现象，特别地，多程序应用持续不断地往片上取数据页时，由于缓存空间限制，可能会把有效数据替换出去。对于这个问题，一来可通过扩大缓存容量解决，二是可借鉴已有的预取过滤技术，这些预取技术能够有效地过滤连续预取数据中的无关部分。这些并非本书工作的研究重点，本书并未评估预取过滤技术的效果。本书目的在于排除这些正交的第三方技术的影响，清晰评估光通信超块预取技术对主存访问效能的影响，此外，本书提出的光互连内存中第二项技术——页折叠技术可以用来缓解多程序竞争缓存空间造成的缓存污染问题，页折叠通过适应程序间局部性以及程序内局部性，达到自我调节预取粒度的效果。

2. 页折叠技术和带宽管理

统一预取页级的数据块并不总是有利于程序性能提升，而且特别在多核多程序应用的时候会造成竞争的机会。本书认为内存访问需要根据程序的局部性特点自适应改变预取的强度。因此超块预取的尺寸应该随着程序的局部性以及带宽在多个程序之间共享的情况进行调节，这个目标可以通过波长分配来完成。如图6.9所示，当read2请求将命令发送到器件N的时候，系统分配给它4个波长，这个数据块的大小就是256个字节(4×64B)。

另外，超预期对于单程序应用很有效，对多程序，如果不加控制，也会长时间造成占用缓存体的现象，剥夺了其他程序的预取机会。

总体而言，页折叠技术关注多程序应用的一个特点，是程序间带宽管理。不同程序对带宽的需求，局部性的好坏不一样，为一个程序设定最佳预取尺寸不仅取决于自身的局部性，还取决于共享资源的其他程序局部性，只有适应了多程序间的局部性差异，才可能做到最大化系统能效。页折叠技术关注通过波长划分与数据映射达成多程序之间的局部性与并行性的平衡。简单来说，就是页折叠法通过阻止程序盲目地预取页数据，来适应程序局部性的需求和实际多程序负载情况。

当多程序应用运行的时候，为了避免多程序之间的竞争，任务的工作级通过页折叠被灵活地映射到不同的器件中，例如，当系统只有一个程序在运行的时候，数据访存流相对有很好的局部性，不用担心被其他程序破坏。因此，相对并行性，可以更注重优化内存延迟，硅基光通信内存就可以采用图6.8中传统电连接内存的方式一样映射存储器内数据，这时，整个物理页的数据横跨N个存储器件，超预期技术能够用上所有的光波长，共同搬运一个物理页到片上。当有很多程序共同执行的时候，局部性会被彼此破坏，并且需要更高的访存并行性，如图6.9所示，页折叠法就会将每个程序的数据限制映射到不同的DRAM器件中去，这样相互之间的局部性也会保护起来，每个程序可用波长变少了，同时预取的尺寸也变小了，看起来就好像一个程序的物理页被折起来放在子内存体中的多行，而每次只有其中一部分暴露给接口的效果一样，在这种情况下，一个物理页被折叠的情况取决于它获得的波长配额，而一个页被"折叠"成子页的数目，被定义为物理页的折叠度。

3. 应用特性与页折叠技术

实际上，超块预取技术可以通过波长分配同时达到显式带宽划分和自适应数据映射的目的。在分配之前，首先要分析程序的访存特点。本书通过定性分析程序访存的特点，将它们划分为四种类型，不同的类型分别具有不同的带宽需求以及局部性表现，这四种类型，分别根据需要针对性地确定其折叠度以及波长数目配额，从图 6.11 中可以看到，根据行为分类，一共有四种。

A 类程序：它们拥有较高的带宽需求，同时表现出很好的空间局部性。这种程序需要分配相对多的波长以满足其带宽需求，同时尽量将物理页折叠到更少的器件，以保证大块连续数据的同步预取。这样，A 类程序就可以从大块预取数据中受益，它的访存请求也能激活更多的器件。

B 类程序：它们的带宽需求相对较小，局部性很好，需要相对少的波长配额，以及较小的折叠度。

C 类程序：它们有较高的带宽需求，局部性却较差，这类程序往往相对其他程序拥有更高的内存体级别并行度，它们的数据适合映射到更多的器件中去，这些器件可以独立相应请求，这个时候，系统需要给予较多的波长配额，以使得它们的预取尺寸更小，但是要将物理页分布到更多的器件中去(更高的折叠度)，C 类程序的请求只能激活少数的器件，这样才能在减少预取数据的同时，获得足够多的波长以满足高并发访存的需求。剩下的两种类型也依照类似的原则进行波长配额以及折叠度分配。

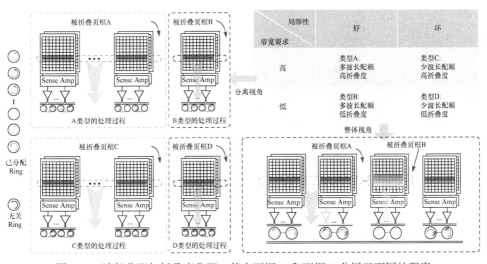

图 6.11　波长分配与折叠度分配；其中页框 A 和页框 B 分属于不同的程序

D 类程序：它们的带宽需求低，局部性也较差，所以分配少的波长配额，以及高的折叠度。

为了对程序进行分类，系统需要获得程序的带宽需求信息以及访存局部性信息，用于波长配额与折叠度分配。对于带宽需求信息，可以在线地通过测量缓存缺失率的数据来获得，对于局部性分析，则可以通过记录行缓存命中率获得或者通过平均加载跨距(average load stride)来度量。加载跨距衡量的是连续访存地址的页内偏移，许多程序在访存中表现出来的跨距呈现出一定的固定模式，很小的平均跨距通常意味着很高的行缓存命中率。

程序分析的结果可以通过记录 MPKI 与加载跨距的两种性能计数器获得，也可以采用基于编译分析的离线手段获得。Wu 等提出采用编译器辅助和静态分析的方法估计程序的带宽需求，从而指导体系结构参数调节，优化性能。Kim 等同样采用编译器辅助、通过输入缓存层次的配置、工作集大小的信息获得缓存缺失的期望值。另外，Chandra 等借用栈距离分析的方法预测缓存失效率。同样，许多研究者用来设计软件预取器的思路可以用来预测程序的加载跨距，Wu 等认为跨距的模式在统计上是稳定的、可以通过编译器采样分析获得，只需要对程序在虚拟地址空间的连续访问进行记录就能够获得大致的跨距预测信息，这类技术通常被用来指导软件预取。

采用硬件的方法在线获取带宽需求以及空间局部性信息技术非常很普遍。波长配额以及折叠度分配直接关系到系统数据在主存中映射方式，也就是说在程序将工作集加载到主存之前，系统就需要得出一个稳定的有关程序的访存特性分析结果。离线分析的方法更适合于用来获取程序的带宽需求和局部性信息。不论是何种方式，当程序发生页缺失时，该分析结果可以用来指导数据在主存内的映射。

4. 波长配额/折叠度(W/F)分配

可分配的波长配额范围取值为 1～64，对应 DWDM 波导中的可用并行写波长数目，平均跨距的范围取值为从 1～63，这是因为一张物理页内有 64 个数据块。首先，系统通过获取的各个程序的带宽需求信息之比，确定各自的波长配额 WQ，波长配额 WQ 直接关系到平均每个周期内可以搬运的数据块大小，然后再根据平均跨距指数确定各个程序的页折叠度，从而确定需要将该程序的物理页映射到几个存储器件中去。

假设处理器中一共运行 N 个程序，于是有如下方程：

$$WQ_i = \frac{MPKI_i}{\sum_{j=0}^{N-1} MPKI_j} \times WD \tag{6.1}$$

$$SQ_i = \frac{(64 - ALS_i)}{\sum\limits_{i=0}^{N-1}(64 - ALS_i)} \times WQ_i \tag{6.2}$$

$$F_i = \frac{AQ_i}{SQ_i} \tag{6.3}$$

其中，WQ_i、SQ_i 和 F_i 分别是程序-i 的波长配额、每个器件中的分离波长配额，以及页折叠度；ALS_i 是程序-i 的平均加载跨距预测值，WD 是系统可用波长总配额。

当得出每个程序的 W/F 分配值后，需要借助波长位图来快速地为每个程序分配关联存储器件，该关联器件直接决定着各个程序的数据映射位置。如图 6.12 所示，在波长分配的过程中可用通信波长被组成位图的形式，图中的行数和该通道主存中总的器件数相等，当程序-i 第一次请求确定数据映射时，位图的指针根据程序-i 的波长配额，向下方移动 f_i，然后，被指针掠过的 f_i 行整体往左循环移位 SQ_i 个位置，表示被移动的波长位置都被关联分配给了程序-i，在整个波长图都被分完过一次之前，不会再分配给其他的程序了。每个器件的专属波长数目由 $p-1$ 个，器件的数目为 $n-1$。这种交叉分配波长的方法是为了尽可能地使得不同程序的数据集在 DRAM 主存中分隔到不同的器件。

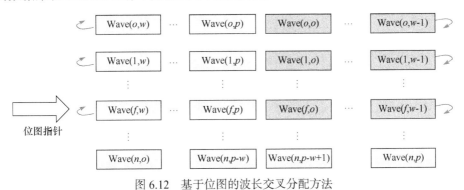

图 6.12　基于位图的波长交叉分配方法

程序的 W/F 分配完成之后，就可以在程序发生页缺失的时候指导物理内存分配，当内存映射完成以后，W/F 的配额在程序的寿命周期内不能更改，这会造成物理地址寻址混乱的现象，而且会造成程序数据集在内存中的搬运，目前本书研究的内存设计还未考虑 W/F 分配的动态调整，但是，硅基光互连内存可以通过微环与相关光器件的开关调整适应程序的访存特点的变化，一旦波长与预取带宽被认为对某些程序过度供应，系统可以动态地关闭微环来做到。在每一个特定的时间间隔内，硅基光内存可以通过监控性能寄存器(performance counter)值的变化判断是否可以关掉，简要的控制算法描述如下(算法 6.1)，如果末级缓存缺失率相较

上个时间间隔采样下降了 *A*%，那么选择关断 *a* 个光波长，如果上升了 *A*%，那么
选择在不超过原有波长配额的前提下关断 *a* 个光波长，其中 *A* 与 *a* 都是实验中获
得的经验最佳常数值。

算法 6.1　微环开启数目调节算法

For each ending of　epoch-*i*
If　MPKI$_i$ >(1+*A*%)MPKI$_{i-1}$
Increment　$N_{ActRings}$ for epoch-*i*+1
If　MPKI$_i$ <(1+A%)MPKI$_{i-1}$
Decrease　$N_{ActRings}$ for epoch-*i*+1
Enter epoch-*i*+1

5. 操作系统内存管理支持

页折叠的实现需要操作系统内存分配的支持，操作系统多采用 Buddy System
管理动态物理内存。在被系统占用之前，主存中的物理页都被当作页框资源储备。
在物理页被具体分配给一个程序的虚拟页之前，程序的数据(虚拟页)在存储器中
映射仍然是不确定的。页折叠的实现是通过结合物理页分配和波长分配达成的，
通常，一个物理页框对应着 DRAM 主存中的一个行，即横跨所有存储器件，所以
物理页地址可以被直接用作行地址用来索引 DRAM 中的该行。如图 6.13 所描述，
在硅基光内存中，程序的虚拟页要通过页折叠的方法、自适应地映射到一个或多
个不确定的存储器件中去，也就是说，程序虚拟页在内存中的映射取决于程序的
W/F 配额，而且物理页与虚拟页的相对尺寸也发生变化，虚拟页被折叠后不再只
局限于多个器件的同一行，它可以存在于缓存体中连续的多行内。

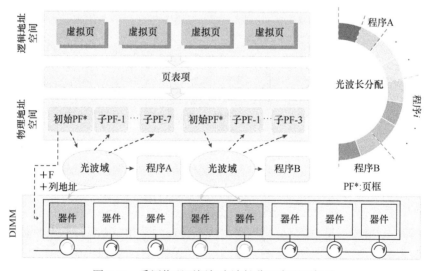

图 6.13　采用物理页框与光波长分配实现页折叠

页折叠通过把程序的虚拟页按照一定折叠度分配到指定波长的器件中，如

图 6.13 所示，它需要修改页框的尺寸以及管理分配机制。该系统并不修改虚拟
页的尺寸，考虑虚拟页的尺寸修改将会使得页表项和 TLB 项增多，并且引起开
销的上升，本方法将物理页尺寸改小，使之能适配到 DRAM 器件中的一行中去，
例如，如图 6.13 中所示，原本 4KB 的物理页框被 8 个存储器件分隔，尺寸变成
512KB 大小。在虚拟地址转换的过程当中，系统在页表和 TLB 中只保留一个虚
拟页地址，然后在物理页地址项，只保留虚拟页在存储器件中映射的第一行行地
址，以及所关联的波长 ID 号以及页折叠号，真实行地址可以通过页内偏移、页
折叠配额与波长 ID 号一起计算出来，然后将信号编制到相应的光波长中去。以
图为例，当程序 A 在执行过程中遇到一个虚拟页缺失的时候，根据波长配额与
折叠度情况，页框 PF、PF-1 到 PF-7 将被分配给程序 A，仅有第一个页框的物
理地址(存储器行地址)被存储到页表以及 TLB 中，于是请求拥有的行地址 xxxx，
F 以及部分的列地址，将会在内存控制器中解码出实际行地址，产生地址信号，
然后根据分配波长号解码到 w 个光波长信号中去。由于微环本身共振频率的过
滤效应，仅有目标器件会接受到波长信号，并且回应。这种机制不会改变虚地址
页分配，将会导致系统采用更小的页框尺寸，支持该功能并不需要对 OS 中的内
存管理机制做大幅度修改，类似的技术可以参考 "micro-page" 方案[27]。

6.3.4　实验评估

1. 实验环境设定

为了可以有效地评估本研究所提出的硅基光通信内存设计的性能和能效，本
书采用全系统仿真器 GEMS/Simics 模拟器以及内存模拟器 USIMM-1.1 作为仿真
工具，来进行实验分析。GEMS 模拟器通过修改，使其内存模块支持本设计的工
作方式。对于电连接 DRAM 主存，同时评估了采用先准备-先到先服务(first ready-
first come first serve，FR-FCFS)的访存调度方法。仿真系统采用如表 6.1 中所示的
组织结构。为了获得内存模块自身的延迟以及功耗信息，本书除了全系统仿真，
还采用更详尽的内存模拟器，并且让它支持本书设计的硅基光通信内存，作为补
充实验平台，通过基于 Trace 的仿真方式获得相关实验结果，该实验采用由 GEMS
仿真器提取出来的相应访存 trace 作为 USIMM 输入，以获得延迟和功耗结果。

如表 6.2 所示，采用的实验基准程序选自 SPEC CPU2006，SPEC2000 以及
SPLAHS-2 基准程序。对于所有基准程序应用，在仿真的时候，都会跳过其初始
化阶段专门运行核心功能代码。为了能详尽地评估硅基光通信内存的性能，本实
验选取单线程、多线程以及多程序负载作为输入，同时，为了能够评估不同负载
下的存储器性能，实验负载根据其末级缓存的失效情况分为多组：访存密集型(H)
以及计算密集型(L)。

表 6.1　系统基本参数

参数	配置	
处理器	16 core, 3.0 GHz, 2-issue 乱序执行	
L1 缓存	4-way, 64KB, 64B-line, 1-cycle	
L1D 缓存	4 way, 64B-line, 32KB, LRU 替换, 2-cycle	
L2 缓存	共享, NUCA, 8MB, 8-way, 8 banks, LRU, 6 周期命中延迟	
主存	电	4G, DDR2, 800MHz, 8 ranks, 64 banks,
	光	4G, DDR2, 800MHz, 2 ranks, 16 devices, 65 wavelengths
调制器和环	调制功耗	47 fJ/bit,
	静态功耗	100μW/ring
调制功耗	440 μW/bit	
激光器	读	1.22 mW
	写	0.49 mW
	地址	0.24 mW
转换器频率	5GHz	

对于多程序负载，来自不同基准程序集的程序按照其类型选择并混合，例如，H3L1 包含着 3 个来自 group-H 的程序，以及一个来自 group-L 的程序。

对于光通信界面的设计参数，实验中保守地选择了支持 65 种波长并行传输的 DWDM 技术。用于数据传输的转换器，以及用于波长调制的微环选取 32nm 集成电路工艺实现。在活动状态中的，每个微环消耗 100μW。由于静态光器件对于存储功耗非常重要，实验中采用 6.3 节中提出的控制方法节省静态功耗。在实验采用了微环睡眠技术，只需记录对应活跃状态微环，以及光调制器的功耗。

表 6.2　工作负载参数

测试程序集	类型	测试程序名称
SPLASH-2	多线程	FFT, Radix, Cholesky, Raytrace, LU, Water, Ocean, Radiocity, Barnes
SPEC2006 & SPEC2000	单线程	整型:perlbench, bzip2, gcc, mcf, libquantum, gobmk, omnetpp, twolf, parser, gzip 浮点型: leslie3d, deaIII, soplex, calculix, GemsFDTD, tonto, lbm, sphinx3, gromacs,
组合应用程序	多程序	**H4L0-1**: GemsFDTS, perlbench, lbm sphinx, **H5L0-2**: gcc, GemsFDTS, omnetpp, soplex, **H3L1-1**: GemsFDTS, perlbench, lbm, tonto, **H3L1-2**: gcc, soplex,　lbm, leslie3d **H2L2-1**: perlbench, lbm, leslie3d,tonto **H2L2-2**: GemsFDTS, sphinx, gromacs, calculix **H1L3-1**: lbm, leslie3d,tonto, calculix, **H1L3-1**: perlbench, gromacs, gobmk, libquantum **H0L4-1**: gromacs, gobmk, leslie3d, tonto **H0L4-2**: libquantum, calculix, gobmk, deaIII

2. 实验结果与分析

1) 性能分析结果

对于单线程以及多线程应用，不存在资源竞争者，硅基光通信内存会把所有可用光波长都分配给片上单程序，程序的物理页将会横跨所有 DRAM 器件，保证所有的光波长可用于超块预取。图 6.14 中显示了多线程以及单线程程序的缓存缺失率下降的程度。和电互连的基准内存相比，所选的负载获得了平均 56.9% 的缺失下降。但是，有几个程序未获得明显性能提升。经过对程序中实验数据的解读，发现此类程序的缓存缺失通常猝发出现，会在短时间内产生连续的访存。在这种情况下，超块预取技术则不能提前准备数据以减少长访存延迟带来的负面影响。

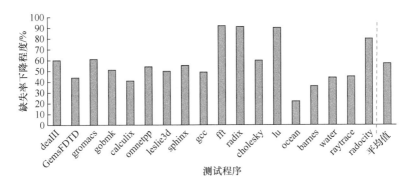

图 6.14　单程序与多线程程序的缓存缺失下降程度

为了探索多程序负载中超块预取技术的性能，本实验通过对基准程序的带宽需求进行离线分析，把基准程序根据类型不同分成了几组。图 6.15 显示了硅基光

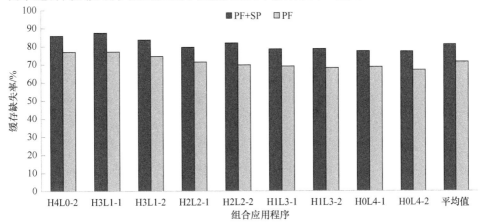

图 6.15　页折叠与页折叠+超块预取所减少的缓存缺失率

通信内存相比传统相同配置的电连接内存，所减少的缓存缺失百分比。在实验分析中，可以看到电连接内存中的大部分性能开销来自带宽争用引起的请求排队延迟。在支持超预取的硅基光通信内存中，因为存放折叠物理页的器件能够独立响应访存请求，其服务并行性大大提升，可以同时响应不同波长的请求信号。当超预取和页折叠同时工作时，相比仅采用超预取技术的内存，系统进一步地减少了35%的访存延迟。性能上升的主要原因是预取能够大幅度地减少末级缓存缺失。末级缓存失效率大幅度下降，同时采用了超预取与页折叠技术的内存获得明显的性能提升。

相比读延迟，页折叠技术仅仅减少了20%的多程序负载写延迟下降。当仅有超块预取技术被激活时，则仅有6%的平均写延迟下降，原因是超预取技术会更频繁地占用缓存体端口，在某些时段阻止它们对写命令的响应。

2) 功耗优化结果

行缓存的字线充放电活动产生了大量的动态功耗，本实验采用行缓存利用率作为访存操作中最主要的动态功耗指标。RBU记录了激活到行缓存中的内存行数据中被处理器访问到的百分比，这个指标主要受到三个部分影响：行激活的次数、行激活数据的宽度以及行缓存的命中率，即最终被处理器核使用的比例(多余的预取数据不计算在内)。

图6.16显示了单线程程序的行缓存利用率取值，对于本书提出的硅基光通信内存，能够以较小的延迟开销传送行缓存中的大部分数据到处理器芯片，因此相比基准DRAM模型，表现出了更高的行缓存利用率。其中，基准电连接DDR2 DRAM主存采用了关页策略(close-page policy)。

对于多程序负载而言，所选的程序组合随机混合了2～15个来自基准程序集的应用。从Mix-1到Mix-14，它们混合的并发程序数目持续上升，负载本身的访存密度逐渐升高。相比采用开页策略的基准设计，关页策略的基准内存设计的行缓存利用率要更低，关页策略基准内存中每完成一个访存命令将会关闭掉整行行缓存数据。随着并发程序数目的增加，行缓存命中率的下降，采用开页策略的基准内存的RBU也持续地下降。当硅基光通信内存设计同时采用超块预取和页折叠技术时，其行缓存利用率相比电连接基准内存上升了将近3倍，原因是页折叠技术可以很好地通过数据隔离提高连续访存的行缓存利用率，而超块预取技术则通过DWDM预取更多的有效数据到光通道中，两者都能够提高内存设计的行缓存利用率。

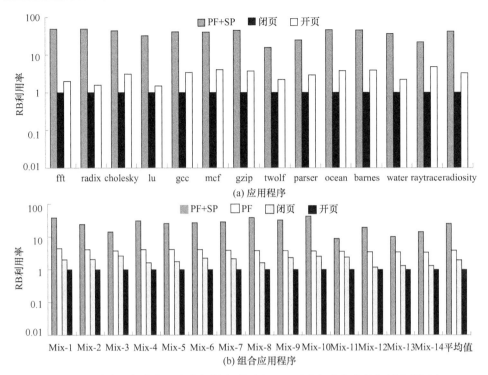

图 6.16　单线程与多线程程序的行缓存利用率，以及多程序负载的行缓存利用率

　　为了能够衡量硅基光互连主存系统的功耗具体指标，实验修改了 USIMM 主存模拟器，以综合考虑光互连主存几个重要组成部分的功耗情况：DRAM 主存芯片、光器件外围电路、主存控制器。作为基准比较对象的传统电连接内存中，其 DRAM 主存的功耗又分成背景功耗与动态功耗。背景功耗与访存活动率没有直接关系，它取决于外围电路、漏电电流和刷新功耗；而动态功耗组成部分又包括行缓存中消耗的激活/预充功耗。激活功耗主要是由存储阵列访问操作引起的，而读/写功耗则主要取决于行缓存中的列选取操作，最后信号终止功耗是互连总线中 CMOS 模拟器件的驱动以及总线的活动造成的。后三种 DRAM 功耗类型在实验中被算作动态功耗。不同于传统电连接的主存模块，硅基光互连无需消耗一部分电引脚 I/O 接口功耗以及总线活动功耗，但是引入了由光器件引起的相应动态与静态功耗。功耗的分解结果如图 6.17 所示。

　　如图 6.17 所示，硅基光互连内存，相较传统电连接内存减少了 54% 的动态功耗。根据我们的分析结果，节省的动态功耗主要来自行缓存激活次数的减少以及总线传输与信号终止活动的停止。前者是超块预取带来的一个优势，而后者是长连线长波导传输的优点。

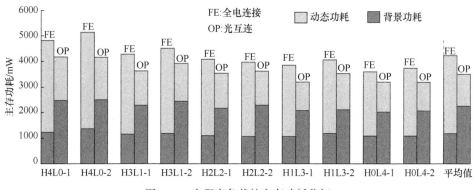

图 6.17　多程序负载的主存功耗分解

　　尽管访存密集型的组合能够节省更多的能耗，但是大体上，不同访存强度的多程序负载的能耗特性比较接近。这主要是由于页折叠技术能够通过波长分配适应程序的组合变化。

　　从图 6.17 中可以看到，光通信节省的大部分动态功耗都被用来补偿硅基光互连内存的静态功耗增量。硅基光互连内存设计集成了大量的微环以及高吞吐量调制器，借助 DWDM 技术传输大块数据。这些微环共振器件需要周期性地加热调整，来阻止它们的共振频率发生温度漂移，这种操作叫做"修剪"(trimming)，由于修剪活动，光器件会消耗足够多的背景功耗。幸运的是，本设计的动态睡眠控制策略可以在一定程度上减少能量开销，对于空间局部性较差的程序，尤其有效。本设计内存模块平均可以减少 17% 的总能耗，预计随着光器件制造工艺的成熟，修剪功耗会得到缓解。值得注意的是，实验并没有衡量整个内存系统的能量节约情况，系统的能量节约情况相较功耗下降数值将会更加显著，这是由于总体程序执行时间的减少导致的。

　　3) 敏感性分析

　　本书注重分析硅基光互连内存的自适应特点，这个特性能够灵活地平衡带宽以及并行性需求之间的矛盾。该特征使得主存设计在对于不同并发负载都表现出一定的可扩展性。对于多程序负载，本设计采用来自 SPEC CPU2000 以及 SPLASH-2 的基准程序，通过逐步增加负载进程数以测试硅基光互连内存在不同负载强度下的表现。图 6.18 中给出了包含 2～15 个程序组合负载下硅基光互连内存对多程序负载的加速情况。

　　图 6.18 所示，最轻量级的负载 Mix-1 仅包含两个程序，而 Mix-14 包含了 15 个程序，这些组合随机选取了来自 SPEC CPU2000 和 SPLASH-2 集的基准程序，每一个线程都被固定绑定在一个处理器核上。实验中，波长/折叠度的分配依据本节中介绍的方法，所有程序的带宽需求以及局部性特性都采用离线的方法从模拟

器中预先获得，然后用于指导运行中程序的数据映射。当 CMP 运行强度更高的负载时，多个程序的超块预取会引起更严重的缓存冲突缺失，因此预取所减少的缺失率会随之下降，因此，总体的程序加速水平随着负载访存强度的上升也逐渐变得平缓，这些组合的加速浮动范围不超过平均值的 20%。实验中程序加速值 (Speedup)为程序在光互连内存中的总体执行时间比上程序在电连接内存中的总体执行时间。

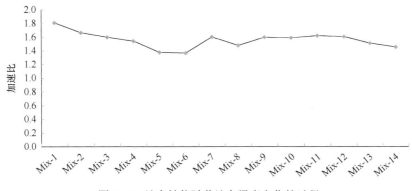

图 6.18　访存性能随着访存强度变化的过程

6.4　本 章 小 结

内存系统主要包括片上缓存、片上互连与片外主存部分，缓存与片上互连采用片上集成的方法与处理器等随机逻辑放置在一起，这部分占据了大部分的芯片面积与较多的连线资源，它的可靠性问题在先进制作工艺以及低电压操作环境下，是影响多核处理器正常工作的重要因素。不同于片外主存，采用较规则的专用芯片实现，片上缓存与互连遭遇的故障模型更加复杂，同时其容错设计的灵活性也更大。本章选择从片上互连与片上缓存的角度，优化内存系统的可靠性。另外，片外主存采用开销较大的通信方式，同时其存放的数据集较大，存储密度也更大，被认为是主存系统甚至是整个多核处理器系统的主要功耗来源，因此，本章选取主存结构及其互连作为内存系统的功耗优化目标。

最新的纳米光学器件制造工艺提供了一个大幅度改善主存通信带宽的机会。基于这项技术，本章重新审视了传统 DRAM 主存架构的限制性因素及其后果，并且得出结论，认为这种架构不能很好地利用光带宽资源。本章所提出的硅基光互连内存设计避免了传统 DRAM 主存架构与访存机制能效低下的缺陷。通过结合超块预取与页折叠技术，本章提出的硅基光互连内存能够很好地保存并开发不同程序中的局部性特点，通过评估不同的负载，本章发现硅基光互连内存能够有效提升系统性能以及内存的行缓存利用率。对于单程序以及多程序应用,本章都观察到了显著的缓存缺失和访存延迟下降效果。通过分析光互连内存的能耗来源组成,本章发现光通信能够大幅度下降访存动态功耗,结合性能上升带来的加速效果,可以进一步减少系统整体能量消耗。综上,硅基光互连内存证明了纳米光学通信技术在 DRAM 主存中的应用前景,非常适用于未来高吞吐量、多并发负载、低功耗计算系统。在未来的工作中,本研究将通过考虑程序访存特性中的 bank-level 并发度特点,设计一种更高效的带权波长/折叠度分配策略。

参 考 文 献

[1] Wang Y, Zhang L, Han Y, et al. Flex memory: Exploiting and managing abundant off-chip optical bandwidth [C]// Design, Automation & Test in Europe Conference & Exhibition, Grenoble, 2011: 1-6.

[2] Wang Y, Han Y, Zhang L, et al. Economizing TSV resources in 3-D network-on-chip design[J]. IEEE Transactions on Very Large Scale Integration Systems, 2015, 23(3): 493-506.

[3] Zheng H, Lin J, Zhang Z,et al. Decoupled DIMM: Building high-bandwidth memory system using low-speed DRAM devices [C]// International symposium on Computer architecture, New York, 2009: 255-266.

[4] Zheng H, Lin J, Zhang Z, et al. Mini-rank: Adaptive DRAM architecture for improving memory power efficiency [C]// International Symposium on Microarchitecture, Lake Como, 2008: 210-221.

[5] Udipi A N, Muralimanohar N, Chatterjee N, et al. Rethinking DRAM design and organization for energy-constrained multi-cores [C]// International symposium on Computer architecture, New York, 2010: 175-186.

[6] Ahn J H, Jouppi N P, Kozyrakis C, et al. Future scaling of processor-memory interfaces [C]// The Conference on High Performance Computing Networking, Storage and Analysis, Portland, 2009.

[7] Ahn J H, Jouppi N P, Kozyrakis C, et al. Improving system energy efficiency with memory rank subsetting[J]. ACM Transactions on Architecture, 2012, 9(1) : 1-28.

[8] Sudan K, Chatterjee N, Nellans D, et al. Micro-Pages: Increasing DRAM efficiency with locality-aware data placement [C]// International Conference on Architectural Support for Programming Languages and Operating Systems, New York, 2010: 219-230.

[9] Elangovan K, Rodero I, Parashar M, et al. Adaptive memory power management techniques for HPC workloads [C]// International Conference on High Performance Computing, Washington D. C., 2011: 1-11.

[10] Delaluz V, Kandemir M, Vijaykrishnan N, et al. Hardware and software techniques for controlling DRAM power modes[J]. IEEE Transactions on Computers, 2001, 50(11): 1154-1173.

[11] Huang H, Shin K G, Lefurgy C, et al. Improving energy efficiency by making DRAM less randomly accessed [C]// International symposium on Low power electronics and design, New York, 2005: 393-398.

[12] Hur I, Lin C. A comprehensive approach to DRAM power management [C]// International Symposium on High Performance Computer Architecture, Salt Lake City, 2008: 305-316.

[13] Li X, Li Z, David F, et al. Performance directed energy management for main memory and disks [C]// International Conference on Architectural Support for Programming Languages and Operating Systems, Boston, 2004: 271-283.

[14] Huang H, Pillai P, Shin K G. Design and implementation of power-aware virtual memory [C]// The Conference on USENIX Annual Technical Conference, Berkeley, 2003: 5.

[15] Cho Y, Chang N. Memory-aware energy-optimal frequency assignment for dynamic supply voltage scaling [C]// International Symposium on Low Power Electronics and Design, Newport Beach, 2004: 387-392.

[16] Fradj H B, Belleudy C, Auguin M. System level multi-bank main memory configuration for energy reduction [C]// International Workshop on Power and Timing Modeling, Optimization and Simulation, Montpellier, 2006: 84-94.

[17] Li X, Li Z, David F, et al. Performance directed energy management for main memory and disks [C]// International Conference on Architectural Support for Programming Languages and Operating Systems, Boston, 2004: 271-283.

[18] Diniz B, Guedes D, Meira W, et al. Limiting the power consumption of main memory [C]// International Symposium on Computer Architecture, San Diego, 2007: 290-301.

[19] Liu J, Jaiyen B, Veras R, et al. RAIDR: Retention-aware intelligent DRAM refresh [C]// International Symposium on Computer Architecture, Washington D. C., 2012: 1-12.

[20] Kim J, Marios C. Papaefthymiou block-based multiperiod dynamic memory design for low data-retention power[J]. IEEE Transactions on Very Large Scale Integration, 2003, 11(6):1006-1018.

[21] Yanagisawa K. Semiconductor memory[P]. U.S. patent number 4736344, 1988.

[22] Ghosh M, Lee H S. Smart refresh: An enhanced memory controller design for reducing energy in conventional and 3D die-stacked DRAMs [C]// International Symposium on Microarchitecture, Washington D. C., 2007: 134-145.

[23] Patel K, Benini L, Macii E, et al. 2005. Energy-efficient value-based selective refresh for embedded DRAMs [C]// International Conference on Integrated Circuit and System Design: Power and Timing Modeling, Optimization and Simulation, Leuven, 2005: 466-476.

[24] Venkatesan R K, Herr S, Rotenberg E. Retention-aware placement in DRAM (RAPID): Software methods for quasi-non-volatile DRAM [C]// International Symposium on High-Performance Computer Architecture, Austin, 2006: 155-165.

[25] Liu S, Pattabiraman K, Moscibroda T, et al. Flikker: Saving DRAM refresh-power through critical data partitioning [C]// International conference on Architectural support for programming languages and operating systems, New York, 2011: 213-224.

[26] Emma P G, Reohr W R, Wang L K. Restore tracking system for DRAM[P]. U.S. patent number 6389505, 2002.

[27] Song S P. Method and system for selective DRAM refresh to reduce power consumption[P]. U.S. patent number 6094705, 2000.

[28] Liu C C, Ganusov I, Burtscher M, et al. Bridging the processor-memory performance gapwith 3D IC technology[J]. IEEE Design and Test of Computers, 2005, 22(6):556-564.

[29] Park D, Eachempati S, Das R, et al, MIRA: A multi-layered on-chip interconnect router

architecture [C]// International Symposium on Computer Architecture, Beijing, 2008: 251-261.

[30] Loh G H. 3D-Stacked memory architectures for multi-core processors [C]// International Symposium on Computer Architecture, Beijing, 2008: 453-464.

[31] Kgil T, D'Souza S, Saidi A, et al. PicoServer: Using 3D stacking technology to enable a compact energy efficient chip multiprocessor [C]// International Conference on Architectural Support for Programming Languages and Operating Systems, New York, 2006: 117-128.

[32] Woo D H, Seong N H, Lewis D L, et al. An optimized 3D stacked memory architecture by exploiting excessive, high density TSV bandwidth [C]// International Symposium on High-Performance Computer Architecture, Bangalore, 2010: 1-12.

[33] Kirman N, Kirman M, Dokania R K, et al. On-chip optical technology in future bus-based multicore designs[J]. IEEE Micro, 2007, 27(1):56-66.

[34] Batten C, Joshi A, Orcutt J, et al. Building many-core processor-to-DRAM networks with monolithic CMOS silicon photonics[J]. IEEE Micro, 2009, 29(4): 8-21.

[35] Chang M F, Cong J, Kaplan A, et al. CMP network-on-chip overlaid with multi-band RF-interconnect [C]// International Symposium on High Performance Computer Architecture, Salt Lake City, 2008: 191-202.

[36] Li F, Nicopoulos C, Richardson T, et al. Design and management of 3D chip multiprocessors using network-in-memory [C]// International symposium on Computer Architecture, Boston, 2006: 130-141.

[37] Darve F, Sheibanyrad A, Vivet P, et al. Physical implementation of an asynchronous 3D-NoC router using serial vertical links [C]// IEEE Computer Society Annual Symposium on VLSI, Chennai, 2011: 25-30.

[38] Jin Y, Kim E J, Yum K H. A domain-specific on-chip network design for large scale cache systems [C]// International Symposium on High Performance Computer Architecture, Washington D. C., 2007: 318-327.

第7章 多核处理器内存系统的高可靠设计

典型的大规模片上多处理器通常采用片上网络来连接二级或三级缓存，由此组织成分布式的 NUCA 阵列以提高存储系统的可扩展性以及效率，另一方面，随着集成度的增加，持续进步的工艺带来严重的可靠性问题，片上部件由制造缺陷或在线故障而导致系统失效成为常态。因此可靠 CMP 必须具备降级工作的能力以屏蔽故障的影响，在这种情况下，CMP 中的计算节点一旦被无效，其连接的静态 NUCA 部分也将同时被无效，从而导致部分物理地址范围不可访问。这种失效方式可能是由固定故障、离线故障或在线故障产生的，如何针对不同情况提出一种高利用率的缓存节点故障容忍技术，对于可靠性要求较高的容错多核处理器非常重要。

本章首先针对离线的 NUCA 节点级故障，提出一种交叉跳跃的地址映射机制，能够通过可配置缓存地址译码器，低开销地屏蔽掉节点故障对系统的影响，同时能很好地平衡访存压力，但是该方法面对程序执行过程当中的动态、间歇性故障或功耗调控引起的节点失效时，引起的性能开销较大，因此，本章进一步提出了基于片上网络路由器的动态节点重映射技术，该技术可以灵活地将失效缓存节点与健康节点相匹配，通过共享物理空间屏蔽故障带来的影响，另外为了减少共享引起的空间冲突，本章提出了最大化利用率的缓存重映射方法，该方法有以下几个特征：①利用栈距离分析(stack distance analysis)预测不同节点映射方案引起的缓存冲突失效，从而可以衡量不同重映射方案的效果；②最优映射方案的搜索问题可以被等效为一个指派问题，方案采用匈牙利方法搜索最佳映射匹配，搜索结果拥有最优缓存空间利用率。该方法复用容错路由器的路由表进行缓存请求/回复包的重定向，从而达到地址重映射的效果。本章内容源自作者的研究成果[1-3]。

7.1 多核处理器内存系统高可靠设计技术概述

片上缓存可靠性优化技术主要用于解决两类问题，一类是缓存的瞬态故障，如软错误；第二类为固定故障，比如工艺偏差(process variation，PV)引起的晶体管故障。传统的理论认为，软错误的发生具有不可测性，例如宇宙射线击中晶体管PN 结产生瞬态的衬底漏电流从而引发单粒子翻转，而固定故障则是可测的，但是随着工艺尺寸的缩小，供电电压变得低，芯片的工作环境也变得越来越不稳定，特别是最近提出的近阈值计算(near threshold computing，NTC)模型中，晶体管的故障模型也变得更为复杂，瞬态故障与永久故障的识别也变得更加困难，这主要是由于永久故障的激活条件变得复杂，不易重现，有时候会被看作是瞬态故障。因此许多研究者采用统一的方法应对这两种故障类型。从优化技术的特征来看，片上缓存容错技术常常分为电路级容错和体系结构级容错。

7.1.1　电路级的缓存容错技术

片上缓存大多采用如图 7.1 所示的六管 SRAM 单元作为存储单元，对于 SRAM 单元产生的可靠性问题，许多研究者从改进该单元的设计方法入手，提升 SRAM 缓存的可靠性。图 7.1 中所示的六管存储单元，其故障发生率受到工艺偏差的严重影响，这是由存储单元参数发生漂移而引起的，其失效机理包括读失效、写失效、保持失效还有访问时间失效。这几种失效机理随着电压下降，变得越来越严重，特别在近阈值计算中，占据了失效类型的主要部分。

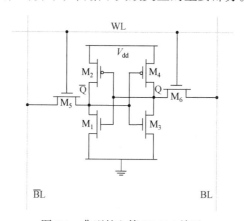

图 7.1　典型的六管 SRAM 单元

商用处理器如 Xeon 系列提供一定的缓存容量配置能力，可供应用选择末级缓存容量，这种方法被称为组削减(set reduction，SR)法，可以用于应对缓存体故障问题，但是这种方法对缓存空间的浪费较大[4]。

研究者通过修改传统六管 SRAM 单元的设计结构，来增加存储单元的噪声容限，改善其稳定性。Kulkarni 等比较了一系列 8 管和 10 管 SRAM 单元设计，同时提出了基于施密特触发器的 10 管 SRAM 单元，拥有很好的稳定性，能容忍低电压、电压噪声以及其他信号噪声源。Velazco 等提出了 H1T1 的多管 SRAM 存储单元来提升存储器的可靠性，这种晶体管有很强的抗干扰能力，能够抵御软错误等瞬态故障的影响[5]。根据工艺的等比例缩放规律，存储器的供电电压也在不断下降，低供电电压会恶化 SRAM 的可靠性，使得读、写、保持故障发生率呈指数级速度上升，为了提高 SRAM 存储单元的可靠性，Zhang 等提出多供电电压设计来满足低功耗与可靠性要求，通过提高 100mv 供电电压，能够有效降低 10 倍以上的存储器失效率[6]。类似地，Hirabayashi 等提出的字线补偿技术，结合双电压技术能够进一步地减少故障的发生[7]。

工业界最常用来解决存储器单元故障的方法就是采用行列冗余来替换故障位[8]，在这项技术中，一个或多个额外的行/列被加入到存储器阵列中去，当失效单元出现时，存储器通过地址线重构将冗余单元替换故障位。如图 7.2 所示，浅灰色的部分为冗余列，当某个列的存储单元发生故障的时候，冗余列选通信号通过多路选择器移位替换原列完成重构，根据存储器的失效位图可以生产相应的浅灰色多路选择器选通信号，达到修复故障位的目的。

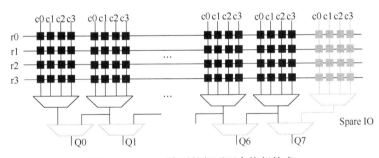

图 7.2　SRAM 阵列的行列冗余修复技术

7.1.2　体系结构级缓存容错技术

故障校验码被广泛运用到高可靠存储器当中用于数据失效侦测与修复，常用的故障校验编码方法有 SECDED(single error correction double error detection)、BCH(bose Chaudhuri-Hocquenghem)，以及 Chipkill 等。最常用的 SECDEC 码，能够修复一位数据错误并且可以侦测两位数据错误，Chipkill ECC 则是专为 DRAM 内存条设计，能够在内存条损失掉一个存储芯片的情况下保障数据的正确性。BCH 码则是一种循环故障校验码，在设计编码的时候，可以根据需要精确控制需要容忍的最大故障位数。

通常高可靠片上缓存的设计需要用到 ECC 编码的支持，Wilkerson 等提出一项体系结构级的技术容忍大容量缓存在低电压操作下的存储单元故障[9]，他们的技术利用多余的缓存存储空间，通过字失效(word-disable)的方法，融合两个连续的缓存块，使之融合成单独的一个缓存块，在这个缓存块中，只有未遭遇故障的存储字会被使用，而包含错误的存储字单元则被无效化，其中被无效后的存储字单元通过移位器集中到不被访问的存储空间。同时，该方案还提出了字修复(bitfix)技术，字修复技术消耗缓存组中的四分之一路，专门用来存储其他路中的存储单元故障位置以及其修复位，如图 7.3 所示。以一个 10bit 数据块为例，该 10bit 缓存块被划分为 5 个 2bit 碎片，其中 X 表示故障位，存储在同一缓存组中的故障指针为"010"，表示第三个字是故障的，该指针被解码成 5bit 的多路控制向量，然后将故障位右边所有数据的多路选择信号都设置成"1"，最终通过多路选择器，故障位所在的块 X1 会被修复块"01"所替换，从而完成故障纠正。

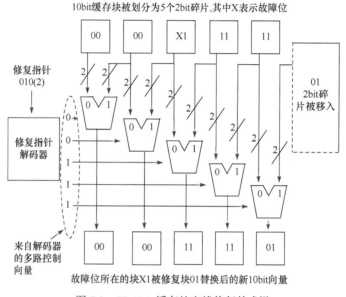

图 7.3　SRAM 缓存的字线修复技术[9]

　　Alameldeen 等提出了一种可变强度的 ECC 校验方法用于保护近阈值电压操作下的缓存[10]，考虑到故障分布的非均匀性，这种 ECC 校验方案大部分缓存块在工作中表现出很少的故障密度甚至无故障，传统的方案给每个缓存块提供相同强度的 ECC 校验码，造成了大量 ECC 码的浪费，同时故障分布密度较高的缓存区域则不足以纠正多位故障，而不同强度的 ECC 可以根据故障分布，为故障密集的缓存块提供多位故障纠错能力，而为故障分布稀疏的缓存块提供更少位数的纠错码甚至不提供纠错码，因此该方案能够有效分摊多位故障纠错码的存储开销，仅有很少的一部分缓存块需要高强度的 ECC 校验来容忍多位故障，其造成的面积和性能开销十分有限。Alameldeen 等还提出了动态缓存监控方案来确定哪些缓存块需要高强度 ECC 的保护。该方法结合在线测试与离线测试，能够快速定位脆弱的缓存块，从而能缩小保护对象，减少高强度 ECC 的使用。

　　Miller 等提出的 Parichute 高可靠存储器通过 Turbo 乘积码来保护近阈值电压下操作的缓存不受故障的影响，该方法非常灵活，可以在不同的故障分布密度情况下使能或关闭纠错机制, 同时该方法能自适应故障的分布, 只为故障的区域提供校验码保护。该方法结合奇偶校验, 循环冗余以及乘积码, 对数据进行有效保护[11]。

除了故障校验码的保护方法, 另外一些研究者试图通过可重构的方法容忍片上缓存的故障, Lee 等提出了一种可降级的缓存设计模型, 通过分析电路级的故障如何在微结构级表现出一定的症状[12], 评估了一系列故障屏蔽的策略, 如缓存块屏蔽、缓存组屏蔽, 以及缓存路屏蔽, 并且提出了一种有效的缓存组(set)重映射的方法来屏蔽失效缓存组。

另一种采用细粒度冗余重构的方法替换故障, ZC (ZerehCache)是一种采用重构网络来连接 SRAM 存储单元的方法, 一旦出现故障, 这种结构就通过自重构互连把故障单元从缓存中隔离出去, 该技术需要额外冗余资源的支持[13]。图 7.4 描述了两种 ZC 通过冗余屏蔽故障的场景, 而这两种故障场景是传统存储器冗余无法解决的, 这是由于一个冗余缓存块被分配给了多个主缓存中的故障缓存块。在图 7.4 中, ZC 的每一个缓存块都包含五个数据单元, 并且每两个连续的缓存块都构成了一个逻辑组, 每个逻辑组被分配给一个冗余缓存块, 一旦主缓存的第 1 个缓存块和冗余缓存第 1 个缓存块在相同的位置发生了故障, 那么调换主缓存中的第 1 个和第 5 个缓存块的位置就能有效地解决这种冗余冲突, 在调换之后, 第 2 行和第 5 行就构成了一个逻辑组, 它们可以无冲突地利用冗余缓存中的第 1 行。第 2 种冲突场景 collision2 是同一个逻辑组中的两个数据块发生冲突导致的, 这时, 调换第 4 个和第 6 个缓存块能够解决这种冲突。

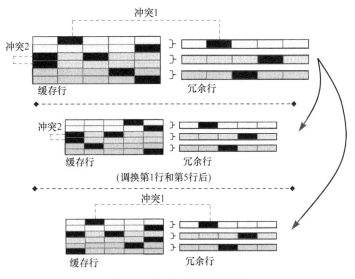

图 7.4　ZC 的容错原理图[13]

　　除此之外，研究人员也试图通过缓存空间调节的方法来屏蔽硬件故障[14]，Vinnakota 等通过分析发现故障的分布通常是聚簇的，所以邻近的缓存空间常常会受到同一簇故障的影响，因此，他们提出了一种可编程的缓存地址译码器来排除掉对故障空间的访问操作，这样一来，仅有可用缓存空间会被地址译码器访问到。这类缓存空间调节技术采用故障单元删除的方法屏蔽掉故障，根据粒度的不同分为缓存块删除、缓存组删除以及缓存路删除技术。缓存块删除技术以缓存块为基本操作粒度，屏蔽故障发生位置，当缓存块被删除后，它的地址空间将不再被分配给程序使用，然后它的地址将被记录到故障位图中，只有当缓存块在位图中对应位置的"可用位"被置为"1"时，该缓存块的空间才被认为是有效空间[15]。类似的，组删除法以一个缓存组为最小粒度进行故障空间屏蔽，这种方法的故障位图开销相对较小，同样地，还有路删除法，甚至关闭整个缓存的方法。

7.2　多核处理器 NUCA 节点故障模型

　　随着工艺尺寸的不断下降，集成电路的器件制造参数会发生越来越严重的漂移，工艺偏差、制造缺陷[16]，以及老化效应会让硬件失效变成集成电路芯片的一种常态，而多核处理器集成了大量的处理器核以及缓存单元，尤其对硬件故障敏感。在目前的多核处理器中，NUCA 设计是片上缓存的常用结构，NUCA 能够有效地降低核-缓存通信的平均延迟，允许缓存容量自由地在多核之间进行共享，是一种非常有效的末级片上缓存组织方式。Huh 等通过实验证明，让静态 NUCA 结构在多核处理器之间具备一定的共享自由度，对于商业服务器应用以及科学计算等应用，比较全私有的本地缓存设计，具有更好的性能效果[17]。

　　通常，分布式的处理器核与缓存体都被分布到芯片不同位置，通过片上网络进行互连。片上网络作为多核处理器片上内存系统数据通信的主要介质，占据了很大一部分芯片面积。片上网络的组件包括金属连线、路由逻辑以及缓存等，这些组件都会受到物理设计参数偏差、老化等故障源的影响。存储器本身特有的阵列结构具有很好的天然冗余保护，处理器核也拥有充足的微结构冗余以及多核冗余备份，不同地，片上网络的互连和逻辑部分面对故障非常脆弱，在基于静态 NUCA 的 CMP 当中，瓦片式结构设计可以大大节约开发时间。设计瓦片式 CMP 可以大量重用由处理器核、缓存构成的瓦片，并通过 NoC 把它们连接起来，这种简单的结构能大大降低设计周期与复杂度，并拥有很好的扩展性。这些不稳定因素对于整个系统都是潜在的威胁。特别是由 NBTI、栅击穿以及电迁移效应引起的在线故障不能通过测试排除，这些故障对于多核处理器的正常运行，都是潜在的可靠性问题，因此设计一个能防止其影响片上缓存正常工作的容错网络很重要也很具挑战性。特别地，近年来近阈值计算模型的出现，使得片上器件失效对于多核处理器而言成为一种常态[18]，本研究的内存系统可靠性优化技术，就是针对纳米工艺条件下低电压供电环境，NUCA 结构的片上缓存可靠性。

一旦硬件失效成为多核处理器的常态，高可靠的处理器就需要容错能力或者故障隔离能力，例如将故障组件关闭达到性能降级的效果(graceful degradation)。以常用的瓦片式多核处理器为例，其基本组件是包含一个计算核心、一个缓存核心以及通信路由器的节点，因此，瓦片常常被用作故障隔离的基本单元，保证故障情况下多核处理器的对称结构[19]，这种容错机制需要其他技术的支持如容错路由、线程迁移与恢复、核间冗余等，一旦故障被内建自测试或内建自诊断模块侦测，这些技术就和瓦片隔离结合起来用来保障多核处理器的正常工作，因此，在不稳定工作环境下，节点常常会因故障而被关断。另外，其他稳定性原因如功耗/温度约束也常常会引起瓦片的频繁关断，这种场景也会引起处理器降级工作，因为效果与故障隔离相同，在本书中，为了简单起见，也被认为是一种故障隔离操作。

不论如何，故障隔离会对系统的各个层次带来严重的影响，研究者们从各个角度给出了技术支持方案，例如，从核的角度来看，线程迁移与恢复技术可以用来保护程序现场并维持程序的正常持续运行，从网络的角度来看，容错路由被用来保证故障节点被隔离之后，剩余节点之间的连通性。同样地，本书从内存系统的角度来审视节点隔离问题对 NUCA 的片上缓存造成的影响，并提出节点重映射的方法来容忍片上缓存的故障问题。

本书观察到节点隔离会对静态 NUCA 造成严重影响，静态 NUCA 的物理地址映射是固定的，每一块缓存体都和多段物理地址空间相关联，因此一旦隔离多核处理器的故障节点，该节点连接的缓存体也会被移除，因此在片上缓存的物理地址空间造成一系列不可访问的区域，称为"地址黑洞"。当处理器访问这段空间的数据时候，会引发数据失效。本书研究了这种失效问题对片上缓存带来的影响，并且针对不同的故障来源如离线故障和在线故障，分别提出跳跃交叉映射(skip interleaving)和节点重映射的方法来解决地址黑洞问题。为了将故障容忍的性能损失降到最低，进一步提出基于利用率的重映射(utility-driven remapping, UDR)方法来最小化缓存空间损失。通过本书提出的栈距离分析技术以及重映射容错路由器，UDR 方法能够有效地屏蔽缓存地址黑洞。同样地，功耗/温度控制技术通过节点功率门控手段，也会引起 NUCA 缓存的地址黑洞问题，本书提出的技术同样适用于该场景。

　　传统的方法例如 SR 法[4]，也同样可以用来解决地址黑洞问题，但是这种方法对缓存空间的浪费较大，其他的缓存故障挽救技术大多集中在电路层与微体系结构层，解决思路大多采用冗余或共享的方法，并没有为节点级的 NUCA 缓存失效提供可靠性或者性能优化的支持[20-22]。不同于先前的工作，本书发现了"地址黑洞"故障类型，并且以瓦片式多核处理器(tiled CMP)为例分别针对离线故障、在线故障给出了多种解决方案。

7.2.1　术语介绍

　　节点级故障：低电压多核处理器中会有多种故障源或约束引起节点隔离。本书研究的故障类型是节点隔离导致的相关缓存体失效的场景，定义这种故障为 NUCA 缓存节点级故障，简称节点级故障。

　　瞬态故障：典型的瞬态故障如软错误，具有不可预知性、缺乏持续性，理论上不具备可重复性，存储中的瞬态故障，通常可以通过纠错码进行容忍，不属于本书的研究内容。

　　固定故障：固定故障会永久损坏节点中的路由器、连线或者缓存体的外围电路，根据它们是否在程序执行中发生，也可以分为离线故障和在线故障。

　　间歇性故障：间歇性故障在时间上不可测，持续时间通常比瞬态故障长，具有可重复性和周期性。例如功耗激变(power emergency)或电压激变(voltage emergency)引起的暂时性关闭动作，在本书中被认为是一种间歇性故障源。

　　离线故障:本书将离线故障定义为多核处理器通过内建自测试进行日常诊断，发现的硬件故障，它们不会阻碍正常程序运行或挂起正在执行的程序。

　　在线故障：在线故障通常发生在程序正常执行阶段，会对程序的正常运行造成影响，在线故障可以是固定故障或者间歇性故障。

7.2.2　末级缓存架构

　　在瓦片式片上多核处理器中，处理单元(processing element，PE)通常采用片上网络 NoC 互连，如图 7.5 中所示，一个 PE 包含处理器核，缓存体以及通过网络接口(network interface，NI)连接的路由器，每一个 PE 在网络中都是一个唯一节点。图中是一个典型的 16 核 CMP，它采用 4×4 的平面 Mesh 网络来连接核与末级 NUCA 缓存，也就是 L2 缓存。L2 缓存被划分为可以并行访问的多个缓存体分散在网络节点中供每个处理器核访问，因此 L2 缓存的访问延迟不再是确定性的，而是取决于请求核与目标缓存体之间的网络距离，这种结构即 NUCA。

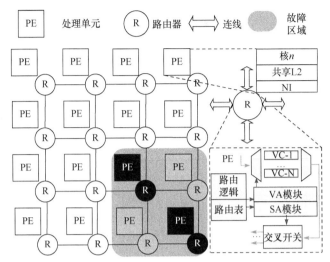

图 7.5　典型的容错片上多核处理器

黑色为故障节点，阴影部分为隔离区域

取决于内存地址映射与数据索引方式，非均匀缓存架构分为静态 NUCA 和动态 NUCA 两种。静态 NUCA 的地址映射是固定的，数据只能固定地存在于某一个确定的缓存体内，因此每个节点的缓存体都直接与多段物理地址空间相关联。而在动态 NUCA 中，数据可以动态地在不同缓存体之间进行迁移，以适应访存局部性的变化，达到更好的访存效果，但是动态 NUCA 依赖复杂的数据搜索与迁移协议，通常硬件开销与功耗开销大于静态 NUCA[23]。学术界也提出了一些 NUCA 的变体，如 RNUCA, HK-NUCA 等结构[24]，对静态 NUCA 与动态 NUCA 进行改进。本书的研究对象为结构相对简单静态 NUCA。

7.2.3　地址黑洞模型

处理器设计面临严重的稳定性问题包括硬件稳定性、功耗与散热稳定性，这个趋势随着供电电压降低以及"暗硅"问题的出现变得日益严重，以片上网络为例，NoC 组件常常受到连线开路或者路由器失效的影响，许多研究者都提出容错路由算法来解决网络节点失效的问题，通常容错路由算法由于路由约束的原因在故障节点之外隔离额外的节点以保证区域连通性。在这种情况下，多核处理器就需要相关技术支持节点隔离。

前面提到，在采用静态 NUCA 的多核处理器中，所有的处理器核通过共享分布式的缓存体共用一个统一的物理地址空间，如何将内存数据映射到每一个缓存体取决于所采取的数据映射策略(data mapping)。以图 7.6 为例，图中多核处理器的静态 NUCA 采用确定性的数据映射方法，因此每一个节点中的缓存体都直接关联多段物理地址空间，当故障节点的缓存体被从整个共享缓存中隔离出去以后，由于地址解码与路由逻辑采用硬件布线而缺乏重构能力，这些物理地址空间就变得不可访问，缓存中的"地址黑洞"便由此形成。这种现象造成了大量的缓存访问缺失，造成的性能代价非常高，即便系统能够屏蔽物理地址无效的错误，程序也不得不从高延迟的片外主存中进行取数。

如图 7.6 所示，4G 的物理内存构成一个 32-bit 地址空间，而 16MB 的 NUCA 缓存采用直接相连，并且缓存块的大小为 64 字节。物理地址的第三个 MSB 位被用作缓存体的索引，一旦第四个缓存体失效后，整个物理地址空间中就生产了 256 个如图所示的地址黑洞。

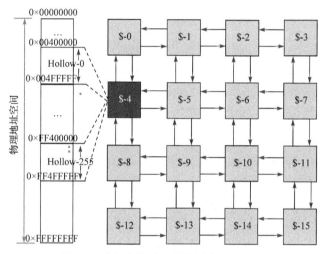

图 7.6　片上多核处理器的缓存地址黑洞

Hollow-0 的范围从 0×00000000 到 0×FFFFFFFF，hollow-255 的范围从 0×FF40000 到 0×FF4FFFF

在传统的大容量缓存中，组削减法被用来支持缓存容量调节。比如在 Intel 的 Xeon-7100 系列中，通过改变物理地址中的两个指定位，缓存容量可以变成 4M、8M 和 16M 多种配置。组削减技术原本是被用来减少缓存的静态功耗，也可以用于缓存容错，屏蔽地址黑洞。这项技术的调节粒度过大，对缓存容量浪费严重。

研究工作提出了离线和在线的解决方法来处理地址黑洞问题，本书假设基本 CMP 架构具备内建自测试与内建自诊断功能用来定位故障位置,对于动态网络失效场景下的系统恢复，该 CMP 可以通过线程迁移以及紧急连线(emergency link)来挽救线程与脏块数据[25]。

7.3　支持离线节点隔离的交叉跳跃映射技术

为了平衡缓存访问请求的竞争与局部性需求,交叉映射(interleaving)被广泛采用，交叉粒度有块级和页级。图 7.7 中演示了块交叉映射场景下的地址黑洞问题。

采用八路组相连的 16M 缓存被划分为 16 个缓存体，64B 的缓存块被连续地交叉映射到各个缓存体当中，物理地址的低位被用来作为网络中缓存体位置的索引，该索引被缓存控制器解码出来，然后发给 NI 作为目标节点 ID 打包访问请求。在这么一个 4×4 的 CMP 中，地址的最低位被用作字节地址，第六到第十位被用作数据所在的网络节点 ID，地址的左边是组索引以及标签用来在缓存组中查找目标数据。

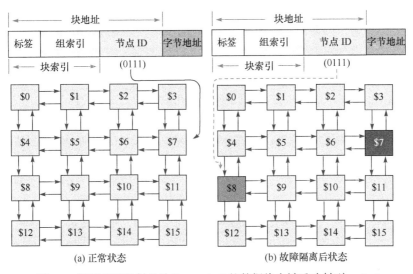

图 7.7　跳跃交叉映射的效果；node-7 的数据将会被重映射到 node-8

当诸如制造缺陷等离线故障在离线测试中被发现时，地址黑洞中并没有程序的工作集数据，不会影响程序运行，因此，为了使得缓存在使用中保障程序数据的正确性，可以将数据块依次在无故障节点中连续摆放，跳过那些故障节点，这种方法被称为跳跃交叉映射。如图所示，原本被映射到 bank-7 的数据块被后移映射到了 bank-8，属于 bank-8 的数据被映射到 bank-9，然后依次类推。

跳跃交叉映射能够平衡地把数据分布到缓存节点当中去，因此缓存空间利用率很好，但是，跳跃交叉的硬件实现开销较大。以一个包含 $2n$ 个缓存体的 NUCA 缓存为例，正常情况下只需要一个移位器用来截取物理地址中的缓存体索引，对于支持跳跃交叉的缓存地址控制器，就需要对地址译码器进行修改。假设 N 个缓存体中有 k 个缓存体发生了节点级故障，它们的节点 ID 分别为 $F_1, F_2, \cdots, F_k$，那么通过地址 A 来得到缓存体索引 B 的计算方法，根据跳跃交叉映射规则，如下所示：

$$R = A \% (N - k) \tag{7.1}$$

$$B = R + (R \geqslant F_1) + (R + 1 \geqslant F_2) + \cdots + (R + k - 1 \geqslant F_k) \tag{7.2}$$

其中，R 是 A 除以 $N–K$ 的余数；B 是 R 加上 R 与故障缓存体节点 ID 的布尔比较运算的结果，这个地址译码器会增加缓存控制器额外的面积，根据 UMI 90nm 工艺下的综合结果显示，实现一个 4×4 16MB NUCA 缓存的地址解码器需要消耗 $11403\mu m^2$ 的芯片面积，同时根据存储仿真器 CACTI6.5 90nm 模型的模拟结果，该解码器会为整个缓存增加 0.12% 的静态功耗与 0.66% 的缓存访问的动态功耗。

跳跃交叉映射不适合用来解决在线故障特别是间歇性故障，在线故障发生时候，跳跃交叉映射会引起缓存中整个物理地址的重编址，继而引起大量的数据搬运以及缓存缺失，如果当 CMP 需要功耗控制或温度控制频繁开关节点时，这样带来的性能开销会很大。

7.4　基于利用率的节点重映射技术

这一节介绍了更加适合解决在线故障的容错技术。基本的方案描述如下，在片上网络的路由层对隔离节点的数据块进行重编址。这样一来，隔离节点的数据块就被重映射到一个无故障的缓存节点当中，为了方便描述，本书把数据重映射之前隔离节点与健康节点中的缓存体称为逻辑缓存体，而映射完成之后，作为映射目标的健康节点中的缓存体称为物理缓存体，如图 7.8 中所示，每一个节点至少包含一个缓存体，bank-11 和 bank-7 被认为是存放来自不同地址空间数据的两个独立逻辑缓存体。当重映射发生之后，bank-11 从网络路由层看来已经被融合到了 bank-7 当中，因此 bank-7 成为被这些数据块共享使用的唯一物理缓存体。这种重映射的共享方法对组相连缓存而言很容易实现，不同地址空间的数据块本来就可以通过替换、插入的方法共享缓存组中有限的几路存储器。

将缓存请求由片上网络路由层，从一个节点映射到另一个节点，需要体系结构级的支持。首先，每个缓存体的标签阵列需要增加额外的标签位，这部分标签用于帮助搜索由其他缓存体映射过来的缓存块，这个开销对支持容量调节的缓存是必需的，根据 CACTI6.5 的 90nm SRAM 缓存模型仿真结果，增加三位标签位到 4MB 的、四路组相连的缓存体中，会增加 2% 的缓存面积、1% 的动态访问功耗，以及可以忽略不计的性能开销。仅有被选作映射目标的缓存节点会打开这些额外的标签位，增加的功耗实际上非常小。

因此，更关键的问题是如何选择节点目标作为物理缓存体来放置来自隔离节点的缓存数据块，实际上，随意映射可能引起缓存访问冲突并对缓存的性能造成负面影响，这一点会在本书的实验部分中得到验证。

因此，更关键的问题是如何选择节点目标作为物理缓存体来放置来自隔离节点的缓存数据块，实际上，随意映射可能引起缓存访问冲突并对缓存的性能造成负面影响，这一点会在本书的实验部分中得到验证。

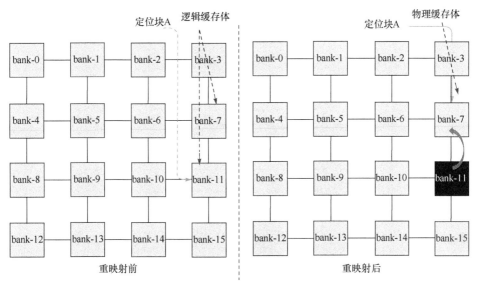

图 7.8　节点重映射的基本效果

造成重映射后性能开销的一个主要原因就是来自两个逻辑缓存体的存储空间竞争问题。应当使得访问各个缓存体的请求尽量均匀地分布从而减少替换缺失，通过恰当地匹配利用率高的逻辑缓存体与利用率低的逻辑缓存体，可以有效地平衡访存压力，减小缓存缺失率。

7.4.1　基于栈距离的利用率度量方法

在搜索利用率最平衡的缓存节点映射方案之前，首先需要一个方法度量缓存空间的利用率。Mattson 等提出的栈距离分析算法可以有效地反映一个程序的数据重用类型，在一些文献中还被用来预测缓存缺失率[26,27]。类似地，本书采用栈距离采样的方法衡量缓存空间利用率的差异，并且用来预测重映射方案对缓存缺失率造成的影响。

栈距离分析采样的方法是基于缓存访问中的替换原则进行的，不论是依据 LRU 或 LFU(least frequently used)的，缓存的替换动作可以有效地反映一个 a 路组相连中数据块的重用情况。图 7.9 反映了 SPLASH-2 基准程序集中的 Ocean，在某个时间片内的栈距离采样情况，如图 7.9 所示，一个四路组相连的缓存，组内的路依据 MRU 的顺序从路 1 排到路 4，其中 x 轴中每一个位置都对应着一个栈距离位。这里的栈距离位并非某一个特定的物理位置，而是组内按照 MRU 排列的次序位，可以看到 MRU 位于次 MRU 位接收了大部分的缓存访问请求。另一方面，可以看到，不同的缓存体拥有不同的访问栈距离分布。从采样的模式来看，bank-1 表现出比 bank-0 更高的访问强度，因此，可以认为栈距离采样能够反映缓存的空间利用率情况。

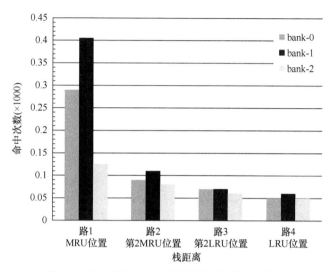

图 7.9　基准程序 Ocean 的栈距离与利用率分布

7.4.2　针对节点重映射的栈距离分析模型

为了分析重映射后空间争用导致的缺失率上升情况，之前的工作利用栈距离分析模型以及归纳概率模型(inductive probability model)结合的方法[28]。该方法对于节点重映射问题开销过大并且复杂度高，本书并非关注在程序间的精确空间划分。本书提出了一种修正栈距离采样模型用于评估节点重映射的效果，该模型引入了缓存访问频率的参数，而放弃了归纳概率模型。

为了获取 a 路组相连 NUCA 缓存中每一个缓存体的栈距离向量 $S = \{S_1, S_2, \cdots, S_{a+1}\}$，该向量的每一个元素都记录着该缓存体中不同栈距离位的访问次数，从 1 到 a，它们分别对应着从 MRU 到 LRU 的排序位，采样由计数器完成，一旦第 i 个 MRU 位被命中，计数器 i 就会被加一，如果发生缓存缺失，则 S_{a+1} 对应的计数器加一。

当两个不同程序争用缓存空间的时候，它们的栈距离采样向量可以结合起来用来预测未来缓存缺失的程度，同理，当两个逻辑缓存体中的数据，在重映射后被迫共享同一个物理缓存体时候，这项技术同样可以用来预测缓存缺失的程度，一旦有了两个逻辑缓存体的栈距离向量，便可以将二者结合预测空间争用导致的额外缺失量。

首先本书定义聚合栈距离(aggregated stack distance，ASD)用来近似表征两个逻辑 bank-i 和 bank-j 被匹配后缓存缺失情况，这里 SI_i 为 bank-i 已知栈距离向量，而 SN_j 表示健康 bank-j 的栈距离向量，a 是相联度，而 $M(SI_i, SN_j)$ 由于 bank-i 与 bank-j 的空间争用导致的额外缓存缺失量：

$$M(SI_i, SN_j) = \sum_{p=a'}^{a+1} SI_{ip} + \sum_{p=a-a'}^{a+1} SN_{jp} \tag{7.3}$$

其中：

$$\frac{a'}{a-a'} = \frac{\displaystyle\sum_{p=a'}^{a+1} S_{ip}}{\displaystyle\sum_{p=a-a'}^{a+1} S_{jp}} \tag{7.4}$$

对于逻辑 bank-i 和 bank-j，如果 bank-i 拥有更高的访问密度以及缺失率，它就会在空间争夺中超过 bank-j，原本映射到 bank-i 的活跃数据块会抢占 bank-j 的空间，为了考虑这个效应，定义 a' 为 bank-i 在映射后其数据真实占用的组内路数，例如，如果两个逻辑缓存体的访问频率与缺失率相近，a' 就取值 $a/2$，在计算 a' 时，采用递归的方法求解方程(7.4)并对结果取整。

7.4.3 节点重映射问题形式化以及求解

重映射的目标是通过寻找融合后拥有最小 ASD 的故障/健康节点配对。假设有 n 个故障节点和 k 个健康节点。SI 为故障节点的栈距离向量，而 SN 为健康节点的栈距离向量。因此阵列 $SI=\{SI_1, SI_2, \cdots, SI_n\}$ 和阵列 $SN=\{SN_1, SN_2, \cdots, SN_k\}$ 分别为故障和健康节点的栈距离集合。$\langle SI_i, SN_j \rangle$ 则表示一个 bank-i 到 bank-j 的映射。$M(SI_i, SN_j)$ 表示故障节点 bank-i 与健康节点 bank-j 的 ASD，也就是反映 $\langle SI_i, SN_j \rangle$ 映射质量的一个度量值，问题的目标就是使得所有映射的 ASD 之和最小，这个问题被定义为基于利用率的数据映射问题。如何求解这个问题的过程如图 7.10 所示，首先，从重映射问题的特例开始，即一对一映射问题，一对一映射问题是当故障节点数超过健康节点数约束下的重映射问题，该约束条件可表示为 $n<k$，因此，一对一问题可以形式化成：

$$目标： \min \sum_{j}^{k} \sum_{i}^{n} \left(x_{i,j} \cdot M\left(SI_i, SN_j\right) \right)$$

其中：

$$SI_{ip} = 0, \ 对于 n < p \leqslant k$$

$$x_{i,j} = \begin{cases} 1, & \text{若 bank-}i\text{ 被重映射到 bank-}j \\ 0, & \text{否则} \end{cases}$$

$$\text{s.t.} \sum_i^n x_{i,j} = 1$$

$$\sum_j^k x_{i,j} \leqslant 1, \quad 1 \leqslant i \leqslant n; \quad 1 \leqslant j \leqslant k \tag{7.5}$$

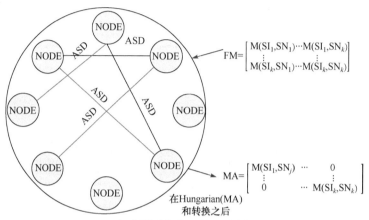

(a) 匈牙利方法解决一对一重映射问题

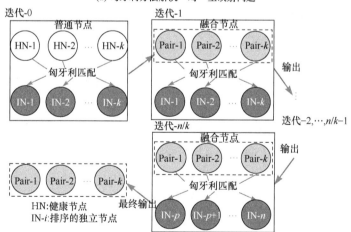

(b) 数据重映射算法的过程描述

图 7.10　基于利用率的节点重映射问题与算法描述

　　一对一重映射问题可以被转化为典型的线性规划问题，这个问题不能在多项式时间开销下找到最优解，可以从启发式算法中寻找解法。这里采用指派问题的求解算法——匈牙利方法——来求解这个问题。求解一对一映射问题的过程如

图 7.10(a)所示，首先描述了如何通过匈牙利方法把完全临接矩阵 FM 转化成一对一映射矩阵 MA，对于完全临接矩阵 FM，它的矩阵项表示为 FM_{ij}，即 $M(SI_i, SN_j)$，存放着 bank-i 与 bank-j 的 ASD。首先，算法通过收集采样计数器的内容，基于 FM 建立起完全临接图，图中的顶点表示 CMP 中的一个节点，然后算法将 FM 输入到匈牙利方法中求解，最后得出一对一映射矩阵作为结果，匈牙利方法的复杂度为 $O(n^3)$。

图 7.10(a)中描述的问题是 $n<k$ 的特殊情况，当 $n>k$ 时，整个流程如图 7.10(b) 中描述的一样需要几次匈牙利方法的循环才能最后得到最佳匹配，首先，算法根据故障节点的标准 ASD 值进行排序，取出其中 ASD 最高的 k 项，这里用来排序的标准 ASD 即这 n 个缓存体分别与指定的基准缓存体融合后的 ASD 值，用来近似表征每个缓存体的利用率高低，在排序之后，选取的 k 个缓存体被用来和 k 个健康缓存体做一对一的映射，然后融合后的物理缓存体以及其栈距离向量和，被用来进行下一轮与剩下的故障节点继续完成映射，直到 n 个缓存体都被映射完毕。

这就是节点重映射算法的过程，该算法输出的结果为 MA，它就是重映射矩阵，在完成 L 轮一对一映射后，它的每一项都存放着 L 轮之后被融合缓存体的 SD 向量，SN 是所有健康节点的 SD 集合。整个算法描述如算法 7.1 所示，其中 Procedure Sort()，是将 SN 中的元素按照 ASD 值大小进行排序，然后输出 SN_0，Hungarian()为匈牙利方法，用来求解一对一的映射问题，经过 i 轮一对一映射之后，循环-i 将生成映射向量 SN_i 用来存放融合后的物理缓存体栈向量。

算法 7.1　节点重映射算法

```
1: procedure Data_Remapping(SN, SI, n, k)
2:       // n : size of healthy bank vector SN
3:       // k:   size of isolated bank vector SI
4:    SN₀ is initialized as SN and SI= Sort (SI, SN₀)
5:    For i=0,···,L, ;/*L is the maximum iteration number: n/k */
6:         For each component-j in SNᵢ DO
7:              For component-p in SI, p=i×n,···,max{k,(i+1)×n}DO
8:                   MAⱼ,ₚ= M(SNᵢⱼ,SIₚ)
9:              end for
10:        end for
11:        X=Hungarian(MA) , and MA= X·MA, /*MA is the Remapping matrix*/
12:           For each l=0,···,k
13:              .SNᵢ,ₗ =MAₗₗ
14:           end for
15:    end for
16:    return Output MA as the perfect remapping matrix
17: end procedure

26: procedure Sort (V, U)
27:        Rank Vᵢ in V in order, wherein M(Vᵢ, Uᵢ)<M(Vᵢ₋₁,Uᵢ₋₁)
28: end procedure
```

7.5 节点重映射的实现

7.5.1 栈距离分析与重映射过程

本书采用栈距离采样信息评估缓存空间利用率，根据栈距离采样的方法，分为两种手段，一种是基于编译器的 Profiling 方法，另一种是基于硬件的监测方法。

之前的工作采用编译器得到程序的栈距离采样文件，这种方法仅适用于确定性物理内存分配的内存系统。对于虚拟内存系统，物理地址的映射是不确定的，因此编译器只能分析虚拟地址空间的栈距离信息文件，该文件还需要在系统运行的时候结合页表翻译才能用来转化成物理地址空间的栈距离信息。

基于硬件的栈距离采样方法要简单得多，因为性能计数器被广泛地应用到处理器当中。为了获取栈距离信息，缓存需要集成多个计数器，记录每个组从 MRU 位到 LRU 位的访问次数，对于 a 路缓存的节点栈距离采样，每个缓存体中只需要 $a+1$ 个计数器，即 $C_1, C_2, C_3, \cdots, C_a, C_{a+1}$，造成的物理开销很小。$C_1$ 和 C_{a+1} 的内容共同构成了栈距离向量。这些计数器存放着一个缓存体中部分采样组的栈距离向量之和。

1. 动态与静态映射

到目前为止，重映射技术假设缓存访问的特性可以根据一段历史信息来预测，并且这种访问特性在长期的程序生命周期中保持不变，因此这种假设下对应的静态映射策略不允许在中途改变映射匹配结果，除非发现新的故障节点。但是，基于计数器的栈距离分析方法可以侦测到程序访问特性的变化，支持动态修改重映射匹配结果，这种策略被称为动态映射策略。图 7.11 描述了这两种方法的不同流程，这两种流程都通过非阻塞式的重映射线程(remapping thread, RT)实现重映射算法。在动态重映射中，缓存的访问行为通过硬件进行监测，所以可以根据访存行为的变化调整重映射结果。如图 7.11 所示，一旦侦测到访存行为的变化，重映射算法就会在设定好的时间间隔内重新计算最佳映射方案，并判断最佳映射方案的 ASD 值超过现有匹配的 ASD 值。由于重映射也带来一定的数据映射搬运开销与路由器重构开销，动态重映射算法也必须避免过于频繁地改变重映射匹配，因此，本方案设定一个经验阈值 B，只有当最佳匹配的 ASD 与原有匹配 ASD 的差超过该阈值时，新的映射匹配才被接受。阈值机制过滤掉了一部分不必要的数据搬运，动态映射方法只能通过硬件栈距离计数器实现，软件的方法会引起频繁的页表检查，这个开销对于动态重映射开销太大。

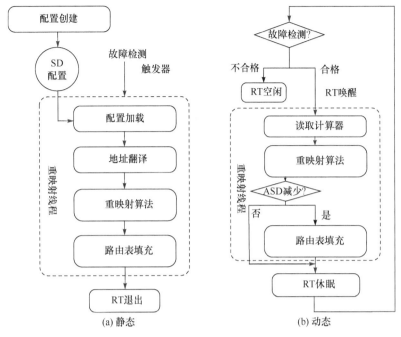

图 7.11　节点重映射的流程

2. 重映射过程的性能开销

对于静态映射，栈距离文件是通过离线方法预先收集的，重映射线程是在故障发生时在线启动的，在程序的执行期间，重映射算法并不会多次启动，并且，算法的执行是与故障容忍例程如故障侦测、容错路由重构同时进行的，因此 $O(n^3)$ 复杂度的重映射算法带来的开销可以忽略。

对于动态重映射，算法需要在线地多次确定最佳重映射配置，算法本身并不会阻塞程序的正常运行，而且在每个算法启动周期，由于阈值过滤的效果，重映射结果不会被频繁地改变，一旦改变，其数据搬运与路由重构开销在实验中会被模拟器忠实地记录。

7.5.2　可重构路由器设计

本书提出的节点重映射技术需要从片上网络的路由层将缓存请求映射到目标节点，而避免对处理器核心逻辑如缓存控制器的修改。该机制通过复用可重构路由器的容错路由表实现，使得重映射过程对处理器完全透明。如图 7.12 所示，本书采用的四阶流水基础路由器部件采用虚通道和虫孔路由，它一共需要四个阶段来路由一个数据包：RC、VA、SA 和交叉开关通行(crossbar traversal，CT)。另外，本书针对的是可容错多核处理器，因此片上网络具备节点级故障内建、故障侦测、故障定位以及容错路由能力。

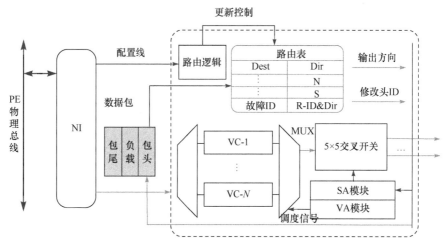

图 7.12　支持重映射的容错路由器设计

在路由计算阶段，路由表或路由逻辑可以根据数据包的发送目标 ID 以及周边节点状态确定路由方向，对于容错路由而言，路由算法可以根据故障节点的实际分布和新路由路径保证节点连通性。许多片上网络采用成熟的基于路由表的路由算法，本书选取文献[29]中提出的分布式路由算法，该算法采用路由表并且对特定节点故障和死锁免疫。在该路由算法中，节点之前的合法路径以及安全方向会根据故障情况适时更新。只要按照路由表中给定的方向路由，数据包可以避免故障节点直到被传送到目的节点。

本书设计的支持重映射容错路由器与文献[29]中提出的结构类似，通过对路由表的故障节点项，除了原有的故障标记外，还增加了重映射节点信息。为了支持重映射，一旦数据包进入容错路由器，它的包头会被送往路由表查找安全路由方向，同时在这个过程中，包头的目的地址如果匹配了故障节点的表项，那么该包会被按照以重映射节点为目标的方向转发，同时该包头目的地址 ID 会被重新替换为重映射节点的 ID，然后包头被更新的数据就会被转发到映射节点的缓存中去。如图 7.12 所示，当缓存访问请求包从节点 2 发送到路由器之后，路由表会指示它向东路由，同时，指向 bank-11 的目标节点 ID 会被替换为 bank-7 的节点 ID，然后包会在之后被路由到 bank-7。

整体的工作流程如图 7.12 所示，首先，当片上多核处理器遭遇一个节点级故障的时候，将会挂起程序，然后诊断故障发生节点，同时重映射线程启动计算当前故障分布下的最佳映射方法，最后根据结果将映射匹配信息广播到各个路由器，在更新路由表中路由方向的同时，记录故障节点及其映射节点。

7.6　实验方案与结果

7.6.1　实验环境与测试集

如表 7.1 所示，研究工作采用基准测试程序包括多线程并行应用 SPLASH-2 和 PARSEC-2.1 集，以及单线程应用 SPEC CPU2000 和 SPEC CPU2006。选用的基准测试程序通过全系统仿真器 GEMS-2.1 多核模拟器进行仿真，GEMS 多核模拟器基于处理器功能模拟器 SIMICS，可以完整地运行 Solaris 操作系统，在此基础上集成了时序模拟组件 OPAL，用来仿真不同架构处理器核的时序，以及 Ruby 模块，用来仿真存储层次包括多级缓存以及多核缓存一致性协议，最后还有 Garnet 模块，用来模拟片上网络互连的时序功能。GEM-2.1 本身并不支持故障容忍，本书通过对 Ruby 模块与 Garnet 模块进行修改，使其支持容错路由和故障恢复。本研究在模拟器中实现了 4×4 规模以及 8×8 规模的两个多核处理器系统，作为验证平台。具体的系统参数设置如表 7.2 所示。

为了兼顾不同类型应用，本书选取了包括多线程、单线程、多机应用等基准程序，同时为了能够仿真多程序应用，从 SPLASH-2 以及 SPEC 测试集中选取多个基准程序，把它们混合起来，在模拟器中同时运行，使其构成多程序应用：Mix-1 到 Mix-12，从 Mix-1 到 Mix-12，应用的访存强度逐渐提升。此外，在运行程序的时候，程序的初始化过程和完成阶段的代码被跳过，只运行程序的核心功能代码段(region of interest)。

表 7.1　负载选择

基准程序集	程序类型	基准程序名称
SPLASH-2	多节点多线程	FFT, lu(contiguous), ocean(contiguous), radix, radiosity, cholesky, raytrace, ocean, water-nsquared, water-spatial, barnes
PARSEC	多核多线程	canneal, dedup, vips, bodytrace, ferret, swaptions, freqmine, x264, raytrace, fluidanimate, facesim, streamcluster, blackscholes
程序组合	混合 SPLASH-2、SPEC-2006、SPEC-2000 程序集	Mix-1: barnes, Radiosity, water-n Mix-2: Ocean-c, FFT, LU Mix-3: gcc, Ocean-c, cholesky,FFT Mix-4: radix, cholesky,gcc, LU Mix-5: gzip, gcc, ocean-n, LU, barnes Mix-6:twolf, gzip, LU, ocean-n, cholesky, Mix-7: sjeng, gobmk, astar, bwaves, sphinx, hmmer Mix-8: mcf, gcc, radiosity, radix, FFT, ocean-n, Mix-9: raytrace, gzip, gcc, ocean-c, LU, water-s, barnes Mix-10: mcf, lbm, soplex, perbench,omnetpp, milc Mix-11:twolf, gzip, LU, ocean-n cholesky, raytrace, radiosity, FFT Mix-12:twolf, gzip, FFT, ocean-c, cholesky, radix, raytrace, FFT, parser

表 7.2　多核处理器设计参数

参数	配置
处理器核	顺序执行，2 千兆赫兹
网络拓扑	4×4/8×8，2-D Mesh
L1 数据缓存	32KB，4 路，2 命中周期
L2 缓存	共享，NUCA，独占，4 路，64B 缓存块，16Banks，8MB，LRU 置换，6 命中周期
主存	4G DRAM，260 访问周期
一致性	MOESI 目录
数据映射	页面交叉映射
路由器	2 阶段，虫孔流控，8-flit 缓冲区，3 虚拟通道，64 比特位宽，详细 Garnet 模型
路由算法	基于路由表的容错路由，确定性路由，无死锁

7.6.2　故障注入机理

本研究关注的是节点级缓存故障模型，因此，在实验中，本书采用随机注入的方法在多核处理器中注入节点级故障，首先，设定一个故障数目，然后随机选取节点，使其从系统断开，并且同时根据路由限制需求，断开其他不可达点，反复注入直到系统中隔离节点数目达到预先设定的数值。另外故障侦测与诊断不是本研究的关注重点，故障的位置在注入后，就假设该信息是处理器系统中全局可知的。

故障注入器被插入到多核模拟器中去之后，可以控制故障的空间与时间上的分布。对于离线故障注入实验，预先设定的故障数目在基准程序执行之前一次性地注入缓存节点中去。对于在线故障注入，节点级故障会在任意时刻注入任意节点，直到系统中故障节点达到预先设定值，实验中，并不考虑核本身的故障问题，核的可靠性是一个很复杂的研究问题，并非本工作的研究重点，本书假设核的可靠性可以由多核冗余来保障。为了排除实验中的随机性，任何故障设定值的注入实验都会被重复多次，然后求得平均性能结果作为实验结果。另外，由重映射引起的数据回写、数据搬运、阻塞效应在模拟器中都被真实地模拟。实验中，一共选择了四种方案进行评估比较，包括静态基于利用率的节点重映射(static UDR)、动态基于利用率的节点重映射(dynamic UDR)，随机映射(random remapping，RR)和 SR。

7.6.3　实验结果

1. 实验一

这个实验评估了不同故障分布情形下多程序应用和多线程应用基准程序的性能,性能指标采用每千条指令缓存缺失数(miss per 1000 instructions,MPKI),评估故障注入情况下,片上缓存的性能降级情况。在后面的章节里,本书会详细分析采用 MPKI 作为性能衡量指标的重要原因。

图 7.13 给出了多线程应用负载下,注入 4 个与 8 个节点级故障时,4×4 的 NUCA 缓存性能的情况。在该图中,所有方案的 MPKI 值都通过和 SR 法的相应结果求比值。组削减法在遇到节点故障时,会把故障节点所在的半个区域都加以屏蔽,因为它一次关闭掉一个最高地址位。比起组削减法,随机映射的开销就小很多,它不受到节点屏蔽数目的影响。这个优点也反应在图中的实验结果里,当 4 个节点故障被注入系统当中时,随机映射可以随机地为 4 个故障节点选择映射目标,通过共享来减少缓存缺失;而当 8 个节点注入时候,不管如何映射,缓

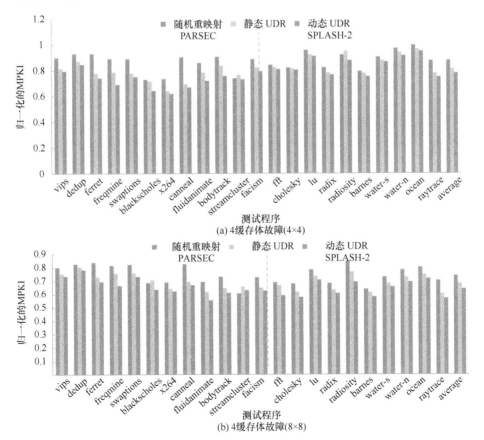

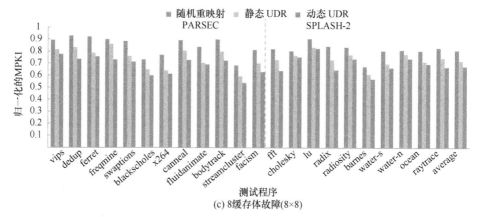

图 7.13　　不同故障数量分布情况下多线程程序的 MPKI 值

　　存一半的空间都被屏蔽，其空间损失和组削减法达成的效果是一样的，另外，由于映射的随机性，SR 的性能甚至会比组削减法更差，这是由于二者可用的实际容量一样，而随机映射匹配效果较差引起不当的空间竞争。另外，相比组削减法，负载的性能改善程度根据应用的工作集不同而发生改变，随机映射的性能随着故障数目的增加，性能变得越来越差，这就是匹配不当造成的空间争用恶果。

　　图 7.13(a)与(b)给出的是 4 个故障注入时的程序性能，而图 7.13(c)给出的是 8 个故障注入情况下的程序性能。由图 7.13(a)与(b)所示，基于利用率的节点重映射方法相比高故障密度(8 个故障)的情况性能改善要稍差一些，在 4 个故障注入实验中，4×4 的 NUCA 缓存采用静态 UDR 相比组削减法能够减少 7%的缓存缺失，而采用动态 UDR 则可以减少 11.5%的缓存缺失。对于 8×8 规模的 NUCA 缓存，静态 UDR 平均减少大概 6%的 MPKI 值，而动态 UDR 则减少了 12.2%的 MPKI 值。当故障注入率在 8×8 规模的 NUCA 缓存中提高时，UDR 的性能相对组削减法也获得了提高，注入 8 个故障时，静态 UDR 平均减少了 11%的 MPKI 值，而动态 UDR 则减少了超过 18%的 MPKI 值。不论是静态还是动态 UDR，故障注入下的性能都有显著提升。

　　根据图 7.13 中的结果，可以认为动态 UDR 在大部分情况下性能都优于其他的方案，这里有一部分原因是在该实验中，动态重映射的重启周期被设定在一个最优经验值，这个经验值为 100 万个处理器时钟周期。在整个实验当中，两种负载类型的情况下，动态 UDR 的平均性能超越了静态 UDR 性能的 9%，其中重映射启动周期的选择，对动态 UDR 的最终性能影响较大，这个效应会在实验三的章节中加以分析。

　　图 7.14 给出了故障注入实验中，采用多程序负载的多核处理器系统的缓存性能，在这个实验中，系统依次被注入 1~12 个缓存节点级故障，然后分别仿

真求得 MPKI 的平均值。多程序负载的访存型比单程序更复杂,可能存在更严重的空间利用率不均衡的情况,理论上,UDR 在多程序负载中的性能会更好。但是,图 7.14 显示,相比组削减法,静态 UDR 能够减少平均 11.3%的缓存 MPKI,而动态 UDR 能够减少 15.8%的 MPKI 值。很明显,这个平均结果相较上一个实验中多线程程序在相同故障分布下获得的性能增益,要小一些。原因是多程序负载的数据访问模式具有空间不均匀性,相对缺乏可预测性,而 UDR 的原则是依据访存模式历史,判断未来的利用率情况,在这种情况下,容易做出缺乏有效性的重映射决策。

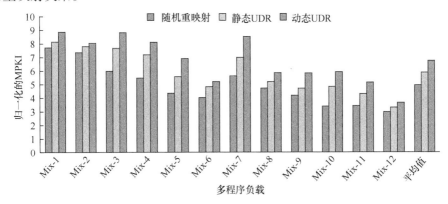

图 7.14　多程序负载的平均 MPKI 值

在实验分析中,多程序应用,特别是存储密集型的负载如 Mix-9 和 Mix-10,不同程序对缓存空间的争用现象非常严重。一旦末级缓存空间争用情况变得过于严重,对于 UDR 而言,性能改进空间就变得非常小,这是由于在最优映射匹配搜索的过程中,各个匹配通过 ASD 来衡量的映射质量都很差,很难有效搜寻更优的匹配方案。特别是对于动态 UDR,在这些应用中,几乎没有表现出相对静态 UDR 的优势。另外一部分原因是,这些负载中的特性变化变得很复杂,很难找到一个稳定的执行阶段和与之对应的最优映射配置,并从中获益。

对于多程序应用,不同程序得到的性能改善情况都不一样,但是它们都获得了一定的缓存缺失下降。从图 7.14 中可以看到,不同程序之间最大 MPKI 下降值和最小 MPKI 下降值差距非常小(在 6%的范围内),所以重映射并没有引起明显的不公平或饥饿(starvation)现象。这是由于在静态全局共享的 NUCA 当中,通过交叉映射程序的连续数据块到不同的缓存节点,重映射的优化效果理论上能够使得每个程序的访存性能获益。

2. 平均访存延时以及重映射的性能开销

图 7.15 中给出了各个方案对多核系统平均访存延迟造成的影响,同样地,

图中 y 轴的值为各方案相对 SR 方案访存延迟的减少的百分比。这里收集的访存延迟值累计了程序在执行过程中所有在等候访存(包括访问缓存和访存主存)响应中消耗的时间片段。图中的延迟结果为注入 1～12 个故障场景下系统延迟的平均值。这里访存的延迟值是由缓存访问延迟、片上网络传输延迟、片外访存延迟共同决定的,同时对于节点重映射,它也反应重映射引起的数据搬运以及动态改变映射配置的开销,这些部分都被归算到访存延迟中加以判断。这些因素都是影响 UDR 开销的重要原因,本书通过考虑它们来分析 UDR 对程序性能造成了一部分负面影响,并研究它们是否会隐藏掉原来 UDR 中由 MPKI下降造成的收益。

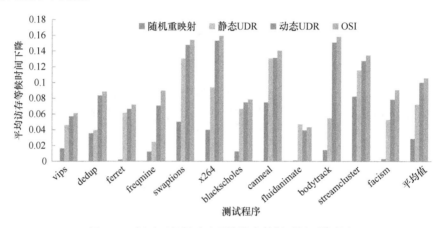

图 7.15　相对于组削减法平均访存等候时间下降程度

因此,为了比较这一部分 UDR 带来的性能开销,本实验还测量了 NUCA 缓存容错方法的理论最优值,记做 OSI(oracle skip interleaving)。在 OSI 中,多核处理器缓存中的数据版图和跳跃交叉的映射版图完全一样,OSI 方案不考虑任何由重映射带来的数据搬运、路由表重构开销,因此可以被认为是性能最优理论值。更重要的是,OSI 不会由于映射不当而造成访存热点缓存体的存在,它是重映射方案的理论性能上限。但是,在图中可以看到,OSI 的性能和动态 UDR 的性能非常接近,因此可以认为 UDR 引起的数据搬运开销和网络流量开销并不显著,而它带来的 MPKI 下降足够掩盖这一部分性能开销,所以 MPKI 下降才是左右内存系统性能的关键,这就是为什么本实验采用 MPKI 作为性能评估的主要指标。

3. UDR 对片上网络带来的影响

本节进一步分析 UDR 的开销来源:动态改变重映射配置引起的数据通信以及程序阻塞效应。动态重映射只会在足够长的周期内执行一次,因此其开销可以被分摊到不同的程序段,这一点在下节的周期选择实验中讨论。而对于网络通信延迟，重映射有可能会造成 NoC 流量不均衡的现象。从图 7.16 中可以看到，重新组织缓存体的索引地址不会明显影响网络性能，原因是缓存被全局共享，被交叉映射到各个缓存体的数据使得处理器性能对核-数的空间临近性并不敏感。

在图 7.16 中，我们将 UDR 和交叉跳跃的网络性能进行比较，这是由于将 UDR 和没有带宽损失的无故障情况进行比较是不公平的。虽然交叉跳跃受到节点屏蔽带来了带宽损失问题，但是它的数据映射方案在缓存体中是最平衡的。图 3.12(a)中可以看到，包括 4×4 和 8×8 的 NUCA 缓存在四个故障分布下的网络性能。其中网络包流量值和平均延迟值分别和交叉跳跃方案的延迟求比值，归一化在图中显示。对于大多数的基准程序，动态 UDR 相比静态 UDR 都能够有效减小平均包延迟，其产生的映射配置访存特性更均衡，动态 UDR 相比静态 UDR，引起的网络流量也更大，这主要是由于动态改变映射配置产生的数据搬运流量造成的。对于这两种方法，由于映射后的故障节点的存在，网络中都会发生一定的局部流量上升，但是这部分流量通过 UDR 的平衡，并没有引起显著的流量上升和网络拥塞。同时，8×8 的网络相比 4×4 的网络，性能较优，原因是大规模网络受到特定数目节点损失的影响较小。

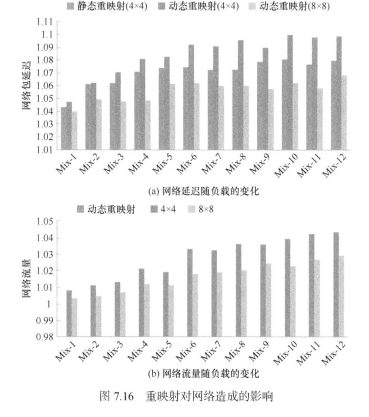

(a) 网络延迟随负载的变化

(b) 网络流量随负载的变化

图 7.16　重映射对网络造成的影响

图 7.16(b)中给出了在映射引起的数据流量上升情况，可以看到额外的数据流量相对很少，对于 8×8 的 NUCA 缓存，额外的流量开销尤其少。

4. 实验二

在这个实验中，本书分析了不同故障分布密度下，UDR 的性能。UDR 在实验中对应的 MPKI 值被用来和组削减法的结果求比值，归一化后在图 7.17 中显示。

图 7.17 中可以看到，UDR 的相对性能随着故障数的上升，逐步提升。相比

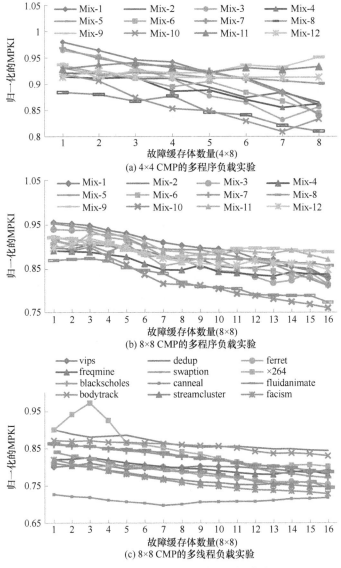

图 7.17　节点重映射对故障密度的敏感分析

4×4 的 NUCA 缓存，8×8 的 NUCA 缓存结果更好，特别是在故障分布密度较高的情况下，可以非常明显地看到 MPKI 下降。这个结果证明 UDR 非常适合解决大容量末级缓存的大幅度容量调整问题，不论是静态还是动态 UDR 都表现出相同的趋势，因此这里只选取了静态 UDR 的实验结果。

5. 实验三：对重映射间隔的敏感度分析

对于动态重映射方案，本书已经讨论过重映射间隔的选取对性能的影响很重要，一个好的重映射间隔，能够有效地适应程序访存模式的变化速度，并从中通过修改映射匹配来获益。对于动态重映射，一个理想的重映射间隔是由程序访存特性能的相变速度以及数据搬运开销共同决定的，从图 7.18 中可以看到当重映射间隔从 1 万个周期上升到 3 亿个周期时候，大多数的程序首先会经历一个稳定的MPKI 下降趋势，然后会遭遇 MPKI 的持续上升，这是一条典型的 U 型曲线。虽然不同应用的情况各异，基本上最优的映射间隔在 20～100m 之间，选择这里的重映射间隔通常会获得较好的重映射效果。

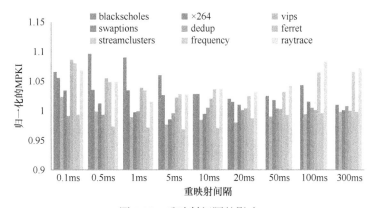

图 7.18　重映射间隔的影响

对于不同的应用，当它们改变映射间隔长度的时候，遇到的重映射变迁次数也会发生变化，有一些重映射配置变迁能够将程序带入到一个稳定的状态，有的映射变迁将会引入另一个新的访存阶段，从而导致带来的性能改进不足以补偿开销，因此，一个过小的重映射间隔很容易引发"thrash-out"的现象，过大的重映射间隔又不足以通过自适应映射获取性能提升。

6. 全系统性能评估

图 7.19 给出了 UDR 方案对多核处理器系统性能造成的整体影响，图中 y 轴描述的是 UDR 节省的多程序负载整体执行完成时间，实验中分别注入 1～16 个

节点级故障到 8×8 的 NUCA 缓存中去，然后分别执行从 Mix-1 到 Mix-12 的多程序应用，这样整个多核处理器在不同故障分布下的实验结果就可以得到了，从图 7.19 中可以看到，相比组削减法，动态的节点重映射可以有效减少 6.4%的程序执行总时间。

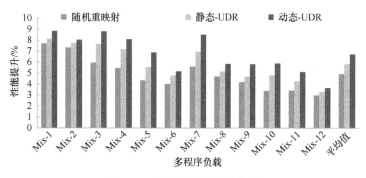

图 7.19　程序执行时间的优化

7. 总体硬件开销

总体硬件开销如表 7.3 所示。对于节点重映射方法，基于硬件的栈距离采样法给每一个缓存体增加了一组计数器，比较缓存本身的面积开销，这部分开销的百分比可以忽略不计。另外，为 NUCA 缓存增加监控寄存器以及影子寄存器(shadow register)对于缓存划分和缓存空间调整技术非常常见，这些性能寄存器可以复用做栈距离寄存器[19]。

同样，本研究对支持重映射的路由器设计进行了实现，综合选取工艺为 UMI 90nm 工艺，以一个采用 4×4 NUCA 缓存的多核处理器为例，为片上网络路由表增加 4bit 用于存放映射节点，引起的开销如表中所示，增加的表项内容和包头替换逻辑引起了 5.17%的路由器面积，比起整个处理器的面积则远远不到其 1%。

另外，本书假设基础多核处理器平台采用 LRU 缓存替换策略，因此无需额外的逻辑开销用来记录缓存监测组中各路的访问时间次序，即能获得不同栈距离位的排序信息。一旦处理器采用其他的缓存替换策略如 Pseudo-LRU，那么就需要额外的 MRU 标签记录组内每个路的访问历史次序，这样在记录栈距离的时候才能知道哪个栈位被访问，在这种情况下，UDR 的硬件开销仍然非常小，UDR 使用采样的方法监测栈距离信息，不需要为缓存体中的每一个组都准备 MRU 标签位，只需要在有限的采样组中设计标签位即可。如表中所示，实验中本书仅监控了每个缓存体中的 64 组数据块，因此大大减少了非 LRU 替换策略的 NUCA 重映射方案开销。

表 7.3　硬件开销

部件	开销	面积比例/%
路由器	3477μm²	5.17 (占 NoC)
监视计数器	16×4 32 比特计数器	–
MRU-Rank 标签	1K 比特标签	0.02 (占缓存)
跳转解码器	11403 μm²	0.06 (占缓存)

7.7　本章小结

　　为了解决多核处理器在高故障率、超低电压、低功耗约束下的节点关断引起的故障问题，研究人员从处理器核、片上网络的角度深入地开展了研究，给予多核处理器可靠性支持，本书则从片上静态 NUCA 缓存的角度出发，研究了高可靠多核处理器片上内存系统的可靠性问题，本章描述了 NUCA 地址黑洞的模型解释，并分别针对不同应用场景下，给出了跳跃交叉映射技术来解决离线节点故障问题。另外针对在线的 NUCA 节点隔离问题，提出了基于利用率的节点重映射方法，并系统性地分析了从重映射算法到支持重映射路由器设计的解决方案，其中提出的基于硬件栈距离分析的节点重映射算法，能够有效地提高 NUCA 节点级故障情况下的总体性能，实验结果表明，在较小的硬件开销下，节点重映射方法能够高效地支持节点级 NUCA 缓存容量调整，该方法高度兼容多核处理器中包括故障侦测、数据恢复到容错路由的容错机制，并且适合被运用到近阈值计算的高故障率环境，以及需要频繁开关节点的、功耗/温度约束严格的计算平台中。

　　本章提出了一种面向多核处理器片上静态非均匀缓存架构的故障容忍方法，能够屏蔽缓存故障节点，并有效提升故障系统的性能。针对多核处理器片上静态非均匀缓存架构节点级故障，本章首先提出了一种地址重映射方法，通过支持片上路由的通信节点重映射，将一个被系统屏蔽的缓存故障节点映射到另外一个健康节点中去，从而使得故障缓存所关联的物理地址空间可以在片上缓存的其他位置中访问到。为了在节点重映射方案中，找到一个最佳缓存空间利用率的映射结果，本章进一步提出了一种基于栈距离分析的最小化访存冲突的节点重映射算法，通过栈距离分析模型评估不同映射方法对缓存缺失率的影响，结合匈牙利方法搜索最佳故障节点到健康节点的映射结果。在全系统模拟器故障注入实验中的评估表明，相比已有容错技术，本章提出的节点重映射方法可以在不同的故障类型与分布密度下取得最高 16%的性能提升。

参 考 文 献

[1] Wang Y, Zhang L, Han Y, et al. Data remapping for static NUCA in degradable chip multiprocessors[J]. IEEE Transactions on Very Large Scale Integration Systems, 2014, 23(5): 879-892.

[2] Wang Y, Zhang L, Han Y, et al. Address remapping for static nuca in noc-based degradable chip-multiprocessors [C]// Pacific Rim International Symposium on Dependable Computing, Tokyo, 2010: 70-76.

[3] Wang Y, Han Y, Li H, et al. VANUCA: Enabling near-threshold voltage operation in large-capacity cache[J]. IEEE Transactions on Very Large Scale Integration Systems, 2015, 24(3): 858-870.

[4] Chang J, Huang M, Shoemaker J, et al. The 65-nm 16-MB shared on-die L3 cache for the dual-core Intel Xeon Processor 7100 Series[J]. IEEE Journal of Solid-State Circuits, 2007, 42(4): 846-852.

[5] Velazco R, Bessot D, Duzellier S, et al. Two CMOS memory cells suitable for the design of SEU-tolerant VLSI circuits[J]. IEEE Transaction Nuclear Science, 1994, 41(6): 2229-2234.

[6] Zhang K, Bhattacharya U, Chen Z. A 3-GHz 70-Mb SRAM in 65-nm CMOS technology with integrated column-based dynamic power supply[J]. IEEE Journal of Solid-State Circuits, 2006, 41(1): 146-151.

[7] Hirabayashi O, Kawasumi A, Suzuki A, et al. A process-variation-tolerant dual-power-supply SRAM with 0.179 μm^2 cell in 40 nm CMOS using level programmable wordline driver [C]// International Solid-State Circuits Conference, San Francisco, 2009: 458-459.

[8] Schuster S E. Multiple word//bit line redundancy for semiconductor memories[J]. IEEE Journal of Solid-State Circuits, 1978, 13(5): 698-703.

[9] Wilkerson C, Gao H, Alameldeen A R, et al. Trading off cache capacity for reliability to enable low voltage operation[J]. ACM SIGARCH Computer Architecture News, IEEE Computer Society, 2008, 36(3): 203-214.

[10] Alameldeen A R, Wagner I, Chishti Z, et al. Energy-efficient cache design using variable-strength error-correcting codes [C]// International symposium on Computer architecture, New York, 2012: 461-472.

[11] Miller T N, Thomas R, Dinan J, et al. Parichute: Generalized turbocode-based error correction for near-threshold caches [C]// International Symposium on Microarchitecture, Atlanta, 2010: 351-362.

[12] Lee H, Cho S, Childers B R. Performance of graceful degradation for cache faults [C]// IEEE Computer Society Annual Symposium on VLSI, Porto Alegre, 2007: 409-415.

[13] Ansari A, Feng S, Scott Mahlke. ZerehCache: Armoring cache architectures in high defect density technologies [C]// International Symposium on Microarchitecture, New York, 2009: 100-110.

[14] Vinnakota B, Andrews J. Repair of RAMs with clustered faults [C]// International Conference on Computer Design, Cambridge, 1992: 582-585.

[15] Patterson D A, Garrison P, Hill M, et al. Architecture of a VLSI instruction cache for a RISC [C]// International symposium on Computer architecture, New York, 1983: 108-116.

[16] Agarwal A, Paul B C, Mahmoodi H, et al. A process-tolerant cache architecture for improved yield in nanoscale technologies[J]. IEEE Transactions on Very Large Scale Integration, 2005, 13(1):

27-38.

[17] Huh J, Kim C, Shafi H, et al. A NUCA substrate for flexible CMP cache sharing[J]. IEEE Transactions on Parallel and Distributed Systems, 2007, 18(8): 1028-1040.

[18] Karpuzcu U R, Sinkar A, Kim N S, et al. EnergySmart: Toward energy-efficient manycores for near-threshold computing [C]// International Symposium on High Performance Computer Architecture, Washington D. C., 2013: 542-553.

[19] Xu J, Wolf W, Henkel J,et al. A design methodology for application-specific networks-on-chip[J]. ACM Transactions on Embedded Computing Systems, 2006, 5(2):263-280.

[20] Shirvani P P, McCluskey E J. PADded cache: A new fault-tolerance technique for cache memories [C]// VLSI Test Symposium, San Diego, 1999: 440-445.

[21] Luong D H, Masahiro G, Shuichi S. SEVA: A soft-error and variation-aware cache architecture [C]// Pacific Rim International Symposium on Dependable Computing, Riverside, 2006: 47-54.

[22] Kim J, Hardavellas N, Mai K, et al. Multi-bit error tolerant caches using two-dimensional error coding [C]// International Symposium on Microarchitecture, Chicago, 2007: 197-209.

[23] Zhang M, Asanovic K. Victim eplication: Maximizing capacity while hiding wire delay in tiled chip multiprocessors [C]// International symposium on Computer Architecture, Washington D. C., 2005: 336-345.

[24] Hardavellas N, Ferdman M, Falsafi B, et al. Reactive NUCA: Near-optimal block placement and replication in distributed caches[C]//Proceedings of the 36th Annual International Symposium on Computer Architecture, 2009: 184-195.

[25] DeOrio A, Aisopos K, Bertacco V, et al. DRAIN: Distributed recovery architecture for inaccessible nodes in multi-core chips [C]// Design Automation Conference, San Diego, 2011: 912-917.

[26] Feng C, Zhang M, Li J, et al. A low-overhead fault-aware deflection routing algorithm for 3D network-on-chip [C]// IEEE Computer Society Annual Symposium on VLSI, Washington D. C., 2011: 19-24.

[27] Wu J. A simple fault-tolerant adaptive and minimal routing approach in 3-d meshes[J]. Journal of Computer Science and Technology, 2003, 18(1): 1-13.

[28] Loi I, Mitra S, Lee S H, et al. A low-overhead fault tolerance scheme for TSV-based 3D network on chip links [C]// International Conference on Computer-Aided Design. Piscataway, 2008: 598-602.

[29] Fick D, DeOrio A, Chen G, et al. A highly resilient routing algorithm for fault-tolerant NoCs [C]// Design Automation Conference, San Francisco, 2009: 21-26.

第 8 章　三维堆叠多核处理器的低功耗设计

数据通信效率对于多核处理器的性能与能效非常关键，大规模多核处理器的内存系统越来越重视互连结构。一方面，前两章讨论过的 NoC 被用来替代总线用于解决多核处理器中互连可扩展性问题[1,2]。另一方面，作为一项物理层的互连与系统集成解决方案，三维集成电路不仅拥有更短的连线延迟，而且有利于异构工艺芯片的集成[3,4]。因此，集成两者优势的三维集成电路片上网络成为一项很有前景的多核通信形式，可以用作高效能片上内存系统的通信媒介[5-7]。使用三维堆叠片上网络实现互连的多核处理器也称为三维堆叠多核处理器。近年来，有许多研究工作投入到三维集成电路片上网络的架构研究当中。

在典型的三维堆叠多核处理器中，TSV 被认为是一项很有竞争力的三维集成技术，相较其他的集成选择如线绑定(wire bonding)、微块(microbump)和无触点式(contactless)，它拥有密度更高以及延迟更短的连线。然而，对于低纵向维度的对称 3D Mesh 片上网络，将 TSV 等同为平面连线资源，均匀分配它们到每个路由器节点通常会导致低下的资源利用率，从而增加能耗。对于典型的 3D NoC，它们的高度通常小于其网络拓扑长度/宽度，这是由散热、制造成本、功耗限制所造成的[8-10]。在这种扁平状 NoC 结构中，TSV 的利用率低下，因此通常不会成为网络的带宽瓶颈。根据这一核心观察，本章提出了一种 TSV 共享技术来优化 TSV 资源的利用率，基本方式是将邻接的路由器节点聚簇，使之能够通过时分复用的方法共享一簇 TSV。然后，根据路由器分簇的方法选择，提出了异构的 TSV 共享方案用于优化三维堆叠多核处理器的片上通信。TSV 共享方法不仅能够显著减少 TSV 衬垫占据的平面面积，而且能够以很小的性能代价提升 TSV 的利用率。本章内容源自作者的研究成果[11,12]。

8.1　三维堆叠多核处理器体系结构概述

8.1.1　三维集成技术与 TSV 制造

在三维集成电路当中，TSV 被认为是一种前景最好的芯片绑定技术[3,4]。TSV 制作工艺需要三步，包括刻蚀、电镀、绑定和集成。绑定方式有两种：面对面(face-to-face，F2F)和背对面(back-to-face，B2F)。通过硅片/晶片绑定之后，刻蚀到不同芯片层的 TSV 通过金属衬垫对准连接。由于复杂的集成工艺，TSV 本身会面临着工艺偏差、对准误差和机械应力造成的开路、桥接等故障[13]。因此，TSV 的制作面临着严重的良率损失问题[14]。特别地，TSV 的良率随着其制作密度的上升，下降得非常厉害。更糟的是，测试 TSV 的完整性比平面测试更加昂贵[15,16]。Tezzaron、IMEC、MIT 林肯实验室以及 IBM 公司的三维集成电路工艺都面临着严重的 TSV 良率损失问题。根据报道，最新的 IBM 三维集成工艺，10^5 根 TSV 在绑定阶段的对准良率仅有 23%，而 10^4 根 TSV 仅有 87%。为了提升三维芯片的良率，研究者提出了各种可靠性优化技术，这些技术大多采用冗余与重映射方法，这些方法大多会损失可用 TSV 的密度。

解决制作工艺良率或增强 TSV 可靠性通常以减小 TSV 密度为代价，除了制作问题，TSV 还面临着关键的机械应力/热应力和老化可靠性问题[17,18]。因为特别的制作工艺，传统的连线失效源对于脆弱的 TSV 更加致命[18]。一旦排除了用作冗余的 TSV 资源，可用做 NoC 垂直连线的 TSV 变得相对较少。另外，NoC 连线还需要和其他垂直连线比如功率输运线、时钟树连线甚至散热通孔争夺垂直空间，可用数据/控制 TSV 变得更加珍贵[19,20]。例如，先进工艺可以在 16μm 的 pitch 上生产 $8μm^2$ 的通孔[21]。如果采用 8×10×2 规模，支持 39-bit 单向连线的 Mesh 网络，需要 8k TSV 来维持原有拓扑，基本上消耗的平面面积与一个处理器核面积相当。如果再考虑散热空间、垂直功耗网络、时钟树以及冗余 TSV，可用的垂直网络连线预算变得更少。特别是对于众核处理器或多套网络多核处理器[22]，这个问题变得更加严重。因此，提高三维片上网络纵向连线的利用率，在 3D 网络设计的过程中非常重要，本工作的研究目的就是试图以最小的代价，通过共享网络垂直连线 TSV 来提升 TSV 利用率。

8.1.2　三维片上网络

随着片上网络拓扑以及微结构设计的日趋成熟，NoC 的体系结构设计研究也逐渐放缓。然而，近年来，3D 集成技术的出现为片上互连设计打开了一条全新的方向。之前的工作广泛地研究了 3D NoC 的架构设计。Feero 等比较了一系列的 3D NoC 架构及其相应 2D 实现架构，得出了 3D NoC 拥有能效优势的结论。Li 等则提出了混合普通路由器和纵向总线的设计方法[5]。Kim 等提出了按维度分解路由器的设计方法降低 3D NoC 的开销。

尽管不同的 3D NoC 架构被不断提出，对称 3D 片上网络作为 3D NoC 的一个简单扩充，只需要为 3D 路由器增加两个端口，可以复用已有的 NoC 设计 IP 与路由算法。典型的对称 3D NoC 架构如图 8.1 所示，这种结构可以看作是 2D Mesh 网络的一个 3D 扩充，图 8.1 中，两层芯片中包含多个处理器单元与缓存单元，由于各向同性，对称 3D Mesh NoC 的实现、测试和验证都相对简单。本章集中针对对称 3D NoC 进行设计优化。

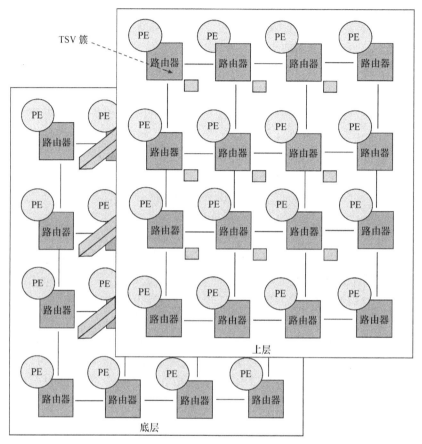

图 8.1　两层对称 3D Mesh NoC

8.2　高 TSV 利用率的三维堆叠片上网络设计

8.2.1　TSV 共享方法的基本架构

连线串行化是节约 3D NoC 中 TSV 的一个可行方法。例如，将 TSV 进行 4∶1 串行化可以节约 75% 的 TSV。但是，串行化会大幅度减小垂直带宽，比如 4∶1 串行化同样减少 75% 的垂直带宽。在此种情况下，网络吞吐量会受到较大的影响，特别是当网络流量不均匀的时候。更糟的是，串行化会显著增加零负载延迟。

如上一节所述，TSV 不能无限制地在 3D NoC 中使用，因此需要提高垂直连线的利用率。大部分情况下，NoC 的带宽资源在特定情况下被认为是充裕的[23]。

同样，本书发现了一种对称 3D NoC 垂直带宽利用率低的现象，这种现象发生在堆叠芯片层有限的大规模片上网络中。为了证明这一点，首先给出有关 3D NoC 中 TSV 利用率的分析。本书采用 system-C 实现了一个时钟周期精确的 4×4×2 3D Mesh NoC。模拟的 NoC 设计采用维序路由算法与虫孔流控。每一个路由器包含两级流水，两个虚通道，每个虚通道的深度为 8 个 flit。实验中，按照泊松分布注入 8-flit 的数据包，为了验证本书假设，仿真持续一百万个时钟周期。每隔五千个周期，记录下平均 TSV 的占用率，以及相邻 TSV 簇的冲突概率，注意到这里的冲突概率仅仅指的是相邻 TSV 在同一个周期内都被 flit 占用的概率。并不是真正发生在路由器中的 flit 传输冲突，反映的是不同 TSV 传输数据的空间相关性。相邻 TSV-i 和 TSV-j 的冲突概率 $\mathrm{Pr}_{i,j}^{\mathrm{tsv}}(t_k)$ 可以被定义为

$$\begin{cases} \mathrm{Pr}_{i,j}^{\mathrm{tsv}}(t_k) = \mathrm{Pr}\left\{P_i^{\mathrm{tsv}}(t_k) \mid P_j^{\mathrm{tsv}}(t_k)\right\} P_j^{\mathrm{tsv}}(t_k) = P_i^{\mathrm{tsv}}(t_k) P_j^{\mathrm{tsv}}(t_k) \\ \mathrm{Manh}(i,j) = 1 \end{cases} \tag{8.1}$$

其中，$\mathrm{Pr}_{i,j}^{\mathrm{tsv}}(t_k)$ 表示的是 TSV-i 和 TSV-j 在 t_k 时间同时传输 flit 的概率，并且 $\mathrm{Manh}(i,j) = 1$ 意味着节点 node-i 和节点 node-j 之间的曼哈顿距离为 1；$P_i^{\mathrm{tsv}}(t_k)$ 表示 flit 在连线中的到达率。并且 TSV-i 和 TSV-j 的事件发生是独立的。

图 8.2(a)与图 8.2(b)中给出了 TSV 利用率以及冲突概率在两种 traffic 模式下(Uniform 和 Shuffle)的情况。图中 p_1 和 p_2 分别表示平均注入率在 0.3 时 TSV 的利用率和冲突概率；p_3 和 p_4 分别表示平均注入率在 0.1 时的利用率和冲突概率。可以看到 TSV 利用率和冲突概率都很低，即便是注入率高达 0.3 时，相邻 TSV 簇都很少同时被 flit 占用。

图 8.3 还给出了同一个网络中相邻平面连线在真实负载流量下的冲突概率。同样，平面连线冲突概率也同样定义为相邻路由器的同向平面连线中同时传输 flit 的概率。可以看到，垂直连线与平面连线的冲突概率存在着一个较大的差值。该差值使得 3D NoC 并不适合采用传统的拓扑集中的方法省网络资源[24]。基于以上分析，可以得出该结论：在对称 3D Mesh NoC 中，TSV 相对平面连线的利用率较低。因此，本书提出了一种允许相邻节点共享 TSV 的设计方法。

前面讨论过，TSV 利用率低的现象发生在堆叠芯片层数有限的大规模网络中，这是本书的基本假设之一。对于此类"扁平"3D NoC 如 $W×L×D$ Mesh(假设 $D<W<L$)，其对分带宽为 $W×D×B(B$ 为单通道带宽)，即沿着 z 轴纵切面的集总带宽(x-z 或 y-z plane)。如果沿着 x 或 y 轴横切 NoC，那么横切面集总带宽是 $W×L×B$，比对分带宽要更大。考虑到对分带宽是表征着网络通信吞吐量的重要指标，可以推断 z 维的垂直通道并不是"扁平"3D NoC 的带宽瓶颈。

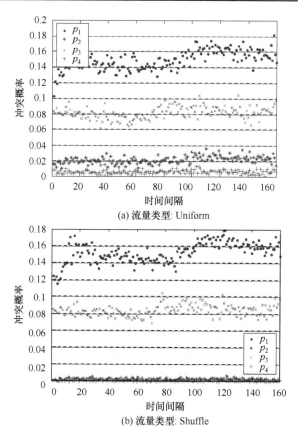

(a) 流量类型: Uniform

(b) 流量类型: Shuffle

图 8.2　TSV 利用率采样以及冲突概率

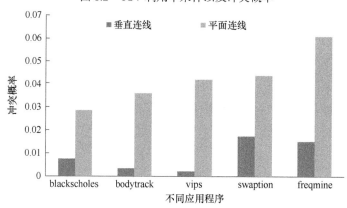

图 8.3　程序的连线冲突概率

　　一个垂直维度低的 3D NoC 网络在三维集成电路中是最常见的，诸多设计因素(散热、能量工艺、可靠性和生产成本)制约着芯片层的增长[8-10]。本书工作的优化对象即此类"扁平"3D NoC。随着片上网络规模不断扩展的同时，芯片的层数增长由于各种各样的限制则要慢得多,因此低垂直带宽利用率的问题会在对称 3D Mesh NoC 中变得更为严重。

总的来说,本书的解决目标在于不能破坏 NoC 的拓扑,从而不影响平面的流量分布。本方法对路由层透明,因此,可以直接支持已有路由器设计以及各种路由算法。

3D Mesh NoC 中 TSV 共享的基本概念如图 8.4 所示,网络中局部相邻的 4 个路由器被聚集起来共享一簇 TSV 连线。因此垂直物理通道变成了该路由器簇的共享资源,它可以通过将其授权给某个请求路由器完成分时共享。一旦包传送需要请求 TSV 通路,它需要首先获得 TSV 共享仲裁器的授权,然后才能通过共享逻辑、穿过 TSV 到达下一层,最后按照路由算法通过下层 TSV 共享逻辑到达目的地。

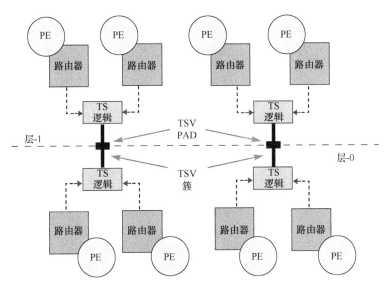

图 8.4   3D Mesh NoC 的 TSV 共享方法

为了达到上述效果,还有许多其他问题需要解决。首先,设计不能修改原有的 3D Mesh 拓扑或增加任何路由限制,使得维序路由等算法可以直接被采用到设计当中。其次,任何数据传输需要穿过更长的连线和逻辑到达目的层,这是由增加共享逻辑和连线延迟而引起的。虽然,由于几何特性与电特性,TSV 传输时间很短,保守起见,在插入共享逻辑和多路选择器之后,本设计增加了一个额外的流水级用于保证路由器设计的高频工作。后面会介绍 TSV 共享逻辑的流水级是如何插入到网络当中的。

TSV 共享带来的另一个好处就是 TSV 共享逻辑提供的物理快速通道可以用

来提升性能。如图 8.5 中所示，由于采用投机路由设计，路由器-010 发出的数据包在它离下层目的终点还有两个跳距的时候，就可以在虚通道分配的阶段，投机分配到与快速物理通道相关联的快速虚通道中，这样，该数据包就可以跳过通往路由器-011 的步骤，直接通过 TSV 共享逻辑送到路由器-111，这种快速通道只需要给底层的多路选择器 DEMUX 发送正确的控制信号就可以使用，它可以用来为片上网络提供更短的路由路径[25]。这种快速通道的效果将在实验部分中得到验证。

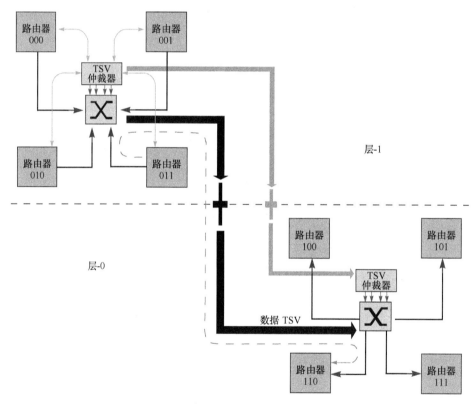

图 8.5　支持 TSV 共享的 NoC 设计

8.2.2　三维路由器设计与实现

图 8.5 中描述了本书提出的 TSV 共享方案架构。TSV 和控制逻辑对于所有层的所有方向都是对称的，这里仅给出了单方向 TSV 的共享逻辑与走线示意。为了支持 TSV 共享，需要对路由器做适量修改。一个典型的路由器包括输入/输出缓存、RC、VA 和 SA 还有交换开关。当一个 flit 到达路由器时，它需要先进入缓存当中，然后 RC 会侦测到缓存中的 flit 并且根据路由算法和 flit 中的路由信息计算

正确的端口，之后，VA 接收到包头 flit 并且根据包头内容在下一跳的路由器中保留缓存空间。最后，SA 根据情况做出仲裁决策确定为请求 flit 分配的端口是否可用。

对于一个支持 TSV 共享的路由器，垂直互连被认为是一种共享介质，而不是每个路由器的专属资源，当数据从上层芯片发送到底层网络时，它必须从 TSV 仲裁器(TSV arbiter, TA)获得垂直通道授权。仅当数据包收到了来自仲裁器的授权以及 SA 的开关授权时，它才能穿过数据 TSV 直到底层芯片。同时，仲裁器的授权信号也通过控制 TSV 传送到下层多路选择器作为选通控制信号。通过这样的共享机制，一个路由器组中的 TSV 簇就可以分解为多个虚拟的独立连线，让每一个路由器使用，因此可以保持网络拓扑不变。

图 8.6 描述了典型的支持 TSV 共享的路由器结构，虚线的部分表示原始的路由器架构。另外，TSV 仲裁器作为唯一增加的部件，可以支持多种 TSV 仲裁机制，如 round-robin、循环优先和先后优先策略。

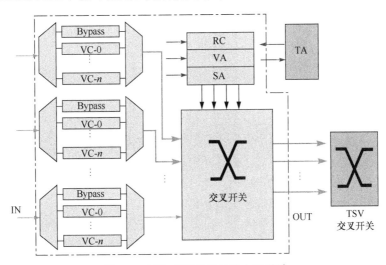

图 8.6 支持 TSV 共享的路由器设计

本书采用的二阶流水路由器支持广泛使用的预分配以及猜测技术[26]。在第一个流水阶，路由器进行提前路由计算(look-ahead)，并行地进行 VC 预分配和交换开关分配。幸运的是，TSV 仲裁通常可以与 RC、VA、SA、交换开关通行阶段并行进行，所以 TA 并不在关键路径上。图 8.7 中标注了所选路由器微结构中的关键路径。虚线部分将不同流水阶的部件划分开来，竖条阴影的部分则是由 TSV 共享逻辑增加的部分。

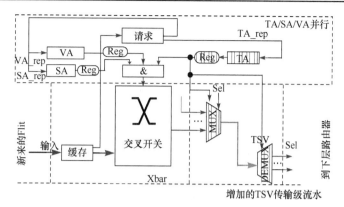

图 8.7   支持 TSV 共享的路由器的数据与控制通路

可以看到图 8.7 中的数据包需要同时获得 VA、SA 和 TA 的许可才能通行，同时预先信号会被存储在寄存器中为下个周期做准备，这些结果的获取都不在关键路径上。

8.2.3   TSV 共享逻辑对物理设计的影响

为了方便物理设计阶段的摆放和布线，TA 可以被放置到一个路由器组的中间，这种情况下，从 TSV 请求到接受的延迟才足够小。但是，数据通路仍然被拉长，使得需要增加额外的流水阶才能避免时序违例。精确地估计延迟增量非常困难，首先可以假设原始路由器的关键路径长度为 t_0'，从路由器到 TA 的平面连线延迟为 $t_1 (t_1 \leqslant t_0' / \sqrt[2]{2} < t_0)$，TSV 本身延迟为 $t_2 (t_2 \ll t_0)$，该值低于 10 ps，多路选择器延迟为 $t_3 (t_3 \ll t_0)$，信号分离器(DEMUX)延迟为 $t_4 (t_4 \ll t_0)$，缓存写延迟为 $t_5 (t_5 < t_0)$。于是可以知道最初的纵向连线传输延迟为 $co = (t_0' + t_5)(co < t_0)$，而修改后最终的邻接路由器的层间延迟大致可以被计算成 $cp = 2t_1 + t_2 + t_3 + t_4 + t_5$。因此具体增加几个流水阶取决于 PE 的物理尺寸，在大部分情况下，cp 可以被认为小于 $2t_0$(根据 MUX 和 DEMUX 设计的综合结果可知)，因此只需增加一个额外的流水阶用于垂直连线传输，同时为了避免增加额外的连线延迟到 t_1 中，需要对共享组的范围做限制，保证路由器之间的距离够短，也就是说，最多允许四个路由器共享一簇 TSV，以满足 $t_0 < cp \leqslant 2t_0$。

TSV 的延迟与 TSV 工艺的选择有关。当前的 TSV 工艺还在不断发展，本工作选取其中比较有代表性的三种工艺，如表 8.1 所示。每立方微米的阻值和电容值数据来自文献[27]。采用 Elmore 延迟模型估算可证明所选三种 TSV 的延迟都在 120ps 以下，相比文献[28]、[29]，这已经是一个很保守的估计值。即便如此，TSV 的传输延迟相比典型 NoC 的时钟周期仍然可以忽略不计。

表 8.1　不同工艺的 TSV 特性

参数	Fermilab 工艺[30]	Tezzaron 工艺[31]	Amkor 工艺[32]
半径/μm	6	5	25
Pitch 尺寸/μm	24	16	40
Bonding 类型	Back to face (b2f)	Back to face (b2f)	B2b/F2b
长度/μm	85	90	100

8.2.4　路由算法设计

在支持 TSV 共享的路由器中，垂直网络通路通过物理层的电路共享被集中到了一个物理通路，这种变化对于路由层是透明的。TSV 的仲裁事务本身也完全取决于 TSV 共享逻辑，所有的信号在进入和离开 TSV 之前都通过 TSV 共享逻辑进行选通处理，因此 TSV 簇在路由层被划分为多个独立的虚拟通路，支持 TSV 共享的片上网络，可以直接采用包括维序路由在内的所有路由算法，并直接继承它们无死锁的特性。

8.2.5　TSV 共享的全局配置

当设计采用 TSV 共享技术提升 3D NoC 中 TSV 的利用率时，需要考虑多个设计参数。首先是共享度(sharing degree)，它被定义为一个 TSV 共享组中路由器的数目。虽然，一个更高的共享度能够显著减少 TSV 开销，但是可能造成全局互连的延长并且影响 NoC 的性能。另外，共享度过大会增大共享交叉开关，从而增大硬件开销。在本研究工作中，允许的共享方式如图 8.8(a)中所示，这些基本的图形可以被选取并分布到全局网络当中，从而构成一个特定的共享版图。

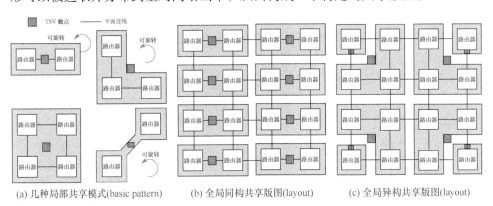

(a) 几种局部共享模式(basic pattern)　　(b) 全局同构共享版图(layout)　　(c) 全局异构共享版图(layout)

图 8.8　TSV 共享方式

在图 8.8(b)和(c)中，可以看到两种由基本共享模式构成的全局版图，第一种版图采用一个统一的共享度，然后让所有节点都采取该共享度构成各自的局部共享图案，如图 8.8(b)中所示。这种对称的共享方法被定义为同构版图。这种版图的效率比较低，这是因为所选的共享度，需要满足网络中最"拥塞"位置的带宽需求，因此是一种考虑最差情况的设计方法。相对地，如图 8.8(c)所示，采用异构版图的共享方案可以避免最差设计，它可以根据流量"热点"分布情况为不同网络位置的路由器组分配适合的共享度。这种方法是基于常见拓扑中网络流量非均匀分布的结论提出的，例如，在 2D Mesh NoC 中，中心常常比边缘流量更高，因此对带宽的需求也更高。

8.2.6　采用 GSA 进行异构共享拓扑的设计空间探索

为了考察不同共享版图的 TSV 利用率潜力，本书开展了针对异构版图的设计搜索，在搜索之前，需要一个能够衡量版图共享质量的指标。TSV 效益值(TSV-effectiveness, TE)被定义为对于特定的负载集合下，版图的 TSV 开销与网络性能损失量之比:

$$TE_i = \sum_{j=0}^{k} \frac{Area_{tsv}}{Latency_{inc}^{j}} \tag{8.2}$$

其中，$Area_{tsv}$ 表示节省 TSV 所对应的平面面积；$Latency_{inc}^{j}$ 则是负载 j 的情况下，网络额外增加的平均延迟，其中负载的选取采用合成流量。k 为在计算 TE 的实验中所选目标负载的数量。本书采用一系列的合成流量保证结果不失通用性。对于其他的特定应用领域的多核架构，设计人员可以根据需要选取负载种类用于计算网络的 TE。

一旦确定了选择优化指标，下一步就是如何搜索最优的共享版图，过程类似于往图 8.1 所示的网络棋盘中填入不同的局部共享图形，由于共享度不仅决定 TSV 利用率，还决定了网络性能以及可用垂直快速通道的分布，如何选择路由器组是一个很复杂的问题。

首先，本书证明这个"棋盘"填充问题是一个 2D 的装箱问题，也可以转换为一个整数规划问题，因此是一个 NP-难的问题，其解搜索空间的大小为 $O(\exp(n))$。

搜索空间对于大规模的 3D 片上网络过于巨大，而且计算不同版图选择的 PE 值还需要 NoC 模拟器的结果反馈，因此本书采用遗传算法(genetic algorithm, GA)，尽量覆盖多个版图，随机搜寻最优结果。遗传算法通过模拟自然界中的遗传进化过程，搜索可能地最优配置。GA 的收敛特性不佳，方法对 GA 算法加入了退火处理。退火过程为遗传过程中解的可接受度计算提供了温度控制参数。随着算法搜索过程的进行，温度在基因复制的过程中逐渐下降，使得解空间以更高的概率收敛到局部解。遗传退火的进行包括以下几个部分。

(1) 基因编码：$S=\langle s_0,s_1,s_2,\cdots,s_k\rangle$ 表示一个可行的染色体，其中，$s_0,s_1,s_2,\cdots,s_k$ 表示按行列顺序摆放的 k 个基本共享图形。

(2) 适应度计算：$f(i)=\mathrm{TE}_i$ 衡量每一个染色体的质量，计算 $f(i)$ 需要对染色体对应的网络进行合成流量仿真。

(3) 交叉：随机选取两个父本染色体进行单点交叉，产生新的后代。

(4) 变异：随机交换染色体编码中的任意两位，以产生新的个体。

(5) 繁殖与退火：繁殖过程为从第 n 代的种群中选取最高适应度的个体，使它们能够存活到下一代中去，其中，每一个个体 i 都将以接受概率 P_i 筛选：

$$P_i = \frac{f(i)}{\sum\limits_{j=1}^{n} f(j)} \tag{8.3}$$

当适应度值 $f(i)$ 等于 TE_i 时，为了计算 P_i，每一个个体 i 的 TE_i 都要通过 NoC 仿真并且按照公式(8.3)计算每一代中的接受率。

在遗传退火算法中，退火温度用来计算自然选择过程中父本基因 P' 以及子代基因 $1-P'$ 的接受概率：

$$P' = \cfrac{1}{1+\exp\left(\cfrac{f_\mathrm{p}-f_\mathrm{c}}{T}\right)} \tag{8.4}$$

其中，f_p 为父代的平均适应度；f_c 为新一代的平均适应度；T 是退火温度。出事问题被设置得足够大以使得 P' 的值接近。每一代中，温度 T 都会逐渐下降，并且被代入到公式(8.4)中用于计算接受度。最终染色体个体 string-i 的接受度为 P_iP' 或 $P_i(1-P')$，取决于它是新个体还是父本个体。GSA 将不断重复每一代繁殖筛选过程直到收敛。

本书需要从几个方面评估 GSA 的性能：收敛成功率(successful rate of convergence, SRC)、最大/最小/平均重复次数、进化成功率(rate of evolution leap, REL)。算法性能评估结果如表 8.2 所示，Selected Seed 对初始的染色体种群根据其共享度进行筛选，避免引入过大或过小平均共享度的染色体。

表 8.2　算法收敛特性

不同筛选方式	SRC/%	最小重复次数	最大重复次数	平均重复次数	REL/%
Random Seed	78	97	331	258	93.0
Selected Seed	94	55	287	188	89.3
No Simulated Anealing	83	117	583	436	91

8.3　实验评估

1. 实验平台

本节对 TSV 共享方法进行了全面的评估。工作中主要采用两种实验环境来评估 TSV 共享对系统带来的影响。第一个平台是采用 system-c 语言设计的时钟精确 NoC 模拟器。模拟的 NoC 配置参考表 8.3 中提供的参数。第二个实验平台采用全系统时序模拟器 GEMS-2.1，该系统模拟器集成了 Garnet NoC 模型，该平台可以运行真实负载。基本的系统参数如表 8.3 中所描述，其中 Garnet NoC 模型的参数，与纯 NoC 模拟器平台的配置相同。实验评估中采用的负载包括合成流量与基准程序，负载种类与表 8.4 内容一致。

表 8.3　网络、处理器与内存系统配置

参数	配置
拓扑	$2\times2\times2/4\times4\times2/8\times8\times2$, 对称 3D-Mesh
路由器	7×7, 两级流水, 虫孔流控, 8-flit 深度缓冲区, 2/3 虚拟通道
路由算法	XYZ 路由，平面自适应(旁路激活)
核	OoO(乱序执行), 双发射, 2GHz, 32/16/8 核
L2 缓存	共享, NUCA, 独占, 4 路, 64B 缓存块, 多 bank, 8MB, LRU 替换, 6 命中周期
主存	4G DRAM, 260 访问周期

表 8.4　工作负载描述

PARSEC	多线程程序	canneal, dedup, vips, bodytrace, ferret, swaptions, freqmine, x264, raytrace, fluidanimate, facesim, streamcluster, blackscholes
Traffics	合成流量	Uniform: injection rate from 0-0.5, step by 0.05 Shuffle: injection rate from 0-0.5, step by 0.05 Hotspot: injection rate from 0-0.4, step by 0.05 Transpose: injection rate from 0-0.4, step by 0.05

2. 路由算法

本研究工作主要采用最常用的 XYZ 路由算法评估 TSV 共享方法。静态的 XYZ 路由不能很好地利用支持 TSV 共享的 NoC。TSV 共享逻辑可以支持更灵活的路由选择，并拥有更短的网络平均延迟，实验中也对经典的平面自适应(planaradaptive, PA)算法进行了测试[33]。这个算法是一种可用于 n 维片上网络的最短路径、无死锁自适应算法。例如，它可以绕过故障节点或网络热点，从而达到容错或流量均衡的效果。其特点是在路由中总是提供两个维度的自适应性。具体来说，可以用 PA 路由算法摆脱数据包必须按照固定的维度顺序进行路由的限制。

为了评估支持 TSV 共享的片上网络的性能，实验也考虑快速物理通道的优点并将它和 PA 结合起来。数据包可以通过选择 TS 交叉开关中的快速通道在传输中减少一个或几个路由跳步。本书采用了两级流水猜测执行路由器架构，路由器可以提前一个跳步预测数据包是否可以进入快速物理通道，这意味着数据包在离路由目标节点两步之前就有机会被传送到目的地，在这个过程中，路由器可以发送提前信号通知 TSV 交叉开关以及下层目的节点接收该数据包。在这种情况下，数据包会被分配给快速物理通道所对应的专门输入/输出缓存当中。另外，快速通道路径的使用必须遵守 PA 的规则，例如，包不能从 router-010 直接绕路到 router-101。

3. 纯片上网络模拟分析结果

1) 同构共享版图的性能

实验使用 system-c 模拟器中实现了一个 4×4×2 3D Mesh NoC，该网络的参数和表 8.3 中的描述一致。实验比较了多个设计方案：原始对称 3D NoC、纵向通路串行化的 NoC 以及支持 TSV 共享的 NoC。实验中选取了包括 Uniform、Shuffle 和 Hotspot 在内的三种合成流量作为模拟器输入。实验结果如图 8.9 所示。在图 8.9 中，Se-2 和 Se-4 分别表示 2:1 串行化和 4:1 串行化的 3D NoC，而 TS-2 和 TS-4 则分别表示共享度为 2 和 4 的同构共享 NoC。这四种设计都采用 XYZ 路由算法，而共享度为 2 的均匀版图 TS2-PA 则采用了 PA 路由算法，并且激活了 TSV 交叉开关中的快速通道。从图 8.9 中可以看到，TS-2 和 TS-4 的零负载延迟与原始设计接近，相较 Se-4，其零负载延迟在几乎所有的流量下都大约下降了 20%。原因在于 Se-4 引入了三个额外周期的连线传输延迟，而 TS-4 仅仅增加了一个周期的流水延迟，几乎可以忽略不计。基本上，TS2-PA 的性能与原始 NoC 接近，在某些负载情况下，甚至超过了原始 NoC 的性能。这是由于 TS2-PA 提供的自适应性与快速通道可以减少拥塞导致的网络延迟。

在 Uniform 与 Shuffle 的流量模型下，TS-4 的吞吐量比 Se-4 要高出 30%。在大部分情况下，TS-2 只比 Se-2 的性能好一点，Shuffle 流量下，TSV 利用率非常不平衡，TSV 共享的网络性能明显胜过 Se-2，在这种情形下，串行化造成很大的网络吞吐量损失，原因是繁忙的低带宽 TSV 通道很容易成为网络性能瓶颈。以图 8.9(b)为例，Se-4/Se-2 的吞吐量要大大低于 TS-2/TS-4。

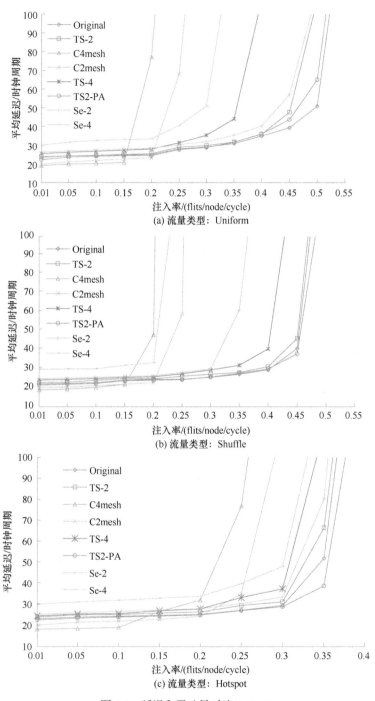

(a) 流量类型：Uniform

(b) 流量类型：Shuffle

(c) 流量类型：Hotspot

图 8.9　延迟和吞吐量对比(2×4×4)

在图 8.10 中，可以看到 8×8×3 3D Mesh NoC 在两种流量类型下的性能，不同配置下网络性能的变化趋势基本上和 4×4×3 网络保持一致。TSV 共享网络的零负载延迟要比串行化低，其中 TS-2 的吞吐量要比 Se-2 高 15%，而 TS-4 的吞吐量要比 Se-4 高 30%。

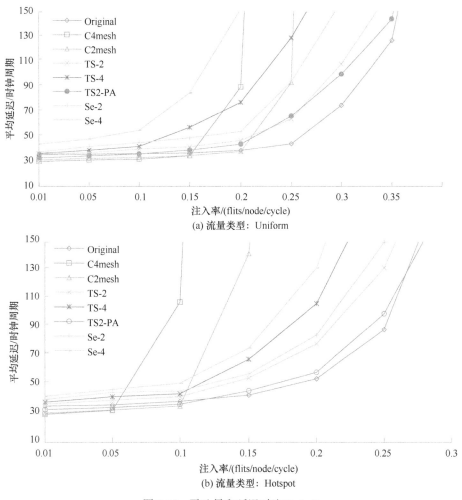

(a) 流量类型：Uniform

(b) 流量类型：Hotspot

图 8.10　吞吐量和延迟对比(8×8×3)

2) 高基路由器

采用高基路由器和集中 Mesh(concentrated Mesh，CMesh)来减少 TSV 消耗，也是一个可行的提高 TSV 利用率的方案，我们在模拟器中实现了 C4mesh 以及 C2mesh。在 C4mesh 中，每个路由器都增加了额外的三个本地端口用来连接 4 个本地 PE，多个 PE 被集中起来共享唯一的一个路由器。类似地，C2mesh 采用 7 端口高基路由器做拓扑集中。如图 8.9 与图 8.10 所示，这样的方案相比其他的解决方法，表现出更低的零负载延迟，这是由于高基路由器使得网络半径变小导致的。不论是 C2mesh 还是 C4mesh，由于平面带宽受到了拓扑集中的限制，它们的吞吐量都非常之低。

3) 异构共享版图的 TSV 效益

TSV 效益被用来衡量不同 TSV 共享配置的质量，它被定义为节省的 TSV 数目与性能损失之比。根据等式(8.2)，对于合成流量下的网络，性能损失采用平均包延迟增量来表示。对于下一节的全系统仿真而言，性能损失采用系统吞吐量的指标来衡量，即每周期指令数(instructions per cycle，IPC)。延迟增量的衡量是通过比较支持 TSV 共享网络与原始网络的平均延迟得到的，其中平均延迟的测量需要仿真一系列注入率(0.1~0.5，在饱和点之前)与合成流量类型，实验结果被和串行化方案的 TSV 效益值求比值。为了给出不同异构拓扑的性能结果，我们列出了一系列的拥有最好共享质量的版图，这些版图都是模拟退火算法生成的，其中 T-Diag 是算法的最优输出方案，其他的几种异构配置则属于次优方案。这些规则的版图也与我们的设计直觉相吻合。从图 8.11 中可以看到，这五种拓扑分别是 Interleaved、Ring、Swirl、Diag 和 T-Diag。

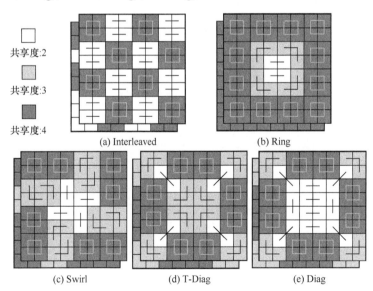

图 8.11　五种异构 TSV 共享版图(2×8×8 Mesh)

图 8.11 中大部分共享版图的中央位置都比边缘拥有更低的共享度。一个原因是平面 Mesh 或其他非边缘对称拓扑网络的中央都更容易成为通信热点[34]。以 TS-2 为例，在 0.3 注入率的流量分布下，采用 PA 路由算法的网络中，中央流量的压

力被垂直快速通道分流，因此中央垂直通路的缓存占用率也比非边缘通路高，这种流量压力分布不均衡的现象在图 8.12 中可以看到，作为结果，平面与垂直连线都显示除了比边缘更高的负载强度。

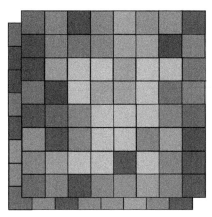

图 8.12　TSV 利用率分布

图 8.13 给出了五种最优配置的平均 TSV 效益值，可以看到它们的效益值大致在 Se-4 的 5 倍以上，在 TS-4 的 2.5 倍以上。在这五种共享配置中，T-Diag 有最好的 TSV 效益值，它在带宽供应(低共享度)和低延迟(更多的快速通道)之间达成了一个平衡。T-Diag 中央的共享度在 3 左右，而边缘的共享度在 4 左右。其他的集中配置也基本上服从同向流量集中的原则，属于内低外高的共享度分配。基本上可以认为共享度在 3 左右的异构版图拥有最好的 TSV 利用率。

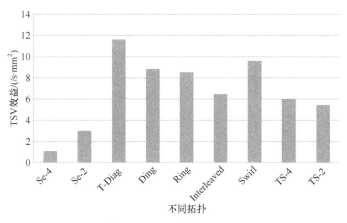

图 8.13　TSV 效益(8×8×2)

TSV 效益的提升来自于网络中 TSV 开销的下降。我们在图 8.14 中给出了减少 TSV 数目所等效的平面面积。在这个实验中，选取了表 8.1 中列出的三种不同工艺的 TSV 进行评估，TSV 共享可以大幅度减少对应的平面面积。

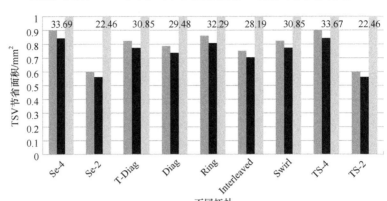

图 8.14　不同工艺下 TSV 节省程度(8×8×2)

4) 最佳共享拓扑的性能分析

为了证明算法生成的版图比同构的共享版图更好，本实验分析了不同负载下这些异构版图的性能。图 8.15 中给出了真实流量下，这些异构共享网络的性能水平。仿真中采用的 trace 来自 GEMS 模拟器中运行的 PARSEC 基准程序，这些 trace 被输入到同配置的 NoC 模拟器中用作网络性能评估。实验中，该五种异构版图相对 TS-2 的性能只有很少的降级，然而它们可以节省更多的 TSV 数量。例如 T-Diag 仅仅比 TS-2 增加了 7%的延迟值，但是相较 TS-4 减少 22%的延迟值，节省的 TSV 数量则与后者接近。

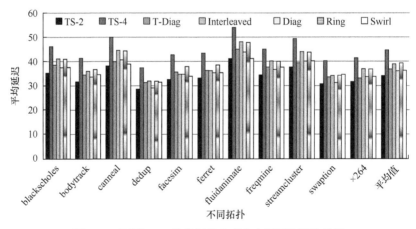

图 8.15　不同 TSV 共享拓扑在真实应用下的网络性能

5) TSV 共享的开销

为了评估 TSV 共享的硬件开销，实验实现了 TSV 共享方案与异构方案的硬件模型。采用 TSMC 标准单元库的硬件综合结果比较各种方案的硬件开销，对于图 8.11 中所有的 TSV 共享配置而言，TSV 共享逻辑值增加 1.8%～7.5%的网络整体开销(不计入连线开销)，比 TSV 串行化的开销要小。如果进一步考虑 TSV 共享减少的平面面积，其硬件开销基本可以忽略。采用 PA 路由算法的网络增加了与快速物理通道相关联的虚拟通道，其硬件开销要比普通 3D NoC 大一些。

图 8.16 给出了不同器件的开销值，如 TSV 仲裁器、串行化器和解串行器。从图中可以看到，TS-2、TS-4 和异构共享网络大约增加了额外 4.2%的网络面积开销。当工艺尺寸变得更小时，额外的硬件开销下降到只有 2%。从图 8.16 中可以看到，TS-2 仅比 Se-2 的开销大一点点，到了 45nm 工艺的时候，开销差距几乎就消失了。相比较而言，虽然 TSV 节省的效果一样，TS-4 硬件开销要比 Se-4 低得多，这是由于 TSV 共享的主要硬件开销来源于额外流水级增加的寄存器部件，当 TS-4 采用相对 TS-2 更少的 TSV 共享单元时，每个路由器也相较 TS-2 的路由器消耗更少的流水级寄存器。另外，当工艺进步时，TSV 共享的硬件开销减少较快。

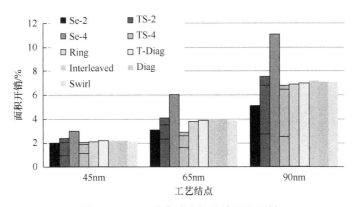

图 8.16　TSV 共享减少的芯片面积开销

功耗是 3D 芯片的一个重要指标。根据 Design Compiler 的综合结果，增加的硬件开销根据 TSMC 90nm 工艺的综合结果，将为每个路由器带来额外 4%～6%的静态功耗开销。另外，为了评估额外动态功耗，我们在模拟器中插入了根据综合得来的功耗测量模块用于计算连线以及共享逻辑的动态功耗，这个功耗测量模块考虑了逻辑的开关频率、考虑了连线的 RL 功耗模型以及 TSV 的功耗模型，除此之外的功耗，采用 Orion2.0 的模型进行统计。相比网络功耗，共享度为 4 的 TSV 共享方案大约增加了 0.3%～0.9%的总体功耗，NoC 本身的功耗只占多核处理器芯片的 5%～15%[35]，这个数据并不会对处理器带来明显的影响。

对于 C2mesh 和 C4mesh，众所周知拓扑集中能够通过资源集中大幅度减小网络的面积开销。图 8.17 给出了 Cmesh 和 TSV 共享网络分别的面积开销情况，该面积结果采用 45nm 和 65nm 工艺库获得，尽管 C4mesh/C2mesh 能够分别去除 75%和 50%的网络硬件资源，它们只能节省 30%～40%的网络面积，原因是高基路由器的电路设计相较基准路由器更为复杂。

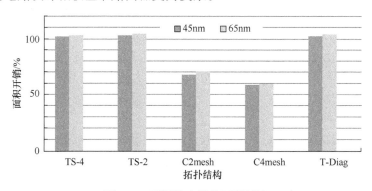

图 8.17　不同路由器的面积开销

6) TSV 共享的仲裁策略

TSV 共享器支持不同的仲裁策略以满足不同通信调度算法的需求。实验评估了不同的 TSV 共享仲裁策略的效果。图 8.18 给出了 TS-4 在不同仲裁策略包括最早有限、round robin 以及循环优先级等策略下的不同性能，实验中采用 Uniform 的合成流量。可以看到仲裁策略对 NoC 的性能影响非常之小，这证明 TSV 竞争的确很少发生。

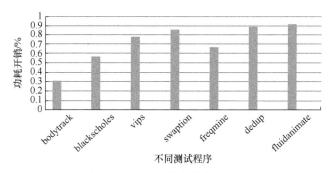

图 8.18　TS-4 网络的能耗总增量

4. 多核处理器系统评估

从以上实验结果中可以得出结论，TSV 共享对网络性能的影响有限，但是能够显著提高 TSV 的利用率。在本节中，实验将 TSV 共享方案集成到多核处理器系统中，全面评估 TSV 的效益，以判断是否值得牺牲系统性能来节省 TSV 资源。如图 8.19 所示，本实验采用全系统仿真环境，我们需要重新定义 TSV 效益这个指标(mm^2/IPC)，用它来表示节省的 TSV 等效面积与 IPC 下降百分比之比。

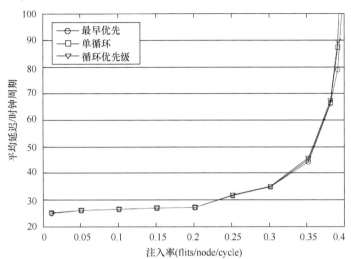

图 8.19　Uniform 流量下不同仲裁策略的影响

1) 性能

首先，实验给出了采用 TSV 共享技术的多核处理器，在执行所选取基准程序集 PARSEC-2.0 核心代码段时的性能。在仿真实验中，GEMS 模拟器仿真了一个 32-核 CMP，该 CMP 采用对称 3D 片上网络。为了比较 TSV 共享的性能，实验结果中，我们将比较两个对象：采用 TSV 共享的 CMP 与原始无 TSV 共享的 CMP，其中，系统性能实验结果(IPC)都将与原始 CMP 系统性能求比值，以得到归一化结果。由于系统无法支持 8×8×2 规模的多核处理器系统，实验没有评估模拟退火搜索得到的异构共享网络的系统性能。

从图 8.20 中可以看到，TS-2 与 TS-4 稍稍减小了程序的 IPC，平均的 IPC 下降幅度分别 3.1% 与 6.8%。甚至，TS-4 比 Se-2 的性能还有好，后者减少了 15% 的程序 IPC。串行化技术相比 TSV 共享大幅度提升了网络的零负载延迟，这种变化对运行并行程序的真实多核系统影响很大，这是由于程序在网络中主要注入以存储一致性控制信号或缓存块为主的短包，尤其是一致性协议包仅仅只有几个 flit 的包长，它们对路由流水阶的增长很敏感。另外，大多数多核应用例如 PARSEC 程序集，基本上可以认为是计算密集型的应用，在程序仿真阶段，大量猝发的访存请求比较少见，所以共享 TSV 的通路也很少会遇到包冲突的现象，大多数时候可以像非共享 NoC 一般工作，也就是说，像 bodytrack 或 dedup 这种网络带宽需求不高的程序，会对延迟比较敏感，变得不能容忍串行化带来的网络延迟上升。

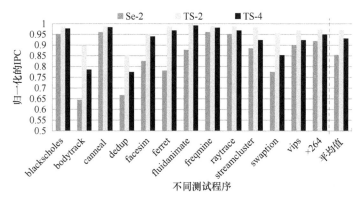

图 8.20 系统性能(4×4×2)

2) TSV 效益分析

为了计算全系统中的 TSV 共享效率,实验建立了包括 2×2×2,2×4×2 和 4×4×2 多核处理器在内的三种全系统平台,对每一个 CMP,都输入 PARSEC 基准程序集,并收集它们由于采用 TSV 共享而遭受的 IPC 损失百分比,然后根据公式用来计算 TSV 效益。TSV 效益的值在图 8.21 中显示。可以看到 TS-2 的 TSV 效率相比 Se-2 提升了 50%左右,这个增长幅度相较采用合成流量的纯网络仿真结果要小一些。

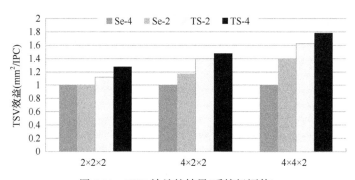

图 8.21 TSV 效益的结果(系统级评估)

3) 对系统透明:分析同构多核系统的性能对称性

本方案从硬件层出发优化 TSV 利用率的问题,并且希望它对采用 NoC 互连的多核处理器系统层完全透明。所以,本书需要证明 TSV 共享除了不会带来明显的性能下降,而且也不会破坏互连网络与处理器核性能对称的特性。

对于同构多核处理器而言,保证系统为程序带来处处对称的性能水平非常重要。例如,当 OS 将多个线程组任意映射到一批处理器核上时,常常假设它们会得到类似的性能。TSV 共享可能会造成 NoC 空间上的性能不对称现象。例如,将一个四线程程序映射到四个共享 TSV 的节点，相比将该程序组分开映射到四个 TSV 共享簇，其获得的名义带宽会发生改变。为了探索这种情况会不会在实验中导致比较显著的性能影响，我们重复性地将同一个基准程序线程组随机调度到 TSV 共享度为 4 的 4×4×2 CMP 系统中，并且记录其中最差性能值与最好性能值之差，作为最大性能偏移。在图 8.22 中，可以看到，在随机调度的前提下，采用 TSV 共享的多核系统在执行多线程程序时，相比无 TSV 共享的原始基准多核处理器，其性能偏移的程度。如图所示，串行化会使得网络出现显著的性能不对称情况，相比而言，TS-4 在实验中表现的平均性能偏移在 3%左右，而 TS-2 的偏移量在 2%左右。可以认为，程序基本不会受到这种程度的性能不对称现象的影响，总的来说，TSV 共享对上层系统是透明的，而且在一定程度上仍然保持多核多线程程序的性能可预测性。

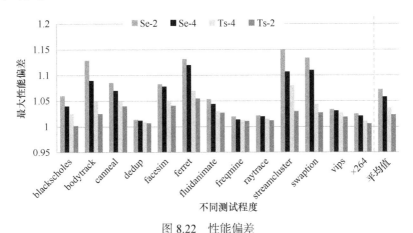

图 8.22 性能偏差

8.4 本 章 小 结

本章提出了 TSV 共享方案用来提升 3D 片上网络中 TSV 利用率，进而间接地增加冗余预算，提高 TSV 互连的可靠性，该方法通过允许相邻路由器共享垂直物理链路，达到节省 TSV 的效果。相比之前的串行化方案，本章提出的解决方法能够保证更小的网络性能损失，因此支持 TSV 共享的网络可以在大量减少 TSV 开销的同时，保证有更多的 TSV 冗余可以用于解决 TSV 良率与可靠性问题。实验证明，本章提出的方法可以在小于 5%的网络零负载延迟性能开销下，节省多于 60%的 TSV 开销，并且相比串行化方案，采用 TSV 共享的 3D 网络提升了 30%左右的网络吞吐量。另外，通过设计空间搜索算法得到的异构共享网络相比串行化的方法，可以提高 2～4 倍的 TSV 效益。最后，实验从多个角度证明了 TSV 共享方法对系统层影响可以忽略不计,可以认为是一种对上层透明的 TSV 利用率提升技术与可靠性设计方法。

参 考 文 献

[1] Dally W, Towles B. Route packets, not wires: On-chip interconnection networks [C]// Design Automation Conference, Las Vegas, 2001: 684-689.

[2] Benini L, Micheli G D. Networks on chips: A new SoC paradigm[J]. Computer, 2002, 35(1):70-78.

[3] Vucurevich T. The long road to 3-D integration: Are we there yet[C]//3D Architecture Conference, Osaka, 2007: 180-185.

[4] Loh G, Xie Y, Black B. Processor design in 3D die-stacking technologies[J]. IEEE Micro, 2007, 27(3): 31-48.

[5] Li F, Nicopoulos C, Richardson T, et al. Design and management of 3D chip multiprocessors using network-in-memory[J]. ACM SIGARCH Computer Architecture News, 2006, 34(2): 130-141.

[6] Park D, Eachempati S, Das R, et al. MIRA: A multi-layered on-chip interconnect router architecture [C]// International Symposium on Computer Architecture, Beijing, 2008: 251-261.

[7] Xu Y, Du Y, Zhao B, et al. A low-radix and low-diameter 3D interconnection network design [C]// International Symposium on High-Performance Computer Architecture, Raleigh, 2009: 30-42.

[8] Zhou X, Yang J, Xu Y, et al. Thermal-aware task scheduling for 3D multicore processors[J]. IEEE Transactions on Parallel and Distributed Systems, 2010, 21(1): 60-71.

[9] Weerasekera R, Pamunuwa D, Zheng L R,et al. Extending systems-on-chip to the third dimension: Perform-ance, cost and technological tradeoffs [C]// International Conference on Computer-Aided Design, San Jose, 2007: 212-219.

[10] Zhao J, Dong X, Xie Y. Cost-aware three-dimensional (3D) many-core multiprocessor design [C]// Design Automation Conference, Anaheim, 2010: 126-131.

[11] Wang Y, Han Y, Zhang L, et al. Economizing TSV resources in 3-D network-on-chip design[J]. IEEE Transactions on Very Large Scale Integration Systems, 2014, 23(3): 493-506.

[12] Liu C, Zhang L, Han Y et al, Vertical interconnects squeezing in symmetric 3D mesh network-on-chip [C]// Asia and South Pacific Design Automation Conference, Yokohama, 2011: 357-362.

[13] Jung M, Mitra J, Pan D Z, et al, TSV stress-aware full-chip mechanical reliability analysis and optimization for 3D IC [C]// Design Automation Conference, San Diego, 2011: 188-193.

[14] Smith G, Smith L, Hosali S, et al. Yield considerations in the choice of 3D technology [C]// International Symposium on Semiconductor Manufacturing, Santa Clara, 2007: 1-3.

[15] Noia B, Chakrabarty K. Pre-bond testing of die logic and TSVs in high performance 3D-SICs [C]// International 3D System Integration Conference, Osaka, 2012: 1-5.

[16] Syed U S, Chakrabarty K, Chandra A et al. 3D-scalanble adaptive scan (3D-SAS) [C]// International 3D System Integration Conference, New York, 2012: 1-6.

[17] Ye F, Chakrabarty K. TSV open defects in 3D integrated circuits: Characterization, test, and optimal spare allocation [C]// Design Automation Conference, New York, 2012: 1024-1030.

[18] Frank T, Chappaz C, Leduc P, et al. Resistance increase due to electromigration induced depletion under TSV [C]// International Reliability Physics Symposium, Monterey, 2011: 3F.4.1 - 3F.4.6.

[19] Yu H, Shi Y, He L, et al. Thermal via allocation for 3D ICs considering temporally and spatially variant thermal power[J]. IEEE Transactions on Very Large Scale Integration Systems, 2008, 16(12):1609-1619.

[20] Pavlidis V F, Friedman E G. Three-dimensional Integrated Circuit Design[M]. San Francisco: Morgan Kaufmann Publishers, 2008.

[21] Sangki H. 3D super-via for memory applications[R]. Micro-Systems Packaging Initiative (MSPI) Packaging Workshop, 2007.

[22] Wittenbrink C M, Kilgariff E, Prabhuc A. Fermi GF100 GPU architecture[J]. IEEE Micro, 2011, 31(2) : 50-59.

[23] Mishra A K, Vijaykrishnan N, Das C R. A case for heterogeneous on-chip interconnects for CMPs [C]// International symposium on Computer architecture, New York, 2011: 389-400.

[24] Balfour J, Dally W J. Design tradeoffs for tiled cmp on-chip networks [C]// International Conference on Supercomputing, Carns, 2006: 187-198.

[25] Kumar A, Peh L, Kundu P, et al. Jha. Express virtual channels: Towards the ideal interconnection fabric [C]// International Symposium on Computer architecture, New York, 2007: 150-161.

[26] Mullins R, West A, Moore S. Low-latency virtual-channel routers for on-chip networks [C]// International symposium on Computer architecture, Madison, 2004: 188-198.

[27] Sudan K, Chatterjee N, Nellans D, et al. Micro-pages: Increasing DRAM efficiency with locality-aware data placement [C]// International Conference on Architectural Support for Programming Languages and Operating Systems, New York, 2010: 219-230.

[28] Flautner K, Kim N, Martin S, et al. Drowsy caches: Simple techniques for reducing leakage power [C]// International Symposium on Computer Architecture, Anchorage, 2002: 148-157.

[29] Delaluz V, Kandemir M, Vijaykrishnan N, et al. Hardware and software techniques for controlling DRAM power modes[J]. IEEE Transactions on Computers. 2001, 50(11):1154-1173.

[30] Fradj H B, Belleudy C, Auguin M. System level multi-bank main memory configuration for energy reduction [C]// International Workshop on Power and Timing Modeling, Optimization and Simulation, Montpellier, 2006: 84-94.

[31] Hwang A A, Stefanovici I A, Schroeder B. Cosmic rays don't strike twice: Understanding the nature of DRAM errors and the implications for system design [C]// International conference on Architectural Support for Programming Languages and Operating Systems, New York, 2012: 111-122.

[32] Li X, Li Z, David F, et al. Performance directed energy management for main memory and disks [C]// International conference on Architectural support for programming languages and operating systems, Boston, 2004: 271-283.

[33] Yanagisawa K. Semiconductor memory[P]. U.S. patent number 4736344, 1988.

[34] Alameldeen A R, Wagner I, Chishti Z, et al. Energy-efficient cache design using variable-strength error-correcting codes [C]// International symposium on Computer architecture, New York, 2012: 461-472.

[35] Feng C, Zhang M, Li J, et al, A low-overhead fault-aware deflection routing algorithm for 3D network-on-chip [C]// IEEE Computer Society Annual Symposium on VLSI, Washington D. C., 2011: 19-24.

第 9 章 三维堆叠多核处理器的高可靠设计

三维堆叠能够增加传输带宽，缓解内存墙问题，成为一种重要的芯片封装技术。相对于传统封装的处理器，三维堆叠处理器在一个芯片中叠加了多层晶片，电源网络的负载更大，供电路径更长，面临着更为严重的电压噪声问题。本章实验分析了三维堆叠处理器内电压噪声的分布特点：①供电路径长短不一，处理器中各层芯片的电压噪声分布不均；②紧急线程的垂直分布对电压噪声有显著影响。基于这两点特性，提出了一种分层隔离电压噪声的设计，避免单层故障传播到整个芯片。在此基础上，提出了一种紧急线程优先的线程调度方法以减少电压噪声。在 SPLASH2 程序集上，以四层的三维堆叠处理器为例开展实验表明，本方法能消除 40%的电压噪声、降低电压余量并节省 18%的功耗消耗。本章内容源自作者研究成果[1,2]。

9.1 三维堆叠处理器的高可靠设计概述

首先从三维堆叠芯片的供电网络角度分析可靠问题的产生原因。

9.1.1 三维堆叠供电网络

三维堆叠芯片的结构示意图如图 9.1 所示。该图显示了一个四层堆叠的 16

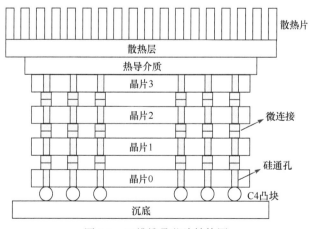

图 9.1 三维堆叠芯片结构图

核处理器，每层晶片有四个核，晶片之间使用微连接器(micro-connect)互连，微连接器与硅通孔共同用于每层晶片间的信号及供电的传输。电源由片外的电压调节器，通过覆晶反扣焊法(controlled-collapse-chip-connection，C4)凸块向芯片内部供电，供电信号经过连接器和硅通孔从下层(靠近供电源)晶片到达上层(远离供电源)晶片。

　　该芯片的供电网络具体如图 9.2 所示。处理器核在运行时等效于一个可变电流源，电流变化导致了供电网络里 RLC 电路的电压波动。相比于同等芯片大小的二维芯片而言，三维堆叠芯片的负载更高，凸块数目有限，负载电流更大。硅通孔和微连接增加了供电网络中垂直方向的阻抗，导致三维堆叠芯片的电压紧急问题更严重。

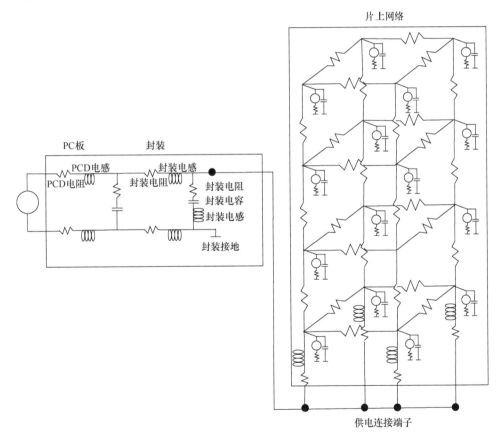

图 9.2　三维堆叠芯片供电网络

9.1.2　三维堆叠处理器的电压紧急分布特性

　　三维堆叠芯片中，处理器核的电压紧急同时受到水平方向和垂直方向其他核的干扰。本节首先通过实验分析三维堆叠处理器中的电压紧急分布特性及程序行为的影响。

1. 电压紧急的分布具有显著的时间和空间上的差异性

三维堆叠处理器中电压降分布具有时间分布的差异性。图 9.3 显示了 SPLASH2 程序集[3]中的两个应用程序 conocean 和 waternsp 的最大电压降和平均电压降。这两个程序各有 16 个线程，这些线程在 16 核处理器上运行时，最大电压降约为 260mV，平均电压降约为 70mV，最大电压降大约是平均电压降的 3.7 倍。图 9.4 给出了 waternsp 程序电压降的累积分布图：在 99.4%的情况下，waternsp 程序的电压降小于 130mV，该程序最大电压降为 260mV，电压降在三维堆叠芯片中分布具有时间上的差异性，为最大电压降预留保守电压余量是低效的。

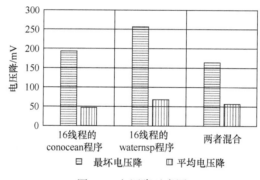

图 9.3　电压降示意图

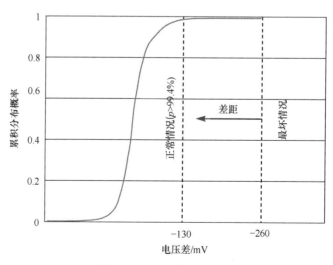

图 9.4　电压降累积分布图

三维堆叠处理器中电压紧急分布具有空间分布的差异性。根据实验数据统计，在程序运行过程中上层芯片和下层芯片的电压降之差达到 30mV，上层芯片发生电压紧急的频度更高。

2. 线程的差异性有助于消除水平方向的相长干扰[①]

当 conocean 和 waternsp 混合线程运行在处理器上时，如图 9.3 所示的两者混合情况，芯片最大电压降比前两种情况有明显缓解，这是因为同一程序的线程更易发生电压共振。当混合线程在芯片上执行时，相消干扰能够减少电压紧急的发生，电压平缓线程能够缓解电压紧急线程的电压降，所以合理的线程调度能够缓解电压降。

为分析线程调度与电压降之间的关系，本章将线程分为电压平缓和电压紧急两种类型，然后根据这两类线程位置分布的不同，考察了五种线程调度策略对芯片电压降的影响。如图 9.5 所示：第一种策略将同种类型的线程放在一个竖栈中(图 9.5(a))；第二种策略将电压紧急的线程放在下层，将电压平缓的线程放在上层(图 9.5(b))；第三种策略将电压平缓的线程放在下层而电压紧急的线程放在上层(图 9.5(c))；第四种策略将电压紧急的线程和电压平缓的线程在垂直方向上交叉放置(图 9.5(d))；第五种策略将电压紧急的线程和电压平缓的线程在垂直方向和水平方向交叉放置(图 9.5(e))。图 9.6 给出了在这五种不同的线程调度策略下，三维堆叠芯片的电压紧急情况，C0 和 C1 分别指每层标注位置的两个核，L0、L1、L2 和 L3 分别指由下至上的四层晶片。通过对这五种线程调度策略的分析，得到以下第三点观察。

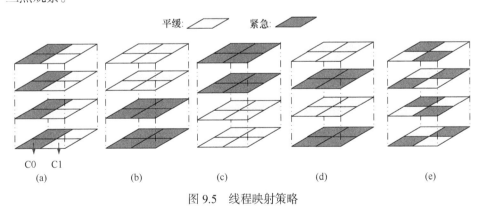

图 9.5　线程映射策略

3. 电压紧急线程的垂直分布对芯片电压紧急的影响较大

如图 9.6 所示，在(b)、(c)、(d)和(e)四个策略中，策略(c)的电压降最严重，策

---

① 第 3 章给出了"相消干扰"和"相长干扰"的基本概念。

略(b)的电压降较小，尽管策略(e)通过交叉差异性线程来减少电压共振，其最大电压降仍比策略(b)的严重，说明当电压紧急线程越远离电压源时，芯片的电压降更大。对于策略(a)而言，其最大电压降比策略(b)高 14%，这说明垂直方向向的电压干扰比水平方向的线程干扰强度更高。此外，在策略(a)中，每层晶片内部核 C0 与 C1 的电压差大约有 13%，在为每层晶片预留统一电压余量的情况下，该策略会造成核 C1 电压余量的浪费。电压紧急线程的垂直分布对芯片电压紧急有较大影响，应作为线程调度的主要考虑因素。

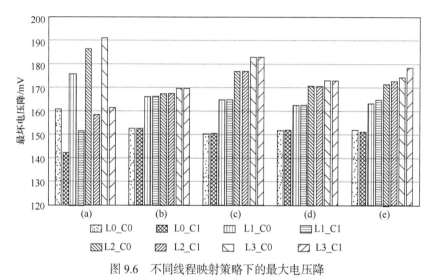

图 9.6　不同线程映射策略下的最大电压降

综合以上分析，三维堆叠多核处理器的电压紧急分布具有时间和空间上的差异性，使用同一时序余量的方法较为低效；此外，线程差异性能减少水平方向和垂直方向的相长干扰，缓解电压紧急；电压紧急线程的垂直分布对芯片电压紧急有最直接的影响，应作为线程调度的主要考虑因素。本章提出一种层间隔离设计，不仅可以避免电压紧急造成的整个芯片的性能降低，而且可以减少电压余量的浪费。基于层间隔离设计，本章还提出了一个紧急线程优先的线程调度策略用于减少电压紧急的发生频度，并缩紧层内电压差。

9.2　软硬件协同的三维堆叠处理器电压紧急高可靠设计

9.2.1　分层隔离的故障避免电路设计

如 9.1.2 节所述，三维堆叠芯片的上层电压降更大，通过实验模拟发现最上层和最下层的晶片电压差最大可达到 30mV，上层晶片电压紧急发生次数更频繁。

上层晶片的故障可能蔓延至整个芯片，一旦上层晶片发生故障则全部处理器核均需进行故障恢复，此种情况下采用检查点-恢复机制会造成较大的系统开销。针对该问题，本章提出一个"分层的故障避免机制"来保证处理器的正确运行同时降低性能开销。该分层设计的硬件结构如图 9.7 所示，通过为每层晶片提供单独的电压紧急避免电路，层间独立电路设计能够使电压紧急影响域仅限于本层，避免电压紧急损害其他晶片的性能。此外，作为电压紧急的预警措施，本方法使用性能监测器来监测处理器的工作频率，当频率超过预设频率则说明供电电压过高，触发电压调节器降低电压以节省功耗。如果一段时间内工作频率低于预设频率，说明供电电压过低，电压紧急频发，引起较大性能开销，触发电压调节器升高电压以保持系统性能。

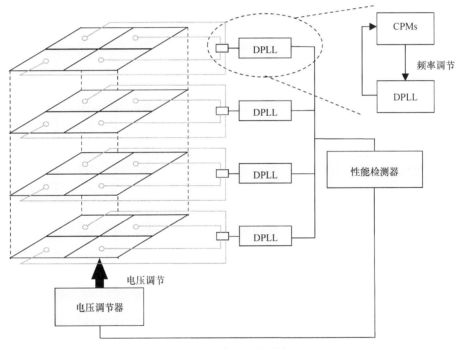

图 9.7　分层隔离设计

在该分层设计中，故障避免硬件设计由关键路径检测器(critical path monitor，CPM)[4]和 DPLL[5]组成，如图 9.8 所示。当 CPM 检测时延发现时序余量过低时，DPLL 被触发，快速降低处理器工作频率，从而避免电压过低造成的时延故障。当 CPM 检测发现时序余量过高时，DPLL 将调高处理器工作频率，避免时序余量的浪费。

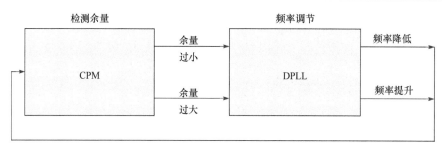

图 9.8　电压紧急故障避免设计[6]

9.2.2　紧急线程优先的线程调度方法

在此电路设计基础上，介绍紧急线程优先的线程调度方法以减少三维堆叠处理器的电压紧急。

1. 电压特性量化

为进行线程调度减少芯片最大电压降和电压紧急发生的频度，需要评估各个线程的电压特性。本章依旧使用线程 IDI 来表示线程的自有电压特性——电压紧急线程的 IDI 较高，而电压平缓线程的 IDI 较低。IDI 能够基于以下微体系结构事件进行预测：L1 缓存缺失、L2 缓存缺失、TLB 缺失、分支误预测和长延时操作等。

2. 调度方法

调度策略遵循三点原则：①将电压紧急的线程置于下层，避免其引起剧烈的电压紧急，并损害其垂直方向上的其他线程；②将 IDI 接近的线程放在同一层晶片内，缓解垂直方向的干扰并减少同一层晶片内的核间电压差；③将同一程序的线程放在不同层上，减少水平方向上的电压振荡效应。这三个原则的优先级依次递减，先满足一号原则，再满足二号原则，最后是三号原则。具体的调度算法如下。

步骤一：线程电压特性量化。根据微体系结构事件信息预测各个线程的 IDI。

步骤二：根据线程 IDI 确定线程调度优先级决定调度次序。将线程按照 IDI 值大小排序，具有最大 IDI 的线程具有最高优先调度权，将其放在队列首部。当两个线程的 IDI 一致时，则使用轮询算法来将不同程序的线程交叉放入队列。

步骤三：取出队列顶部的线程，将其调度到最下层的空余核上。

步骤四：检查队列是否为空，若非空，则返回步骤三继续执行。

在实际应用中，该软硬件协同的电压紧急高可靠设计方法的工作步骤如下：首先根据程序行为判断线程是否为电压紧急线程，然后根据线程的电压特性来决定调度优先级，最后将线程依次调度到离供电源近的晶片层上。在线程执行期间，每层晶片内的 CPM 检测时延信息，当检测到时序余量过低时，快速锁相环迅速降低频率以避免时序故障的发生；若监测到时序余量较大时，锁相环升高频率以减少时序余量的浪费。若一段时间内系统工作频率低于预设频率则升高供电电压，反之减小供电电压。此方案能够减少电压紧急的发生频度，并降低电压紧急引起的功耗或性能开销。

9.3　实验环境搭建与结果分析

选用 SPLASH2 程序集[3]作为测试程序集，包括以下程序：barnes、cholesky、conocean、fft、lu、radix、radiosity、waternsq 和 waternsp。对每个程序，以一百万（10^6）个时钟周期为单位分成若干个程序片段。运行时，随机选取四个应用程序的 16 个程序片段作为测试负载。

以一个四层的三维堆叠多核处理器作为研究对象进行实验，每层有四个处理器核，该处理器核的分布与文献[7]中的三维堆叠处理器类似，处理器核的参数详见表 9.1。使用全系统模拟器 GEMS[8]对该处理器进行模拟，获得工作集执行时的电流信息。以电流信息作为输入，使用 HSPICE 模拟各个处理器核的电压紧急，该处理器的供电网络结构与图 9.2 所示一致，额定电压为 1.4V，电压调整的粒度为 6.25mV，电压调整的周期约为毫秒级[6]。电源网络的片外封装部分使用的是 Intel Xeon 处理器的封装参数，片上网络模型与文献[9]一致，TSV 的

表 9.1　处理器核配置信息

参数	配置
取指/译码宽度	4
分支预测器	64KB gshare 1K 表项
存储队列大小	128
物理寄存器	32 整型/32 浮点
整型/浮点运算器	4/4
整型乘法器	2/2
L1 数据/指令缓存	16KB，两路组相联 1 时钟周期时延
L2 缓存	1MB，四路组相联 16 时钟周期时延
指令/数据 TLB	64 表项，全相联

电阻值与文献[10]一致，Rvia=0.5mΩ。文献[11]认为 TSV 的电感很小可以忽略不计，所以在本实验设置中忽略了 TSV 电感对电压紧急的影响。

9.3.1 电压紧急减少

本章 9.2 节的所提方法从两个方面降低了电压紧急造成的性能或功耗开销：首先，由于使用了分层故障避免设计，减少了芯片电压余量。本方法摒弃针对最坏情况的保守电压余量 W_Margin①，而使用针对多数情况的激进电压余量 C_Margin。相比于保守电压余量 W_Margin，所提方法的供电电压能减少 (|W_Margin|-|C_Margin|)mV。本节的实验环境中，W_Margin 设定为 260mV，而 C_Margin 根据程序的不同，在 95～130mV 的范围内波动。由于额定电压设定为 1.4V，在使用 C_Margin 作为电压余量时，供电电压降低为 1.27V，节省约 18%的功耗。

使用紧急线程优先的调度方法后，该方法能够减少电压紧急的发生频度和幅度。实验结果表明，相比于将同一个程序的四个线程放在同一个垂直竖栈中，所提调度方法能够消除约 40%的电压紧急。与此同时如图 9.9 所示，所提方法能使三维堆叠处理器的最大电压降减少 13%，C_Margin 减少 9%，层内的核间电压降差减少 70%。

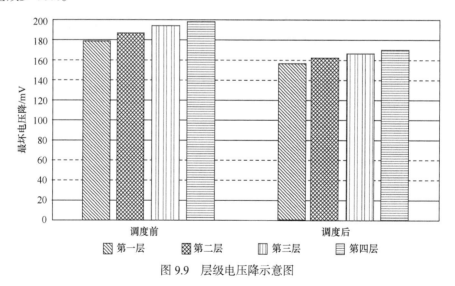

图 9.9 层级电压降示意图

---

① 本章定义 C_Margin(Common-Case Margin)为激进电压余量，即在 99.4%的时间里，该余量大于处理器的电压降，因此不会发生电压紧急；定义 W_Margin(Worst-Case Margin)为保守电压余量，该余量大于处理器的"最大"电压降。

9.3.2　工作频率提升

9.3.1 节讨论了降低供电电压以减少功耗的情况，此外当供电电压不变时，所提方法还能利用多余的电压余量提升处理器核工作频率以提高处理器的性能。图 9.10 显示了在三种不同情况下，三维堆叠处理器能够提升的工作频率，这三种情况分别是：①三维堆叠处理器使用一个故障避免电路的情况；②使用分层隔离故障避免电路设计的情况；③在基于分层隔离的故障避免电路基础上，使用了线程调度策略的情况。相比于使用 W_Margin 的情况，使用 C_Margin 后能使芯片频率提升 380MHz[①]。在使用了分层频域设计后，最下层晶片的工作频率提升 48MHz。在结合了调度策略后，最下层晶片工作频率提升 96MHz，而其他层晶片提高 48MHz。

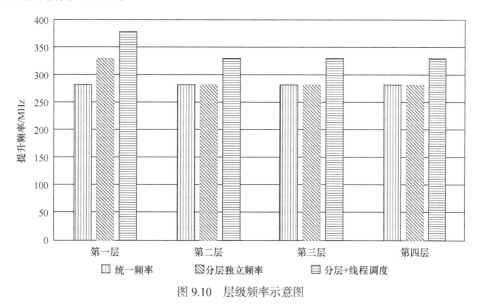

图 9.10　层级频率示意图

9.4　本 章 小 结

三维堆叠技术能较好地解决连线问题，为处理器提供了更高的带宽，缓解访存效率问题的影响。然而，三维堆叠处理器也面临严重的电压噪声问题：和相同面积的二维芯片相比，三维芯片在垂直方向上叠加了多个晶片，负载更高，供电线路更长，电压噪声也更大。

现有工作通过电路设计[12,13]和布局技术[14]来减少三维芯片供电网络中的电

---

① 根据文献[12]的设定，本实验的电压频率因子设定为 1.5，即 M% 的电压增长能转换成 1.5 × M% 的频率提升。

压降。这些方案会增加设计开销并且缺乏灵活性。本章通过实验分析观察到以下两点。①三维堆叠多核处理器中，电压紧急分布具有时间和空间上的差异性——其中时间差异性是指电压紧急的幅度随程序执行而发生剧烈变化，最大电压紧急是平均情况的 3.7 倍。空间差异性是指三维堆叠芯片中每层晶片的电压降呈梯度分布。②电压紧急线程的垂直分布对芯片电压紧急有直接的影响。基于这两个核心观察，本章提出一种软硬件协同的方法：首先为三维芯片中的每层晶片提供一个单独的电压紧急避免电路，从而避免单层故障传播到其他层，减少故障引发的性能开销。在此硬件设计的基础上，提出一种线程调度策略：通过预测线程的电压特性并将紧急线程调度到三维堆叠处理器的下层来减少电压紧急。本章所提设计还能减少层内电压差并安全提升芯片的工作频率。

参 考 文 献

[1] 胡杏. 面向多核处理器电压紧急和热效应的可靠性设计方法[D]. 北京: 中国科学院大学, 2014.

[2] Hu X, Xu Y, Hu Y, et al. SwimmingLane: A composite approach to mitigate voltage droop effects in 3D power delivery network[C]//Proceedings of the Asia and South Pacific Design Automation Conference, Singapore, 2014: 550-555.

[3] Bhadauria M, Weaver V, McKee S A. A characterizaton of the parsec benchmark suite for cmp design[R]. Ithaca: Cornell University, 2006.

[4] Drake A, Senger R, Deogun H, et al. A distributed critical-path timing monitor for a 65nm high-performance microprocessor[C]//Proceedings of the IEEE International Solid-State Circuits Conference, San Francisco, 2007: 398-399.

[5] Tierno J A, Rylyakov A V, Friedman D J. A wide power supply range, wide tuning range, all static CMOS all digital PLL in 65nm SOI[J]. IEEE Journal of Solid-State Circuits, 2008, 43 (1): 42-51.

[6] Lefurgy C R, Drake A J, Floyd M S, et al. Active management of timing guardband to save energy in POWER7[C]//Proceedings of the IEEE/ACM International Symposium on Microarchitecture, Porto Alegre, 2011: 1-11.

[7] Zhou X, Yang J, Xu Y, et al. Thermal-aware task scheduling for 3D multicore processors [J]. IEEE Transactions on Parallel and Distributed Systems, 2010, 21 (1): 60-71.

[8] Martin M M K, Sorin D J, Beckmann B M, et al. Multifacet's general execution-driven multiprocessor simulator toolset [J]. ACM SIGARCH Computer Architecture News, 2005, 33 (4): 92-99.

[9] Yan G H, Liang X Y, Han Y H, et al. Leveraging the core-level complementary effects of PVT variations to reduce timing emergencies in multi-core processors[C]//Proceedings of the International symposium on Computer architecture, Saint-Malo, 2010: 485-496.

[10] Xu Z, Putnam C, Gu X, et al. Decoupling capacitor modeling and characterization for power supply noise in 3D systems [C]//Proceedings of the SEMI Advanced Semiconductor Manufacturing Conference, Saratoga Springs, 2012: 414-419.

[11] Pak J S, Cho J, Kim J, et al. Slow wave and dielectric quasi-TEM modes of metal-insulator-semiconductor structure through silicon via in signal propagation and power delivery in 3D chip package [C]//Proceedings of the Electronic Components and Technology Conference, Las Vegas, 2010: 667-672.

[12] Song T, Lim S K. A fine-grained co-simulation methodology for IR-drop noise in silicon interposer and TSV-based 3D IC [C]//Proceedings of the IEEE Conference on Electrical Performance of Electronic Packaging and Systems, San Jose, 2011: 239-242.

[13] Khan N H, Alam S M, Hassoun S. Power delivery design for 3-D ICs using different through-silicon via technologies [J]. IEEE Transactions on Very Large Scale Integration Systems, 2011, 19 (4): 647-658.

[14] Zuo W L, Yu C M, Qiang Z, et al. Thermal-aware power network design for IR drop reduction in 3D ICs [C]//Proceedings of the Asia and South Pacific Design Automation Conference, Sydney, 2012: 47-52.

第 10 章　多核处理器可测试性设计

随着集成电路工艺的发展，芯片上集成的晶体管数量日益增多，芯片的设计越来越复杂，同时科技的发展和市场的竞争使得设计者必须追求更短的上市时间和更高的性能，系统芯片(system-on-chip，SoC)集成已成为超大规模集成电路的主流设计方法。SoC 设计具有强调自顶向下设计、突出设计重用性、重视低功耗的特点，给集成电路的可测试性设计带来了严峻的挑战。

本章首先介绍 SoC 逻辑电路可测试性设计的体系结构，以及逻辑电路和片上存储器可测试性设计技术的背景知识。在此基础上，针对一款用于多媒体处理的异构多核系统芯片 DPU_m，设计了一套完整的可测试性设计方案，支持三种工作模式：功能模式、存储器内建自测试模式以及扫描测试模式，并进行了设计实现和评估。

首先，针对逻辑电路的可测试性设计，采用自顶向下的模块化设计思想，设计并实现了一种分布式与多路选择器相结合的测试访问机制；并根据模块级评估结果进行顶层测试会话的划分，实现顶层测试协议文件的映射流程，完成顶层跳变故障和固定型故障的测试向量生成。本章评估了每个模块的测试压缩比、测试时间(测试向量数量)以及故障覆盖率三者之间的关系，由此观察到，随着测试压缩比的不断增加，测试覆盖率基本保持不变，而测试时间(测试向量数量)增加。在该观察和测试功耗的约束下，以降低测试成本为目的，完成了合理的测试调度流程，将全局分为五个不同的测试会话，测试会话之间采用基于多路选择器的测试访问结构，而同一个测试会话内的模块采用分布式的测试访问结构。实验结果表明，DPU_m 逻辑电路单固定型故障的测试覆盖率为 98.58%，满足设计方要求。

其次，本章针对实速时延测试的需求，设计并实现了基于片上时钟生成器的时钟控制单元，可在片上支持不同时钟域、六种时钟频率的实速时延测试。DPU_m 芯片内部含有六个时钟域，频率分别为 700MHz、400MHz、300MHz、300MHz、300MHz、300MHz；并且芯片采用 40nm 工艺流片。较高的时钟频率和先进的流片工艺使得芯片在制造工程中难免会引入时延缺陷。时延故障的检测需要锁存-捕获的脉冲，为使脉冲之间的间隔等于芯片实际工作时的时钟周期，利用片内存在的时钟源来生成测试所需要的快速时钟。针对六个时钟域，设计了六个时钟控制单元，使得芯片在测试移位时使用 ATE 提供的慢速时钟，在扫描捕获时根据时钟链中的控制值在片上产生几个高速的捕获脉冲。本章所介绍的时钟控制单元与测试向量生成工具兼容性好，并且能够降低毛刺对电路的影响，提高电路的稳定性。

最后，针对存储器电路的自测试，本章设计并实现了串并行结合的存储器内建自测试结构，在最大测试功耗的约束下有效地减少了测试时间；进一步设计了顶层测试结果输出电路，满足了设计方要求的诊断分辨率。DPU_m 片上集成了533 个存储器，测试功耗评估结果表明，并行测试所有存储器将超过芯片所能承受的最大功耗。为了在测试时保护芯片不受损坏、并尽可能避免过度测试，在测试功耗约束下，将全局的存储器根据大小和位置分为不同的测试组，测试组内部串行测试，测试组之间并行测试。最终实现的可测试性设计结构满足测试功耗的约束，若以 100MHz 的频率进行测试，测试时间为 14ms。

本章内容源自作者的研究成果[1-4]。

10.1　多核处理器可测试性设计概述

对于数字集成电路而言，在 100nm 以下的工艺下，一个很小的制造缺陷就有可能导致晶体管或是连接线发生故障，而这些晶体管或连接线的故障有可能导致整个芯片的功能失效。但是，制造过程中出现缺陷是在所难免的。并且随着现代集成电路工艺的发展，特征尺寸越来越小，设计规模越来越大，集成电路制造过程中引入缺陷的概率也随之增大。集成电路测试的基本目的是要筛查出制造过程中的故障芯片，保证上市芯片产品能够正确可靠工作，与此同时还能通过分析故障的原因，给出在不同的制造工艺和生产环境下提升产品良率的建议[5]。

在 20 世纪末，集成电路的测试经过了 30 多年的发展和探索已经形成了一套日臻完善的体系，但 SoC 的出现对集成电路测试产生了新的需求。本章首先介绍SoC 逻辑电路可测试性设计的体系结构，然后介绍逻辑电路和片上存储器可测试性设计技术的背景知识。

10.1.1　逻辑电路可测试性设计体系结构

自从学术界提出能够简化测试访问和测试应用的 SoC 嵌入式内核的模块化测试，工业界就对它抱有足够的重视，并且在设计中越来越多地使用了该方案[6,7]。该方案中最主要的三个概念是：测试外壳(test wrapper)、测试访问机制(test access mechanism，TAM)和测试调度，如图 10.1 所示。为了便于完成嵌入式芯核的模块化测试，该模块必须要从周围的逻辑中分立出来，同时必须要保证从 SoC 的 IO端口能进行测试访问。测试外壳用来将嵌入式芯核从其他逻辑中隔离出来，测试访问机制用来在 SoC 引脚和待测核之间传输测试向量和测试响应，测试调度的主要目的是尽量降低测试的时间开销。

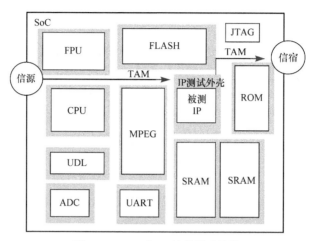

图 10.1　SoC 中 IP 核的测试结构

　　由于现代集成电路系统中往往包含了多个独立的芯核(如 CPU、VPU、memory 等)，在对 SoC 芯片进行测试时，需要进行模块化的测试。为了实现这种模块化的测试，需要将测试激励数据从芯片外部传输到芯片内部，并将测试响应数据从芯片内部传输到芯片外部进行分析，测试访问机制用来完成此功能。下边介绍三种基本的测试访问结构[8]。

　　基于多路选择器的测试访问结构是一种分时复用的结构，所有待测芯核进行串行测试。图 10.2(a)显示了包括三个核的测试访问结构。为了最小化测试成本，设计者应该尽可能多地使用测试带宽，以达到减少扫描链长度的目的。扫描链可以使用的测试带宽等于所有可以供测试使用的带宽数减去测试控制需要的带宽数。另外一种常见的测试访问机制为菊花链结构，在该结构中每个核的扫描链与另外一个核的扫描链首尾相连形成一个较长的扫描链。同时为了减少测试过程中有效扫描链的长度以节省测试时间，在每个核中引入旁路逻辑，通过选择器控制是使用内部的扫描链还是使用旁路触发器。图 10.2(b)显示了菊花链结构。另外一种常见的测试访问机制为分布式结构。在该结构中每个芯核同时获得各自的扫描数据，所以芯片顶层扫描链的数量至少为芯核的数量。图 10.2(c)显示了一个分布式结构，该结构的有效性依赖于扫描端口的分配方式。经过该测试访问结构的数据量等于触发器的数量乘以测试向量数，所以如果分配给每个核的测试端口数量正比于每个核测试所需要的数据量时，扫描带宽得到合理的分配。为了有效地利用扫描带宽，在每个芯核内部尽量使用相同长度的扫描链。上述三种结构有各自的优缺点，因此实际的系统中可能应用上述结构的组合形式。例如，文献[9]中测试总线结构采用了多路选择器结构和分布式结构，如图 10.3 所示。文献[10]中测试轨道结构采用了菊花链结构和分布式结构，如图 10.4 所示。

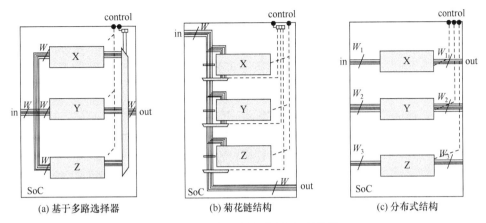

(a) 基于多路选择器　　　　　　(b) 菊花链结构　　　　　　(c) 分布式结构

图 10.2　三种基本的测试访问结构[8]

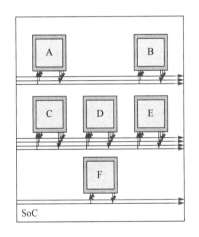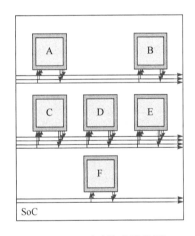

图 10.3　测试总线结构[9]　　　　　　　　图 10.4　测试轨道结构[10]

　　SoC 设计趋势发展为在一个 SoC 系统中包含多个同构芯核来提高系统的性能，提高系统的可靠性和稳定性，并且降低系统设计的复杂性[7,11-14]，同时该同构特性也为降低测试成本提供了机会。芯核在测试模式下通过测试外壳与外围电路隔离，因此对于所有同构的芯核而言，相同的测试激励应该产生完全相同的测试响应，这种特性给设计测试访问机制提供了很大的灵活性。测试访问机制应该在可供测试复用的芯片管脚数量和芯片最大可承受功耗的约束下，最大限度地减少测试时间；如果对于故障诊断有要求，还应保证故障的诊断分辨率。传统测试方法将测试响应移位扫描到 ATE，与 ATE 中存储的期望响应进行比较；同构芯核的测试可以将比较转移到芯片内部进行，除了与期望值进行比较外，也可以在多个同构芯核之间进行比较。比如可以基于广播的测试访问机制，在片内与期望值进行比较[15,16]，如图 10.5 所示。该图中每个芯核内部有两条扫描链，扫描输入由芯片级的两个测试端口广播到每个芯核的内部扫描链。由于各个芯核是完全相同且隔离的，所以每个核期望的输出响应应该是完全相同的。Mask 控制表示某些通道的值在模拟时产生的输出为 X，也就是该位不进行比较。

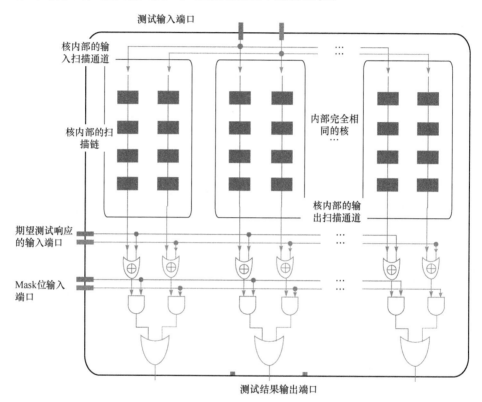

图 10.5 基于广播的片上比较的测试访问结构[12]

IEEE 1500 标准定义了完善的测试外壳功能，使待测 IP 核能被隔离和保护[17]。IEEE 1500 标准是一个可拓展的标准结构，能实现测试的可重用性，也能保证嵌入式内核和相关电路的集成性。从某种程度上来说，IEEE 1500 标准是 IEEE 1149.1 标准的一个延续，它们的目标都是实现集成化的测试。甚至，在 1149.1 标准中，已经描述了板级测试中的测试外壳和 TAM 的概念；而 IEEE 1500 标准借用了相同的概念，只不过将它们移入了 SoC 中。IEEE1500 协议的测试外壳是由以下五部分组成，如图 10.6 所示：①由串行接口端(wrapper serial port，WSP)；②由用户自定义的一组测试外壳端口构成的测试外壳并行端口(wrapper parallel port，WPP)，以及其他确保能并行访问测试外壳的逻辑；③测试外壳指令寄存器(wrapper instruction register，

WIR)；④测试外壳旁路寄存器(wrapper bypass register，WBY)；⑤测试外壳边界寄存器(wrapper boundary register，WBR)。

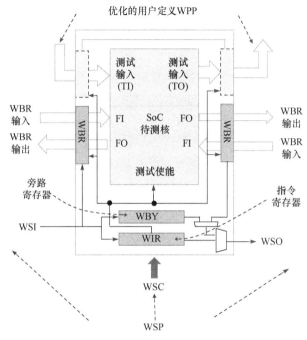

图 10.6　IEEE 1500 推荐的标准测试外壳结构[17]

　　IEEE 1500 测试外壳结构支持两种不同的数据传输方式：一种是串行数据传输，由串行输入输出端口 WSI-WSO 实现(WSI 是测试外壳的串行输入端口，WSO 是测试外壳的串行输出端口)；一种是并行数据传输，由可配置的并行输入输出端口 WPI-WPO 实现(WPI 是测试外壳的并行输入端口，WPO 是测试外壳的并行输出端口)。WSP 端口能从诸如基于 IEEE 1149.1 的控制器之类的嵌入式控制器或是芯片的引脚上获得指令或数据。这些指令或者数据用来更新 IEEE 1500 的寄存器。除了图 10.6 所示的测试外壳串行输入(wrapper serial input，WSI)端口和测试外壳串行输出(wrapper serial output，WSO)端口之外，WSP 还包括用来控制所有 IEEE 1500 规定的测试外壳串行控制(wrapper serial control，WSC)端口。WPP 是一组用户定义的测试外壳端口，它提供了访问 IEEE 1500 测试外壳的并行接口。WPP 是由测试外壳并行输入(wrapper parallel input，WPI)端口、测试外壳并行输出(wrapper parallel output，WPO)端口和测试外壳并行控制(wrapper parallel control，WPC)端口组成的。WIR 用于测试模式的选择。WBR 用于提高待测试模块输入端的可控制性和输出端的可观测性。WBY 用于将对应的模块旁路，使测试数据越过此模块而传输到下一个待测试模块。

10.1.2 逻辑电路可测试性设计技术

在集成电路发展的初期，设计和测试是两个分开的工作，分别由两个不同的团队负责。但是随着集成电路工艺的发展，集成电路的这种开发方法已经不能满足大规模电路设计的需求，20 世纪 80 年代可测试性设计的概念应运而生。

可测试性设计(design for testability，DFT)将测试和设计紧密地结合，在设计的过程中加入有利于后期测试所需要的逻辑，方便后期测试工作的进行[18,19]，主要技术可以分为两大类：专用(ad hoc)DFT 技术和结构化 DFT 技术。

专用 DFT 技术通常包括从实践中总结得到的一些好的设计规则，这些设计规则对电路的局部做出调整以增强电路的可测试性，表 10.1 列举了部分典型的专用 DFT 技术。虽然专用 DFT 技术确实可以提高电路的可测试性，但是它们的影响是局部的，非系统化的。下边将简单介绍测试点插入技术，关于异步复位、组合反馈环等设计问题将在后面的章节中描述。

表 10.1　典型的专用 DFT 技术

序号	专用技术描述
A1	插入测试点
A2	存储单元避免异步的置位或复位
A3	避免组合反馈环
A4	避免冗余逻辑
A5	避免异步逻辑
A6	将大电路分割为多个小模块

测试点插入技术是最常用的专用 DFT 技术，该技术提高电路内部节点的可控制性和可观测性，测试点分为两种：观察点和控制点。图 10.7 显示了一个具有三个低观测点的逻辑电路的观测点插入的例子，OP_2 给出观测点内部的结构，低观测节点连接到 MUX 的 0 端口，所有插入的观测点通过 MUX 的 1 端口串行连接形成观测移位寄存器。图 10.8 显示了一个具有三个低控制点的逻辑电路的控制点插入的例子，CP_2 给出了控制点内部的结构。在功能模式下，源端和目的端通过 MUX 的 0 端口连接；在测试模式下，存储在 D 触发器的值通过 MUX 的 1 端口驱动原始目的端，CP_0、CP_1、CP_2 中的 D 触发器串接为移位寄存器。该设计方法会增加逻辑通路的时延，必须注意不能将控制点插入到关键路径上。设计者更倾向于增加扫描点，即控制点和观测点的结合。另外，可以通过异或网络使少量的低观测点共享一个观测点，减少 DFT 电路的面积开销，但是会增加路由的复杂性。Synopsys 公司的 DFTMax 工具可以支持观测点和控制点的插入。

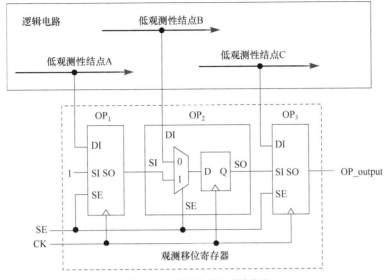

图 10.7　观测点插入举例[20]

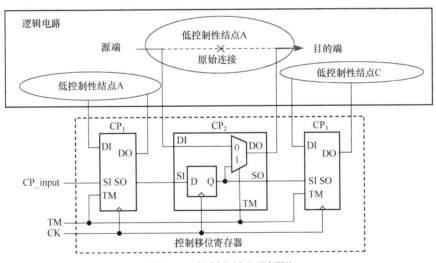

图 10.8　控制点插入举例[20]

　　结构化的 DFT 技术尝试使用更通用的设计方法学来提高整个电路的可测试性，扫描设计是广泛使用的逻辑电路结构化 DFT 技术。该方法将逻辑电路中的时序单元转换为扫描设计单元，经过转换后的电路有三种工作模式：正常模式、扫描移位模式和扫描捕获模式。图 10.9 显示了同步时序电路的结构示意图，假设为了检测组合电路中的固定型故障 f 需要将原始输入 X3、触发器 FF2 和 FF3 分别设置为 0、1、0，但是触发器存储的值不能直接设定，需要施加一个很长的输入序列来设计触发器的值；并且为了观测触发器 FF1 中捕获的故障效应，又需要很长的检测序列将错误传播到原始输出。从该例可以看出，测试时序电路的困难性来源于电路内部的状态很难控制和观测。扫描设计的概念如图 10.10 所示，为内部的存储单元提供外部的可接入性。将传统的存储单位转化为扫描单元，然后将其连接形成串行移位寄存器。任何的输入激励和输入相应都可以通过 n 个时钟周期移进或移出。因此检测故障 f 的任务可以通过以下流程实现：①将电路设置到移位模式下，将需要的测试激励 1 和 0 分别送到 FF2 和 FF3 中；②将原始输入 X3 置为 0；③将电路设置为捕获模式，施加一个时钟脉冲，故障效应捕获到 FF1 中；④再次将电路设置为移位模式，将捕获的响应移出。扫描设计的优点是将时序电路的测试生成转化为组合电路的测试生成，降低了测试生成的复杂度和测试序列的长度。

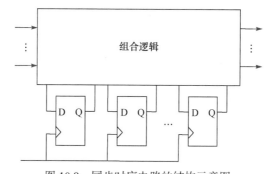

图 10.9　同步时序电路的结构示意图

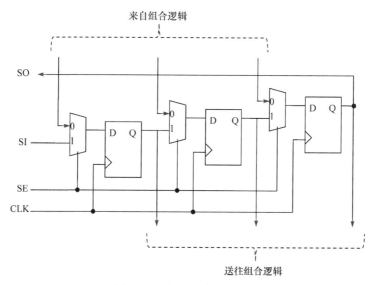

图 10.10　扫描设计的概念图

集成电路测试的目的是检测芯片中是否存在制造缺陷，而故障模型是缺陷的抽象表现形式。好的故障模型应该满足两个指标：①准确反应缺陷的行为；②测试生成和故障模拟的计算量都应该是可行的。目前学术界和工业界已经提出了多种故障模型，但是没有一种单一故障模型可以反映所有的缺陷行为，因此常常将多种不同的故障模型组合起来用来生成测试向量和评估测试向量的有效性。

对于一个给定的故障模型，每个可能的故障位置上可能存在 k 种不同的故障类型(对于大部分故障模型，$k=2$)。对于一个给定的电路，包含 n 个故障位置，假设在电路中只存在一个故障，那么所有可能的单故障数量为 kn，这种故障模型的假设称为单故障模型。但是，在实际电路中可能存在多个故障，所有可能的多故障组合数量为 $(k+1)^n-1$，称为多故障模型。两种故障模型相比，虽然后者比前者更精确，但是后者的故障数量比前者多得多。幸运的是，文献[21]表明在单故障模型假设下得到的高故障覆盖率，在多故障模型下也能达到较高的故障覆盖率。因此，单故障假设经常应用在测试生成和评估中。与业界普遍采用的集成电路测试方法一样，本章所考虑的各类故障的测试均为单故障的测试，所提到的故障覆盖率均为某种故障模型下单故障的故障覆盖率。

固定型故障(stuck-at fault)是集成电路测试中应用最广泛的故障模型。固定型故障是一种逻辑故障模型，分为固定为 1(stuck-at-1)和固定为 0(stuck-at-0)两类，即信号状态被锁定在逻辑'0'或者逻辑'1'上。固定型故障的测试生成算法分两步，如图 10.11 所示：第一步是故障激励，即设置相关寄存器或原始输入值将故障点的值置为与固定故障值相反的逻辑值；第二步是故障传播，即选择一条合适的通路将故障点的故障效应传到原始输出或者寄存器上。与电路的工作频率相比，固定型故障的测试运行在一个相对较低的频率上，以此降低对 ATE 性能的要求和芯片测试的功耗。

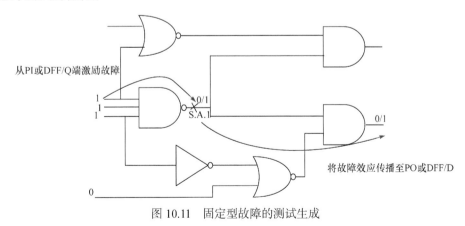

图 10.11　固定型故障的测试生成

另外一类常用的故障模型是与时延缺陷相关的，Breuer 首先提出时延故障的概念[22]。在大部分情况下，时延故障不会改变电路的逻辑值，但是会增加信号传播的时间，常见的时延故障模型有两种：跳变故障和通路时延故障[20]。跳变故障模型[23,24]假设电路中的时延只影响一个门上的集总时延，每个门上有两种跳变故障：缓升(slow-to-rise)故障和缓降(slow-to-fall)故障。跳变故障模型假设一个门上增加的时延足够大，导致电路中逻辑值的跳变在给定的工作时钟下传播不到观测点(电路的输出或者触发器的输入端)，也就是说，假定跳变时延故障效应可以通过任何一条经过故障点的通路的输出端观测到。跳变故障最大的优点是故障集相对较小，与逻辑电路中的门数量呈线性关系。但是，由于电路中短通路的松弛(slack)时间比较大，所以一些经过短通路传播的跳变故障的故障效应容易被掩盖。通路时延故障模型[25]考虑电路中每条通路的时延，如果电路中任何一条通路的时延超过一个给定值就认为电路中存在故障。通路时延故障模型可以检测到由工艺偏差导致的分布式小时延缺陷。这种模型的主要缺点是电路中通路数量非常大，试图检测电路中所有的通路时延故障是不切实际的，因此必须选择通路集合中的一部分作为被测对象，现在工业界普遍采用的通路选择方法是选择电路中的关键通路进行测试。以 Synopsys 公司提供的解决方案为例介绍通路时延故障的测试生成，如图 10.12 所示，首先将布局布线得到的电路作为参数提取工具 Start-RCXT 的输入，然后在 PT 中进行静态时序分析(prime time)得到电路中的关键通路，将得到的关键通路作为测试向量生成工具 TetraMAX 的输入，产生测试所需要的测试向量[26]。

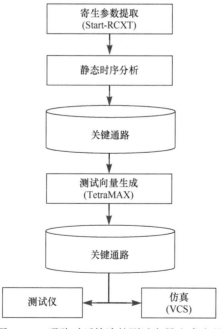

图 10.12　通路时延故障的测试向量生成流程

为了检测电路中的时延缺陷，必须能够使电路在指定的工作频率下产生和传播跳变，在组合电路中产生跳变需要施加一对向量 $V=\langle v_1, v_2 \rangle$，向量 v_1 用来将相关的内部结点置为一个期望的初始值，向量 v_2 用来产生跳变并且敏化相应通路将跳变传播到输出端口。组合电路的测试应用方法如图 10.13 所示，正常情况下只有一个系统时钟控制输入和输出端的锁存器，周期为 T_c。而在测试模型下需要两个不同的测试时钟分别控制输入和输出端口的锁存器，测试时钟的周期为 $T_s(T_s>T_c)$，两个测试时钟间的时钟偏斜为 T_c。测试向量 v_1 在时刻 t_0 施加到原始输出端，向量 v_2 在时刻 t_1 施加。当第二个测试向量施加后，在测试时刻 t_2 将输出的值锁存到输出锁存器中，$t_2-t_1=T_c$。在实际的现代电路中施加两个分开的时钟是不切实际的，并且在时序电路中的时延测试比组合电路的时延测试更加困难。

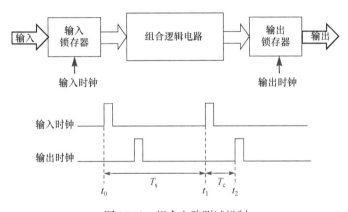

图 10.13　组合电路测试机制

在扫描设计的电路中时延故障的测试生成对应于一个两拍的时序电路测试生成。在第一拍中所有的原始输入和触发器是完全可控的，而在第二拍中只有原始输入可控，触发器状态可以通过两种方法来生成，分别为 Skew Load 测试方法(也称在移位时发射(launch on shift，LOS))和 Broadside 测试方法(也称在捕获时发射(launch on capture，LOC))。在 LOC 的测试方法中，第二拍测试向量是使用捕获模式产生的，也就是说第二拍的状态是第一拍的状态经过一拍的捕获产生的，如图 10.14 所示。在 LOS 的测试方法中，第二拍的测试向量是使用移位模式产生的，也就是说第二拍的状态是第一拍的状态经过一拍的移位产生的，如图 10.15 所示。LOS 的测试方法与 LOC 的测试方法相比可以产生更高的测试覆盖率，但是由于 SE 信号需要以实速的速度完成从 1 到 0 的跳变，而 SE 的扇出又较多，在工程中不容易实现，所以在大部分的工业设计中采用 LOC 的测试方法。此外，LOS 的方法会在两拍状态移位过程中引入非法的状态转移，造成一定的过度测试问题。

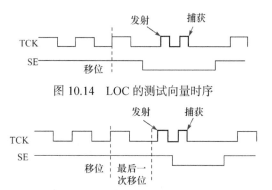

图 10.14　LOC 的测试向量时序

图 10.15　LOS 的测试向量时序

10.2　DPU_m 芯片逻辑电路可测试性设计

DPU_m 芯片是一款用于多媒体处理的异构多核系统芯片，片上集成了多个 IP 核，包括一个通用处理器核、五个视频处理器(video processing unit, VPU)、一个 PCIe 核、一个 DDR3 控制器核、三个视频预处理和后处理核等 15 个核。芯片内部集成了 110 多万个触发器，每个模块内部具体的触发器数量如表 10.2 所示；芯片内部包括六个时钟，分别为：CPU_CLK 频率 700MHz，DDR_CLK 频率 400MHz，VE_CLK0、VE_CLK1、VE_CLK2 频率均为 300MHz，VPU_CLK 频率 300MHz；芯片采用 40nm 的工艺流片。鉴于该芯片的工作频率较高，需要对该芯片进行固定型故障和时延故障的测试生成。

表 10.2　DPU_m 芯片触发器数量表

块名	触发器数量	模块数量	总触发器数量
CPU	3.3 万	1	3.3 万
VPU	15.5 万	5	77.5 万
VE	2.8 万	3	8.4 万
DDR3	14.4 万	1	14.4 万
PCIe	4.5 万	1	4.5 万
JPEG	1.4 万	1	1.4 万
APB	0.33 万	1	0.33 万
AXI_4X4	0.13 万	1	0.13 万
AXI_6X1	0.12 万	1	0.12 万
总和	—	—	114.6 万

DPU_m 芯片采用自顶向下模块化的设计策略，该设计策略既可以提高芯片设计的可控性，同时也可以提高后端物理设计的周期可控性。同时，DPU_m 芯

片逻辑电路的可测试性设计也采用模块化自顶向下的设计策略。采用模块化的可测试性设计策略可以给该芯片设计带来很多好处：①降低测试数据量，降低测试成本。根据 ITRS2011 的数据显示[27]，在现代 SoC 设计中采用层次化和压缩设计可以大幅度降低测试数据量，图 10.16 显示的是 SoC 芯片采用不同设计方法所对应的测试数据量需求；②与后端布局布线的流程兼容，从而保证可测试性设计的周期；③降低对服务器内存大小和性能的需求，减少扫描链插入的时间；④由于在模块级插入扫描链，每次插入的时间比较短，因此提高了可测试性设计的可调试性。

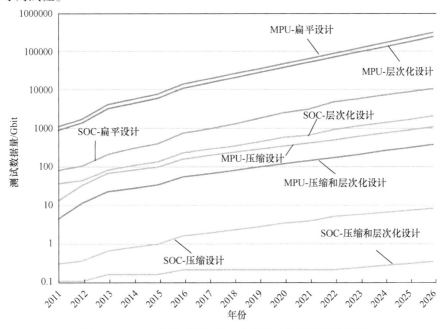

图 10.16　SoC 芯片不同设计方法的测试数据量需求图[27]

　　针对 DPU_m 芯片逻辑电路的可测试性设计需求，本章给出了设计并实现的 DPU_m 芯片每个模块内部的扫描链结构、芯片顶层的测试结构、顶层测试向量的生成流程、片上时钟控制单元。以下各节首先对上述四个方面依次展开介绍，然后给出 DPU_m 芯片逻辑电路可测试性设计的实验结果。

10.2.1　芯片模块级扫描结构设计

　　DPU_m 芯片内部包含 114.5 万触发器，为了尽可能地保证测试质量，提高测试覆盖率而又不增加过多的测试成本，该芯片采用全扫描设计方法。芯片顶层的功能管脚中可供扫描输入输出复用的引脚有 80 根，即 40 对扫描输入和扫描输出引脚(SI/SO)，如果将这 114.5 万个触发器全部简单地不经过任何处理加入到这 40

条扫描链中, 则每条扫描链对应的扫描单元数量为 2.9 万。2.9 万长度的扫描链会带来过长的扫描移位时间, 导致测试成本过高, 因此需要在电路中加入扫描压缩和解压缩逻辑, 降低测试成本开销。DPU_m 芯片逻辑电路的可测试性采用模块化的设计方法, 在每个模块内部完成扫描链的设计, 即在每个模块内部独立地插入扫描压缩逻辑和扫描链。

为了实现自动化的可测试性设计, 采用 Synopsys 公司的 Design Compiler 工具实现模块级的扫描结构。Synopsys 公司提供的扫描压缩技术为自适应的扫描压缩方法(adaptive scan)[28], 该方法与标准的扫描设计相似, 只是在扫描链的输入端增加解压缩的组合逻辑电路, 在扫描链的输出端增加响应压缩的组合逻辑电路。图 10.17 显示了自适应扫描压缩的结构, 该结构将电路中的扫描长链切割为短链, MUX 网络用来解压缩测试激励, 将测试激励以广播的形式输出到各个扫描链, 同时部分扫描输入端口被用来作为 MUX 网络的选择信号, 使之可以动态他调整广播组; 异或树逻辑用来压缩测试响应。由于 DPU_m 芯片中存在两个硬核, 这些硬核没有对应的逻辑模型, 所以在生成测试向量的过程中会存在 X 位, 并且当从芯片的顶层来看内部模块时, 由于设计中没有加测试外壳, 所以在内部模块的输入端也会有 X 位出现, 当使用异或树作为响应压缩逻辑时, 若异或门中某一个输入为 X 时, 该 X 位会在整棵异或树上传播, 导致某些测试响应观测不到。在 Synopsys 提供的自适应扫描压缩技术中提供了 X 阻塞(X-Blocking)电路, X 阻塞电路由与门和或门组成, 该电路阻止 X 位的传播, 结构如图 10.18所示。

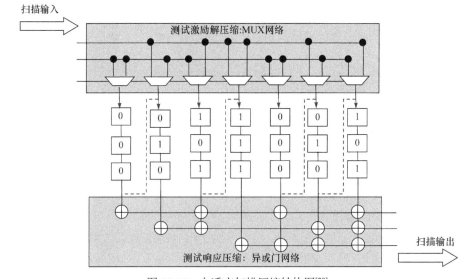

图 10.17　自适应扫描压缩结构图[28]

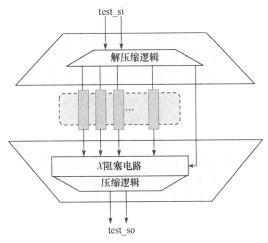

图 10.18　*X* 阻塞电路结构图

除了测试解压缩逻辑与测试压缩逻辑外,需要在输入 pad 与解压缩逻辑之间,以及响应压缩逻辑与输出 pad 之间分别增加一级流水寄存器(pipeline scan register), 如图 10.19 所示。增加该寄存器的原因是扫描输入端的解压缩逻辑以及扫描输出端的压缩逻辑使得在测试模式下的时序很紧张,为了有效地缓解该问题,需要增加一级触发器;同时扫描输出端的异或网络会导致输出 pad 上有大量的翻转, 由扫描压缩逻辑产生的毛刺会在输出 pad 上产生很高的振荡频率,该现象可能会导致移位过程中 pad 失效。

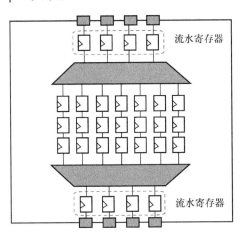

图 10.19　流水寄存器的插入示意图

尽管自适应的压缩结构可以通过动态地配置 MUX 的选择信号来减少内部扫描链值的相关性,但是该结构仍会降低一些测试覆盖率。因此, 为了尽可能地保证测试质量提高测试覆盖率, 在每个模块内部设置了两种扫描测试模式,压缩模式和非压缩模式，由 compmode 信号控制模式选择。测试向量的生成首先在压缩模式下进行，然后将 compmode 信号置为无效在非压缩模式下进行。

虽然模块化的测试压缩策略的故障覆盖率没有全局的测试压缩策略高，但是由于模块化的测试压缩设计可以与后端布局布线的流程兼容，因此更易于保证设计的周期和可调试性。并且，模块化的测试压缩方法可以支持模块的串行测试，降低测试功耗，因此该方法非常适用于该款芯片的设计。

本章采用基于 MUX 的扫描单元设计作为内部扫描单元。基于 MUX 的扫描单元结构如图 10.20 所示，该单元共有四个输入，扫描使能信号作为 MUX 的选择信号，用来选择触发器的输入通路。

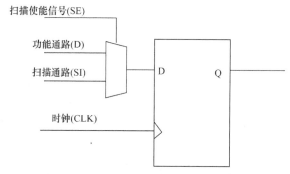

图 10.20　基于 MUX 的扫描单元结构图

模块内部的复位信号是经过同步触发器后连接到其余逻辑的，所以在每个模块内部需要旁路掉这些同步逻辑，使逻辑电路中触发器的复位信号从原始输入端口可控，如图 10.21 所示。

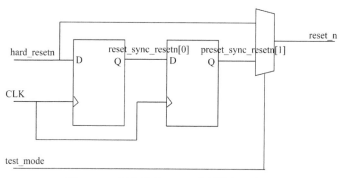

图 10.21　复位信号 DRC 违例修复示意图

为了节约芯片工作时的功耗，设计方在 DPU_m 芯片的每个模块内部加入了大量的门控时钟单元，门控时钟的控制信号由触发器的值经过组合逻辑操作后形成，但是在移位模式下由于触发器中的值不确定导致由门控时钟驱动的触发器的时钟不可控，所以不能将其控制的触发器连接到扫描链中。设计中采用如图 10.22 所示的方法修复这种违例，测试模式选择信号(TM)与原功能输出的门控使能信号 (EN)经过或操作后连接到锁存器的输入端，而测试模式选择信号的逻辑值在测试模式下为常值 1，因此在测试模式下门控时钟单元的输出时钟为正常的时钟信号。

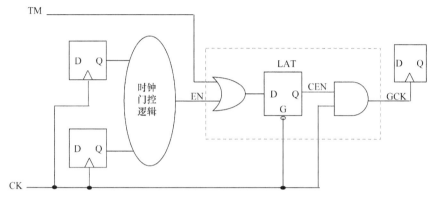

图 10.22　门控时钟单元 DRC 违例修复示意图

采用 Synopsys 的 Design Compiler 工具[29]来完成模块级扫描链的插入，插入流程如图 10.23 所示。具体的插入步骤如下：①完成工具的配置，完善工具的 setup 文件，将 target_library、link_library、search_path 设为相应的值；②将设计的门级网表读入到工具中；③定义与测试有关的信号，如时钟、复位、扫描使能、模式选择等信号，创建测试协议；④进行可测试性规则检查(design-for-testability design-rule-checking，简称 DFT DRC)，如果在设计中发现不可接受的规则违例，返回到 RTL 设计中修改设计代码，也可以使用工具本身提供的自修复能力进行修复；⑤指定扫描链的结构，如扫描压缩比，扫描链的长度，扫描链的个数等信息，进行扫描链的插入；⑥进行扫描链插入后的可测试性规则检查；⑦输出相关的文件，如设计文件、测试协议文件等，供后续设计流程使用。

由于 DPU_m 芯片内部各个模块包含的触发器数量不同，芯片顶层最多可以提供的扫描端口数量是 40 对，而工具可以提供 10X-100X 的测试压缩比，因此本章评估了各个模块测试压缩比与测试覆盖率、测试向量数的关系，具体的数据如表 10.3～表 10.8 所示。表中第一列代表内部短链的长度，第二列表示外部扫描端口数量，第三列表示插入扫描链后内部扫描链的数量，第四列代表扫描压缩率，第五列为得到的测试覆盖率，第六列表示生成的测试向量数。从这些表中可以观察到：随着扫描压缩比的增加，每个模块的测试覆盖率基本保证不变，而测试向量数即测试时间会随之增加。表中的数据将作为后续策划规划的依据，在后续的测试规划中，对于较小的模块，采用尽量高的测试压缩率，对于较大的模块，选择测试时间较短的测试压缩率。

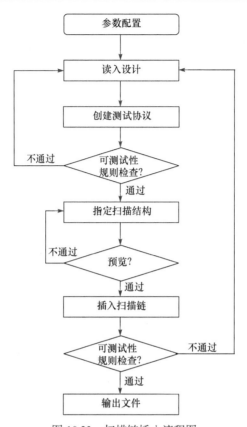

图 10.23 扫描链插入流程图

表 10.3 VPU 模块压缩率、覆盖率、测试向量数量三者之间的关系

链长	SI/SO 数量	内部扫描链数量	压缩率	覆盖率/%	测试向量数
100	40	1505	37.6	99.32	18303
100	35	1505	43	99.32	18185
100	30	1505	50.2	99.32	18345
100	25	1505	60.2	99.32	18894
100	20	1505	75.3	99.31	20055

表 10.4 DDR3 模块压缩率、覆盖率、测试向量数量三者之间的关系

链长	SI/SO 数量	内部扫描链数量	压缩率	覆盖率/%	测试向量数
100	40	1781	43.8	94.75	12082
100	35	1781	50.0	94.77	13565
100	30	1781	58.4	94.75	17587
100	25	1781	71.2	94.75	16590

链长	SI/SO 数量	内部扫描链数量	压缩率	覆盖率/%	测试向量数
100	20	1781	89.1	94.75	17749
100	15	1781	118.7	94.76	21406
100	10	1781	178.1	94.76	30878

表 10.5　PCIe 模块压缩率、覆盖率、测试向量数量三者之间的关系

链长	SI/SO 数量	内部扫描链数量	压缩率	覆盖率/%	测试向量数
100	40	429	10.73	95.32	3767
100	35	429	12.26	95.32	4032
100	30	429	14.30	95.32	4409
100	25	429	17.16	95.33	4348
100	20	429	21.45	95.51	4552
100	15	429	28.6	95.30	5512
100	10	429	42.9	95.28	6668

表 10.6　CPU 模块压缩率、覆盖率、测试向量数量三者之间的关系

链长	SI/SO 数量	内部扫描链数量	压缩率	覆盖率/%	测试向量数
100	40	305	7.6	91.19	2233
100	35	305	8.7	91.20	2180
100	30	305	10.2	91.19	2100
100	25	305	12.2	91.17	2230
100	20	305	15.3	91.19	2384
100	15	305	20.3	91.18	2515
100	10	305	30.5	91.13	2964

表 10.7　JPEG 模块压缩率、覆盖率、测试向量数量三者之间的关系

链长	SI/SO 数量	内部扫描链数量	压缩率	覆盖率/%	测试向量数
100	40	131	3.3	98.81	1589
100	35	131	3.7	98.79	1576
100	30	131	4.4	98.79	1544
100	25	131	5.2	98.79	1598
100	20	131	6.55	98.79	1602
100	15	131	8.7	98.79	1616
100	10	131	13.1	98.77	1717
100	8	131	16.4	98.73	1763

表 10.8　VE 模块压缩率、覆盖率、测试向量数量三者之间的关系

链长	SI/SO 数量	内部扫描链数量	压缩率	覆盖率/%	测试向量数
100	30	276	9	97.17	941
100	25	276	11	97.16	966
100	20	276	14	97.16	860
100	15	276	18	97.16	1092
100	10	276	28	97.16	1263

10.2.2　芯片顶层测试结构

　　DPU_m 芯片逻辑电路的可测试性设计采用模块化自顶向下的设计方法。DPU_m 顶层测试结构需要设计一种有效的测试访问结构，将在测试仪上存储的测试激励施加到每个芯核，并且将每个芯核产生的测试响应传输到测试仪；该测试访问结构必须能够保证测试质量，同时尽可能节约测试成本；并且要与现在的商业设计工具兼容，保证 DFT 周期的可控性，降低 DFT 设计风险。本节将介绍 DPU_m 芯片顶层的结构，包括芯片工作模式的划分、测试管脚的复用、顶层所采用的测试访问机制、顶层的测试调度策略以及外围逻辑电路设计等内容。

　　前面章节介绍了基于多路选择的测试访问结构和分布式的测试访问结构，下面讨论将这两种结构应用于 DPU_m 芯片的逻辑电路可测试性设计时所面临的问题。针对 DPU_m 的结构，全局共有 15 个模块插入了扫描链，如果采用基于多路选择器的测试访问机制，所有的测试模块将会进行串行测试，从上节的实验结果可以看出即使成倍地减少测试压缩比，即成倍地增加扫描输入输出端口，测试数据量也不会成倍地减少。所以，如果在芯片内部采用基于多路选择器的测试访问结构不能充分利用芯片本身提供给测试使用的端口数量，这会增加测试时间。基于多路选择器的测试访问结构还有一个缺点：每个模块的扫描输入输出端口都要进入测试控制模块中进行逻辑操作，而这些模块分布在芯片的不同位置，因此会增加大量的全局走线，增加后端布局布线的开销。如果采用分布式的测试访问结构，全局可供测试使用的芯片端口数量是 80 个即 40 对，而 DPU_m 芯片内部需要插入扫描链的模块有 15 个，由于工具对扫描输入输出的数量与内部扫描链数量是有一定要求的。如表 10.9 所示，该表显示的是外部扫描端口数量与内部工具所支持的最多的扫描链数量之间对应关系，如第一行表示如果外部扫描端口数量为 3 则内部最多支持的扫描链数量为 6；同时工具也约束了外部最少所支持的扫描端口数量，为 2 条。因此采用分布式测试访问机制在 DPU_m 芯片中是不可行的；并且这种测试访问机制会使全局所有的测试模块并行测试，测试功耗过大，

有可能烧毁待测芯片。

表 10.9　扫描端口数与内部扫描链条数的关系

扫描端口数	最多的内部扫描链条数
2	4
3	12
4	32
5	80
6	192
7	448
8	1024
9	2034

因此，针对 DPU_m 的结构和规模，本章提出了采用基于多路选择器与分布式结合的测试访问机制，结构如图 10.24 所示。将全局的测试分为不同的测试会话，测试会话与测试会话之间采用基于多路选择器的测试访问机制，各个测试会话之间串行测试，降低对扫描端口数量的要求，同时降低测试功耗；测试会话内部采用分布式的测试访问机制，同一个测试会话内的待测试模块并行测试，降低测试时间即测试成本，同时降低布局布线的开销。由于每个测试会话内的测试模块并行测试，所以每个测试会话的测试时间取决于其中测试时间最长的模块，而每个模块内部扫描链的长度都相同，所以测试时间也就取决于测试向量数量。测试会话与测试会话之间串行测试，所以整个芯片的测试时间是所有测试会话的测试时间之和。

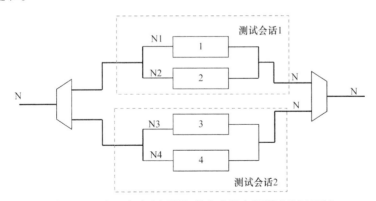

图 10.24　基于多路选择器与分布式结合的测试访问机制

测试会话之间采用基于多路选择器的测试访问结构，在每个当前时刻有且只有一个测试会话处于被测试状态，在此结构特征的基础上，为了有效地低测试功耗，在每个测试模块内部增加了一个时钟门控单元。当全局处在测试模式，而模块所在测试会话没有被选中时，该测试模块的时钟就会被门控单元设为无效，以此来降低测试功耗。这种设计为每个模块设置了三种工作模式，分别为工作模式、活动模式和非活动模式。工作模式表示芯片处于正常的功能运行模式，时钟采用功能时钟，芯片引脚用于正常的功能输入和输出。活动模式表示整个芯片处在测试模式下，并且该模块通过模块选择信号被选中也处于测试模式下，此时芯片引脚用来给选中的该模块传输扫描测试数据，该模块的时钟选择测试仪的时钟输入。非活动模式表示整个芯片处在测试状态，运行逻辑测试或内建自测试(build-in self-test，BIST)，但是该模块没有被选中，在非活动模式下模块的时钟被门控单元设为无效以降低芯片测试时的功耗。

　　确认了顶层的测试访问机制后，需要解决的问题是测试功耗和测试引脚数量约束下的测试调度问题，目标是保证测试质量，降低测试成本。该问题的求解步骤分为两步：第一步是获得每个功能模块内部测试结构、测试数据、测试时间、测试功耗等数据；第二步在第一步的基础上，将测试调度问题抽象为测试功耗约束和测试引脚约束下的测试时间优化问题，得到优化的测试调度方案。

　　测试调度整体需要考虑的因素有三个：每个模块的测试时间、测试功耗和模块间的互连关系。上节已评估得到每个模块的测试时间，该数据将用于本节的测试调度的优化。每个测试会话内的模块并行测试，所以在进行测试调度时应将测试时间近似相等的模块放到一个测试会话中。测试功耗的大小可粗略地认为正比于电路的面积。由于该芯片大部分的面积被 VPU 模块和 DDR3 模块占据，全局共有五个 VPU 和一个 DDR3，DDR3 的大小近似等于一个 VPU 的大小，所以整个芯片工作时的功耗可以粗略估计为六个 VPU 工作时的功耗。同时，由于芯片测试时会产生大量的翻转，导致测试功耗大概为功能功耗的 2～3 倍。因此，为了满足测试功耗的约束，最多是将两个大模块进行并行测试，即最多将两个大模块放到一个测试会话中。另外，设计中没有在每个测试模块外添加测试外壳，模块与模块间的逻辑无法测试，因此在测试调度时考虑模块间的互连关系，将通信频繁的模块放到一个测试会话内。

　　上节的实验数据显示 VPU 模块和 DDR3 模块产生的测试数据量相当，并且与 DDR3 模块通信较多的模块也是 VPU 模块，因此将 DDR3 模块和一个 VPU 模块放到一个测试会话中，构成测试会话 0；其他模块的测试数据量与 VPU 模块的测试数据量相比差距较大，并且由于 VPU 模块的测试覆盖率即使在原始输入和输出分别不可控和不可观测的情况下也可以接受，所以分别将四个 VPU 模块放到两个测试会话中，组成测试会话 1 和测试会话 2。在剩下的这几个模块中，AXI_6X1、AXI_4X4 和 APB 是总线模块，主要的作用就是连接其他几个模块，与 AXI_6X1 模块通信较多的模块有视频预处理模块 VE0、VE1 和 VE2、VPU 模块、JPEG 模块和 DDR3 模块，与 AXI_4X4 通信较多的模块有通用 CPU、DDR3、PCIe 模块和 APB 模块，与 APB 模块通信较多的模块有 VE0、VE1、VE2、JPEG、PCIe、VPU 模块和 AXI_4X4 模块。因此本章将 VE0、VE1、VE2 与 JPEG 放到一个测试会话中，构成测试会话 3；将 PCIe、通用 CPU 和 AXI_4X4 模块放到一个测试会话中，构成测试会话 4；而 APB 模块几乎与其他所有的模块都进行通信，但是测试会话 3 中的 40 对扫描输入输出已基本用完，所以将 APB 模块放到测试会话 4 中。划分完测试会话之后，需要给每个测试会话中的测试模块分配扫描链数量。两个 VPU 模块放到一个测试会话中，所以每个 VPU 模块有 20 对扫描输入和输出，DDR3 模块有 20 对扫描输入输出。由于测试会话的测试时间取决于最长模块的测试时间，而每个模块的测试时间即测试向量数量在上节中已经评估，所以在进行扫描链分配时将尽可能多的扫描输入输出端口分配给测试向量较多的模块，以此平衡每个测试会话内测试模块的测试时间。最终得到的测试调度结果如表 10.10 所示，select_mode 信号是测试会话选择信号。

表 10.10　DPU_m 芯片测试调度表

select_mode[2:0]	scan_si/scan_so[39:0]	模块
000	scan_si/scan_so[0][19:0]	VPU0
000	scan_si/scan_so[0][39:20]	DDR3
001	scan_si/scan_so[1][19:0]	VPU1
001	scan_si/scan_so[1][39:20]	VPU2
010	scan_si/scan_so[2][19:0]	VPU3
010	scan_si/scan_so[2][39:20]	VPU4
011	scan_si/scan_so[3][8:0]	VE0
011	scan_si/scan_so [3][17:9]	VE1
011	scan_si/scan_so [3][26:18]	VE2
011	scan_si/scan_so [3][34:27]	JPEG
011	scan_si/scan_so [3][39:35]	AXI_6x1
100	scan_si/scan_so[4][9:0]	CPU
100	scan_si/scan_so[4][28:10]	PCIe
100	scan_si/scan_so[4][33:29]	AXI_4x4
100	scan_si/scan_so[4][39:34]	APB

　　在确定了 DPU_m 芯片逻辑电路的测试访问机制和测试调度之后，需要为整个芯片设置工作模式。DPU_m 芯片可分为三种工作模式：功能模式、存储器内建自测试(memory build-in self-test，MBIST)模式和扫描测试模式。功能模式是芯片正常工作时的活动方式，此时所有的测试逻辑将不起作用，芯片将完成具体的工

作内容；MBIST 模式是存储器测试模式，具体的内容将在第 10.3 节介绍；扫描测试模式是逻辑电路测试模式，即第 10.2 节介绍的内容。芯片顶层的模式控制真值表如表 10.11 所示。TESTMODE_n 信号是全局测试模式选择信号，低电平有效，当该信号无效时芯片处在功能模式下，当信号有效时芯片处在测试模式下。BISTMODE 信号高电平有效，当 BISTMODE 信号有效时芯片处在存储器内建自测试模式，当 BISTMODE 信号无效时芯片处在扫描测试阶段。而具体处在扫描测试的哪个阶段由 SelectMode、AT_SPEED、COMPRESS 和 SCAN_EN 信号值决定，详细工作模式选择如表 10.11 所示。

表 10.11 DPU_m 芯片工作模式选择真值表

TESTMODE_n	BISTMODE	SelectMode[2:0]	At_SPEED	COMPRESS	SCAN_EN	工作模式
1	x	x	x	x	x	功能模式
0	1	x	x	x	x	MBIST 模式
0	0	000/001/010/011/100/101	0	0	0/1	非实速非压缩扫描模式
0	0	000/001/010/011/100/101	0	1	0/1	非实速压缩扫描模式
0	0	000/001/010/011/100/101	1	0	0/1	实速非压缩扫描模式
0	0	000/001/010/011/100/101	1	1	0/1	实速压缩扫描模式

DPU_m 芯片顶层没有专门为测试提供引脚，需要与功能信号复用。除了扫描输入输出外，存储器的测试也会产生 22 个输出作为测试结果的显示信号，因此设计在顶层实现了功能信号、扫描输入输出和存储器测试结果信号三者之间的复用，输出复用控制的结构如图 10.25 所示，BISTMODE 信号作为第一级选择器的控制信号，TESTMODE_n 信号作为第二级选择器的控制信号。输入复用控制的结构如

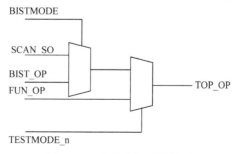

图 10.25 输出端复用控制图

图 10.26 所示，由于 MBIST 模式没有输入信号，所以输入端只需要完成扫描输入和功能输入两者的复用功能，当 TESRMODE_n 无效时，选择功能输入，当测试信号有效且 BIST_MODE 信号无效时选择扫描输入。

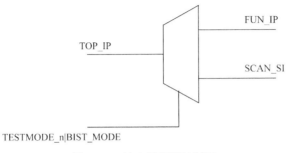

图 10.26　输入端复用控制图

10.2.3　片上时钟控制

在传统的 DFT 设计中，测试时钟的控制结构如图 10.27 所示，在功能模式下选择片上锁相环产生的时钟作为工作时钟，而在测试模式下选择 ATE 提供的时钟驱动芯片的运行。但是随着集成电路工艺技术的发展，制造工程中产生的物理缺陷有时在逻辑上表现为与时延相关的故障。时延故障的检测需要锁存-捕获的脉冲，脉冲之间的间隔要等于芯片实际工作时的频率，如图 10.28 所示。为了满足上述需求，有两种测试时钟控制的方法。第一种方法的时钟设计跟传统的时钟设计相似，只是这时需要 ATE 提供快速的测试时钟。但是随着芯片工作频率的增加，高频率的 ATE 意味着更高的测试成本。同时，有些芯片上的 PAD 速度限制了从芯片外传入到芯片内的最高频率，导致即使 ATE 可以提供快速的时钟但是仍然不能采用上述测试时钟控制方法。第二种测试时钟控制结构如图 10.29 所示，在时钟和逻辑电路中间加入了时钟控制单元，该控制单元可以完成如下功能：在功能模式下选择锁相环的时钟；在测试移位模式下，选择低速的 ATE 时钟；在测试捕获模式下，选择高速的锁相环时钟。这种时钟测试方案的好处：降低了对 ATE

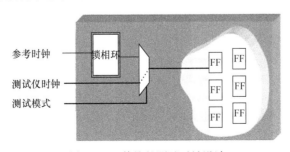

图 10.27　传统的测试时钟设计

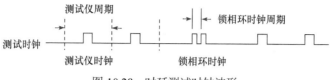

图 10.28 时延测试时钟波形

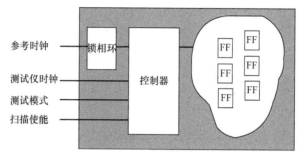

图 10.29 利用锁相环提供测试时钟结构

性能的要求,因此降低了测试成本;利用片上锁相环产生的高速时钟只用于测试捕获,而在测试移位模式下仍然选择慢速的 ATE 时钟,降低了测试功耗。鉴于上述方案提供的优点,在 DPU_m 的设计中采用第二种方案进行测试时钟控制。

DPU_m 芯片片上时钟控制的整体结构如图 10.30 所示,CLK_G 模块是片上时钟生成模块,用来产生芯片工作的快速时钟;OCC 控制器是片上时钟控制模块,根据控制信号值选择不同的时钟源驱动逻辑电路; DPUm 核是芯片的逻辑电路部分;REF_CLK 是 CLK_G 模块生成快速时钟的参考时钟,产生六个不同的快速时钟;时钟链(clock chain)用来控制 OCC 控制器产生的实速测试波形,在生成测试向量的过程中 ATPG 算法会根据故障检测的需求生成时钟链中的值;clock_chain_si 和 clock_chain_so 是时钟链的输入输出信号,clock_chain_si 的值由 ATE 驱动,在 DPU_m 的设计中时钟链是一条单独的扫描链,不与其他的扫描链串联;ATE_CLK 是测试仪提供的慢速时钟;OCCBYPASS 信号用来区分芯片进行实速测试还是非实速测试;ScanEnable 信号是扫描使能信号;TestMode 信号是模式选择信号;OCCReset 信号用来对 OCC 控制器逻辑进行复位。因此,DPU_m 芯片时钟控制单元的工作方式如下:①当 TestMode 信号无效时,芯片处于工作模式,OCC 控制器选择 CLK_G 模块产生的快速时钟作为逻辑电路的工作时钟;②当 TestMode 信号有效,OCCBypass 信号无效时,芯片处在非实速测试模式,OCC 控制器选择 ATE 提供的快速时钟作为逻辑电路的测试时钟;③当 TestMode 信号有效,OCCBypass 信号有效,SCAN_EN 信号有效时,芯片处在实速测试的扫描移位模式,OCC controller 选择 ATE 提供的时钟作为逻辑电路的测试时钟;④当 TestMode 信号有效,OCCBypass 信号有效,SCAN_ENable 信号无效时,芯片处在实速测试的扫描捕获模式，OCC 控制器选择 CLK_G 模块产生的快速时钟作为逻辑电路的测试时钟。上述介绍的四种工作模式与 10.2.2 节介绍的 DPU_m 芯片工作模式控制表是对应的。

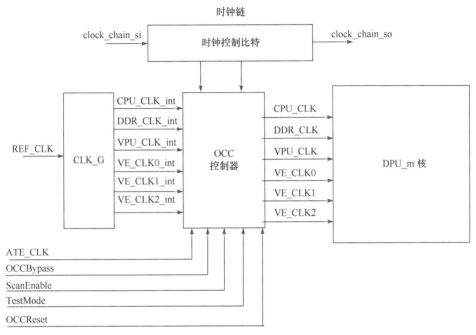

图 10.30　DPU_m 芯片片上时钟控制结构图

在 DPU_m 芯片片上时钟控制结构的设计中采用了 Synopsys 提供的 IP 核进行时钟控制，优点如下：①与 Synopsys 公司提供测试向量生成工具的兼容性好，不易出错；②对毛刺信号的处理能力强。由该 IP 产生的时序如图 10.31 所示，该时序图显示的是一个快速时钟经过时钟控制单元后的输出时钟波形，clock_chain 控制信号是四位，即最多产生四个快速捕获时钟，控制信号值为 1111。该 IP 核的工作原理如下：slow_clk_enable 信号经过三拍的时序同步后进入由 pll_clk 控制的计数器中，译码器对计数器的结果进行译码，译码产生的结

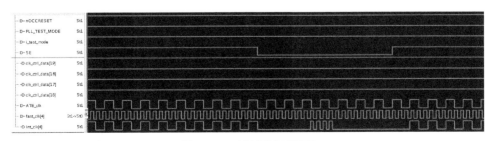

图 10.31　实速测试时序图

果与 clock_chain 送来的控制信号进行与或操作后产生快速时钟使能信号，然后使用快速时钟的下降沿对快速时钟使能信号进行采样，采样后产生的值用来选通快速时钟，保证输出时钟信号的稳定，避免输出时钟出现毛刺等亚稳态，详细的电路结构如图 10.32 所示。

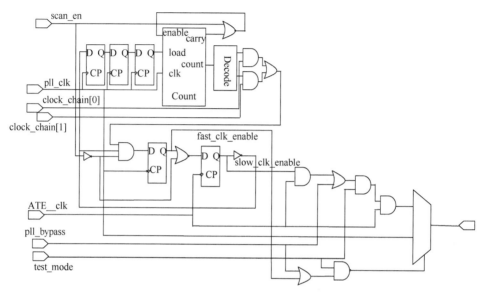

图 10.32   片上时钟控制单元电路图

10.2.4   芯片测试向量生成流程

制造工艺的不完美性导致制造工程中难免会引入制造缺陷，测试向量生成的目的是生成测试向量，发现芯片制造过程中引入的制造缺陷。为数字电路生成测试向量的系统叫作测试向量自动生成(automatic test pattern generation，ATPG)系统，目前工业界已经存在非常成熟的 ATPG 系统。DPU_m 的测试向量生成工具使用 Synopsys 公司提供的 TetraMAX 工具[26]。

测试向量生成的衡量指标有多种，故障覆盖率是一种最常使用和最直接评估测试质量的指标，TetraMAX 工具将故障覆盖率指标细分为三个，分别为测试覆盖率、故障覆盖率和 ATPG 效率。在进行这三个指标的定义之前，本节首先介绍 TetraMAX 工具的故障分类机制。TetraMAX 工具将待测电路中存在的故障分为 5 大类 11 个小类，如表 10.12 所示。DT 故障代表已经被检测到的故障。PT 故障代表可能被检测到的故障，分为两类：AP 和 NP。UD 故障代表不能通过任何的方式检测到的故障，包括 ATPG、功能向量、参数测试等不同的测试方式，分为四类：UU、UT、UB 和 UR。AU 故障代表在 ATPG 模式下无法检测到的故障，但不能证明用其他的方式也无法检测，如功能测试。ND 故障代表由于故障分析强制被终止而未被检测到的故障，分为两类：NC 和 NO。
在上述定义的基础上，TetraMAX 工具定义了三个覆盖率指标，如图 10.33 所
示，定义中 PT_credit 故障代表 PT 故障可能被检测到的概率，AU_credit 故障
代表 AU 故障可能被检测到的概率。图 10.33(a)定义的是测试覆盖率(test
coverage)，PT_credit 的初始值为 50%，AU_credit 的初始值为 0；图 10.33(b)定
义的是故障覆盖率(fault coverage)，PT_credit 的初始值为 50%；图 10.33(c)定
义的是 ATPG 效率(ATPG_eff，即 ATPG effectiveness)，PT_credit 的初始值为
50%。上述三个定义中测试覆盖率是最有意义的测试质量评估方法，它将不可
测的故障从总体的故障集合中去除，是 TetraMAX 默认评估测试质量的指标，
本章对 DPU_m 芯片的测试采用该指标。

表 10.12　故障分类表

第一级故障分类	第二级故障分类
DT：被检测到的(detected)	DR：强健地被检测到(detected robustly)
	DS：被模拟检测到(detected by simulation)
	DI：被蕴含检测到(detected by implication)
PT：可能被检测 (possibly detected)	AP：ATPG 不可测但可能被检测(ATPG untestable-possibly detected)
	NP：未分析的但可能被检测(not analyzed-possibly detected)
UD：不可检测的 (undetectable)	UU：没有使用到而不可检测(undetectable unused)
	UT：因冲突而不可检测(undetectable tied)
	UB：被阻塞而不可检测(undetectable blocked)
	UR：因冗余而不可检测(undetectable redundant)
AU：ATPG 不可测的 (ATPG untestable)	AN：因 ATPG 不可测而没有检测到(ATPG untestable-not detected)
ND：没有被检测的 (not detected)	NC：没有被控制(not controlled)
	NO：没有被观测(not observed)

　　DPU_m 芯片逻辑电路可测试性设计采用自顶向下模块化的设计方法，通过
Design Compile 工具在每个模块内部独立地完成扫描结构的插入。在每个模块的
测试协议文件中端口的定义都是在模块级定义的，在完成每个模块扫描链插入后
生成的测试协议文件不能用于顶层测试向量的生成。DPU_m 芯片的测试向量生
成流程需要三步，如图 10.34 所示：①使用 Design Compiler 工具在每个模块内部

插入扫描设计，生成子模块的测试协议；②编写配置文件，使用工具 spfgen.pl 读入配置文件和子模块的测试协议，输出顶层测试协议；③使用 TetraMax 读入顶层网表文件和顶层测试协议进行顶层测试向量生成。

$$\text{test coverage} = \frac{\text{DT} + (\text{PT} \times \text{PT\_credit})}{\text{All\_Faults} - \text{UD} - (\text{AN} \times \text{AU\_credit})} \times 100$$

(a) **测试覆盖率定义**

$$\text{fault coverage} = \frac{\text{DT} + (\text{PT} \times \text{PT\_credit})}{\text{All\_Faults}} \times 100$$

(b) **故障覆盖率定义**

$$\text{ATPG\_eff} = \frac{\text{DT} + \text{UD} + \text{AN} + (\text{NP} \times \text{PT\_credit})}{\text{All\_Faults}} \times 100$$

(c) **ATPG效率定义**

图 10.33　ATPG 衡量指标定义

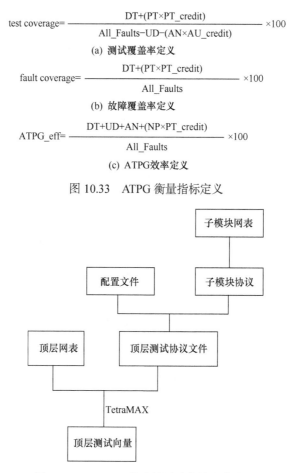

图 10.34　DPU_m 芯片的测试向量生成流程

Synopsys 提供 Spfgen.pl 脚本工具将子模块的测试协议在配置文件的约束下转化为顶层的测试协议文件，图 10.35 显示了 DPU_m 芯片中测试会话 3 所需要的配置文件内容，其他测试会话的配置文件内容与其基本相同，配置文件由以下几部分内容组成。①INPUT_SPF，该 spf 文件是芯片顶层一个初始的 spf 文件，该 spf 文件中定义了芯片顶层的端口信息、扫描输入输出信息、时序信息、时钟结构信息、过程信息、初始化信息，但是不包括压缩结构信息。②OUTPUT_SPF，指定由该 spfgen.pl 工具产生的输出 spf 文件的名字。③REGULAR_CHAIN，如果在芯片顶层的设计中包括额外的扫描链时，需要通过该关键字指出这条扫描链的输入端口，DPU_m 芯片的顶层包括一条 clock_chain。④DFTMAX_SPF，每个子模块的测试协议文件，该文件中包含的扫描压缩结构信息经过 spfgen.pl 工具处理后将与 INPUT_SPF 合并，成为新的 OUTPUT_SPF，在合并时需要将模块级的扫描输入输出端口、扫描使能信号和扫描测试时钟映射为顶层的端口信号，端口映射文件如图 10.36 所示，图中第一列代表模块级的测试端口，第二列代表与之对应的顶层的端口名字。⑤LOAD_PIPELINESTAGES 和 UNLOAD_PIPELINESTAGES，指出扫描压缩和解压缩结构前后流水寄存器的深度。DPU_m 芯片顶层一共设有五个测试会话，每个测试会话有各自的测试协议文件。并且每个测试会话对应多个测试协议文件，包括压缩模式下实速测试的测试协议文件、非压缩模式下实速测试的测试协议文件、压缩模式下非实速测试的测试协议文件和非压缩模式下非实速测试的测试协议文件。所以整个芯片顶层共存在 20 个协议文件。

```
INPUT_SPF                    input_test_session_3_occ.spf
OUTPUT_SPF                   top_test_session_3_occ.spf
REGULAR_CHAIN                UARTO_RX
DFTMAX_SPF                   ppu_top_Compress.spf   cpen0_pinmap
DFTMAX_SPF                   ppu_top_Compress.spf   cpen1_pinmap
DFTMAX_SPF                   nieuport_Compress.spf  jpeg_pinmap
DFTMAX_SPF                   AXI_6X1_Compress.spf axi_6x1_pinmap
LOAD_PIPELINESTAGES          1
UNLOAD_PIPELINESTAGES        1
```

图 10.35　配置文件内容

```
SE                           SE
i_pclk                       ATE_CLK
i_cclk                       ATE_CLK
i_dclk                       ATE_CLK
cpen_si[0]                   GP00
cpen_si[1]                   GP01
cpen_si[2]                   GP02
cpen_si[3]                   GP03
cpen_si[4]                   GP04
```

图 10.36　端口映射文件

在完成顶层测试协议文件的生成后，将对芯片的跳变故障和固定型故障做测试向量生成。TetraMAX 工具进行 ATPG 分三个阶段：①建立(build)阶段，读入设计文件、工具库的门级网表格式的文件；②设计规则检查，根据测试时间文件的内容，进行测试规则检查；③测试(test)阶段，生成测试向量。DPU_m 芯片针对每个测试会话生成测试向量的流程如下：①在压缩实速测试模式下生成跳变故障的测试向量，如果测试覆盖率超过 85%则进入第三阶段，否则进入第二阶段；②在非压缩实速测试模式下生成跳变故障的测试向量；③将故障模型设置为固定型故障，用前两步生成的测试向量做固定型故障的故障模拟，写出模拟后的故障字典；④读入第三步得到的故障字典,在压缩非实速模式下生成固定型故障的测试向量,写出故障字典；⑤读入第四步得到的故障字典，在非压缩非实速模式下生成固定型故障的测试向量。由于针对跳变故障生成的测试向量可以检测到固定型故障的90%以上，所以上述 ATPG 流程与独立地对两种故障进行测试向量生成相比可以减少测试向量数量，节约测试成本。

10.2.5　实验结果与分析

　　DPU_m 芯片逻辑电路可测试性设计采用自顶向下模块化的设计方法。针对模块化可测试性设计方法，本章介绍了基于多路选择器和分布式结合的测试访问机制，同时根据每个模块扫描测试结果评估，进行合理的测试会话划分，将全局划分为五个测试会话。每个测试会话的测试覆盖率如表 10.13 所示，测试会话 1、测试会话 2、测试会话 3、测试会话 4 的跳变故障的覆盖率都达到预期的 85%，而测试会话 0 的跳变故障的测试覆盖率为 77.46%，导致测试会话 0 覆盖率较低的原因为：①由于 DDR3 模块内部含有的存储器周围时序较紧张，DDR3 模块的片上存储器没有进行旁路逻辑的设计，而本章采用的 LOC 的实速测试方法最多只支持 4 拍的捕获，所以存储器周围部分逻辑的跳变故障检测不到；②DDR3 模块的输入输出端口数量很多，与 DDR3 通信较多的模块也很多，但是由于 DDR3 自身已经占用 20 根扫描输入输出，能与 DDR3 放到一个测试会话中的只有一个VPU，导致 DDR3 模块的其他输入输出成为不可控制和不可观测的，测试覆盖率随之降低。五个测试会话固定型故障的测试覆盖率分别为 96.63%、99.48%、99.49%、97.76%、98.14%。得到每个测试会话的固定型故障的测试覆盖率后，对全局的固定型故障的测试覆盖率进行评估，评估结果为 98.58%。

表 10.13　测试会话的测试覆盖率

Test_Session	模块	跳变故障覆盖率/%	跳变故障测试向量数量	固定型故障压缩模式故障覆盖率/%	固定型故障压缩模式向量数量	固定型故障非压缩模式故障覆盖率/%	固定型故障非压缩模式向量数量
0	DDR3	77.46	43694	96.52	16267	96.63	517
	VPU0						
1	VPU1	85	33974	99.38	13635	99.48	683
	VPU2						
2	VPU3	85	34200	99.39	11877	99.49	634
	VPU4						
3	VE0	85	9076	97.65	669	97.76	38
	VE1						
	VE2						
	JPEG						
	AXI_6X1						

续表

Test_Session	模块	跳变故障覆盖率/%	跳变故障测试向量数量	固定型故障压缩模式故障覆盖率/%	固定型故障压缩模式向量数量	固定型故障非压缩模式故障覆盖率/%	固定型故障非压缩模式向量数量
4	PCIe	85.00	12017	98.04	1691	98.14	16
	CPU						
	APB						
	AXI_4X4						

10.3　DPU_m 芯片片上存储器的内建自测试设计

DPU_m 芯片内部包含三种不同类型的随机存取存储器(random access memory,RAM)和一种只读存储器 ROM，并且片上存储器的数量很大，高达 533 个。因此，为了保证芯片的质量，考虑故障模型、测试算法和测试结构等多方面因素，对该芯片制定了一个完整的片上存储器可测试性设计方案，保证测试质量，同时降低测试成本。

本节首先介绍存储器测试方法，以及实现存储器内建自测试所使用的工具和其使用方法，针对 DPU_m 芯片内部包含的不同类型的存储器介绍该工具所需要的输入文件内容；然后介绍 DPU_m 芯片片上存储器设计的详细情况，包括顶层设计、时钟结构、旁路逻辑、测试调度机制以及测试流程等内容。最后给出实验结果，包括 DPU_m 芯片上生成的存储器内建自测试控制器的数量、存储器内建自测试的时间以及能检测到的故障类型。

10.3.1　片上存储器测试

随着深亚微米集成电路技术的发展，专用集成电路(application specific intergrated circuit,ASIC)厂商越来越倾向于使用 SoC 集成的设计方法来满足芯片功能的需求，因此集成成为 IC 设计的一个主流方向。同时百万门级设计的面积是受芯片管脚限制的，所以在近乎所有的 IC 设计中都包含片上存储器，并且片上存储器在芯片上所占的面积越来越大。据 ITRS2006 的数据显示[27]，随着工艺结点从 130nm 降到 65nm，片上存储器在芯片上所占的面积由 71%增加到 83%。不断增加的面积和密度使存储器测试成为整个芯片测试过程中的重要部分，对良率产生很大影响。并且，更高的密度和更复杂的制造过程使得片上存储器更易于受到物理缺陷的影响。

RAM 典型的功能模型如图 10.37 所示。存储阵列用来存储数据；行列地址译码电路用来对输入的地址进行译码，选中存储阵列中的某个存储单元；读出放大器和写驱动电路是读写控制电路。

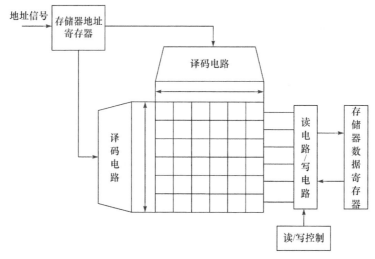

图 10.37　随机访问存储器的功能模型

由于 RAM 结构的特殊性，常规的逻辑电路的故障模型不能有效地表示存储器的失效模式。随着工艺技术的发展，工业界和学术界提出了越来越多的故障模型来表征存储器的失效行为。常见的故障模型包括地址译码故障(AF)、固定型故障(SAF)、跳变故障(TF)、耦合故障(CF)、固定开路故障(SOF)[30-33]。固定型故障(SAF)是指存储器的控制信号或者某个存储单元固定为一个特定的逻辑值,与逻辑电路的固定型故障表现形式相同。跳变故障(TF)是指存储器的控制信号或者某个存储单元无法完成跳变，图 10.38(a)显示的是一个上跳变故障，即无法从 0 跳变为 1，图 10.38(b)显示的是一个下跳变故障，即无法从 1 跳变为 0。耦合故障(CF)指在某个存储单元中写某个值会影响其他存储单元内值的行为。根据影响关系的不同可以分为四类，分别为：反转耦合故障(inversion coupling fault)、幂等耦合故障(idempotent coupling fault)、桥接耦合故障(bridge coupling fault)和状态耦合故障(state coupling fault)。

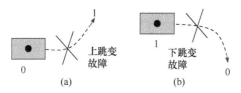

图 10.38　跳变故障示意图

在上述故障模型的基础上，需要定义相应的检测算法，表 10.14 显示了不同算法复杂度下测试时间的变化。假设存储器的读写时间是 100MHz，第一列代表存储器的大小，其他列代表不同的算法复杂度下测试时间的变化。从表 10.14 可以看出，任意的超过线性复杂度的测试算法在测试时间上都是不可接受的，测试成本太高。March 算法是使用最广泛的存储器测试算法，由有限序列的测试元素组成，而测试元素是由一个给定的地址序列(升序或降序)和一系列的读写操作构成的。在 DPU_m 的工程实践中是使用 Mentor 公司的 MBISTArchitect 工具来完成存储器内建自测试的控制器自动设计的，下面通过该工具支持的几个简单测试算法来介绍 March 算法。

表 10.14 存储器测试不同算法复杂度下测试时间对照表

Size n	复杂度			
	n	$n\log n$	$n^{3/2}$	n^2
1M	0.1s	2.0s	1.83m	1.27d
16M	0.16s	39.4s	1.9h	326d
64M	6.56s	2.84m	15.3h	14.3y
256M	26.24s	12.25m	5.1d	229d
1G	1.75m	52.5m	40.8d	3659y

MBISTArchitect March1 算法与标准的 MarchC-算法等价，它的算法复杂度是 $10n$，具体的执行步骤如表 10.15 所示：①以升序的地址顺序写 0；②以升序的地址顺序读 0，然后写 1；③以升序的地址顺序读 1，然后写 0；④以降序的地址顺序读 0，然后写 1；⑤以降序的地址顺序读 1，然后写 0；⑥以降序的地址顺序读 0。该算法能够检测到的故障包括 AF、SAF、TF、CFin、CFid 和 CFst。MBISTArchitect March2 算法是标准的 MarchC+算法的升级版本，它的算法复杂度是 $14n$，具体的执行步骤如表 10.16 所示，可以检测到的故障包括 AF、SAF、TF、SOF、CFin 和 CFid。另外有一点需要注意的是，上述介绍 March 算法时读写的数据要么是全 0 要么是全 1，但是在实际的测试中可以改变每次读写的数据背景，通过改变数据背景可以检测到其他的故障，如状态耦合故障。

表 10.15 March1 算法执行步骤

步骤	M0	M1	M2	M3	M4	M5
操作	⇩{w0}	⇩{r0, w1}	⇩{r1, w0}	⇩{r0, w1}	⇩{r1, w0}	⇧{r0}

表 10.16 March2 算法执行步骤

步骤	M0	M1	M2	M3	M4	M5
操作	⇩{w0}	⇩{r0,w1,r1}	⇩{r1,w0,r0}	⇩{r0,w1,r1}	⇩{r1,w0,r0}	⇧{r0}

由于存储器结构和功能的规整性使存储器的测试看起来比随机逻辑的测试简单很多。一般情况下，如果是一个独立存在的存储器，可以通过测试仪对其进行

测试。但是对于片上集成的存储器而言，由于芯片端口较少，不能将存储器上所有的端口连接到芯片外部端口上。为了解决这一问题，提出了 MBIST 的解决方案[34,35]。MBIST 的思想是在片上集成一部分逻辑单元，该单元用来控制测试的流程，产生测试所需要的读写控制信号，同时将存储器的输出与期望的输出进行比较，输出比较的结果；而 ATE 的功能是对芯片进行简单的初始化、时钟控制和读出 MBIST 的检测结果。一个典型的 MBIST 的结构如图 10.39 所示，有限状态机(finite state machine,FSM)完成 MBIST 状态的转换、MBIST 的启动、发现故障时将 fail 信号置高以及 MBIST 的结束；地址产生器、数据生成器和算法控制器分别用来产生 RAM 测试时的地址、数据和控制信号；测试 Collar 是由 MUX 网络组成的逻辑电路，如图 10.40 所示，通过模式选择信号控制。使用 MBIST 方法可以节约 SoC 芯片的端口，同时也可以与其他逻辑设计、片上存储器并行测试。另外，MBIST 方法可以利用片上时钟生成模块产生测试所需要的快速时钟，降低对 ATE 性能的需求，节约测试成本。但是，MBIST 方法会给芯片增加额外的面积开销，同时 MUX 网络的存在会增加 RAM 的时延，降低芯片的性能。

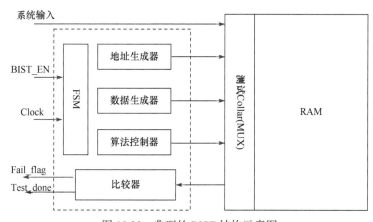

图 10.39　典型的 BIST 结构示意图

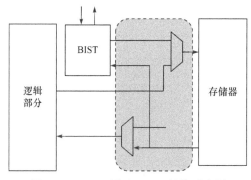

图 10.40　BIST 测试 Collar 结构示意图

10.3.2　存储器内建自测试的工具

DPU_m 芯片片上存储器的内建自测试电路是使用 Mentor 公司提供的 MBISTArchitect 工具实现的。该工具可以根据存储器的模型、测试算法以及一些其他的控制信息自动生成 MBIST 电路的 RTL 代码，并且同时生成针对该代码的测试文件，具体所需的输入输出文件如图 10.41 所示。存储器模型文件描述的是端口信息以及读写操作的时序信息；测试算法文件定义测试算法的执行序列，如果只使用工具自身提供的测试算法则不需要算法文件；ROM 内容文件描述的是只读存储器存储的内容，如果片上不包括 ROM 则不需要该文件；BIST 脚本文件指导工具生成 BIST 电路，包括告知工具读入存储器模型、测试算法以及如何插入 BIST 逻辑并保存输出结果。下面将结合 DPU_m 芯片具体的存储器类型介绍每种文件的内容。

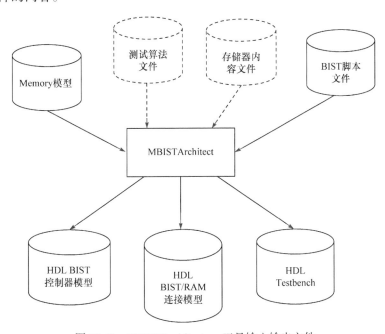

图 10.41　MBISTArchitecture 工具输入输出文件

存储器模型文件：为存储器内建自测试控制器的创建提供了必要的信息，该文件描述的是存储器端口信息、读写时序等相关的内容。MBISTArchitecture 工具支持的存储器模型文件由两个部分组成，分别为文件头(Header)和 BIST 定义。文件头部分定义了存储器的名字以及端口信息，BIST 定义部分定义了存储器的行为特征，由四部分组成，端口声明、参数定义、地址数据反映射逻辑以及端口和周期的时序定义，如图 10.42 所示。

```
model model_name (list_of_pins) {

    bist_definition {

        // Pin declarations
        address         name (list_of_pins);
        data_in         name (list_of_pins);
        data_out        name (list_of_pins);
        data_inout      name (list_of_pins);
        write_enable    pin    assert_state;
        read_enable     pin    assert_state;
        output_enable   pin    assert_state;
        chip_enable     pin    assert_state;
        clock           pin    assert_state;
        control         pin    assert_state;

        // Parameters
        tech = technology_name;
        vendor = vendor_name;
        version = "number";
        message = "message_text";
        address_size = number;
        min_address = lowest_address;
        max_address = highest_address;
        data_size = data_bus_bits;
        addr_inc = number;

        //Descrambling
        descrambling_definition {
            address (...)
            data_in (...)
        }  /end of descrambling definition

        // Port and cycle definitions
        read_write_port {
            write_cycle (...)
            read_cycle (...)
        }  //end read write port definition

    }  //end of bist definition
}  //end of model description
```

图 10.42　存储器模型文件内容

　　端口声明部分，包括地址端口的定义、数据输入端口的定义、数据输出端口的定义、读写使能信号的定义以及有效状态、芯片使能信号的定义以及有效状态、时钟端口的定义以及写使能映射功能的定义。在上述定义中大部分的信息很容易理解，就不再赘述。值得一提的是关于写使能映射功能定义部分，该部分并不是所有的存储器模型定义中都必须存在的，只针对带写使能映射功能的存储器有效。常见的存储器读写控制信号都是一位，该位控制信号控制存储器每行的读写功能；带有写使能映射功能的存储器在进行读操作时仍然是由一位读控制信号控制，但是进行写操作时只有全局写信号有效并且写使能映射信号有效的那些位才进行写操作，其他位不进行写操作。在 DPU_m 设计中，片上存储器是带写使能映射功能的。

参数定义部分定义存储器的工艺信息、生产厂商、版本号、备注信息等解释性内容，以及地址宽度、数据宽度、最大地址和最小地址。如果不指定地址宽度和数据宽度信息，工具则根据地址线和数据线宽度决定存储器的字长和位宽；如果不指定最小地址和最大地址，则最小地址取 0，最大地址取 2^n-1。

在一般的存储器设计中，物理上连续的存储单元在逻辑上并不连续。也就是说，存储器将外边的逻辑地址转化为内部的物理地址，这种转换称为地址映射。相应地，存储器中逻辑上连续的数据位在物理位置上并非也是连续的，这种转换称为数据映射。因此，为了测试物理上连续的存储单元，需要在存储器模型中定义相应的地址反映射逻辑和数据反映射逻辑。并非所有的存储器都需要地址和数据反映射定义，DPU_m 芯片上的片上存储器需要定义该部分。图 10.43 显示了地址反映射逻辑与整体的 BIST 结构间的关系，图 10.44 显示了数据映射逻辑与整体的 BIST 结构间的关系。

端口和周期时序定义部分将存储器的端口分为三类：读端口、写端口和读写端口。读端口有一个读周期，写端口有一个写周期、读写端口有一个读周期和一个写周期。读写周期内通过关键字 change、assert、expect 和 wait 来定义存储器工作的时序，change 代表在指定的地址输入和数据输出信号上接受一个新值；assert 代表将控制信号置为有效状态；expect 代表由于前边的一系列事件导致在数据输出端上有一个数据被读出；wait 表示插入一个时钟周期。图 10.45(a)显示一个读写端口的时序定义，图 10.45(b)表示该时序定义所对应的时序事件。

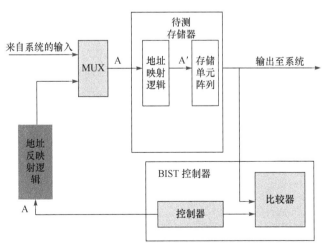

图 10.43　地址反映射逻辑与整体 BIST 结构关系图

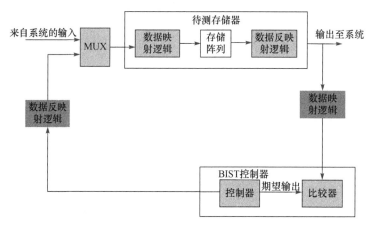

图 10.44　数据映射逻辑与整体 BIST 结构关系图

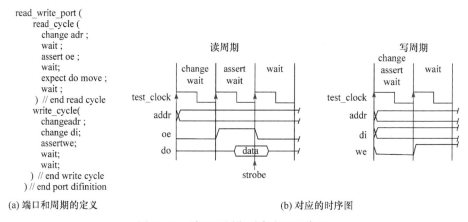

(a) 端口和周期的定义　　　　　　　　　　　　(b) 对应的时序图

图 10.45　端口和周期时序定义示意图

　　算法文件：MBISTArchitect 工具内部提供了多种测试算法。如果采用内部提供的测试算法则不需要提供额外的算法文件。在 DPU_m 芯片片上存储器的测试中，RAM 采用的是工具内部提供的 March2 的测试算法，该算法具体的执行步骤已于表 10.16 介绍，算法复杂度为 $14n$。ROM 测试采用工具提供的 rom2 算法，时间复杂度为 $3n$，执行步骤如表 10.17 所示。

表 10.17　算法 rom2 执行步骤

步骤	M0	M1	M2
操作	⇓{r}	⇓{r}	⇓{r}

　　DPU_m 芯片内部的存储单元含有写使能映射功能，因此除了使用前面介绍的测试算法来检测存储器中常见的故障类型外，需要定义专门的写使能映射算法

来测试映射功能的正确性，算法的执行步骤如表 10.18 所示，表中第一列表示算法执行的操作，第二列对其进行描述。

表 10.18 写使能映射算法

步骤	含义
初始化 RAM	按照地址从低到高的顺序向存储单元中写入任意一个数据 seed，完成初始化。初始化的数据可以作为后面判断向该位置写入数据是否成功的依据
写操作(升序)	按照地址从低到高的顺序依次向存储单元中写入数据同时设定 mask 信号的值
读操作(升序)	按照地址由低到高的顺序读相应的地址当中的数据同时设定 mask 信号的值
写操作(降序)	按照地址从高到低的顺序依次向存储单元中写入数据同时设定 mask 信号的值
读操作(降序)	按照地址由高到低的顺序读相应的地址当中的数据同时设定 mask 信号的值

BIST 脚本文件：MBISTArchitect 工具的执行离不开脚本文件，脚本文件中的命令控制着 BIST 插入的方式，该工具提供了上百条命令，本章介绍在 DPU_m 芯片 MBIST 设计中用到的命令，具体的命令参数及其含义如表 10.19 所示。

表 10.19 MBIST 脚本文件内容

步骤	命令	参数	含义
1	set message handling	logfile	指定日志文件的目录和名字
2	load library	TS5N40LPA128X32_mbist.lib	加载存储器模型文件
3	add memory model	TS5N40LPA128X32	将上一步加载的模型文件添加为本次控制器生成过程中的待测存储器
4	load algorithm	mask.algo	加载写使能映射算法
5	add mbist algorithms	1 march2	为存储器端口 1 添加 march2 测试算法
6	add control background write_mask	TS5N40LPA128X32 /BWE_N x55555555 xaaaaaaaa	指明 write_mask 为 BWE_N 信号，并且在测试的过程中控制它的值先取 x55555555，后取 xaaaaaaaa，总共执行两次
7	add data background	11111111、11110000、10101010 的重复序列	增加数据背景，添加的数据背景为 11111111、11110000、10101010 的重复序列
8	Setup memory clock	test	在内建自测试控制器生成过程中，指定存储器的时钟端口也增加一个多路选择器，使得测试时钟和功能时钟不共享
9	setup memory test	sequential	不同存储器的测试串行进行

续表

步骤	命令	参数	含义
10	set scan logic	combinational	在内建自测试控制器生成过程中，在存储器周围增加组合旁路逻辑
11	run	—	告知 MBISTArchitect 按照上述方式执行 MBIST 设计
12	setup file naming	-bist_model -connected -test_bench	生成的 BIST 电路、BIST 与 RAM 的连接文件以及对其仿真的测试文件

10.3.3　存储器内建自测试顶层设计

DPU_m SoC 芯片片上集成了多个 IP 核，而其中通用处理器、视频处理器 VPU、视频预处理单元 VE、PCIe 模块、JPEG 模块和 DDR3 模块内部都含有片上存储器，并且片上存储器都独立存在于上述模块的某个子模块中，所在子模块不存在其他的逻辑电路，具体的存储器数量如表 10.20 所示，总共有 533 个存储器需要进行存储器内建自测试。DDR3 模块虽然也含有片上存储器，但是由于 DDR3 存储器周围的时序比较紧张，经与设计前端人员讨论后决定 DDR3 片上存储器不做内建自测试。

表 10.20　DPU_m 芯片片上存储器数量表

模块名	存储器数量	模块数量	总存储器数量
CPU	31	1	31
VPU	113	5	339
VE	47	3	141
PCIe	15	1	15
JPEG	7	1	7
总和	—	—	533

测试调度机制：DPU_m 芯片片上含有 533 个存储器，如果将所有的存储器进行并行测试将带来过高的测试功耗，有可能将待测芯片烧毁；如果将所有的存储器进行串行测试又将带来过长的测试时间。如果所有存储器的内建自测试由一个共同的控制器控制，将给芯片带来过高的布局布线开销；而如果每个存储器都有各自的控制器又将给芯片带来过高的面积开销。在上述观察的基础上，决定对 DPU_m 芯片的片上存储器采用串并行结合的测试调度机制。将 533 个存储器分成不同的测试组，每个测试组内的存储器串行测试，由同一个控制器控制；测试组之间并行测试。为了降低总的测试时间，同时满足芯片功耗的限制，需要评估

每个控制器正常工作时的功耗，在工作频率为 100MHz 的情况下每个控制器的工作功耗大概为 0.005W，估算布局布线后的功耗为 0.01W，芯片可以承受的最大功耗为 3W 左右，因此整个芯片可以接受的最大的测试组是 300 个。由于并行测试的测试时间取决于最长测试组的测试时间，应将存储器均衡分配到每个测试组；并且应该将物理上放到一起布局布线的存储器放到同一个测试组中，减少布局布线开销。经与后端设计组讨论，逻辑上在同一个功能模块的存储器物理布局也放到一起，因此在进行测试调度时将逻辑上在同一个模块的存储器放到同一个测试组中。

VPU 内部共有 11 个模块包含存储器，并且其中某个模块内部含有几个较大的存储器，如果将这些存储器与其他存储器放到同一个测试组将显著增加测试时间，因此将这些存储器单独拿出来，分别建立一个对应的测试组。另外 VPU 包含四个只读存储器，只读存储器不能与其他的存储器共享同一个测试控制器，所以也需要为每个只读存储器分配一个对应的测试组。最后，在整个 VPU 内共分配了 25 个测试组，最长测试组控制的存储器是一个字长为 8192 的单个存储器。视频预处理器 VE 中有五个模块包括存储器，并且每个模块中都不存在较大的存储器，因此在视频预处理器中分配了五个测试组。通用处理器 CPU 中有一个子模块包括处理器，因此在通用处理器 CPU 中分配了一个测试组。JPEG 模块有一个子模块包括存储器，因此给 JPEG 模块分配了一个测试组。PCIe 模块有一个子模块包括存储器，因此给 PCIe 模块分配了一个测试组。在 DPU_m 芯片上视频预处理器 VE 实例化三次，视频处理模块实例化五次，因此在 DPU_m 芯片片上共分配了 173 个测试组，对应 173 个内建自测试控制器。

内建自测试控制器结构：DPU_m 芯片针对片上随机访问存储器 RAM 而言生成的内建自测试控制器的结构与第 10.3.1 节介绍的控制器结构相似，在此就不再赘述；但是针对只读存储器的内建自测试结构却与上述结构有所不同，该结构不再把读操作每次从存储器中读出的值与期望值进行比较，而是将从存储器中读出来的值经过一个压缩逻辑(MISR)，当所有的测试步骤执行结束后将压缩逻辑 MISR 中的特征值与期望值进行比较，比较的结果作为测试的结果输出，如图 10.46 所示。

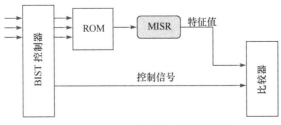

图 10.46　ROM 内建自测试结构图

MBIST 结构添加了一些输入的测试控制信号和输出的结果信号，测试信号的作用如表 10.21 所示。

表 10.21　存储器内建自测试输入输出信号表

信号	方向	作用
bist_h	输入	MBIST 启动信号
reset	输入	自测试结构的复位信号，有效值为 1
test_clk	输入	测试时钟信号
bypass	输入	旁路逻辑的使能信号，有效值为 1
fail_l	输出	信号值为 0，表示无故障，信号值为 1，表示有故障
test_done	输出	信号值为 1，表示测试结束

顶层输入输出信号设计：DPU_m 芯片内部共生成了 173 个测试控制器，每个测试控制器都有两个输出信号：fail_l 和 test_done 信号。而全局可供测试复用的输入输出引脚只有 80 根，因此必须将上述逻辑信号经过逻辑运算后进行输出。在进行逻辑运算时需要考虑设计方要求的诊断分辨率，设计方要求要能够判断出哪一个模块出现问题。因此，将同一个模块内部测试控制器的 test_done 信号进行与操作，如图 10.47 所示，表示只有当同一个模块内部所有控制器控制的存储器测试完成后，该模块才完成测试。测试结果 fail_l 信号进行或操作，如图 10.48 所示，表示该模块内部只要有一个控制器测试的存储器有故障，则整个模块存在故障。经过逻辑操作后全局共有 11 个 test_done 和 fail_h 信号，这些信号与扫描测试的输出信号以及功能输出信号复用顶层的输出信号。由于所有的测试控制器同时工作，顶层的测试输入采用广播的形式，bypass、test_clk、reset 信号直接连接到芯片顶层的输入端口上，顶层的输入信号 TESTMODE_n 和 BIST_MODE 信号经过译码后产生 bist_h 信号，连接到每个测试控制器的 bist_h 端口上。

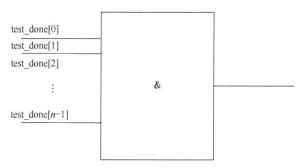

图 10.47　test_done 信号的输出结构

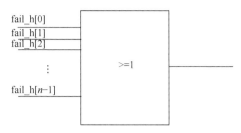

图 10.48　fail_h 信号的输出结构

MBIST 时钟结构：芯片进行 MBIST 时的时钟结构有两种测试方案：一种是复用功能的时钟；另外一种是在存储器的时钟端口上与功能时钟进行二选一的操作。由于 DPU_m 芯片片上存储器进行并行测试，测试功耗已经很大，而功能的时钟除了驱动存储器外还驱动其他的随机逻辑，因此为了减少测试时的功耗，在存储器的时钟端口之前增加一级选择器，由 bist_h 信号对选择器进行控制。该选择器可以使芯片在进行 MBIST 操作时将功能时钟门控停止，降低随机逻辑部分的功耗开销，如图 10.49 所示。

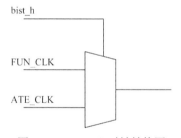

图 10.49　MBIST 时钟结构图

旁路逻辑设计：由于存储器是一个时序单元，具有时序深度，因此为了能够有效地测试存储器周围的影子逻辑需要在存储器周围添加 bypass 逻辑，影子逻辑是指存储器与其前后一级触发器之间的组合逻辑，如图 10.50 所示中的阴影部分。由于存储器输入端口的数量大于输出端口的数量，所以本章首先在输入端口进行异或操作，将异或操作的结果与存储器的输出进行旁路设计，如图 10.51 所示。由于 DPU_m 芯片中部分存储器周围逻辑的设计中存在从数据输出端经过组合逻辑到达数据输入端的反馈线，所以当在这些存储器周围添加了普通的旁路逻辑后，就会形成一条回路。为了打断回路，本章为这些存储器设计了独特的旁路逻辑，在数据段之后增加一个触发器，触发器的结果经过异或操作后与输出端进行旁路操作，将回路打断。

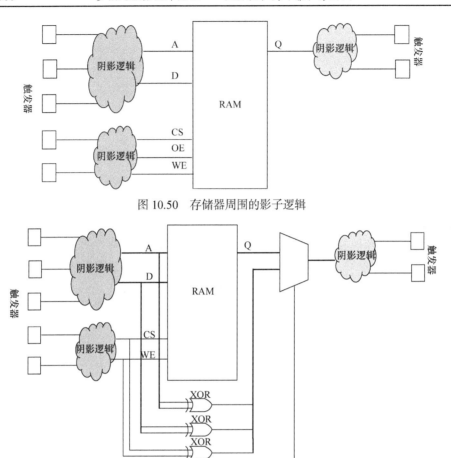

图 10.50　存储器周围的影子逻辑

图 10.51　旁路逻辑设计结构图

10.3.4　实验结果与分析

DPU_m 芯片片上存储器内建自测试采用串并行结合的测试方法，全局共生成了 173 个控制器，173 个控制器的输出经过逻辑操作后形成 11 个 test_done 和 11 个 fail_h 信号输出，显示测试结果。片上随机访问存储器 RAM 采用 March2 的测试算法，可检测到的故障类型为：地址译码故障(AF)、固定型故障(SAF)、跳变故障(TF)、开路故障(SOF)、反转耦合故障(CF_{in})和幂等耦合故障(CF_{id})。另外，在测试算法的执行过程设计了不同的数据背景，因此可以检测到部分状态耦合故障 CFst。并且针对写使能映射功能设计了专门的测试算法检测写使能信号上的故障。若以 100MHz 的频率进行测试，测试时间为 14ms。

10.4　本 章 小 结

随着集成电路工艺的发展，芯片上集成的晶体管数量日益增多，芯片的设计越来越复杂，同时科技的发展和市场的竞争使得设计者必须追求更短的上市时间和更高的性能，系统芯片集成已成为超大规模集成电路的主流设计方法。本章针对一款用于多媒体处理异构多核系统芯片 DPU_m，介绍了作者团队提出的一套完整的可测试性设计方案，支持三种工作模式：功能模式、存储器内建自测试模式以及扫描测试模式，并进行了设计实现和评估。

针对逻辑电路的可测试性设计，采用自顶向下模块化的设计思想，提出并实现了一种分布式与多路选择器相结合的测试访问机制；并根据模块级评估结果进行了顶层测试会话的划分，实现了顶层测试协议文件的映射流程，完成了顶层跳变故障和固定型故障的测试向量生成。本章评估了每个模块的测试压缩比、测试时间(测试向量数量)以及故障覆盖率三者之间的关系，由此观察到：随着测试压缩比的不断增加，测试覆盖率基本保持不变，而测试时间(测试向量数量)增加。在该观察和测试功耗的约束下，以降低测试成本为目的，完成了合理的测试调度流程，将全局分为五个不同的测试会话，测试会话之间采用基于多路选择器的测试访问结构，而同一个测试会话内的模块采用分布式的测试访问结构。实验结果表明，DPU_m 逻辑电路单固定型故障的测试覆盖率为 98.58%，满足设计方要求。

针对实速时延测试的需求，设计并实现了基于片上时钟生成器的测试时钟控制单元，可在片上支持不同时钟域、六种时钟频率的实速时延测试。DPU_m 芯片内部含有六个时钟域，频率分别为 700MHz、400MHz、300MHz、300MHz、300MHz、300MHz。芯片采用 40nm 工艺流片。较高的时钟频率和先进的流片工艺使得芯片在制造工程中难免会引入时延缺陷。时延故障的检测需要锁存-捕获的脉冲，脉冲之间的间隔要等于芯片实际工作时的频率。为了进行实速测试，利用片上存在的时钟源来生成测试所需要的快速时钟。针对六个时钟域，设计了六个时钟控制单元，使得芯片在测试移位时使用 ATE 提供的慢速时钟，在扫描捕获时根据时钟链中的控制值产生几个高速的捕获脉冲。所设计的时钟控制单元与测试向量生成工具兼容性好，并且能够降低毛刺对电路的影响，提高电路的稳定性。

针对存储器电路的自测试，设计并实现了串并行结合的存储器内建自测试结构，在最大测试功耗的约束下有效减少了测试时间；进一步设计了顶层测试结果输出电路设计，满足了设计方要求的存储器诊断分辨率。DPU_m 片上集成了 533个存储器，测试功耗评估结果表明，并行测试所有存储器将超过芯片所能承受的最大功耗。因此在测试功耗约束下，将全局的存储器根据大小和位置分为不同的测试组，测试组内部串行测试，测试组之间并行测试。该设计结构满足测试功耗的约束，若以 100MHz 的频率进行测试，测试时间为 14ms。

针对 DPU_m 开展的多核处理器可测试性设计技术，还可以在以下方面进一步深入。

(1) 对于故障覆盖率较低的模块，比如 DPU_m 芯片测试会话 0 中的模块，可以通过在模块级增加测试外壳的方法来提高芯片整体的故障覆盖率，同时该方法也可以降低测试向量的数量，节约测试成本。

(2) 为 DPU_m 设计的测试访问结构尚未利用多核同构的特征(DPU_m 芯片内部含有五个同构的 VPU 和三个同构的视频预处理模块 VE)。对于同构核较多的多核处理器，可以设计并实现一种针对同构核的片上比较的测试访问结构，以降低测试成本。

(3) 对于片上存储器，在利用 MBIST 结构检测存储器故障之外，还可以设计自诊断和自修复机制，使得芯片的良率得到进一步提升。

作者在多核处理器测试方面的其他研究工作见文献[36]～[39]。

参 考 文 献

[1] 刘辉聪. 一款用于多媒体处理的异构多核系统芯片的可测试性设计 [M]. 北京: 中国科学院大学, 2014.

[2] 刘辉聪, 孟海波, 李华伟等. 一款用于多媒体处理的异构多核系统芯片的可测试性设计 [J]. 中国科学: 信息科学, 2014, 44 (10): 1239-1252.

[3] Wang D, Hu Y, Li H W, et al. The design-for-testability features and test implementation of a giga hertz general purpose microprocessor [J]. Journal of Computer Science and Technology, 2008, 23 (6): 1037-1046.

[4] Wang D, Fan X, Fu X, et al. The design-for-testability features of a general-purpose microprocessor [C]//Proceedings of the IEEE International Test Conference, Santa Clara, 2007: 9.

[5] Jha N K, Gupta S. Testing of digital systems [M]. Cambridge: Cambridge University Press, 2003.

[6] Zorian Y, Marinissen E, Dey S. Testing embedded-core-based system chips [C]//Proceedings of the IEEE International Test Conference, Washington D. C., 1998: 130-143.

[7] Qi Z C, Liu H, Li X K, et al. A scalable scan architecture for godson-3 multicore microprocessor [C]//Proceedings of the IEEE Asian Test Symposium, Taichung, 2009: 219-224.

[8] Aerts J, Marinissen E. Scan chain design for test time reduction in core-based ICs [C]//Proceedings of the IEEE International Test Conference, Washington D. C., 1998: 448-457.

[9] Marinissen E, Arendsen R, Bos G, et al. A structured and scalable mechanism for test access to embedded reusable cores [C]//Proceedings of the IEEE International Test Conference, Washington D. C., 1998: 284-293.

[10] Varma P, Bhatia B. A structured test re-use methodology for core-based system chips [C]//Proceedings of the IEEE International Test Conference, Washington D. C., 1998: 294-302.

[11] Parulkar I, Anandakumar S, Agarwal G, et al. DFX of a 3rd generation, 16-core/32-thread

UltraSPARC- CMT microprocessor [C]//Proceedings of the IEEE International Test Conference, Santa Clara, 2008: 1-10.

[12] Makar S, Altinis T, Patkar N, et al. Testing of vega2, a chip multi-processor with spare processors [C]//Proceedings of the IEEE International Test Conference, Santa Clara, 2007: 1-10.

[13] Wood T, Giles G, Kiszely C, et al. The test features of the quad-core AMD opteron- microprocessor [C]//Proceedings of the IEEE International Test Conference, Santa Clara, 2008: 1-10.

[14] Molyneaux R, Ziaja T, Kim H, et al. Design for testability features of the SUN microsystems niagara2 CMP/CMT SPARC chip [C]//Proceedings of the IEEE International Test Conference, Santa Clara, 2007: 1-8.

[15] Sharma M, Dutta A, Cheng W T, et al. A novel test access mechanism for failure diagnosis of multiple isolated identical cores [C]//Proceedings of the IEEE International Test Conference, Anaheim, 2011: 456-462.

[16] Chi C C, Wu C T, Li J F. A low-cost and scalable test architecture for multi-core chips [C]//Proceedings of the IEEE International Test Conference, Austin, 2010: 30-35.

[17] Grout I A, A'Ain A. Internet based support tool for the teaching and learning of the IEEE standard 1500 for embedded core-based integrated circuits [J]. International Journal of Online Engineering, 2012, 8 (11): 1-6.

[18] Abramovici M, Breuer M, Friedman A D. Digital Systems Testing and Testable Design [M]. USA: IEEE Press, 1994.

[19] McCluskey E. Logic Design Principle with Emphasis on Testable Semicustom Circuits [M]. USA: Prentice Hall, 1986.

[20] Wang L T, Wu C W, Wen X Q. VLSI Test Principles and Architectures [M]. USA: Morgan Kaufmann, 2006.

[21] Bushnell M, Agarwal V. Essentials of Electronic Testing for Digital, Memory, and Mixed-signal VLSI Circuits [M]. New York: Springer Science, 2000.

[22] Breuer M. The effects of races, delays, and delay faults on test generation [J]. IEEE Transactions on Computers, 1974, 22 (10): 1078-1092.

[23] Levendel Y, Menon P. Transition faults in combinational circuits: Input transition test generation and fault simulation [C]//Proceedings of the IEEE International Symposium on Fault Tolerant Computing, Vienna, 1986: 278-283.

[24] Waicukauski J A L E, Rosen B K, Iyengar V S. Transition fault simulation [J]. IEEE Design and Test of Computers, 1987, 4 (2): 32-38.

[25] Smith G. Model for delay faults based upon paths [C]//Proceedings of the IEEE International Test Conference, Washington D. C., 1985: 342-349.

[26] Synopsys. TetraMAX ATPG user guide index[Z], 2010.

[27] Godwin M. International technology roadmap for semiconductors[R], Technical Report, 2011.

[28] Synopsys. Design compiler user guide[Z], 2010.

[29] Kapur R. DFTMAX Compression Backgrounder, Maximum Test Reduction [M]. USA: Synopsys, 2009.

[30] Dekker R, Beenker F, Thijssen L. Fault modeling and test algorithm development for static random

access memories [C]//Proceedings of the IEEE International Test Conference, Washington D. C., 1988: 343-352.

[31] Goor A. Using march tests to test SRAMs [J]. IEEE Design & Test of Computers, 1993, 10 (1): 8-14.

[32] Goor A J, Hamdioui S. Fault models and tests for two-port memories [C]//Proceedings of the IEEE VLSI Test Symposium, Princeton, 1998: 401-410.

[33] 王达. 嵌入式 RAM 的故障诊断与自修复方法及电路设计 [D]. 北京: 中国科学院大学, 2009.

[34] Jain S, Stroud C. Built-in self testing of embedded memories [J]. IEEE Design & Test of Computers, 1986, 3 (4): 27-37.

[35] Kinoshita K, Saluja K. Built-in testing of memory using on-chip compact testing scheme [J]. IEEE Transactions on Computers, 1984, 35 (10): 862-870.

[36] Fu X, Li H W, Li X W. Testable path selection and grouping for faster than at-speed testing [J]. IEEE Transactions on Very Large Scale Integration (VLSI) Systems, 2012, 20 (2): 236-247.

[37] Pei S W, Li H W, Li X W. Flip-Flop selection for partial enhanced scan to reduce transition test data volume [J]. IEEE Transactions on Very Large Scale Integration (VLSI) Systems, 2012, 20 (12): 2157-2169.

[38] He Z, Lv T, Li H W, et al. Test path selection for capturing delay failures under statistical timing model [J]. IEEE Transactions on Very Large Scale Integration (VLSI) Systems, 2013, 21 (7): 1210-1219.

[39] Xu D W, Li H W, Ghofrani A, et al. Test-quality optimization for variable n-detections of transition faults [J]. IEEE Transactions on Very Large Scale Integration (VLSI) Systems, 2014, 22 (8): 1738-1749.

第 11 章 基于异构多核处理器的数据中心 TCO 优化

大数据应用具有体量巨大、类型繁多等特征,这使得消耗在数据计算的能源持续上升。高德纳公司 2013 年的报告表明能耗成本已经占到整个数据中心支出的 12%。另据谷歌公司报道,其数据中心的能耗成本约占整个数据中心总成本的 30%。随着对大数据处理需求的不断上升,业界迫切地需要解决方案来评估数据中心服务器的有效算力,进一步提升计算平台的能耗效率。

异构系统天然地具备能效优势,从异构多核处理器到异构数据中心,异构系统可以提供不同的资源配置。例如,异构多核处理器有多种类型的核心供应用选择,核心在频率、电压、指令发射宽度、流水线级数、缓存容量等配置上截然不同;异构数据中心有多种类型的服务器同时工作,服务器在核心数量、核心种类、内存大小、硬盘容量和 I/O 带宽上迥然有别。另一方面,应用、负载在计算并行度、存储密集度、线程并行度等程序特征上的差异会使他们在不同资源配置下产生的性能、功耗不同。不同应用在异构系统中均有机会选择适合自身程序特征的资源配置,这在满足了应用负载资源需求的同时提升了异构系统的能效。

本章从系统匹配应用需求的角度出发,对包含异构多核处理器和异构数据中心在内的异构系统进行探索,从异构系统能效建模和资源配置的视角出发,解决异构多核处理器的能效优化问题以及数据中心成本效益优化问题。本章源自作者的长期研究成果[1-4]。

11.1 异构多核处理器能效建模方法概述

对于特定的应用负载,异构系统应该为其提供与之程序特征相匹配的资源配置,否则就无法充分发挥它的能效优势。这使异构系统的能效优化成为计算机体系结构领域的一个重要问题。不失一般性,解决此问题的两个基本步骤为:①预测应用负载在各种异构系统资源配置下的能耗效率;②依据这些预测的能耗效率结果,设计与应用负载程序特征相匹配的、能效导向的资源管理方法。遵循这个思路,本节首先介绍异构系统及其能效建模的重要性,接下来介绍针对异构系统的资源管理方法。

11.1.1　异构系统概述

异构系统可以根据不同需要来改变资源配置，进而降低功耗或者提高性能，天然具有高能效的特征。不同于同构系统只使用相同类型的核心，异构系统集成了多种核心，例如超标量(super-scaler)、乱序执行(out-of-order)的高性能处理器核心(简称"大核")擅长加速应用的执行性能，往往产生很高的功耗；有序执行(in-order)的核心(简称"小核")具有低功耗的特点，往往性能表现一般。具有多种类型核心的异构系统在面对不同应用时能够同时提供降低功耗和提升性能的机会，例如将大核敏感的应用迁往大核来提高性能，或将对大核不敏感的应用迁往小核来降低功耗，均可以提高系统能效。

有一类异构系统称为"同指令集异构系统"，它以同指令集的异构处理器为主要计算平台，异构处理器上不同类型的核心具有相同的指令集。应用在编译后可以在不同核心上流畅地迁移。例如，英特尔公司曾研制过该种异构处理器原型QuickIA[5]，它将 Atom-N330 和至强 Xeon-5450 两种核心(均为 x86 指令集)集成在一起。他们具有不同的前端总线频率和缓存结构，启动前需要配置 BIOS 模块和插槽模块。再例如，基于 ARM 指令集的 big.LITTLE 架构的异构处理器已经成功运用于三星、华为等手机产品中，它将四核的 Cortex-A15 和四核的 Cortex-A7 用CoreLink 技术连接在一起。文本、邮件、音频等轻量级应用运行于 Cortex-A7，浏览器、游戏等重量级应用运行于 Cortex-A15。

异构数据中心是指装备了同指令集、不同类型服务器的数据中心。数据中心管理者既要迎合不同类型负载的偏好，又要降低硬件、能耗等成本，有选择地购买不同类型的服务器。数据中心更新服务器的更新周期一般是 3～5 年，会有不同类型的服务器共存于数据中心一起工作[6]。不同类型的服务器在处理器类型、内存大小、硬盘大小等服务器特征上截然不同。谷歌公司公开的 trace 中显示，其数据中心共有十种服务器，服务器之间处理器性能相差可达 4 倍，内存大小相差高达 8 倍。不同负载根据服务质量要求以及资源需求会被数据中心调度算法调度到不同的服务器上运行。例如，异构察觉(heterogeneity-aware)的调度算法可以把包含 1000 台服务器的 Amazon 云平台的性能提高 22%[6]。

另一类异构系统称为 IP 核异构系统，它以图形处理器，加速器(accelerator)和FPGA 为主要计算平台。IP 核一般可以为图形处理、科学计算、神经网络和矩阵分解等大规模复杂运算逻辑定制的计算单元。应用运行至这部分逻辑时，便从普通核心迁移至 IP 核进行加速，IP 核异构主要用于性能加速。本章的研究对象为相同指令集的异构系统。

11.1.2 能效建模及其重要性

异构系统的能效反映了系统实际消耗的功耗转化成性能的效率。能效 E 一般是性能 Perf 与功耗 Power 间的比值：$E=\text{Perf/Power}$；或者是功耗 Power 与延时 Delay 平方的乘积：$E=\text{Power}\times\text{Delay}^2$。能效优化往往通过降低功耗，或者提高性能来实现。

高能效对提高系统的可靠性很重要。随着集成电路工艺的不断进步，晶体管的尺寸持续减小。晶体管密度的增加使更多的核心可以集成在同一芯片上。Dennard Scaling 法则指出晶体管密度虽持续增加，但芯片的功耗密度并不会增大，因为供电电压和阈值电压的持续下降可降低单个晶体管的功耗。晶体管尺寸下降至一定范围以后，单个晶体管功耗的下降速度已经无法赶上晶体管密度的上升速度，这导致了芯片功耗密度的上升。功耗密度上升必然产生过热区域，这会带来芯片的不可靠风险，暗硅问题(dark silicon)便源于这个原因——为了保证安全的功耗阈值，芯片上的晶体管无法全部同时在上电工作状态下。能效优化过程就是在一定的功耗约束下最大化系统的性能。

高能效对降低系统成本很重要。在大数据时代，用户对计算、存储、通信等服务需求与日俱增。服务商为了保证服务质量需要依赖大规模的数据中心。例如，谷歌公司在全世界拥有十三个大规模数据中心，其中道格拉斯郡的数据中心包括 10000 多台服务器；微软公司的数据中心每个月要在全球范围内增加 10000～20000 台服务器。一般地，大规模数据中心的 TCO 很高。它包括了服务器采购成本、电费、维护费、占地费等。谷歌公司道格拉斯郡的数据中心服务器总共花费 6 亿美金，同时服务器运行与制冷等电费每年还要花费几百万美金[7]。多数数据中心的电源利用率(power usage effectiveness, PUE)并不高，这也使数据中心的能耗居高不下。能效优化对降低 TCO 并且提高资源利用率就会起到很大作用。

能效的重要性主要源于两个方面。①集成电路工艺技术的提高导致了过高的功耗密度。随着时间推移，工艺不断进步，如果无限制地增加芯片晶体管数量或者增加处理器核心数目同时晶体管工作在最高频率，就会迫使芯片的频率与核数必须约束在一定范围之内，以防止过高的功耗，这么做也必然影响芯片的性能。②系统管理等方面的局限性导致过低的资源利用率。图 11.1 统计某数据中心中服务器的资源利用率、功耗和能效之间的关系[8]。资源利用率、功耗与能效均与其最大值进行归一化。结果显示服务器即便处于不工作的待机状态也要消耗掉一半左右的功耗。

能效预测模型是提高异构系统能效的基础。精确地预测未来一段时间内不同应用在不同资源配置下的能效可以指导能效优化。能效会随系统资源配置、应用程序特征的改变而改变，模型需要基于程序特征和系统配置预测能效。随后根据能效优化的具体目标制定最优的资源配置策略。

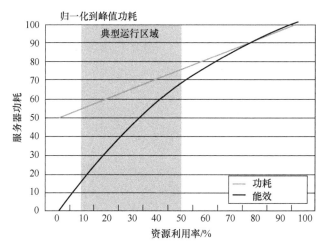

图 11.1　不同资源利用率下的服务器功耗与能效情况

　　能效预测分为性能预测与功耗预测两部分。性能、功耗均会随资源配置、程序特征的变化而变化。精准的能效预测需要形式化的解析模型。这些解析模型是描述异构系统、大数据应用，与性能、功耗之间客观规律的语言。他们旨在全面、准确地刻画资源配置、程序特征，与性能、功耗的函数关系。性能、功耗都是资源配置与程序特征交互的结果，并且只与资源配置和程序特征相关。在解析模型中，性能、功耗是函数值，资源配置为自变量，程序特征则蕴含于参数中。

　　第一，资源配置与性能、功耗之间的客观规律是解析模型形式化的基础。这些客观规律往往包括了线性与非线性的函数关系。例如，在动态频率调节(dynamic frequency scaling, DFS)技术中，频率 F 与性能 Perf 遵循线性关系：$\mathrm{Perf} \propto \theta F$；在多线程(multi-threading)技术中，线程并行度 N 与相对性能 Speedup 的关系遵循阿姆达尔定律：

$$\mathrm{Speedup} \propto \frac{1}{1-f+f/N}$$

　　在处理器核的异构技术中，核的前端指令发射宽度 W 与性能 Perf 的关系遵循指数关系：

$$\mathrm{Perf} \propto a^{-W}$$

其中，θ，f 和 a 均为参数。

　　第二，应用负载的程序特征蕴含于解析模型的某些参数值之中。模型的某些参数均具有各自独特的物理意义，并且是与应用相关的。例如，图 11.2(a)显示线

程并行度 N 与相对性能 Speedup 的函数关系，由于四个应用的并行代码占比(由上述公式的参数 f 表征)不同，相对性能对线程并行度的函数平均变化率(即解析模型对该资源配置自变量的一阶导函数绝对值)就不同。图 11.2(b)显示核心前端指令发射宽度 W 与性能 Perf 的函数关系。例如，应用 swaption 的计算密集度(由上述公式的参数 θ 表征)最大，则性能对核心前端指令发射宽度的函数平均变化率最大。如果应用在性能或功耗上对某资源配置的函数平均变化率较其他应用更大，说明性能或功耗对该资源更敏感，同时与该资源直接相关的程序特征必然蕴含于相对应的参数值之中。参数就是资源配置自变量的权重，它加权了资源配置对性能或功耗的影响。

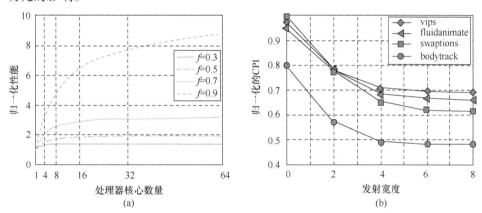

图 11.2　程序特征能够蕴含于参数之中，应用之间程序特征上的差异导致了性能或功耗对相应资源配置的函数平均变化率不同

第三，参数按照其对应的程序特征随时间变化与否，可以分为时变参数(time-varying parameter)与定常参数(constant parameter)。随时间变化的参数为时变参数。例如，某参数所蕴含的程序特征为应用的存储密集度，那么可以用单位时间内的缓存缺失率来表达。应用的"相位"会随时间变化，相位变化必然导致单位时间内缓存缺失率的变化。时变参数往往可由异构系统中的某些统计数据表达，这些统计数据通过采集相关的性能计数器来获取。与时变参数相反，不随时间变化的参数为定常参数。例如，某参数只用来区分不同的应用负载或异构多核系统。定常参数通过线下回归学习获取。时变参数越多，模型的自适应性越好。时变参数可以实时地感知程序特征、应用负载和异构系统的变化，使模型做出相应的调整。

第四，解析建模时应该考虑各资源配置之间是否存在相关性。配置 A 变化时必然改变配置 B 对性能、功耗的影响，配置 A 与配置 B 相关，否则配置 A 与配置 B 独立。例如，某访存密集型应用触发线程并行技术时，更多的线程必然会增加核心整体的访存频率。从内存的角度看，该应用的访存密集度被提高了。应用的访存密集度越高，性能对动态存储分配技术的函数平均变化率越大，此时线程并行技术与动态存储分配技术相关。另外，芯片动态功耗Power与片上电压V、频率F的函数关系为

$$Power = aFV^2$$

动态电压调节(dynamic voltage scaling, DVS)与动态频率调节都会影响对方的函数平均变化率，所以这两种配置是相关的。模型中各个自变量之间的数学关系可以直接映射出相应资源配置之间的相关性。例如，假设性能 Perf 是配置 x，配置 y，和配置 z 的二阶多项式函数：

$$Perf = f(x,y,z) = a_0 x^2 + a_1 y^2 + a_2 z^2 + a_3 xy + a_4 xz$$

配置 x 与配置 y、配置 z 间的乘法表明配置 x 与配置 y、配置 z 存在相关性，配置 x 与配置 z 之间不存在相关性。相关性的准确定义与表达对模型预测的准确性至关重要。

11.1.3　资源管理

异构系统能效优化依赖于资源管理方法。资源管理方法一般指如何给应用分配有限的资源以实现优化目标。这些资源按照配置方式的不同可以分为以下三种。

第一，功耗。能效优化问题下，功耗往往是一个全局的有限资源。它的阈值可以由两方面决定：①功耗成本，功耗过高会带来高能耗开销；②热设计功耗(thermal design power，TDP)，功耗过高会导致热点，进而带来物理风险。功耗可以作为有限的资源合理地分配给不同的应用。图 11.3 显示了一种类似于 IBM POWER7 处理器中的功耗分配管理。它按照应用的性能 IPS 占整体性能的百分比分配总功耗：

$$P_i = \frac{\mathrm{IPS}_i}{\sum_i \mathrm{IPS}_i} P_{\mathrm{budget}}$$

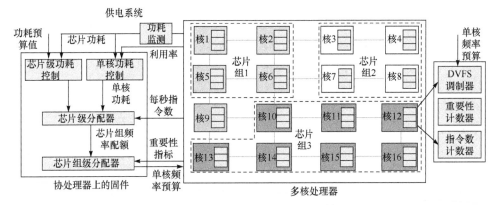

图 11.3　16 核多核处理器分层次的功耗管理框架

其中，P_i 为分配给应用组 i 的功耗；P_{budget} 为总功耗。应用拥有了自己的功耗预算后，便在该功耗预算下根据功耗与频率的关系决定组内各核心的频率。

第二，大核。大核往往作为稀缺资源被各个应用竞争[9]。应用迁移至大核的话性能必然提升。由于应用的程序特征不同，应用迁至大核后的性能加速比不同，如何决定应用在大核上加速的优先级与占空比是优化的关键。例如，可以通过轮询策略(round-robin)不停地将多线程应用的各个线程迁至大核加速。当线程遇到同步等待时则将其迁至小核，同时将小核上的线程迁至大核加速。在此场景下，大核便作为有限资源始终处于繁忙状态。

第三，核心、存储和硬盘等可分配的其他资源。用户的负载请求需要满足一定的服务质量，数据中心的资源分配策略是保证用户服务质量的前提。从谷歌公司的 GORG[10]到推特公司的 Mesos[11]，数据中心的资源分配策略日益重要。对于批处理(batch)应用，保证服务质量就是要满足一定的吞吐率；对于延迟敏感的应用，保证服务质量就是要在一定延迟内保证每秒查询率(query per second)。资源分配策略负责为不同的负载请求分配资源来完成服务质量的目标。图 11.4 分别显示了谷歌公司和 IBM 公司数据中心中应用的资源分配情况。从图中可以看到应用之间资源需求差异极大。这会导致他们被分配的资源截然不同。资源分配策略的关键是如何准确客观地得到应用的资源需求。分配过多的资源会降低资源利用率，分配过少的资源会影响性能。另外，资源需求由程序特征决定，计算密集型应用对核心大小敏感，对核心资源需求大；I/O 密集型应用对硬盘大小敏感，对硬盘资源需求大。

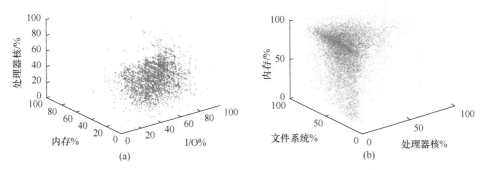

图 11.4 (a)谷歌某云平台中 12500 台服务器、650000 个应用在 2011 年某月中的 trace；
(b)IBM 在 2010~2011 年从五个国家挑选出五个数据中心的 trace

11.2 异构多核处理器性能模型

异构多核处理器可以显著提高多线程应用的性能，并成功应用于数据中心和云计算平台[6, 12, 13]。丰富的核心资源可以触发大规模线程级并行，同时异构核心允许线程迁移至不同核心上获得不同的性能。若要最大化异构多核处理器带来的性能收益，能效优化方法必须具有准确的性能预测能力和有效的性能优化能力。在任何异构多核处理器中，性能的帕累托最优曲线都是由工作的核心数目和核心种类共同决定的。之前的工作要么预测多核系统下的多线程技术，要么预测异构多核系统的异构核心迁移技术，而异构多核处理器需要一个同时包含多线程和异构影响的性能预测模型。

　　本节提出了一个全面的解析模型，命名为 Φ，同时刻画两个独立的系统配置带来的性能影响：①多线程技术，或者横向扩展(scale-out speedup)；②异构核心线程迁移技术，或者垂直扩展(scale-up speedup)。Φ 由横向扩展加速比模型 α 和垂直扩展加速比模型 β 组成，借此可知异构多核处理器整体性能的变化有多少来自横向扩展，有多少来自垂直扩展。

　　图 11.5(a)显示了用 GEM5 全系统模拟器模拟的异构多核处理器。它由三种类型的核心簇组成：核 A(发射宽度 4；重排序缓存大小 64)，核 B(发射宽度 6；重排序缓存大小 96)和核 C(发射宽度 8；重排序缓存大小 128)。2D Mesh 结构的片上网络链接了核心、内存及 I/O。图 11.5(b)展现了四个 PARSEC 应用的横向扩展(横坐标)和垂直扩展(纵坐标)情况假设应用的当前状态为 8 线程运行于核 A，然后分别观察 16 线程运行于核 B、32 线程运行于核 C 两种情况。以 fluidanimate 为例，从 8 线程运行于核 A 到 16 线程运行于核 B，横向扩展贡献了 2 倍的性能加速比而垂直扩展贡献了 1.4 倍的性能加速比，总性能可以估计为 2.8 倍。

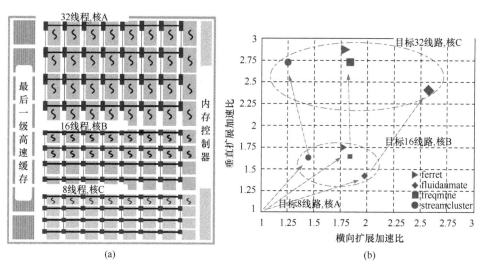

图 11.5　(a)一个异构多核处理器架构的例子；(b)横向扩展加速比 α 和垂直扩展加速比 β

11.2.1　协同横向扩展和垂直扩展的性能建模

本节假设横向扩展与垂直扩展独立，总性能加速比 Φ 为函数 α 与函数 β 的乘积：

$$\Phi = \frac{\mathrm{Perf}_{\mathrm{target}}}{\mathrm{Perf}_{\mathrm{current}}} = \alpha\beta$$

1. 横向扩展加速比

根据定义，α 如公式(11.1)所示。T 为在当前和目标多线程配置下的执行时间，由公式(11.2)所示。

$$\alpha = \frac{T_{\mathrm{current}}}{T_{\mathrm{target}}} \tag{11.1}$$

$$T = T_{\mathrm{serial}} + T_{\mathrm{parellel}} + T_{\mathrm{penalty}} \tag{11.2}$$

其中，T_{serial} 为多线程应用串行部分的时间；T_{parallel} 为并行部分的时间，他们均可用 loop peeling 的方法或者 instrumentation 的方法线上获取；T_{penalty} 为多线程技术的时间代价。T_{penalty} 由两方面因素决定：①包括了 locks 和 barriers 的线程间同步；②发生在最末一级缓存，内存控制器或者总线等共享硬件的线程间通信。目前，如何准确预测 T_{penalty} 依旧是一个开放问题。

本节通过单变量分析的方法观察此问题。首先模拟一个异构多核处理器，超裕度设计了与通信相关的共享硬件，包括了转译后备缓冲区(translation lookaside buffer, TLB)，片上网络，内存控制器，总线和磁盘。这样一来共享硬件不会造成拥塞，多线程时间代价均来自线程间同步。图 11.6(a)展示线程间同步造成的时

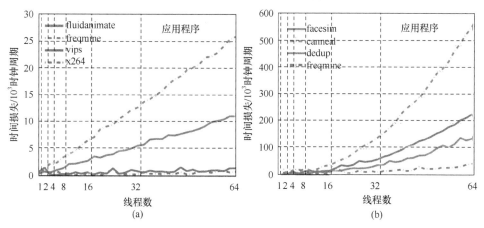

图 11.6　(a)线程间同步造成的时间代价同线程数的关系；(b)线程间通信拥塞造成的时间代价同线程数的关系

间代价同线程数的关系。本节选择同步数量最多的四个多线程程序。可以看到时间代价同线程数呈类线性关系，同步数量越多，斜率越陡。本节给出关系 $T_{penalty} \propto a_1 k_1 n$：$n$ 代表线程数。k_1 是时变参数，反映应用的同步密集度，它由每千条指令因同步导致的等待周期数(synchronization-induced waiting cycles per kilo-instructions，SPKI)来反应，计算方法为累加所有的线程同步锁(lock)和栅障(barrier)的时间代价。a_1 为定常参数。其次，取消共享硬件的超裕度设计，将其恢复至接近于主流实体机的配置。此时线程间通信造成的时间代价便由上一实验增加的时间所代表。本模型选择数据集最大的应用，他们造成的通信时间代价最大。从图 11.6(b)可以看出，时间代价此时随线程数的变化快速增加，近似于二次指数函数，进一步给出关系 $T_{penalty} \propto a_2 k_2 n^2$：类指数的趋势由 n^2 代表，k_2 是时变参数，反映应用的通信密集度，它由每千条指令缓存缺失导致的等待周期数(miss-induced waiting cycles per kilo instructions，MPKI)来反应。它的计算方法为累加所有 L1 缓存缺失，最末一级缓存缺失，TLB 缺失和页错误(page fault)的时间代价。a_2 为定常参数。总时间代价由上述两部分组成，如公式(11.3)所示。k_0 为偏置，由应用并行部分的代码行数代表，a_0 为定常参数。

$$T_{penalty} = a_0 k_0 + a_1 k_1 n + a_2 k_2 n^2 \tag{11.3}$$

2. 垂直扩展加速比

根据定义，β 如公式(11.4)所示，其中 CPI 为应用在当前和目标类型核心上的线程平均 CPI。本模型需要准确预测该 CPI。

$$\beta = \frac{CPI_{current}}{CPI_{target}} \tag{11.4}$$

异构核心间的 CPI 变化主要由应用的指令级并行度 ILP、线程级并行度 MLP，以及核心的前端发射宽度 W 和后端重排序缓存大小 R 共同决定。本模型也倾向使用发射宽度和重排序大小来给 CPI 建模。通过 GEM5 模拟器配置，先固定 W，调整 R，观察 CPI 对 R 的敏感度。图 11.7(a)显示随着 R 增长，CPI 下降逐渐变缓。当 R 小于 32 时，CPI 急速下降，超过 32 后很快放缓。这种趋势可以用幂函数建模。图 11.7(b)显示随着 W 增长，CPI 下降逐渐变缓。这种趋势可以用指数函数建模。至此，给出异构核心间的 CPI 预测模型，如公式(11.5)所示，同之前的经验相一致：随着处理器核心各硬件资源的容量变大，性能边际效益递减，此时过多的资源容量(发射宽度、重排序缓存大小等)已经和应用的各种并行度(ILP、MLP 等)不匹配了[14, 15]。

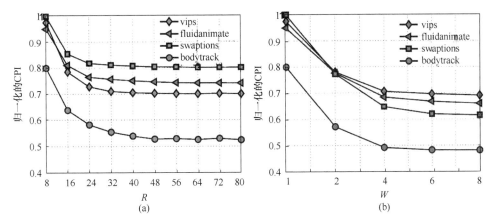

图 11.7　(a) CPI 同重排序缓存大小的关系；(b) CPI 同发射宽度的关系

$$\mathrm{CPI}=i+mR^{-cW} \tag{11.5}$$

公式(11.5)中的 m 和 c 是应用的时变参数，分别代表了存储密集度和计算密集度。如图 11.7(a)所示，对 R，应用 vips 的 CPI 比 fluidanimate 的 CPI 更敏感，这是由于 vips 比 fluidanimate 的存储密集度更高。类似地，如图 11.7(b)所示，计算密集型的金融分析应用 swaptions 的 CPI 对 W 最敏感。m 和 c 分别蕴含了应用的存储和计算密集度，同时分别加权了 R 和 W 对 CPI 的影响。公式中，i 为模型的偏置。

CPI 的计算可以由 $\mathrm{CPI}_{\mathrm{base}}$ 和 $\mathrm{CPI}_{\mathrm{mem}}$ 两部分组成，他们分别代表了不考虑和考虑流水线阻碍以及主存访问的指令周期数。变量 $\eta=\dfrac{\mathrm{CPI}_{\mathrm{mem}}}{\mathrm{CPI}_{\mathrm{mem}}+\mathrm{CPI}_{\mathrm{base}}}$ 代表 CPI 计算中与存储相关的部分。存储密集度 $m=b_1\eta$，计算密集度为 $c=b_2(1-\eta)$。它们蕴含应用的存储、计算密集度来线性的加权 W 和 R 对 CPI 的影响。偏置 i 反映的是应用本征的 CPI，本模型用 $\mathrm{CPI}_{\mathrm{base}}$ 去近似为 $b_0\times\mathrm{CPI}_{\mathrm{base}}$。$b_0$、$b_1$ 和 b_2 是定常参数。

11.2.2　模型实现与性能优化

$\varPhi$ 性能模型之所以可以线上使用、面对不同应用时具有极高的自适应性，得益于它的时变参数：k_0、k_1、k_2、i、m、t。应用在线上执行时，这些时变参数会根据感知程序特征和系统配置的变化而变化。应用和平台导向的定常参数 a_0、a_1、a_2、b_0、b_1、b_2 由线下回归获取。表 11.1 列出了参数的意义、数值和获取方法。

表 11.1　模型参数的意义、数值和获取方法

参数	描述	值	实现方法
a_0	modulating constant	1.837e-003	offline regression
a_1	modulating constant	0.05312	offline regression
a_2	modulating constant	−2.025e−005	offline regression

续表

参数	描述	值	实现方法
k_0	redundant computing	volume of parallel codes	offline measurement
k_1	synchronization intensity	SPKI	bottleneck instructions recording
k_2	communication intensity	MPKI	performance counters reading
b_0	modulating constant	0.2837	offline regression
b_1	modulating constant	1.1675	offline regression
b_2	modulating constant	1.8427	offline regression
i	formula bias	intrinsic CPI	CPI_{base}
m	memory intensity	CPI_{mem}/CPI	CPI stack calculation
c	computing intensity	CPI_{base}/CPI	CPI stack calculation

算法 11.1　横向扩展和垂直扩展

输入：线程数 n，发射宽度 W，ROB 大小 R

输出：scale-out 以及 scale-up 的配置

对 scale-out α 和 scale-up β 建模(每个应用)；

计算期望 $E[\alpha]$ 和 $E[\beta]$；

根据 $n_i = \dfrac{E_{[\alpha_i]}}{\sum\limits_{i=1}^{N} E_{[\alpha_i]}} \times N$ 分配线程

对 $E[\beta_1 \cdots \beta_M]$ 排序并给每个应用设置优先级；

repeat

　　$E_{max}[\beta]$ 选择最快的核；

　　从 $E[\beta_1 \cdots \beta_M]$ 中弹出 $E_{max}[\beta]$；

until $E[\beta_1 \cdots \beta_M] = \varnothing$；

通信相关的因子在性能建模中应该很重要。之前的工作曾在性能建模中引入存储相关和 I/O 相关的统计信息[16-18]，例如每千条指令末级缓存缺失率，带宽使用率，访存频率，片上网络空闲状况等，一些统计信息既是存储相关又是 I/O 相关。值得注意的是本节的 Φ 模型倾向于隐式地蕴含所有通信相关的因子。首先，α 函数中的时间代价 $T_{penalty}$ 依赖于 $k_2 n^2$。MPKI(k_2)蕴含了通信相关的因子，它包括了缓存缺失率、TLB 缺失率、总线通信量和页缺失。其次，β 函数中的 m 代表着存储密集度，是变量 CPI_{mem} 的函数。CPI_{mem} 蕴含了所有存储相关的时间代价也蕴含通信相关的因子。

通常异构多核处理器的性能优化分为三步：①在每个管理周期开始之前预测横向扩展和垂直扩展的性能加速比；②以最大化整体性能为优化目标，通过调度算法得到最佳的横向扩展和垂直扩展系统配置；③操作系统根据该结果触发相应的多线程和异构核心线程迁移。本节的 Φ 模型负责的是第一步。

作为第②步，即模型的应用，本节给出如下启发式调度算法，称为 MAX-P，如算法 11.1 所述。MAX-P 的目标是最大化负载的整体性能。该问题是 NP 完全问题，MAX-P 是基于贪心策略的算法。MAX-P 拥有两个步骤：D_{out} 和 D_{up}。D_{out} 遵循横向扩展加速比高的应用有权在多线程时分出更多数量的线程，也即让线程数同横向扩展加速比正相关，如公式(11.6)所示。n_i 为分配给应用 i 的核数，即它的线程数。N 为核心总数。$E[\alpha_i]$ 为应用 i 的横向扩展加速比期望，如公式(11.7)所示，$\alpha_{i,j}$ 为应用 i 在多线程配置 j 下的横向扩展加速比。U 为可行的线程数，在本实验中是 33 个。在 D_{out} 之后，D_{up} 负责将不同类型的核心分配给应用的线程。D_{up} 遵循垂直扩展加速比高的应用有权在线程迁移时迁移至更大的核心，只需将应用按照其垂直扩展期望排序，然后从大到小按序分配最大的核心，直到所有核心被分配完。线上的管理周期设置为 1s。这个时间不仅会影响管理的代价，还会影响最终的性能优化效果。在每个周期内，性能预测和运行管理算法的计算代价均可以在一个操作系统周期(10ms)内完成。操作系统触发的动态线程数的改变来实现预期的"横线扩展"配置，随后触发线程迁移以实现"垂直扩展"配置。前者在 10ms 内可以完成[19]，后者在 20ms 内可以完成[20]。整个性能优化的时间代价不会超过 50ms，在 1s 的管理周期内可以被很好地平摊。

$$n_i = \frac{E[a_i]}{\sum_{i=1}^{N} E[a_i]} N \tag{11.6}$$

$$E[a_i] = \frac{1}{|U|} \sum_{j \in U} a_{i,j} \tag{11.7}$$

11.2.3　实验环境搭建与结果分析

本节用全系统模拟器 GEM5 模拟了一个异构多核处理器：选择六种具有不同计算能力的核心类型，包括顺序执行(in-order)和乱序执行(out of order)处理器，如表 11.2 所示。核心主要在前端和后端的容量上不同[20]。片上的组织架构和图 11.5(a)类似，六种核心分置于六个区域，每个区域 32 个核心[13, 21]。一个分布式的、192MB 的末级缓存分为六个缓存体，每个缓存体为八路组相连。缓存一致性选择 MOESI，并支持异构核心间传输[22]。片上部分与内存通过四个 64 bit、533MHz 的内存控制器和 13Gbit/s 的总线相连。

使用 McPAT[23]全系统功耗模拟器来统计功耗相关的数据，晶体管工艺为 32nm。DVFS 并未引入本模型，不同类型核心的电压和频率均设定为 1.08V 和 1.20GHz。使用 PARSEC-2.0[24]基准测试程序，它全部是多线程应用同时对不同类型核心的敏感度差异很大。应用的并行框架包括数据并行、流水线和非结构化三种，线程间同步框架包括锁、栅障和条件三种类型。随机地选择四个应用一组，组成六组负载，分配情况如表 11.3 所示。

表 11.2 实验对象的微体系结构参数

参数	乱序执行	顺序执行
发射宽度	8(A), 6(B), 4(C)	1(D), 2(E), 4(F)
ROB 大小	128, 96, 64	8(固定)
I/D 缓存	64KB, 2 路组相连	32KB, 直接访问
I-L1/D-L1 访问时间	2ns/4ns	2ns/4ns
LLC 访问缺失时间	12ns/54ns	12ns/54ns
分支预测	混合 2-level	静态, 2k

表 11.3 负载设置(每 6 个应用为 1 个负载)

负载	程序组合
W1	fluidanimate, vips, ferret, canneal
W2	facesim, swaptions, blackscholes, bodytrack
W3	x264, fluidanimate, dedup, streamcluster
W4	swaptions, vips, ferret, blackscholes
W5	x264, dedup, freqmine, canneal
W6	facesim, vips, streamcluster, freqmine

1. 性能预测准确率

Φ 模型的准确率由两个因素决定：① α 和 β 函数的准确度；② α 和 β 函数之间的正交性。本组实验验证准确度和正交性，错误率使用相对误差，误差容限为 95%的置信区间。

图 11.8(a)展示了 α 函数预测的横向扩展同 GEM5 模拟器模拟结果的差异。每个应用都有 33 个可配的多线程数量。从 12 个应用中随机生成 600 个多线程配置，图中的点越接近于对角线说明预测结果越准确，平均来说 α 的预测结果接近模拟结果。平均误差率为 4.1%，误差容限为 0.49%。这样的结果主要是受时间代价 $T_{penalty}$ 的影响。作为对比，实验还分析了阿姆达尔定律的预测结果，它的平均错误率为 11.4%。阿姆达尔定律只刻画了和 α 一样的串行部分 T_{serial} 和并行部分 $T_{parallel}$，α 的优势来自于对时间代价 $T_{penalty}$ 的建模。横向扩展预测方面 α 函数比使用阿姆达尔定律更好。

图 11.8(b)展示了 β 函数预测的垂直扩展同 GEM5 模拟器模拟结果的差异。依旧从 12 个应用中随机选择 600 个异构核心迁移的情况。可以看到平均错误率为 7.5%，误差容限为 1.71%，最大误差为 24.2%。作为对比，本节使用 PIE[20]模

型预测的结果。它的平均误差为 12.2%，最大误差为 33.7%。PIE 模型同样引入前端发射宽度、后端重排序缓存、应用的计算密集度、存储密集度等程序特征。然而，它是一个线性模型，忽略了体系结构中程序特征与硬件特征间常常呈非线性关系的事实。PIE 全部使用时变参数，时变参数在量纲上往往有很大误差，需要定常参数去调节。β 既包括了时变参数，又包含定常参数。实验结果肯定了 β 函数在异构核心性能预测方面优于 PIE 模型。

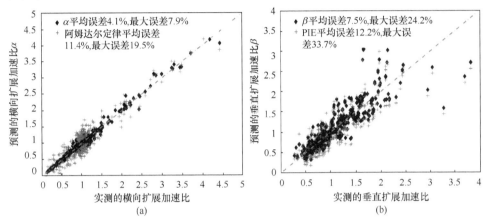

图 11.8　α 和 β 函数预测准确度验证，本节将 (a) α 同阿姆达尔定律的模型对比，将 (b) β 同 PIE 模型对比

图 11.9(a) 展示了 Φ 模型误差的累积分布函数。本实验从 12 个应用中选出 1080 个配置。结果显示绝大多数的情况误差都在 10% 以内，平均误差在 12% 以内。尽管 Φ 模型比当今最佳的模型更准确，但是在一些情况下误差率达到 30% 甚至更高，例如应用 dedup 和 swaptions。主要的误差来源于横向扩展与垂直扩展间的正交性假设。

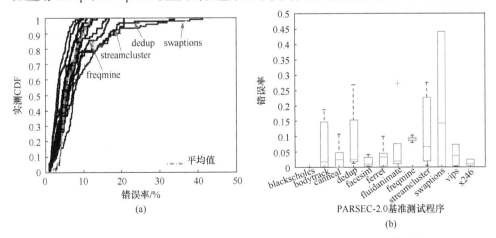

图 11.9　(a) Φ 模型误差的累积分布函数；(b) α 同 β 之间的正交性假设验证

图 11.9(b)评估了预测 α 同 β 之间的正交性。在每个周期用 GEM5 测量三个真实的加速比，即 α_m、β_m、Φ_m。如果 α 和 β 正交，$\alpha_m\beta_m - \Phi_m$ 应该等于 0。所以本节用标准化的 Cor=$|\alpha_m\beta_m - \Phi_m|$/Phi$_m$ 来评估正交性。

首先，在核 A 上运行 1 个线程，再在核 A 上运行 T 个线程，通过测量指令的执行数量(billion instructions per second，BIPS)可以得到 α_m。其次，在核 A 和核 B 上运行 1 个线程可以得到 β_m。最后，通过在核 B 上运行 T 个线程便可得到 Φ_m。通过这样的方法可以从 12 个应用中随机选择 2268 个配置的情况，图 11.9(b)的盒图显示了结果的中位数、上四分位、下四分位，此结果表明多数应用的 Cor 都在5%以下。

正交验证中误差较大的结果发生在应用 swaptions、streamcluster 和 dedup 上，结果与图 11.9(a)中的性能误差结果一致。这是因为横向扩展对线程平均 CPI 影响越大，正交性的误差越大。垂直扩展定义为在相同线程数下、当前核心同目标核心的 CPI 之比。当目标线程数变化时，线程平均 CPI 不可避免地被影响，影响结果由同步密集度和存储密集度决定。应用 swaptions 在图 11.9(a)和图 11.9(b)误差都最大，它的线程间拥有最少的线程锁，而且没有栅障，这使其非常适合进行横向扩展。swaptions 拥有密集的访存行为，这使得线程数越多，通信造成的共享硬件拥塞越严重，它的线程会消耗更多的等待时间，平均 CPI 因此而变大。应用 streamcluster 和 dedup 拥有极多的同步行为，这使得线程数越多，同步造成的线程等待越多，平均 CPI 也会因此而增加。总之，由于没有线程数 n 这个变量，β 函数无法同时体现同步密集度和存储密集度在多线程时对平均 CPI 的影响。图 11.9(b)中的结果印证了正交假设是一种很恰当的近似。

2. 性能优化方法

本实验将性能优化算法 MAX-P 同四个当今性能优化的最佳工作对比：CAMP、UBA、BIAS 和 PIE。

CAMP 和 UBA 是指导多线程应用在异构多核处理器上加速的算法。CAMP 由指示因子(utility factor, UF)和算法(keeping fast core busy, BusyFC)两部分组成[25]。UF 负责预测线程从小核迁移至大核时的平均加速比。BusyFC 将具有最大 UF 的线程迁移至大核。如果有线程执行时遇到同步，BusyFC 将其迁移至小核并选择其他线程迁至大核加速，换句话说，BusyFC 不停地选择线程迁移至大核加速，直至其遇到同步。

UBA[9]跟踪线程间的同步行为线程锁、栅障、流水线和串行部分。它有选择地加速不同线程的同步行为。两种方法仅考虑垂直扩展而未考虑横向扩展，只是给每个多线程应用制定了默认线程数。他们只考虑一大一小两种类型核心的情况，大核始终作为稀有资源，数目始终比小核少，上述方法在多于两种核心的处理器上并不有效。为了公平起见，本实验为 CAMP 和 UBA 增加两个属性：①所有的多线程应用分出相同数目的线程；②线程加速时始终视核 A(图 11.10 中最快的核)为大核。

BIAS[26]通过测量应用外在和内在的流水线阻塞，选择阻塞最少的应用去大核运行。PIE[20]给出两个解析模型分别预测大核至小核、小核至大核的性能加速比，随后将加速比最大的应用迁移至大核。BIAS 和 PIE 均忽略了横向扩展，并且只验证了单线程应用。本实验用 MAX-P 的 D_{out} 部分指导 BIAS 和 PIE 的横向扩展配置。PIE 只能预测大核为指令乱序执行、小核为指令顺序执行的情况。例如，当运行于乱序执行的处理器核 A 时，只有顺序执行的处理器核 D、核 E、核 F 成为线程迁移的备选。

图 11.10 显示了吞吐量 BIPS 的对比结果，所有结果均归一至基准的最佳结果(比核 A 还要快的核心)。从实验结果可以看到 MAX-P 结果最接近于 Oracle(从 85.3%到 93.8%)。这个结果验证了本模型由于同时考虑横向扩展和垂直扩展，带来很大的性能收益。MAX-P 的结果平均超过了其他四个工作 22.6%、22.3%、13.3%、12.9%。CAMP 和 UBA 虽然有良好的垂直扩展方法，然而完全忽略了横向扩展的机会。尽管 BIAS 和 PIE 同 MAX-P 具有相同的横向扩展配置，然而在垂直扩展上不如 MAX-P。尽管 MAX-P 表现最好，但是当应用的横向扩展和垂直扩展敏感度差异较大时，MAX-P 的优势就会减弱。例如，在负载集 W2 和 W4 上 CAMP、UBA 的结果接近于 MAX-P。如图 11.10 所示，W2 和 W4 均包括 swaptions 和 blackscholes，他们均对横向扩展很敏感而对垂直扩展很不敏感。这种较小的差异导致 MAX-P 的表现同 CAMP、UBA 接近。

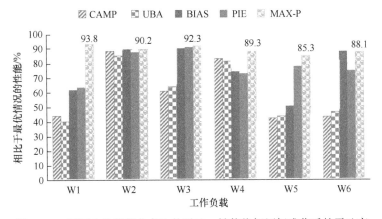

图 11.10 同四个性能优化方法的对比，性能指标用标准化后的吞吐率

11.3　异构多核处理器能效优化策略

异构多核处理器较其他平台具有更高的能效，主要得益于多核和异构核心提供的横向扩展与垂直扩展的机会(11.2 节介绍了这两种配置，并验证了模型的准确性)。应用在不同的横向扩展和垂直扩展配置下能效不同，其能够根据自身的程序特征有选择地进行能效最优的横向扩展和垂直扩展。异构多核处理器能效优化的实现，必须同时考虑横向扩展和垂直扩展的能效预测模型以及能效管理方法。

本节给出异构多核处理器的能效预测模型。鉴于能效指标常为每瓦特性能(performance per watt)，本节将能效建模分为性能建模和功耗建模。性能建模使用上节介绍的 Φ 模型。Φ 能同时准确地捕捉到横向扩展和垂直扩展对性能的影响，同时给出一个异构多核处理器的功耗模型来刻画横向扩展和垂直扩展对功耗的影响。功耗模型主要跟踪两个显著影响功耗的行为。①线程等待与线程执行两种状态间的转换。当遇到线程间同步或共享硬件拥塞时会由执行状态变为等待状态。②异构核心间的线程迁移。事件驱动的功耗建模方法往往计算开销过高以至于不适合线上使用，本节的功耗模型平衡了复杂度与准确率。功耗模型的所有参数均复用性能模型的参数，这使得线上预测更加高效。运行时能效管理的关键是为应用确定能效最高的横向扩展和垂直扩展配置，在利用性能模型和功耗模型获得能效后，本节提出一个新的调度算法 MAX-E[①]来达到这一目标。

11.3.1　异构多核处理器能效建模

通常，能效指标为每瓦特性能，即性能与功耗的比值。当多线程应用从当前系统配置变为目标系统配置后，能效加速比 γ 由公式(11.8)所示。其中 E_{target} 和 $E_{current}$ 分别为当前与目标系统配置的能效。$Perf_{target}$ 和 $Perf_{current}$ 为性能；$P_{current}$ 和 P_{target} 为功耗。性能加速比 $Perf_{target}/Perf_{current}$ 由 Φ 模型进行计算，功耗比例 $P_{current}/P_{target}$ 需要使用功耗模型来解决。

$$\gamma = \frac{E_{target}}{E_{current}} = \frac{Perf_{target}}{Perf_{current}} \cdot \frac{P_{current}}{P_{target}} \tag{11.8}$$

异构多核系统的功耗建模非常困难，原因是不同的多线程和异构核心间迁移会改变运行核心的数目和种类、核间的通信以及核心利用率，这几个因素均会改变功耗。多线程应用消耗的平均功耗可以用一段时间内消耗的能量除以时间来计

---

① 只考虑性能模型的调度算法为 11.2 节介绍的 MAX-P，请读者注意对比两者之间的差异。

算。图 11.11(a)展示了四个线程在串行和并行时的功耗变化情况。假设每个线程占据一个核心并且线程等待仅由线程锁的同步造成。在串行部分，slave 线程[①]还未产生，功耗仅由一个主线程(master 线程)产生。一旦进入并行部分后功耗立刻攀升，此时四个 slave 线程开始执行。随后，这些线程遇到 locks 同步，每次只有一个线程可以执行而另三个需要等待，线程等待的功耗比线程执行的功耗小很多，功耗下降。

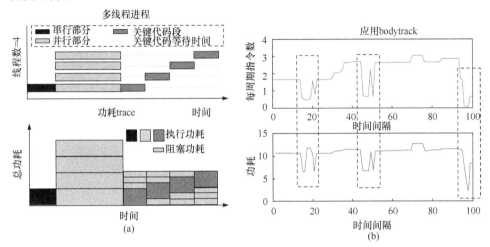

图 11.11　(a)多线程应用在多线程执行时的功耗 trace，线程等待仅有线程间的锁同步造成；(b)本节观察应用 bodytrack 并行部分的四个 slave 线程在 100 个连续周期内执行情况，IPC 和功耗来自 Xeon E5335 处理器的一个核心

　　这个例子提示了如何对功耗建模：对于分出 n 个线程的应用 i ，它的平均功耗 P_i 建模为公式(11.9)，其中 T_{serial}、$T_{parallel}$、$T_{penalty}$ 和 T 已在 Φ 模型的 α 函数中给出，P_{ex} 和 P_{st} 分别代表线程在执行和等待时的平均功耗。

　　直观来看，大核上的 P_{ex} 和 P_{st} 更高，并且他们与应用的计算密集度正相关。P_{ex} 和 P_{st} 由两方面因素决定：①异构核心本征的功耗；②线程执行和等待时的计算密集度。本模型用核心相关常数代表核心最大功耗。假设核心发射宽度为 W ，重排序缓存大小为 R ，则最大功耗表示为 $P_{W,R}$。其次，最大功耗只在计算密集度最高时出现，那么执行和等待功耗也应该和计算密集度正相关。P_{ex} 和 P_{st} 可由公式(11.10)给出，其中 θ_{ex} 和 θ_{st} 为比例因子[②]，他们代表执行和等待时的计算密集度同计算密集度峰值之间的比例，计算密集度越大他们的值越大。线程执行时的动态功耗与 IPC 联系紧密，相反当线程等待时，IPC 会下降，功耗也随之下降。比

---

　　① 这里 slave 线程指的是主线程(master 线程)产生以后尤其生成的其他线程。

　　② 文献[27]中的方法可以直接借鉴来描述这两个比例因子。

例因子与 IPC 正相关：$\theta=\mu\times \text{IPC}$，$\mu$ 为定常参数。这个公式负责捕捉异构核间的线程迁移，以及线程执行与等待时的 IPC 变化。图 11.11(b)验证了 IPC 和功耗间的正相关性，可以看到 IPC 踪迹和功耗踪迹非常契合。

$$P_i = \frac{P_{\text{ex}}T_{\text{serial}}+nP_{\text{ex}}T_{\text{parallel}}+[P_{\text{ex}}+(n-1)P_{\text{st}}]T_{\text{penalty}}}{T} \tag{11.9}$$

$$P_{\text{ex}}=\theta_{\text{ex}}P_{W,R}, \quad P_{\text{st}}=\theta_{\text{st}}P_{W,R} \tag{11.10}$$

算法 11.2　执行 layer1 和 layer2

输入：线程数 n，发射宽度 W，ROB 大小 R，以及功耗预算 P_{budget}

输出：scale-out 以及 scale-up 的配置

功耗建模,并获得 γ（每个应用程序）;

计算期望 $E[\gamma]$;

根据 $Q_i = \dfrac{E[\gamma_i]}{\sum\limits_{i=1}^{M}E[\gamma_i]}\times P_{\text{Budget}}$ 分配功耗；

给 $E[\gamma_1\cdots\gamma_M]$ 排序并为每个应用设置优先级;

repeat

非线性规划求解 $E_{\max}[\gamma]$

求解 $\max.\Phi_{\max}$

限制条件：$P_{\max}[\gamma]\leqslant Q_{\max}$;

从 $E[\gamma_1\cdots\gamma_M]$ 中弹出 $E_{\max}[\gamma]$

until 数组 $E[\gamma_1\cdots\gamma_M]=\varnothing$;

11.3.2　异构多核处理器能效优化

一般而言，能效优化需有功耗预算的限制[①]。同样，本节的优化目标是在一定的功耗预算下最大化能效，提出一个能效优化调度算法 MAX-E。MAX-E 通过两层的分层管理实现：第一层 L1 负责为各个多线程应用分配功耗，第二层 L2 负责在所分配功耗预算内搜索自身最优的横向扩展和垂直扩展配置。

首先，L1 控制功耗预算下的功耗分配。当前周期结束时 L1 计算本周期内的平均功耗，如果超出预算，下一周期就减少功耗；如果不超预算，下一周期就增加功耗。接下来，L1 分配功耗的问题可以由非线性规划解出。实际操作中发现有些应用得到很少的功耗资源而出现饥饿的情况，MAX-E 要同时平衡最大值和公平性。L1 遵循能效大的应用分配更多功耗的原则,应用 i 分配的功耗由公式(11.11)所示。P_{Budget} 是功耗预算。$E[\gamma_i]$ 是应用 i 的能效加速比期望，M 为应用数量。能

---

① 也即前文所述的热设计功耗，这个概念在本书第 3 章、第 4 章均有介绍，请读者自行查阅。

效较低的应用依然有机会分配到合理的功耗资源，保证了公平性。

$$Q_i = \frac{E[\gamma_i]}{\sum\limits_{i=1}^{M} E[\gamma_i]} P_{\text{Budget}} \tag{11.11}$$

功耗分配完以后，L2 负责为每个应用寻找最优的横向扩展和垂直扩展配置。L2 遵循功耗预算下寻求最高能效的贪心策略，由非线性规划(11.12)条件所限制。Φ_i 为应用 i 的性能加速比，P_i 为预测的平均功耗。算法 11.2 给出 MAX-E 的概述。

$$\text{限制条件}: P_i \leqslant Q_i \tag{11.12}$$

能效优化的完整框架由图 11.12 所示，在周期 $N+1$ 的开始，操作系统输入所有应用相关的参数。操作系统调用①性能计数器的 PDH 接口 PdhCollectQueryData 获取 MPKI、前端缓存缺失和后端缓存缺失情况；②bottleneck-identification 接口 (BottleneckCall，BottleneckReturn，BottleneckWait)来跟踪周期 N 内的 SPKI。其他的系数由线下回归或测量获取。当性能、功耗预测结束后，MAX-E 计算水平与垂直扩展的最优配置。随后操作系统开始触发 OpenMP 来动态改变应用线程数；并且同时触发线程迁移接口(processor_bind)。优化管理周期设为 1s，线程迁移的代价很小。值得一提的是，动态改变并行的线程数需要操纵数据集，生成或者终止线程，尽管这些操作不可避免产生时间代价，然而来自 OpenMP 的这个代价不超过 10ms。线程迁移需要牵扯线程上下文切换、数据迁移和缓存中的数据预热，这些应用相关的代价也很小。PIE 模型全面地评估过线程迁移的时间代价——即便是 2.5ms 的细粒度线程迁移，对性能的影响不超过 0.6%，因此这些因素不会影响本模型的预测准确率，下一节实验评估部分也证明了这一点。

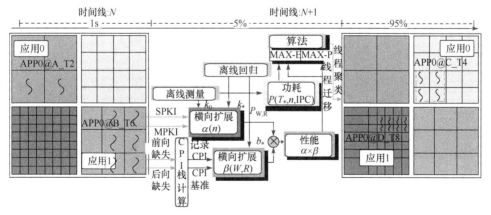

图 11.12　能效优化完整框架

包括能效预测和运行时管理，假设该异构多核处理器有四种核心：A、B、C、D，微体系结构如表 11.3 所示。在周期 N，应用 0 分出二个线程运行于核 A

11.3.3 实验环境搭建与结果分析

1. 功耗预测准确率

本节的实验环境、系统配置、基准测试集等与上一节相同。首先验证功耗模型的准确率。图 11.13 比较了 McPAT[23]模拟的功耗和功耗模型预测的功耗。每个应用均分出 4 个线程运行于核 B。

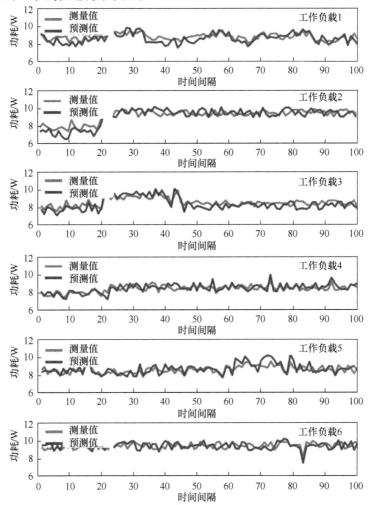

图 11.13　通过观察功耗 trace 评估功耗预测准确率，周期设为 10ms

功耗变化仅来自于应用相位变化和线程间同步，可以看到多数情况下预测的功耗接近于模拟结果。单核上的绝对误差最大不超过 0.41W。图 11.14 展示不同横向扩展、垂直扩展配置下的功耗预测结果，实验中选出 4 个组合：4 个线程运行于核 A(4T@A)，8 个线程运行于核 B(8T@B)，12 个线程运行于核 C

(12T@C)，16 个线程运行于核 D(16T@D)，可以看到预测结果依然接近模拟结果，平均相对误差为 7.4%，误差容限为 3.18%。

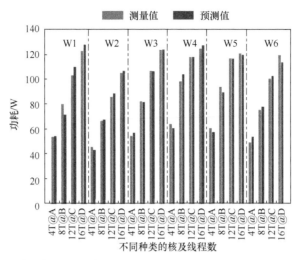

图 11.14　在不同横向扩展和垂直扩展配置下评估功耗预测准确率，纵坐标代表处理器平均功耗

2. 能效优化评估

将 MAX-E 同一个全面的异构核心能效优化基准方法对比[27]。基准方法指在一定的功耗预算下同时寻求能效最大的横向扩展和垂直扩展。基准方法依赖 IPC 采集进行性能预测。对于多线程应用，本实验使用线程 IPC 之和作为性能指标，它的功耗模型由峰值功耗和基准功耗组成：

$$P = \omega_1 P_{\text{peak}} + \omega_2 P_{\text{typical}}$$

其中，P_{peak} 和 P_{typical} 为当前周期的峰值和基准功耗，ω_1 和 ω_2 是应用相关的系数并由线性回归获得，调度算法使用枚举法在功耗预算 TDP 下搜索最优配置。

图 11.15 为能效对比结果：所有负载集均运行至结束并使用相同的功耗预算。能效指标使用吞吐量与平均功耗之比，即"指令数每焦耳"（$\dfrac{\text{Insts}}{\text{Watt}}$ = Insts per Second/Watts）。结果显示 MAX-E 平均超过基准方法达 70%。特别指出，MAX-E 和基准方法在 W6 上表现近似，这是因为 W6 是存储最密集的负载集，它对横向扩展不敏感而对垂直扩展敏感，这极大限制了 MAX-E 对能效的提升。

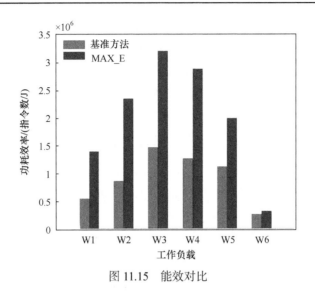

图 11.15　能效对比

11.4　异构数据中心系统的 TCO 优化

11.4.1　数据中心系统概述

众多互联网公司依赖大规模数据中心保证服务质量。同时云计算服务增长极快，数据中心需要不断更换或追加新服务器以满足日益增长的计算需求。例如，微软数据中心平均每个月要增加 10000~20000 台服务器[28]；思科数据中心的服务器以每年 15%的速率增长[29]。他们每年耗费数百万美金对数据中心的计算能力进行升级。与此同时，服务需求不仅快速增长而且异常多样。搜索或多媒体类的应用为 I/O 密集型，并且数据局部性极低，他们运行于配备轻量级核心的服务器会带来很高的能效[30]；相反，金融分析或数据挖掘类的应用为计算密集型，他们更适合配备高性能处理器的服务器。这种对不同类型服务器的需求自然催生出异构数据中心。所谓异构，指同一数据中心中存在多种类型服务器同时工作，这些服务器在处理器、内存、硬盘、I/O 带宽等特征上截然不同。

成本效益导向的数据中心更新过程不仅应该考虑服务器的特征和成本，而且应该考虑应用的资源需求，即程序特征，数据中心会不断进化以满足应用的需求，同时成本效益会不断提高。本节提出了一个基于解析的更新框架 EcoUp(economical upgrading)。EcoUp 最核心的贡献在于准确评估服务器在当前负载下所体现的成本效益，同时给出最优的服务器投资组合。服务器的成本效益由两部分组成：①服务器的性能期望，它体现该服务器在当前所贡献性能的平均情况。它由服务器特征、程序特征和负载分布共同决定；②服务器的平均成本，它主要包括硬件成本和能耗成本。

11.4.2 基于解析的数据中心更新框架

EcoUp 分为四个部分：服务器成本效益模型、性能预测模型、应用权重模型、服务器成本模型和服务器投资组合策略。

1. 框架概览

图 11.16 展示了 EcoUp 指导的数据中心更新过程。假设在更新周期 N，数据中心有多种类型的服务器。数据中心根据其调度策略将到来的应用迁移至不同类型的服务器上执行。同时，应用在服务器上执行的性能等信息会被记录下来。EcoUp 只需记录下应用 ID、服务器 ID 和他们的性能。成本效益模型依赖三方面的信息来预测服务器成本效益。①性能矩阵。它包含了不同应用在不同类型服务器上的性能。矩阵的项可以是来自真实记录和预测。性能矩阵通常是稀疏矩阵，应用几乎没有机会在所有类型的服务器上执行一遍以记录全部可能的性能[①]。②应用权重。它反映了某应用在未来到达该服务器的概率。如果应用近期经常在某类型服务器上运行，那么有理由相信其在未来到来并被调度至此服务器的概率很大。权重通过一个时间衰减函数描述。③服务器成本。它包括购买成本和能耗开销。其中能效开销由其平均功耗和占空比决定。基于上述输入，成本效益模型返回不同类型服务器的成本效益排名。例如，服务器 Server3 的成本效益最高，

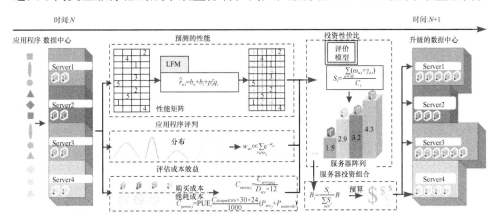

图 11.16 EcoUp 指导的数据中心更新过程

---

① 实际操作中采用推荐系统的隐语义模型（latent factor model）来预测缺失项。此处的稀疏矩阵作为隐语义模型的输入。隐语义模型通过矩阵分解来预测矩阵所有的缺失项（没有记录的项都是需要预测的缺失项）。本节使用数学包进行矩阵分解运算。

所以在更新时应最先考虑该类型服务器。最后，需要在一定的更新成本约束下决定不同类型服务器的投资组合。每种服务器的预算应与其成本效益正相关，即成本效益越高，预算越多。布置好新服务器后，数据中心进入下一更新周期 $N+1$。

2. 成本效益建模

假设数据中心有 M 种应用和 N 种服务器，性能信息由 $M{\times}N$ 矩阵 $R_{M{\times}N}$ 记录。项 $r_{u,i}$ 代表应用 u 运行于服务器 i 时的性能。$R_{u,i}$ 要么通过现实记录获取，要么通过隐语义模型预测获取。本节用 $R_{u,i}$ 代表记录的性能，用 $r_{u,i}$ 代表预测的性能。如果出现新类型服务器或应用，矩阵会相应增加列或行。

服务器 i 的成本效益 S_i 定义为它的性能期望 P_i 与其平均成本 C_i 之比，如公式(11.13)所示。成本效益的指标为每 1 美元花费所带来的性能(performance per dollar)：

$$S_i = \frac{P_i}{C_i} \tag{11.13}$$

性能期望 P_i 依赖于服务器 i 与所有应用的性能值 $r_{u,i}$ (记录性能 $r_{u,i}$ 和预测性能 $r_{u,i}$)，以及应用的权重 $w_{u,i}$ ，如公式(11.14)所示：

$$P_i = \sum_{u \in M} \left(w_{u,i} \times r_{u,i} \right) \tag{11.14}$$

3. 服务器性能建模

矩阵 $R_{M{\times}N}$ 的缺失项 $\hat{r}_{u,i}$ 全部需要通过预测获得[①]。每个应用 u 都用向量 p_u 来表达它的程序特征，而每个服务器 i 都用向量 q_i 来表达它的硬件特征。假设一共使用 K 个隐语义因子来映射应用特征和服务器特征，那么向量均为 K 维向量。对于服务器 i 的特征向量 q_i ，K 个隐语义因子代表 K 个硬件特征值，例如频率大小，核心发射宽度，核心数，内存大小，I/O 带宽等。向量 p_u 的第 k 项，$p_u(k)$，代表应用 u 对服务器第 k 个硬件特征的需求量，而 $q_i(k)$ 代表服务器 i 的第 k 个硬件特征大小。预测性能 $\hat{r}_{u,i}$ 可由应用特征 p_u 和服务器特征 q_i 的乘积表达，如公式(11.15)所示。参数 $p_u(k)$ 和 $q_i(k)$ 需通过学习、挖掘性能的历史记录获得。

$$\hat{r}_{(u,i)} = p_u^{\mathrm{T}} q_i = \sum_{k=1}^{K} p_u(k) q_i(k) \tag{11.15}$$

为了使 $\hat{r}_{u,i}$ 预测更准确，引入两个一阶线性偏置——应用偏置 b_u 和服务器偏

---

① 此处仍旧使用推荐系统领域的隐语义模型(latent factor model)解决。

置 b_i，来抵消记录中不可避免的性能噪声影响①。引入线性偏置的性能模型如公式(11.16)所示。

$$\hat{r}_{(u,i)} = b_u + b_i + p_u^{\mathrm{T}} q_i \qquad (11.16)$$

所有的性能历史记录组成了训练集：$D = \{r_{u,i}, u, i\}$。参数，p_u，q_i，b_u 和 b_i，均可通过最小二乘[31,32]获得，如公式(11.17)所示。δ 是所有记录性能的 (u,i) 对的集合。规则化参数 λ_1、λ_2 用来避免模型的过拟合问题[32,33]。

$$\min_{p',q,b'} \sum_{(u,i)\in\delta} (r_{u,i} - p_u^{\mathrm{T}} q_i - b_u - b_i)^2 + \lambda_1(\| p_u \|^2 + \| q_i \|^2) + \lambda_2(b_u^2 + b_i^2) \qquad (11.17)$$

接下来，使用机器学习中广泛采用的随机梯度下降法(stochastic gradient descent, SGD)[32-34]来训练这些参数。每次迭代的参数更新方法如公式(11.18)所示，其中 θ_* 为学习率[35]，n 为迭代次数。

$$\begin{cases} p_{u_n} := p_{u_{n-1}} - \theta_1 \cdot \dfrac{\partial L}{\partial p_{u_{n-1}}} \\[2mm] q_{i_n} := q_{i_{n-1}} - \theta_2 \cdot \dfrac{\partial L}{\partial q_{i_{n-1}}} \\[2mm] b_{u_n} := b_{u_{n-1}} - \theta_3 \cdot \dfrac{\partial L}{\partial b_{u_{n-1}}} \\[2mm] b_{i_n} := b_{i_{n-1}} - \theta_4 \cdot \dfrac{\partial L}{\partial b_{i_{n-1}}} \end{cases} \qquad (11.18)$$

4. 性能预测验证

本节使用谷歌公开的某云平台 trace 来验证性能预测准确率。数据集来自 12500 台服务器、650000 个应用在一个月中的运行情况[3]。云平台中共有十种在核心能力、内存大小等方面迥异的服务器。服务器配置信息如表 11.4 所示。由核心和存储配置的详细信息并未公开，这里看到的只是归一化后的结果，相对值并不影响对本框架的验证。

应用被组织成作业(jobs)的形式，例如一个 MapReduce 应用被视为两个作业，一个负责 masters，一个负责 slaves。一个作业有一个或者多个相同的任务(tasks)组成。每个作业的资源请求反映了它的资源敏感度和调度属性。为了简化讨论，本节按照资源请求将作业分类。对于核心，存储和 I/O 的资源请求，我们用 1 来代表敏感，用 0 来代表不敏感。那么一个作业可以用一个三元组 J_{xyz} 表示。其

---

① 性能噪声指多个应用运行于同一服务器时的干扰，这些干扰主要源于竞争存储控制器、总线等共享硬件。

中 x，y 和 z 分别代表了对核心、存储和 I/O 的请求。例如，J_{100} 代表了一个核心敏感的，存储、I/O 不敏感的作业集合，所有作业被分为八个集合。

每个集合内的作业数为：$|J_{000}|=132292, |J_{001}|=61201, |J_{010}|=11906,$ $|J_{011}|=2249, |J_{100}|=23481, |J_{101}|=20593, |J_{110}|=22141, |J_{111}|=16143$，总共作业数为 $|J_{\text{Total}}|=217376$。

值得一提的是，谷歌 trace 中包括很多作业并只出现过一次，本框架使用的 LFM 方法可以以很高的准确率预测他们在其他九种服务器上的性能。性能预测概率分布如图 11.17 所示。

表 11.4　服务器配置

ID	0	1	2	3	4	5	6	7	8	9
CPU	0.50	0.50	0.50	1.00	0.25	0.50	0.50	0.50	1.00	0.50
Memory	0.50	0.25	0.75	1.00	0.25	0.12	0.03	0.97	0.50	0.06
Quantity	6732	3863	1001	795	126	52	5	5	3	1

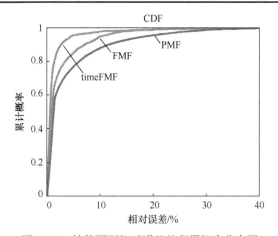

图 11.17　性能预测相对误差的积累概率分布图

5. 应用权重建模

本节采用一个启发式的策略对应用的权重进行建模——应用到来的时间越近或者次数越多，未来出现的概率越大。使用经典的时间衰减函数[36]来代表此概率，如公式(11.19)所示。$N_{u,i}$ 为一段时间窗口内应用 u 到达服务器 i 的次数。$T_{u,i,j}$ 为第 j 次到达距现在的时长，次数越多或时长越短，则权重越大。参数 λ 代表时间衰减率。如果应用 u 从未到过服务器 i，时长则从当前更新周期的开端算起，$n_{u,i}$ 为 1。

$$w_{u,i} \propto \sum_{1\leqslant j<n_{u,i}} \mathrm{e}^{-\lambda T_{u,i,j}} \tag{11.19}$$

6. 服务器成本建模

之前有工作对数据中心的 TCO 进行建模[37-41]，然而全面地预测数据中心 TCO 这一问题非常复杂，本节借鉴文献[39]中的解析模型对服务器成本进行建模，成本主要包括以下几部分。

(1) 服务器购买成本：该成本为服务器使用前预付的成本，一般会平摊至 3~4 年。同时还要考虑年利率。

(2) 数据中心基础设施：该成本包括地租，供电设备，制冷设备等，一般会平摊至 10~20 年。

(3) 网络基础设施：该成本包括网络相关的基础设施，一般会平摊至 4~5 年。

(4) 能耗成本：该成本为运行服务器的月能耗开销。

(5) 维护成本：该成本包括了维修，物流，安全维护等。

服务器 i 的成本如公式(11.20)所示，前三项称为购买(capital)成本，后两项为运营(operational)成本[38, 39, 41]。

$$C_i = C_{\text{server},i} + C_{\text{infrastructure},i} + C_{\text{network},i} + C_{\text{power},i} + C_{\text{maintenance},i} \tag{11.20}$$

服务器购买成本平摊至月份后的月购买成本如公式(11.21)所示。D_{srv} 为服务器购买成本平摊年限，$C_{\text{srvtype},i}$ 为服务器 i 的购买成本，它由服务器的处理器、存储、I/O、主板、散热等硬件配置决定，$\alpha\%$ 为月利率。

$$C_{\text{server},i} = \frac{C_{\text{srvtype},i}(1+\alpha\%)}{12D_{\text{srv}}} \tag{11.21}$$

每个月的能耗开销由公式(11.22)所示。PUE_i 为功耗使用率(power usage effectiveness)[38]，$C_{\text{elecperKWh}}$ 为每千瓦时的电费(公示中为 24 小时 30 天计算)，$P_{\text{srv},i}$ 为服务器 i 的功耗，如公式(11.23)所示。$P_{\text{srv}_{\text{peak}},i}$ 和 $P_{\text{srv}_{\text{idle}},i}$ 为服务器 i 的峰值功耗和待机功耗，$U_{\text{srv},i}$ 为服务器 i 上的核心平均使用率。核心使用率用核心累积工作的周期数代表。例如，如果一个作业满负荷使用两个核心，核心使用率就是 2.0。核心使用率反映了核心的平均使用情况并且由服务器类型决定。P_{network} 为网络相关的功耗。它的计算方法同 P_{srv} 类似，只需将核心使用率、峰值功耗和待机功耗替换为网络设备的使用率、峰值功耗和待机功耗即可。

$$C_{\text{power},i} = \text{PUE}_i \frac{C_{\text{elecperKWh}} \times 30 \times 24}{1000}(P_{\text{srv},i} + P_{\text{network}}) \tag{11.22}$$

$$P_{\text{srv},i} = u_{\text{srv},i} P_{\text{srv}_{\text{peak}},i} + (1 - u_{\text{srv},i}) P_{\text{srv}_{\text{idle}},i} \tag{11.23}$$

本节在成本计算公式中仅列出服务器采购成本和能耗成本,这是出于两方面原因。第一,服务器采购成本和能耗成本在大型数据中心 TCO 中往往占据主导地位,现有研究结果显示,这两部分成本所占比例接近于 TCO 的 75%～80%[39, 40]。第二,数据中心升级时,服务器采购和能耗成本比基础设施和网络成本变化更大。

7. 投资组合策略

如何分配资金制定服务器投资组合非常重要,因为服务器的组合决定了应用负载在更新后的数据中心中运行时的性能。此外,数据中心一般有各自的服务器投资策略且很少对外公开,即便是广泛使用的横向扩展(scale-out)和垂直扩展(scale-up)策略,也没有公开具体的指导方针。

成本效益导向的数据中心更新策略是由服务器的成本效率决定的。购买高成本效益的服务器越多,数据中心的成本效益会越高。本框架提出了一个贪心策略,它让每种服务器的预算同它的成本效益成正比。服务器 i 获得的预算 B_i 由公式(11.24)所示。B_{Total} 为总预算。S_i 为服务器 i 的成本效益。这个策略考虑到了服务器间的公平性[42],进而每个应用都有机会在它最适合的服务器上运行,没有服务器会独占整个数据中心。

$$B_i = \frac{S_i}{\sum_{i \in N} S_i} B_{Total} \tag{11.24}$$

11.4.3　成本效益评估——功耗与性能

为了观察负载分布的变化对服务器成本效率的影响,本节使用表 11.5 负载配置中的负载生成不同的场景,使用表 11.6 中的服务器配置作为评估对象。评估时采用两个场景,场景主要在负载规模和负载到达时间上不同,具体的差异可由方程(11.19)来表达。图 11.18(a)显示了场景 A,场景 A 的主要特征是 CloudSuite 基准测试程序[43]占主导,同时三类基准测试程序之间的比例始终保持稳定。图 11.18(b)显示了场景 B,场景 B 中每种基准测试程序所占比例变得越来越不平衡:SPEC2006 增长最快,其次是 PARSEC-2.0[24]和 Splash2[44],最后是 CloudSuite。

服务器成本效率由图 11.18(a)和(b)右图所示,纵坐标显示了归一化的服务器成本效益。在场景 A 中,Xeon E7-8830 排首位且平均超出其他服务器 25%。在场景 A 中,占主导地位的 CloudSuite 不仅拥有大量数据库、流媒体和 MapReduce 的应用,且应用的数据集也很大,对存储容量更为敏感。可以看到 Xeon E7-8830 拥有高成本效益的内存和磁盘。低端的 Atom-D525 排名垫底,因为它的末级缓存大

表 11.5 负载配置

负载	描述	来源	并行度
web search	a Nutch search engine for indexing process	CloudSuite	4
web serving	a CloudStone benchmark include web server and MySQL database	CloudSuite	4
media streaming	client requests to Darwin Streaming Server	CloudSuite	4
data analytics	Hadoop framework running Mahout to do Bayes classification	CloudSuite	4
data caching	Twitter Memcached server using the Twitter dataset	CloudSuite	4
data serving	data store system from Yahoo! Cloud Serving Benchmark	CloudSuite	4
blackscholes	option pricing with black-scholes Partial Differential Equation	PARSEC	8
swaptions	pricing of a portfolio of swaptions	PARSEC	8
x264	H.264 video encoding	PARSEC	8
fft	a complex, one-dimensional version of FFT	Splash2	8
bzip2	Julian Seward's bzip2 version 1.0.3	SPEC2006	1
gamess	quantum chemical computations	SPEC2006	1

表 11.6 服务器配置

服务器种类	时钟频率/GHz	套接字	核数目	工艺/nm	L1I/D缓存/K	末级缓存	内存大小/G	硬盘大小	总线带宽/(GT/s)	外观形态
Xeon E7-8830	1.06	8	8	32	32/32	24M	1024	6.8T	6.4	2U
Xeon E7-4830	2.13	4	8	32	32/32	24M	512	3.4T	6.4	2U
Xeon E5506	1.60	1	4	45	32/32	4M	48	512G	4.8	1U
Opteron 6272	2.10	1	2	45	64/16	12M	32	256G	6.4	2U
i3 2120	1.60	1	2	32	32/32	3M	4	512G	5.0	tower
Atom D525	1.80	1	4	45	32/24	512K	4	256G	2.5	tower

小、内存容量和前端总线带宽成为瓶颈，不能满足大规模数据存储和快速数据传输的需求。在场景 B 中，Opteron 6272 和 Xeon E5506 占据前两名。占主导地位的 SPEC2006 有相当大量的计算密集型应用，他们对核心性能非常敏感。Opteron 6272 和 Xeon E5506 拥有高成本效益的核心，在场景 B 中表现优于 E7-8830。与此同时，Atom D525 因为提供了类似性能而大大超过 i3 2120，同时节约了 30% 的成本。

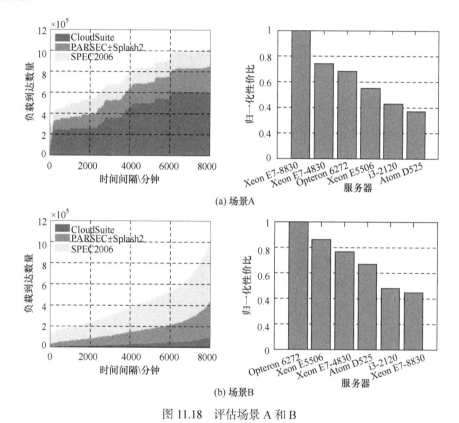

图 11.18　评估场景 A 和 B

1. 本地性能预测与验证

本地数据中心包括了 6 种服务器，每种 100 台。本实验在所有服务器上运行完所有的基准测试程序，记录下性能作为测试集。每个负载在服务器独立的运行五次并取其平均值。不同负载的性能评价不同，本实验将他们的性能都归一化至各自的最优值。

图 11.19(a)对比预测值(纵坐标)和真实值(横坐标)，点越接近中间的黑色对角线说明预测越准确。实验发现训练矩阵的稀疏度影响 LFM 的预测准确率：稀疏度

越低，准确率越高。验证三种稀疏度下的结果，他们的稀疏度用符号 Sp 表示，分别为 Sp=83%，Sp=67% 和 Sp=50%。结果表明三种稀疏度下的平均误差均低于 7%，尤其是验证矩阵稀疏度为 50% 时，误差率接近 5%，这是由庞大的训练集造成。本实验发现误差率在不同稀疏度下波动很小，说明基于 LFM 的性能预测具有很高的鲁棒性。

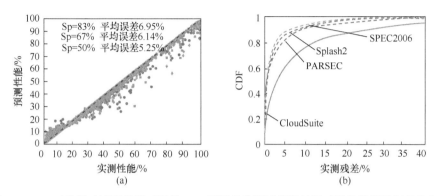

图 11.19　(a)三种稀疏度下的相对误差；(b)不同基准测试程序的相对误差的累积概率分布图

图 11.19(b)中可以看到单线程应用 SPEC2006 具有最好的结果——接近 90% 的情况的误差率低于 5%。然而，80% 的多线程和 60% 的云计算基准测试程序的误差率低于 5%。误差率稍高的主要原因是两类程序的线程间、节点间具有复杂的线程间同步，同步会导致硬件竞争和长距离通信，程序特征向量和服务器特征向量的乘积(公式(11.15))无法捕捉这些信息。

2. 数据中心更新策略对比

为了评估数据中心的更新策略，首先介绍现有研究：横向扩展(scale-out)和垂直扩展(scale-up)①。scale-out 是一个吞吐量导向型策略，它倾向于尽可能多地购买低端服务器，即具有轻量级处理器核心、低功耗和低价格的服务器。scale-up 是一种性能导向型策略，它倾向于购买高性能的高端服务器。为了使他们足够接近实际情况，本节给出以下假设。①使用 Quasar 框架[45]预测应用负载的核心、内存和磁盘需求。它使用"奇异值分解"准确地分析资源与性能之间的关系。②使用 Excel 电子表格聚合所有的需求，制定服务器核心、存储和硬盘资源的总体需求。本实验选择低端的 Atom D525 和高端的 E7-4830 作为 scale-out 和 scale-up 策略的服务器[46,47]。

图 11.20(a)呈现了迅速增长的负载——到达数据中心的应用数量呈指数趋势

①　此处横向扩展和垂直扩展的概念，与本书 11.2 节探讨过的概念一致。

增长。图 11.20(b) 中用吞吐量，即每天服务的应用数作为度量性能的指标。结果表明，在 24 个月中，EcoUp 的平均吞吐量超过 scale-out 和 scale-up 分别达 12.3% 和 33.6%。不管负载如何变化，EcoUp 都可寻到成本效益最高的服务器。与此相反的是，scale-out 和 scale-up 无法捕捉到负载的程序特征。此外，scale-out 的吞吐量超过 scale-up 达 18.6%，这个结果同之前工作得出的结论一致[30, 43, 48]。

在一定资金预算下数据中心的成本效益等同于数据中心的性能，图 11.20(c) 显示成本效益在更新过程中不断提高(性能指标使用聚合加速比)，从该结果中得出两个结论：①EcoUp 可以带来最高的性能；②性能增长趋势呈超线性趋势。在这两年内(横轴 24 个月)应用负载的分布是不变的，EcoUp 可以慢慢"学习"，直到实现成本效益最高的数据中心更新过程。

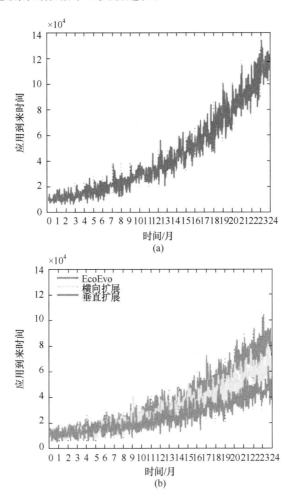

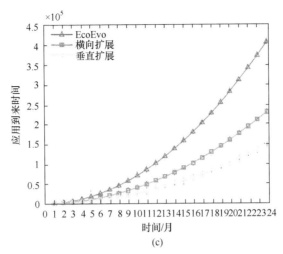

(c)

图 11.20 (a)仿真的快速增长的负载；(b)三种不同策略下的吞吐量；(c)聚合加速比

11.5 本 章 小 结

异构系统作为高能效的计算平台受到学术界、工业界的高度关注。在充分发挥异构系统追求高性能、高能效优势的过程中，依然存在诸多待解决的关键科学问题。

第一，如何协同异构与其他资源配置之间的关系。之前的工作主要关注异构对性能、功耗的影响。例如，预测应用在不同类型核心间迁移后的性能变化，或者制定应用在不同类型服务器上的调度策略。异构与其他的资源配置(动态电压频率调节、线程并行、动态存储分配等等)可以同时影响性能、功耗，只利用异构这个资源配置对能效优化的贡献有限。如果同时配置异构和其他资源，那么带来的能效优化潜力必然超过仅配置异构的方式。协同地挖掘异构和其他资源配置的能效优化潜力，制定协同的资源配置策略是本章第一个探讨的问题。

第二，如何预测异构系统中各个资源配置与性能、功耗间的关系。只有全面地、准确地了解资源配置变化后，性能、功耗的变化情况才能制定最优的资源配置策略。之前的工作在此研究中存在三方面的不足。①未同时建立各资源配置与性能、功耗的关系。先前的工作只研究了异构、多线程同性能的关系，或者只研究了异构同性能、功耗的关系。②未平衡模型效率与准确度的关系。先前的工作使用线下记录全部历史信息来定制最优的配置策略,这类方法准确然而成本较高,它需要占据平台的资源，不可避免地消耗功耗。其他工作通过解析建模进行预测，这类方法无法解决预测效率与准确度之间的矛盾：模型越复杂，准确度越高而效率越低；模型越简单，准确度越低而效率越高。全面、准确、高效地预测各个资源配置同性能、功耗的关系是本章第二个探讨的问题。

第三，如何构建自适应的异构系统。异构系统的软硬件需要始终迎合应用的需求来满足能效优化目标。所谓软件，包括能效预测模型，调度策略，资源配置策略等上层的决策模块。所谓硬件，包括异构系统的核心种类，资源数目，电压频率等底层的物理模块。实际的异构系统所面对的应用负载常常变化，异构系统应对这些变化的能力就是它的自适应性。一方面，应用的相位变化可能使程序特征剧烈变化，数据中心负载种类在每天的某个时间段突然变多，需要异构系统在软件上具备自适应性。例如，在指导调度的能效模型中，参数与程序特征直接相关，参数往往由一组特定的基准测试程序线下学习得到。应用变化时模型却依然使用同样的参数，预测效果必然会被改变。另一方面，异构系统的应用负载可能随时间推移急剧增长。为了保证服务质量，仅靠优化调度策略等软件上的改变已经无法满足，只能依靠不断扩充资源等硬件上的改变。例如，数据中心的服务请求如果快速增长，需要不断购买新服务器来扩展硬件资源。使异构系统具有一套完整的软硬件架构，使其面对各种应用负载变化时始终具备高自适应性是本章第三个探讨的问题。

为了解决上述问题，提出了如下创新技术。

第一，为异构多核处理器提供全面、准确、高效的性能预测模型。异构多核处理器具有两个显著影响性能的资源配置：①多线程并行技术；②异构核心间线程迁移技术。模型能够同时捕捉两种资源配置对性能的影响，并客观反映他们之间相关性。根据客观原理或统计观察的方式，可以准确地形式化性能与两种资源配置的函数关系，同时明确配置之间的相关性。此外，模型还能解释参数与程序特征的对应关系，区分时变参数与定常参数，选择用哪些统计值来表达时变参数，以及选择在哪些平台和应用下回归定常参数。应用负载发生变化时，模型可以利用时变参数自适应地调整到最优状态，在有限资源下指导全局性能优化算法。

第二，为异构多核处理器提供能效优化方法。首先提出一个协同的、自适应的能效预测模型，它由一个性能预测模型和一个功耗预测模型组成。协同定义为模型能够最大化异构多核处理器的可配置性，即协同调动所有可能显著影响能效的资源配置来最大化能效的潜力。自适应定义为在应用负载变化时模型依然具备高效性与准确性。高效性指参数采集、模型预测、调度计算、配置响应等整个优化过程响应快、开销低，即使下层的异构多核处理器规模巨大，或者上层的大数据应用负载巨大，预测、优化依然能够在短时间内完成。准确性指模型扩展性高、适用性广，模型能够适应不同的应用或平台而使能效优化维持高准确性。本方法在能效模型的指导下实现能效优化，能在一定的功耗阈值下计算出最优的资源配置方案来最大化异构多核处理器的能效。同时，算法还考虑了应用之间的公平性。

第三，为异构数据中心提供成本效益导向的更新方案。日益增长的服务需求迫使数据中心必须通过不断更新或追加新服务器来保证其服务质量。更新过程的成本效益非常重要，不同的类型的服务器具有不同的成本效益，如何决定服务器类型以及投资组合是一个关键问题。本章提出了一个性能预测模型，它能够处理三方面的信息：①应用的程序特征差异很大，对不同类型的服务器偏好不同；②应用负载会有分布上的变化，即不同应用来到数据中心的频次不同，导致不同应用的权重不同；③不同服务器的核心，存储和硬盘等特性不尽相同。该模型应能够准确地预测不同服务器在当前负载下的性能期望。其次，本章提出了一个成本模型预测新服务器在未来一段时间内消耗的成本。最后，通过性能与成本模型得到不同服务器的成本效益——在一定的资金预算下，更新方案可以给出成本效益最高的服务器投资组合。

参 考 文 献

[1] 马君. 异构系统能效建模及资源管理方法研究[D]. 北京: 中国科学院大学, 2015.

[2] Yan G H, Han Y H, Li X W. Amphisbaena: Modeling two orthogonal ways to hunt on heterogeneous many-cores [C]//Proceedings of the Asia and South Pacific Design Automation Conference, Singapore, 2014: 394-399.

[3] Ma J, Yan G H, Han Y H, et al. An analytical framework for estimating scale-out and scale-up power efficiency of heterogeneous manycores [J]. IEEE Transactions on Computers, 2016, 65 (2): 367-381.

[4] Yan G H, Ma J, Han Y H, et al. EcoUp: Towards economical datacenter upgrading [J]. IEEE Transactions on Parallel and Distributed Systems, 2016, 27 (7): 1968-1981.

[5] Chitlur N, Srinivasa G, Hahn S, et al. QuickIA: Exploring heterogeneous architectures on real prototypes [C]//Proceedings of the IEEE International Symposium on High-Performance Comp Architecture, New Orleans, 2012: 1-8.

[6] Delimitrou C, Kozyrakis C. Paragon: QoS-aware scheduling for heterogeneous datacenters [C]//Proceedings of the International Conference on Architectural Support for Programming Languages and Operating Systems, Houston, 2013: 77-88.

[7] He K M, Zhang X Y, Ren S Q, et al. Deep residual learning for image recognition [C]//Proceedings of the IEEE Conference on Computer Vision and Pattern Recognition, Las Vegas, 2016: 770-778.

[8] Barroso L, Holzle U. The case for energy-proportional computing [J]. Computer, 2007, 40 (12): 33-37.

[9] Joao J, Suleman A, Mutlu O, et al. Utility-based acceleration of multithreaded applications on asymmetric CMPs [C]//Proceedings of the International Symposium on Computer Architecture, Tel-Aviv, 2013: 154-165.

[10] Mishra A, Hellerstein J, Cirne W, et al. Towards characterizing cloud backend workloads: Insights from google compute clusters [J]. ACM SIGMETRICS Performance Evaluation Review, 2010, 37 (4): 34-41.

[11] Hindman B, Konwinski A, Zaharia M, et al. Mesos: A platform for fine-grained resource sharing

in the data center [C]//Proceedings of the USENIX Conference on Networked Systems Design and Implementation, Boston, 2011: 295-308.

[12] Nathuji R, Isci C, Gorbatov E. Exploiting platform heterogeneity for power efficient data centers [C]//Proceedings of the International Conference on Autonomic Computing, Jacksonville, 2007: 5.

[13] Guevara M, Lubin B, Lee B. Navigating heterogeneous processors with market mechanisms [C]//Proceedings of the IEEE International Symposium on High Performance Computer Architecture, Shenzhen, 2013: 95-106.

[14] Jouppi N. The nonuniform distribution of instruction-level and machine parallelism and its effect on performance [J]. IEEE Transactions on Computers, 1989, 38 (12): 1645-1658.

[15] Eyerman S, Eeckhout L, Karkhanis T, et al. A mechanistic performance model for superscalar out-of-order processors [J]. ACM Transactions on Computer Systems, 2009, 27 (2): 1-37.

[16] Huang T, Zhu Y X, Qiu M K, et al. Extending amdahl's law and gustafson's law by evaluating interconnections on multi-core processors [J]. The Journal of Supercomputing, 2013, 66 (1): 305-319.

[17] Krishna T, Peh L-S, Beckmann B, et al. Towards the ideal on-chip fabric for 1-to-many and many-to-1 communication [C]//Proceedings of the IEEE/ACM International Symposium on Microarchitecture, Porto Alegre, 2011: 71-82.

[18] Lu H, Yan G H, Han Y H, et al. ShuttleNoC: Boosting on-chip communication efficiency by enabling localized power adaptation [C]//Proceedings of the Asia and South Pacific Design Automation Conference, Chiba, 2015: 142-147.

[19] OpenMP. The OpenMP API specification for parallel programming[EB/OL]. http://openmp.org/ [2018-9-2].

[20] Craeynest K, Jaleel A, Eeckhout L, et al. Scheduling heterogeneous multi-cores through performance impact estimation [C]//Proceedings of the International Symposium on Computer Architecture, Portland, 2012: 213-224.

[21] Borkar S, Chien A. The future of microprocessors [J]. Communications of the ACM, 2011, 54 (5): 67-77.

[22] Suh T, Blough D M, Lee H H. Supporting cache coherence in heterogeneous multiprocessor systems [C]//Proceedings of the Automation and Test in Europe Conference and Exhibition, Paris, 2004: 1150-1155.

[23] Li S, Ahn J H, Strong R, et al. McPAT: An integrated power, area, and timing modeling framework for multicore and manycore architectures [C]//Proceedings of the IEEE/ACM International Symposium on Microarchitecture, New York, 2009: 469-480.

[24] Bienia C, Kumar S, Singh J P, et al. The parsec benchmark suite: Characterization and architectural implications [C]//Proceedings of the International Conference on Parallel Architectures and Compilation Techniques, Toronto, 2008: 72-81.

[25] Saez J C, Fedorova A, Koufaty D, et al. Leveraging core specialization via OS scheduling to improve performance on asymmetric multicore systems [J]. ACM Transactions on Computer Systems, 2012, 30 (2): 1-38.

[26] Koufaty D, Reddy D, Hahn S. Bias scheduling in heterogeneous multi-core architectures [C]//Proceedings of the European Conference on Computer Systems, Paris, 2010: 125-138.

[27] Kumar R, Farkas K, Jouppi N, et al. Single-ISA heterogeneous multi-core architectures: The potential for processor power reduction [C]//Proceedings of the IEEE/ACM International Symposium on Microarchitecture, San Diego, 2003: 81-92.

[28] Miller R. Microsoft 300,000 Servers in Container Farm[EB/OL]. http://www.datacenter knowledge.com/archives/2008/05/07/microsoft-300000-servers-in-container-farm[2013-10-12].

[29] Cisco. Data Center Case Study: How Cisco IT Virtualizes Data Center Application Servers [EB/OL]. http://www.cisco.com/web/about/ciscoitatwork/data_center/index.html[2013-12-12].

[30] Lotfi-Kamran P, Grot B, Ferdman M, et al. Scale-out processors [C]//Proceedings of the International Symposium on Computer Architecture, Portland, 2012: 500-511.

[31] Lu Q X, Yang D Y, Chen T Q, et al. Informative household recommendation with feature-based matrix factorization [C]//Proceedings of the Challenge on Context-Aware Movie Recommendation, Chicago, 2011: 15-22.

[32] Koren Y, Bell R, Volinsky C. Matrix factorization techniques for recommender systems [J]. Computer, 2009, 42 (8): 30-37.

[33] Koren Y. Factorization meets the neighborhood: A multifaceted collaborative filtering model [C]//Proceedings of the ACM SIGKDD international conference on Knowledge discovery and data mining, Las Vegas, 2008: 426-434.

[34] Zhuang Y, Chin W S, Juan Y C, et al. A fast parallel SGD for matrix factorization in shared memory systems [C]//Proceedings of the ACM Conference on Recommender Systems, Hong Kong, 2013: 249-256.

[35] Wang J, Zhang Y. Utilizing marginal net utility for recommendation in e-commerce [C]//Proceedings of the International ACM SIGIR Conference on Research and Development in Information Retrieval, Beijing, 2011: 1003-1012.

[36] Karagiannis T, Le Boudec J Y, Vojnovic M. Power law and exponential decay of intercontact times between mobile devices [J]. IEEE Transactions on Mobile Computing, 2010, 9 (10): 1377-1390.

[37] Grot B, Hardy D, Lotfi-Kamran P, et al. Optimizing data-center TCO with scale-out processors [J]. IEEE Micro, 2012, 32 (5): 52-63.

[38] Barroso L, Hölzle U. The Datacenter as a Computer: An Introduction to the Design of Warehouse-Scale Machines [M]. New York: Morgan & Claypool Publishers, 2013.

[39] Hardy D, Kleanthous M, Sideris I, et al. An analytical framework for estimating TCO and exploring data center design space [C]//Proceedings of the IEEE International Symposium on Performance Analysis of Systems and Software, Austin, 2013: 54-63.

[40] Hamilton J. Cost of Power in Large-Scale Data Centers[EB/OL]. http://perspectives.mvdirona. com[2015-5-2].

[41] Callou G, Maciel P, Magnani F, et al. Estimating sustainability impact, total cost of ownership and dependability metrics on data center infrastructures [C]//Proceedings of the IEEE International Symposium on Sustainable Systems and Technology, Chicago, 2011: 1-6.

[42] Ren S L, He Y X, Xu F. Provably-efficient job scheduling for energy and fairness in geographically

distributed data centers [C]//Proceedings of the IEEE International Conference on Distributed Computing Systems, Macau, 2012: 22-31.

[43] Ferdman M, Adileh A, Kocberber O, et al. Clearing the clouds a study of emerging scale-out workloads on modern hardware [C]//Proceedings of the International conference on Architectural Support for Programming Languages and Operating Systems, London, 2012: 37-48.

[44] Bhadauria M, Weaver V, McKee S A, A characterizaton of the parsec benchmark suite for cmp design[R]. Ithaca: Cornell University, 2008.

[45] Delimitrou C, Kozyrakis C. Quasar: Resource-efficient and QoS-aware cluster management [C]//Proceedings of the Architectural Support for Programming Languages and Operating Systems, Salt Lake City, 2014: 127-144.

[46] Bigelow S J. Scale-up or scale-out: What fits best in your data center[EB/OL]. http://searchdatacenter. techtarget.com/tip/Scale-up-or-scale-out-What-fits-best-in-your-data-center[2013-2-1].

[47] Wells E. Building a best-fit infrastructure: Scale up, scale out, or both[EB/OL]. http://www.internap. com/2014/02/17/building-best-fit-infrastructure-scale-up-scale-out/[2014-11-4].

[48] Hausken T. Why Scale-out data centers are hot[EB/OL]. http://discover.osa.org/optical-society-blog/bid/253431/Why-Scale-Out-Data-Centers-are-Hot[2016-12-23].

第 12 章 总结与展望

多核处理器能够充分利用线程级并行特性，相比于单核处理器主要依靠提升运行频率增强性能具有更强的可扩展性，成为处理器发展的重要趋势。随着工艺的演进和集成度的大规模增加，多核处理器的功耗也随之提升，并进一步导致其失效的可能性增大，造成电压紧急等一系列不可靠问题。也预示着在后摩尔定律时代，低功耗、高可靠和易测试是多核处理器设计优化的重要目标。

多核处理器面临着日益严峻的功耗问题，处理器低功耗设计目标又受到了电压紧急和热效应问题的严重阻碍。电压紧急是指超过预设阈值的负向电压波动，热效应是指功耗积累引起芯片温度快速升高的现象，这两种情况都可能使电路时延增大，引发时延故障。为了保证处理器运行时的正确性，需要为电压紧急和热效应留出较大的设计余量，避免处理器功耗的浪费和性能的损失。片上网络是多核处理器的重要部件之一，其性能与功耗直接关系着整个多核处理器系统的计算效率。随着工艺技术的不断演进，片上网络的功耗占比也在逐渐增加，成为制约处理器整体能效的主要瓶颈。多核处理器的内存系统对于提高多核处理器性能与可扩展性有重要作用，其可靠与否影响整个多核处理器的工作稳定性，三维集成等新工艺和近阈值计算等新模型又使得这一问题更为突出。

多核处理器系统的功耗问题通常与可靠问题息息相关，为了保障芯片在功耗限制下稳定工作的能力，需要多角度的低功耗优化技术支持以减少系统能耗。本书正是对求解上述问题的积极探讨，尝试采用低功耗和高可靠的设计方法，从体系结构级到异构系统级覆盖多核处理器芯片中的计算(处理器核)、通信(片上网络)和存储(内存系统)部件，实现整体低功耗和高可靠的双重目标。

12.1 全书内容总结

本书是对多核处理器各个重要组成部分的低功耗和高可靠、易测试设计优化方法的全面阐述，涵盖了处理器核、片上网络、内存系统以及三维堆叠、异构多核、硅激光互连等前沿体系结构设计技术。此外，还讨论了多核处理器的可测试性设计，并结合中国科学院计算技术研究所自主研发的 DPU-M 多核处理器进行实例讨论。按照本书主题，多核处理器每个组件分别按照"低功耗"设计方法和"高可靠"设计方法分别阐述。

　　第 2 章阐述处理器核的低功耗设计。创新成果包括：提出一种基于热能功耗容量估算模型的多核处理器热能功耗管理方法。功耗分配和热能管理对多核处理器的效能起着关键作用，现有功耗分配方法仅关注芯片级功耗约束下的程序性能优化，难以保障芯片的热能安全。现有热能管理方法仅关注在芯片热能安全下热能约束和功耗容量的静态关系，尚未考虑程序需求和特性，难以获得优化的程序性能。针对该问题，本章首先实验分析了不同线程策略下，热能约束与功耗容量之间的关系，提出了一种热能功耗容量的估算模型，作为连接性能优化和热能安全的桥梁。然后，基于该模型提出了一种满足热能约束的功耗分配方法，在保障热能安全的前提下优化程序性能。

　　第 3 章阐述了处理器核的高可靠设计。创新成果包括：提出一种基于存储级并行的指令调度方法，减少同时多线程处理器的电压紧急。同时多线程处理器中，线程的长延时操作可能会引起资源拥塞，导致电压紧急。相比于单线程处理器，同时多线程处理器中的平均电流与峰值电流之差增加，电压紧急更为严重。本章对同时多线程处理器运行不同类型程序时的电压紧急特性进行分析，观察到程序访存行为与电压紧急之间的关系：长延时 Ld 指令可能使该线程占用流水线关键资源，影响其他线程的执行，导致流水线暂停。长延时 Ld 指令不仅对系统性能影响明显，对电压紧急的影响也十分显著。本章结合程序存储级并行特性，提出了一种指令调度算法，利用程序中大量存在的存储级冗余特性提升系统性能，通过叠加访存显著减少电压紧急的发生。此外，单程序流多数据流(SPMD)编程模型可能使线程电压特性相似，导致核间电压共振频发，引起电压紧急。针对该问题，本章使用本征压降频度 IDI 量化评估线程的自有电压特性，然后提出一种基于回归树模型的在线 IDI 预测方法和基于线程电压特性的调度方法，将 IDI 异质的线程置于同一电压域，避免电压共振从而减少电压紧急。

　　第 4 章阐述了多核处理器片上网络的低功耗设计方法。本章提出了一个新型片上网络体系结构——穿梭片上网络及其节点级功耗管理方法，解决根据流量时空分布对片上网络进行节点级功耗管理的难题。本章首先对片上数据流的时空分布进行了分析，发现数据流分布具有不确定性，要求片上网络必须在任何区域和时刻为数据流提供连通性保证，常用的低功耗手段例如门控功耗和 DVFS 均无法在片上网络中有效地使用。穿梭片上网络采用多个同构且关联的子片上网络组合，通过链路重构模块允许数据包在子网之间自由穿梭。当一个子网的路由器由于门控功耗而关闭时，数据包可以穿梭到其他子网从而在连通性保持的前提下实现节点级、细粒度的功耗管理目标。相比于仅仅根据时间或者空间异构性的功耗管理方法，大幅降低了片上网络的功耗，同时穿梭功能也保证了网络性能并未因功耗降低而损失，提高了片上网络的整体能效。

　　第 5 章阐述了片上网络的高可靠设计方法。随着集成电路工艺的演进，电路中串扰效应越来越显著，使得实际总线的时延是 RC 时延的数倍，可导致片上网络性能的严重降级，有必要对总线的串扰效应开展容错设计。总线的串扰效应主要由相邻向量的信号跳变决定，串扰效应可以通过限制或错开信号跳变来容忍。本章主要阐述了一种基于信号跳变时间可调整的串扰容忍方法，该方法验证了将部分信号提前发射，错开导致串扰错误的信号跳变，可以有效地容忍串扰缺陷。该方法首先利用片上网络的存储转发机制，预测串扰效应可能导致的故障。然后，提取了两项可能导致串扰错误的关键情况，称为潜在串扰，并为他们设计两种容错规则。最后，提出基于该方法的容错系统，可以用极低的面积开销容忍片上网络中的串扰效应。

第 6 章阐述多核处理器内存系统的低功耗设计。创新成果包括：提出了一种基于硅基光通信的 DRAM 内存设计架构。如本书第 1 章所述，存储系统的带宽与能耗是多核处理器设计的关键问题，而传统的 DRAM 存储器由于芯片引脚受限，其访问带宽受到了严格的约束，另外总线位宽过窄还导致了 DRAM 主存访存机制的低能效问题。近几年来，硅基光通信的发展使得高并行带宽的主存设计成为可能，硅基光通信技术可以将光电接收装置通过半导体工艺集成到存储器以及处理器芯片当中，然后通过光电转换将电信号转化成光信号，结合不同的波长编码，使得大量数据同时通过光波导进行传输，从而提高访存带宽。本章工作通过系统仿真并分析真实应用发现，在不改变 DRAM 主存访问机制的情况下，光通信带宽的提升不能有效地让程序受益，因而提出了一种全新的基于硅基光通信的 DRAM 主存架构，主要包含两项技术。①超预取技术：通过分析内存功耗主要源头，提出了利用充足的光通信带宽在单个访存周期内预取大量数据的方法，通过这项超预期技术，DRAM 存储阵列中所有被访问信号激活的数据可以以一个访存节拍的延迟开销送往主存总线，因此不会造成行激活能量的浪费，同时提升访存局部性。②页折叠技术：为了避免超预取技术可能带来的缓存空间污染问题，提出了适应不同程序访存特性的页折叠技术。这项技术通过有效选择应用数据页在物理地址空间的映射方式，将程序访存请求所能激活的数据集集中到指定的位置，从而适应不同程序局部性的需求，并且有效隔离不同程序的访存请求，减少访存冲突。

第 7 章阐述了内存系统的高可靠设计方法。创新成果包括：提出一个针对静态非均匀缓存节点级故障的地址重映射方法。典型的大规模片上多处理器通常采用片上网络来连接二级或三级缓存，由此组织成分布式的非均匀访问(NUCA)阵列以提高存储系统的可扩展性以及效率。另一方面，随着集成度的增加，持续进步的工艺带来严重的不可靠问题，片上部件由于制造缺陷或在线故障而导致系统失效成为常态。本章工作首先针对离线的 NUCA 节点级故障，提出一种交叉跳跃的地址映射机制，通过可配置缓存地址译码器，低开销地屏蔽掉节点故障对系统的影响，同时能很好地平衡访存压力。该方法面对程序执行过程当中的动态、间歇性故障或功耗调控引起的节点失效时，引起的性能开销较大，本章又进一步提出了基于片上网络路由器的动态节点重映射技术，可以灵活地将失效缓存节点与健康节点相匹配，通过共享物理空间屏蔽故障带来的影响。

第8章和第9章，针对新型处理器体系结构——三维堆叠多核处理器的低功耗和高可靠优化技术分别进行阐述。第8章提出一种提高 TSV 利用率的三维片上网络设计技术。TSV 由于当前生产工艺的良率以及可靠问题，需要采用大量冗余以及高开销的平面衬垫(TSV PAD)对准工艺，这些方案使得采用 TSV 互连的硬件开销变得更大。本章工作提出一种 TSV 共享机制，这种方法通过允许相邻的路由器共享同一条垂直 TSV 链路，来达到减少 TSV 消耗的效果。这种共享机制能有效提高 TSV 的利用率，不同的局部共享模式如2个路由器共享一簇 TSV，三个路由器共享一簇 TSV，组成了各式各样的全局共享方案。不同的共享方案其 TSV 利用率与网络性能也不尽相同。本章进一步提出一种设计空间搜索方法，分析不同共享方案的实际效果。实验结果表明在同样的 TSV 开销前提下，平均零负载网络延迟相比串行化的设计方法大幅度减小，饱和吞吐量同比大幅增长，并未带来硬件开销的大幅增加，降低了处理器的功耗并有利于散热。第9章提出一种软硬件协同的电压紧急高可靠设计方法，减少三维堆叠处理器的电压紧急及其故障开销。相对于传统封装的处理器，三维堆叠处理器由于在一个芯片中叠加了多层晶片，电源网络的负载更大、供电路径更长，面临着更为严重的电压噪声问题。第9章实验分析了三维堆叠处理器内电压噪声的分布特点，提出一种软硬件协同的方法。首先为三维芯片中的每层晶片提供一个单独的电压紧急避免电路，避免单层故障传播到其他层，减少故障引发的性能开销。在此硬件基础上提出一个线程调度策略，通过预测线程的电压特性，并将紧急线程调度到三维堆叠处理器下层来减少电压紧急，同时减少层内电压差并安全提升芯片工作频率。

第10章阐述多核处理器的可测试性设计，并以一款用于多媒体处理的芯片 DPU_m 为例提出了一套完整的可测试性设计方案。该可测试性设计方案主要在以下三个方面进行了技术突破。第一，针对逻辑电路的可测试性设计，采用自顶向下模块化的设计思想实现一种分布式与多路选择器相结合的测试访问机制。根据模块级评估结果进行了顶层测试会话的划分，实现了顶层测试协议文件的映射流程，完成了顶层跳变故障和固定型故障的测试向量生成。第二，针对实速时延测试的需求，实现了基于片上时钟生成器的测试时钟控制单元。利用片上存在的时钟源来生成测试所需要的快速时钟，可在片上支持不同时钟域、六种时钟频率的实速时延测试。第三，针对存储器电路的自测试，实现了串并行结合的存储器内建自测试结构，在最大测试功耗的约束下有效减少了测试时间。本章进一步设计了顶层测试结果输出电路设计，满足了设计方要求的存储器诊断分辨率。

第11章阐述多核处理器的典型应用场景——异构数据中心系统，及其能效优化技术。本章从系统匹配应用需求的角度出发，通过对包含异构处理器和异构数据中心在内的异构系统分别探究，提出异构多核处理器的能效优化策略和异构数据中心成本效益优化策略。在能效建模方面，本章发现同时考虑相互独立的横向扩展与垂直扩展配置是充分发挥异构系统能效优势的有效方法之一。最后，本章提出了成本效益导向的异构数据中心更新策略，给出了数据中心的成本效益模型。该成本效益模型包含了服务器性能、应用权重、服务器成本的信息，能够客观准确地反映在当前负载下、该服务器为数据中心带来的成本效益，并根据服务器的成本效益和数据中心更新的资金预算，给出使数据中心成本效益最高的服务器投资组合。

12.2　新兴技术展望

集成电路和计算机技术的不断进步促进了现代信息技术的飞速发展，使人类社会的生产生活方式发生了巨大的变化。现有的多核处理器体系结构一直沿用的是 20 世纪 40 年代由冯诺依曼提出的架构(von Neumann architecture)，其核心思想为"存算分离"和"存储程序"。"存储程序"即数据和指令均被视为数据，存放在存储单元中；"存算分离"即将计算资源和存储资源进行空间划分：计算单元实现数据计算，存储单元负责储存指令与数据。只有当计算单元需要相应的数据或指令时，才会由控制单元将其从存储单元搬运到计算单元中，等待完成计算后再写回存储单元。

虽然冯诺依曼体系结构使得计算机的设计和控制高度结构化和自动化，降低了计算机设计的复杂度，但同时也带来了计算单元与存储器件间频繁的数据搬运，产生了计算效率下降、带宽受限、功耗增大、可靠性差等诸多瓶颈，引发"存储墙(memory wall)"问题[1]。其根本原因是处理器和内存的速度差异。根据摩尔定律，处理器每 18～24 个月速度会提升一倍，即每年增长约 60%的性能。然而，以动态随机存取存储器(dynamic random access memory, DRAM)为代表的主存性能每年只增长约 7%，导致每年产生约 50%的性能"剪刀差"，如图 12.1 所示。高速处理器难以获得可与之性能匹配的访存数据流和指令流，使得数据在存储单元和计算单元之间的搬运成为限制冯诺依曼架构的主要瓶颈之一。"存储墙"问题也称为"冯诺依曼瓶颈"。

近年来，为了缓解"冯诺依曼瓶颈"，体系结构研究者做出了多种尝试，主要的解决思路有两种。第一种是充分平衡存储单元"大和快"的矛盾，利用数据访问的局部性(locality)，使用不断加深的存储层次来"隐藏"访存延迟，达到提升系统性能的目的。这种方法被称为"分层次存储(memory hierarchy)"。

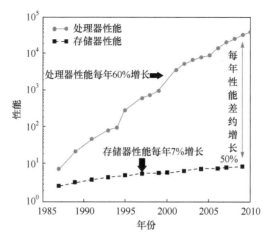

图 12.1　处理器和内存的性能提升对比图

例如，多核处理器中片上高速缓存的引入被认为是使用"分层次存储"缓解"存储墙"问题的一个有效解决手段。缓存是内存数据映射的一个子集，它根据数据的时间和空间局部性将近期访问的数据缓存在缓存中。缓存的访问速度介于内存和寄存器之间，通过先查找缓存、后访问内存的步骤，可以有效地减少访问内存的次数，降低平均访存延迟。为了平衡缓存的大小、访问延迟和数据共享程度等特性，体系结构研究者又提出了多级缓存架构进一步加深了存储层次的深度并最终演变为经典的"处理器-三级缓存-内存-硬盘"架构，也是目前多核处理器计算系统都在采用的架构。例如，Intel 最新的 Core i9-9980XE 处理器中就采用了三级片上缓存的设计方式，且最后一级缓存(last-level 缓存，LLC)的大小已经达到 24.75MB。如此巨大的 LLC 使得片上处理器可以在更广的内存空间中挖掘数据的局部性。第二种方式是数据预取(prefetching)，其技术路线和第一种方式相同，也是"隐藏"访存延迟[2]。与之不同的是，预取是通过记录一段时间内的访存历史信息或执行情况，在访存发生前将可能访问的数据提前加载到片上，从而"重叠"计算和访存达到隐藏访存延迟的目的。"分层次存储"与预取两种方式相辅相成，共同成为多核处理器体系结构中"隐藏"访存延迟的重要技术。

　　基于"存算分离"和"存储分层"理念设计的传统计算机体系结构无法从本质上解决"存储墙"问题。近年来，随着大数据、云计算、机器学习、人工智能、金融分析等信息技术的迅猛发展，信息处理已由"计算密集型"向"存储密集型"转移。"存储密集型"应用具有以下两个特点。①数据集容量大。数据表明，当今社会每天产生约 12.5 万亿字节的数据量，且这个数据还在不断增长[3]。海量的数据体现在对多核处理器体系结构的影响上，则表现为对访存带宽的高需求或访存延迟的低容忍。②访存离散化和随机化，数据局部性差。由于数据集大小的扩大，程序的内存占用也随之扩大，导致数据访问的局部性变差。在这种情况下，片上缓存不断发生缺失，实际访存次数不断增多，使得多核处理器系统的"存储墙"问题愈发凸显，难以满足对海量数据的处理需求。有数据表明，传统计算机系统在执行金融欺诈检测类程序时，其 LLC 的命中率不足 3%[1]。要从根本上解决"存储墙"问题，需要在底层的架构上获得新的突破。

12.2.1 "存算一体"计算架构

针对上述问题，体系结构研究者在 20 世纪 90 年代时提出了一种新的解决思路，在内存中集成计算核心并承担计算任务，实现"近数据"计算。这一思路被称为存内计算体系结构(processing-in-memory, PIM)[4]，或近数据计算(near-data processing, NDP)。如图 12.2 所示，不同于传统计算机体系结构，存内计算体系结构的核心在于：内存中也具有计算核心，实现了"计算分层"。这一改变带来了两个好处。①由于传统计算机体系结构中计算全在运算单元(即多核处理器的计算核)上执行，程序执行的并发度受限于片上处理器的线程数。存内计算体系结构可以在内存中集成超大规模计算逻辑，极大程度地提高程序中部分操作执行的并发度，从而提升应用程序性能。例如，文献[5]利用忆阻器(memristor)阵列实现的超大规模存内乘加加速，就是通过提高乘加操作执行并发度的方式提升应用程序性能。处理器核在等待存内计算结果时，可以暂停当前线程，转而处理其他线程，这也从一定程度上提升了处理器执行的并发度。②在存内执行计算可以减少、甚至避免不必要的数据搬运，减少对片外带宽的占用，从一定程度上缓解了"存储墙"问题，提升了访存的能效比。存内计算单元可以利用内存模块内部的高带

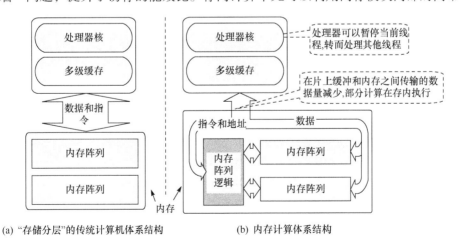

(a) "存储分层"的传统计算机体系结构　　(b) 内存计算体系结构

图 12.2　存内计算体系结构和传统计算机体系结构

宽，变相地提高了应用程序的访存带宽。例如，现有主流的内存模型 DDR4-3200 封装接口——双列直插式存储模块的理论带宽为 25.6GB/s，本书中讨论过的三维堆叠(3D die stacking)内存——混合存储立方(hybrid memory cube, HMC)的内部带宽高达 480GB/s[6]。若在 HMC 中集成计算单元，则存内计算单元可以利用超过 DDR4-3200 约 19 倍的带宽。PIM 可以部分"打破"访存对于"存储密集型"程序的性能限制，提高系统的性能和计算并发度，降低由于数据在存储层级中的搬运能耗。

尽管存内处理器核具有自主读取指令和处理数据的能力，它们也无法完全脱离原有处理器的控制实现完全独立的自主运算，而是需要和现有的多核体系结构相交互，以处理器核和存内计算单元共存的异构计算系统形式存在。由此产生了一系列问题和挑战，例如数据一致性问题、与处理器预取的交互问题以及 PIM 的通用性问题等，都是未来值得深入研究的问题。

12.2.2　领域定制处理器

近年来伴随着深度学习的发展，深度神经网络在众多领域得到了广泛的应用，包括图像识别、语音识别、自然语音理解、广告推荐乃至计算机围棋。相比于其他机器学习方法，深度神经网络的性能取得了显著的进步，并且在许多领域其准确率甚至超过了人类。以 ImageNet 大规模视觉识别挑战赛为例，其冠军神经网络模型的准确率从 2012 年的 84.7%[7]迅速提升到 2015 年的 96.5%[8]。利用深度神经网络构建的阿尔法围棋能够以绝对优势战胜人类顶尖高手。准确率的快速提升也使得深度神经网络成为产业界备受关注的机器学习算法。

深度神经网络的准确率是以模型计算复杂度为代价的。深度神经网络通过对大量数据进行统计学习，从原始感官数据中提取高层次特征来有效表征输入数据。使用更深的网络层次、更大的网络规模，能够更准确地抽取原始数据的特征，模型精确度也往往更高。随着规模的增大，网络模型的计算量和参数量也成倍增长，参数量和计算量的增长使得处理深度神经网络不仅计算密集，而且访存密集。

传统的多核处理器难以高效地处理大规模神经网络。谷歌公司曾在 2012 年使用多达 1000 台计算机的 16000 个运算核构造了神经网络系统来完成识别猫的任务。通用 CPU 更适合于控制密集性应用，难以高效完成深度神经网络这样计算密集的应用。GPU 已广泛用于处理深度神经网络，得益于多核并行计算的基础架构以及众多的核心数量。为了适应不同的任务，GPU 中每个核心依然具有一定的通用性，这使得 GPU 在处理神经网络这样的特定任务时出现计算资源冗余，很难实现较高的能效。另一方面，GPU 功耗往往很高，不能满足功耗受限场景下的需求。

针对神经网络进行计算结构的定制化设计成为近年来体系结构研究的趋势，

涌现了一批专用于神经网络处理的加速器架构[9-27]，并在学术界和产业界产生了广泛的影响。这些加速器可以分为两类：第一类是基于可重构器件实现的加速器，包括现场可编程门阵列(FPGA)和粗粒度可重构阵列(CGRA)[28]。这一类加速器的优势在于其硬件可编程的能力，能够满足针对具体算法特性进行定制化设计的需求，并且可以使用并行化算法来达到高并行性。例如根据不同神经网络模型的特点实现对应的功能来满足用户的需求，具有低成本、开发周期短的特点。

第二类是采用 ASIC 方案的加速器。通过将神经网络的具体算法固化到硬件电路中，来实现高性能和低功耗。例如，中国科学院计算技术研究所研发的 DianNao 系列[29]以及 Tetris 系列[30,31]、谷歌公司的 TPU、麻省理工学院的 Eyeriss[19]等。这些加速器通过对深度神经网络算法进行并行优化、数据复用优化等来提升处理效率。这类加速器的可扩展性和灵活性较低，适用于算法比较固定的场景。随着一些新的算法不断涌现，要设计一款通用的 ASIC 来适配所有场景是不现实的。ASIC 相对较长的开发周期及较高的开发成本，使得只有找到足够大需求的场景才能覆盖设计 ASIC 的成本。例如，将这类加速器集成到智能手机芯片中以提升图像处理性能，以及应用到摄像头中来实现实时安防监控等就是比较成功的案例。

随着神经网络规模的日益增长，利用现有的神经网络加速器处理超大规模神经网络依然存在很大的挑战。随着物联网时代的到来，大量电池供电的设备对功耗和可靠极其敏感，现有的加速器往往不能满足其需求，因此利用低功耗和高可靠技术对神经网络加速器进行优化极为迫切。

参 考 文 献

[1] Wulf W, McKee S. Hitting the memory wall: Implications of the obvious [J]. ACM SIGARCH Computer Architecture News, 1996, 23 (1): 20-24.

[2] Nesbit K J, Smith J E. Data cache prefetching using a global history buffer [J]. IEEE Micro, 2005, 25 (1): 90-97.

[3] Wang L, Zhan J F, Luo C J, et al. BigDataBench: A big data benchmark suite from internet services [C]//Proceedings of the IEEE International Symposium on High Performance Computer Architecture, Orlando, 2014: 488-499.

[4] Nai L F, Hadidi R, Sim J, et al. GraphPIM: Enabling instruction-level PIM offloading in graph computing frameworks [C]//Proceedings of the IEEE International Symposium on High Performance Computer Architecture, Austin, 2017: 457-468.

[5] Li S C, Xu C, Zou Q S, et al. Pinatubo: A processing-in-memory architecture for bulk bitwise operations in emerging non-volatile memories [C]//Proceedings of the ACM/EDAC/IEEE Design Automation Conference, Austin, 2016: 1-6.

[6] Pawlowski J. Hybrid memory cube [C]//Proceedings of the IEEE Hot Chips Symposium, Stanford, 2011: 1-24.

[7] Alex K, Ilya S, Hg E. Imagenet classification with deep convolutional neural networks [J]. Communications of the ACM, 2017, 60 (6): 84-90.

[8] He K M, Zhang X Y, Ren S Q, et al. Deep residual learning for image recognition [C]//Proceedings of the IEEE Conference on Computer Vision and Pattern Recognition, Las Vegas, 2016: 770-778.

[9] Qadeer W, Hameed R, Shacham O, et al. Convolution engine: Balancing efficiency and flexibility in specialized computing [J]. Communications of the ACM, 2015, 58 (4): 85-93.

[10] Ienne P, Cornu T, Kuhn G. Special-purpose digital hardware for neural networks: An architectural survey [J]. Journal of VLSI Signal Processing Systems for Signal, Image and Video Technology, 1996, 13 (1): 5-25.

[11] Peemen M, Setio A, Mesman B, et al. Memory-centric accelerator design for convolutional neural networks [C]//Proceedings of the International Conference on Computer Design, Asheville, 2013: 13-19.

[12] Chen Y J, Luo T, Liu S L, et al. DaDianNao: A machine-learning supercomputer [C]//Proceedings of the IEEE/ACM International Symposium on Microarchitecture, Cambridge, 2014: 609-622.

[13] Du Z D, Fasthuber R, Chen T S, et al. ShiDianNao: Shifting vision processing closer to the sensor [C]//Proceedings of the ACM/IEEE International Symposium on Computer Architecture, Portland, 2015: 92-104.

[14] Liu D F, Chen T S, Shao Li L, et al. PuDianNao: A polyvalent machine learning accelerator [C]//Proceedings of the International Conference on Architectural Support for Programming Languages and Operating Systems, Istanbul, 2015: 369-381.

[15] Zhang C, Li P, Sun G Y, et al. Optimizing FPGA-based accelerator design for deep convolutional neural networks [C]//Proceedings of the ACM/SIGDA International Symposium on Field-Programmable Gate, Monterey 2015: 161-170.

[16] Alwani M, Chen H, Ferdman M, et al. Fused-layer CNN accelerators [C]//Proceedings of the IEEE/ACM International Symposium on Microarchitecture, Taipei, 2016: 1-12.

[17] Qiu J T, Song S, Wang Y, et al. Going deeper with embedded FPGA platform for convolutional neural network [C]//Proceedings of the ACM/SIGDA International Symposium on Field-Programmable Gate Arrays, Monterey 2016: 26-35.

[18] Suda N, Chandra V, Dasika G, et al. Throughput-optimized OpenCL-based FPGA accelerator for large-scale convolutional neural networks [C]//Proceedings of the ACM/SIGDA International Symposium on Field-Programmable Gate, Monterey, 2016: 16-25.

[19] Chen Y H, Emer J, Sze V. Eyeriss: A spatial architecture for energy-efficient dataflow for convolutional neural networks [C]//Proceedings of the ACM/IEEE International Symposium on Computer Architecture, Seoul, 2016: 367-379.

[20] Tu F B, Yin S Y, Ouyang P, et al. Deep convolutional neural network architecture with reconfigurable computation patterns [J]. IEEE Transactions on Very Large Scale Integration Systems, 2017, 25 (8): 2220-2233.

[21] Shin D, Lee J, Lee J, et al. 14.2 DNPU: An 8.1TOPS/W reconfigurable CNN-RNN processor for general-purpose deep neural networks [C]//Proceedings of the IEEE International Solid-state Circuits Conference, San Francisco, 2017: 240-241.

[22] Lu W Y, Yan G H, Li J J, et al. FlexFlow: A flexible dataflow accelerator architecture for convolutional neural networks [C]//Proceedings of the IEEE International Symposium on High Performance Computer Architecture, Austin, 2017: 553-564.

[23] Albericio J, Judd P, Hetherington T, et al. Cnvlutin: Ineffectual-neuron-free deep neural network computing [C]//Proceedings of the ACM/IEEE International Symposium on Computer Architecture, Seoul, 2016: 1-13.

[24] Jouppi N, Borchers A, Boyle R, et al. In-datacenter performance analysis of a tensor processing unit [C]//Proceedings of the ACM/IEEE International Symposium on Computer Architecture, Toronto, 2017: 1-12.

[25] Parashar A, Rhu M, Mukkara A, et al. SCNN: An accelerator for compressed-sparse convolutional neural networks [C]//Proceedings of the ACM/IEEE International Symposium on Computer Architecture, Toronto, 2017: 27-40.

[26] Kwon H, Samajdar A, Krishna T. MAERI: Enabling flexible dataflow mapping over DNN accelerators via reconfigurable interconnects [C]//Proceedings of the International Conference on Architectural Support for Programming Languages and Operating Systems, Williamsburg, 2018: 461-475.

[27] Li J J, Yan G H, Lu W Y, et al. CCR: A concise convolution rule for sparse neural network accelerators [C]//Proceedings of the Design, Automation & Test in Europe Conference & Exhibition, Dresden, 2018: 189-194.

[28] Tanomoto M, Takamaeda-Yamazaki S, Yao J, et al. A CGRA-based approach for accelerating convolutional neural networks [C]//Proceedings of the IEEE International Symposium on Embedded Multicore/Many-core Systems-on-Chip, Turin, 2015: 73-80.

[29] Chen T S, Du Z D, Sun N H, et al. DianNao: A small-footprint high-throughput accelerator for ubiquitous machine-learning [C]//Proceedings of the International Conference on Architectural Support for Programming Languages and Operating Systems, Salt Lake City, 2014: 269-284.

[30] Lu H, Wei X, Lin N, et al. Tetris: Re-architecting convolutional neural network computation for machine learning accelerators [C]//Proceedings of the IEEE/ACM International Conference on Computer-Aided Design, San Diego, 2018: 1-8.

[31] Lu H, Zhang M, Han Y, et al. Architecting effectual computation for machine learning accelerators [J]. IEEE Transactions on Computer-Aided Design of Integrated Circuits and Systems, 2020, 39 (10): 2654-2667.

索　引